U0352967

国家出版基金项目
NATIONAL PUBLICATION FOUNDATION

"十三五"国家重点出版物出版规划项目

持久性有机污染物
POPs 研究系列专著

手性污染物的环境化学与毒理学

刘维屏　赵美蓉　牛丽丽　唐梦龄/著

科学出版社
北京

内 容 简 介

　　手性污染物的对映选择性是环境科学与环境毒理学的研究热点之一。本书在回顾手性科学研究历史的基础上，系统地介绍了近年来手性污染物在环境化学与毒理学方面的研究进展，并就这类化合物环境安全研究的发展趋势及前景进行了论述。本书主要内容为手性污染物对映体分离、分析、表征与稳定性的研究；手性污染物环境归趋、微生物降解、生物富集与放大、生物转化的对映体差异研究；手性污染物毒性效应的对映选择性及其分子机制研究。

　　本书可供从事环境科学、环境毒理与健康、农业环境化学、环境保护与管理等领域研究的科研和管理人员参考，亦可作为高等院校和科研院所相关专业研究生、高年级本科生的教学参考用书。

图书在版编目（CIP）数据

手性污染物的环境化学与毒理学/刘维屏等著. —北京：科学出版社，2018.11

（持久性有机污染物（POPs）研究系列专著）

"十三五"国家重点出版物出版规划项目　国家出版基金项目

ISBN 978-7-03-059213-2

Ⅰ. ①手… Ⅱ. ①刘… Ⅲ. ①有机污染物–环境化学–研究 ②有机污染物–毒理学–研究 Ⅳ. ①X5

中国版本图书馆 CIP 数据核字(2018)第 241942 号

责任编辑：朱　丽　杨新改 / 责任校对：杜子昂
责任印制：徐晓晨 / 封面设计：黄华斌

科学出版社 出版

北京东黄城根北街 16 号
邮政编码：100717
http://www.sciencep.com

北京虎彩文化传播有限公司 印刷

科学出版社发行　各地新华书店经销

*

2018 年 11 月第　一　版　开本：720×1000 1/16
2021 年 1 月第二次印刷　印张：19 3/4
字数：373 000

定价：138.00 元

（如有印装质量问题，我社负责调换）

丛 书 序

持久性有机污染物（persistent organic pollutants，POPs）是指在环境中难降解（滞留时间长）、高脂溶性（水溶性很低），可以在食物链中累积放大，能够通过蒸发–冷凝、大气和水等的输送而影响到区域和全球环境的一类半挥发性且毒性极大的污染物。POPs 所引起的污染问题是影响全球与人类健康的重大环境问题，其科学研究的难度与深度，以及污染的严重性、复杂性和长期性远远超过常规污染物。POPs 的分析方法、环境行为、生态风险、毒理与健康效应、控制与削减技术的研究是最近 20 年来环境科学领域持续关注的一个最重要的热点问题。

近代工业污染催生了环境科学的发展。1962 年，*Silent Spring* 的出版，引起学术界对滴滴涕（DDT）等造成的野生生物发育损伤的高度关注，POPs 研究随之成为全球关注的热点领域。1996 年，*Our Stolen Future* 的出版，再次引发国际学术界对 POPs 类环境内分泌干扰物的环境健康影响的关注，开启了环境保护研究的新历程。事实上，国际上环境保护经历了从常规大气污染物（如 SO_2、粉尘等）、水体常规污染物［如化学需氧量（COD）、生化需氧量（BOD）等］治理和重金属污染控制发展到痕量持久性有机污染物削减的循序渐进过程。针对全球范围内 POPs 污染日趋严重的现实，世界许多国家和国际环境保护组织启动了若干重大研究计划，涉及POPs 的分析方法、生态毒理、健康危害、环境风险理论和先进控制技术。研究重点包括：①POPs 污染源解析、长距离迁移传输机制及模型研究；②POPs 的毒性机制及健康效应评价；③POPs 的迁移、转化机理以及多介质复合污染机制研究；④POPs 的污染削减技术以及高风险区域修复技术；⑤新型污染物的检测方法、环境行为及毒性机制研究。

20 世纪国际上发生过一系列由于 POPs 污染而引发的环境灾难事件（如意大利 Seveso 化学污染事件、美国拉布卡纳尔镇污染事件、日本和中国台湾米糠油事件等），这些事件给我们敲响了 POPs 影响环境安全与健康的警钟。1999 年，比利时鸡饲料二噁英类污染波及全球，造成 14 亿欧元的直接损失，导致该国政局不稳。

国际范围内针对 POPs 的研究，主要包括经典 POPs（如二噁英、多氯联苯、含氯杀虫剂等）的分析方法、环境行为及风险评估等研究。如美国 1991～2001 年的二噁英类化合物风险再评估项目，欧盟、美国环境保护署（EPA）和日本环境厅先后启动了环境内分泌干扰物筛选计划。20 世纪 90 年代提出的蒸馏理论和蚂蚱跳效应较好地解释了工业发达地区 POPs 通过水、土壤和大气之间的界面交换而长距离迁移到南北极等极地地区的现象，而之后提出的山区冷捕集效应则更加系统地解释了高山地区随着海拔的增加其环境介质中 POPs 浓度不断增加的迁移机理，从而为 POPs 的全球传输提供了重要的依据和科学支持。

2001 年 5 月，全球 100 多个国家和地区的政府组织共同签署了《关于持久性有机污染物的斯德哥尔摩公约》（简称《斯德哥尔摩公约》）。目前已有包括我国在内的 179 个国家和地区加入了该公约。从缔约方的数量上不仅能看出公约的国际影响力，也能看出世界各国对 POPs 污染问题的重视程度，同时也标志着在世界范围内对 POPs 污染控制的行动从被动应对到主动防御的转变。

进入 21 世纪之后，随着《斯德哥尔摩公约》进一步致力于关注和讨论其他同样具 POPs 性质和环境生物行为的有机污染物的管理和控制工作，除了经典 POPs，对于一些新型 POPs 的分析方法、环境行为及界面迁移、生物富集及放大，生态风险及环境健康也越来越成为环境科学研究的热点。这些新型 POPs 的共有特点包括：目前为正在大量生产使用的化合物、环境存量较高、生态风险和健康风险的数据积累尚不能满足风险管理等。其中两类典型的化合物是以多溴二苯醚为代表的溴系阻燃剂和以全氟辛基磺酸盐（PFOS）为代表的全氟化合物，对于它们的研究论文在过去 15 年呈现指数增长趋势。如有关 PFOS 的研究在 Web of Science 上搜索结果为从 2000 年的 8 篇增加到 2013 年的 323 篇。随着这些新增 POPs 的生产和使用逐步被禁止或限制使用，其替代品的风险评估、管理和控制也越来越受到环境科学研究的关注。而对于传统的生态风险标准的进一步扩展，使得大量的商业有机化学品的安全评估体系需要重新调整。如传统的以鱼类为生物指示物的研究认为污染物在生物体中的富集能力主要受控于化合物的脂-水分配，而最近的研究证明某些低正辛醇-水分配系数、高正辛醇-空气分配系数的污染物（如 HCHs）在一些食物链特别是在陆生生物链中也表现出很高的生物放大效应，这就向如何修订污染物的生态风险标准提出了新的挑战。

作为一个开放式的公约，任何一个缔约方都可以向公约秘书处提交意在将某一化合物纳入公约受控的草案。相应的是，2013 年 5 月在瑞士日内瓦举行的缔约方大会第六次会议之后，已在原先的包括二噁英等在内的 12 类经典 POPs 基础上，新增 13 种包括多溴二苯醚、全氟辛基磺酸盐等新型 POPs 成为公约受控名单。目前正在进行公约审查的候选物质包括短链氯化石蜡（SCCPs）、多氯萘（PCNs）、六氯丁二烯（HCBD）及五氯苯酚（PCP）等化合物，而这些新型有机污染物在我国均有一定规模的生产和使用。

中国作为经济快速增长的发展中国家，目前正面临比工业发达国家更加复杂的环境问题。在前两类污染物尚未完全得到有效控制的同时，POPs 污染控制已成为我国迫切需要解决的重大环境问题。作为化工产品大国，我国新型 POPs 所引起的环境污染和健康风险问题比其他国家更为严重，也可能存在国外不受关注但在我国环境介质中广泛存在的新型污染物。对于这部分化合物所开展的研究工作不但能够为相应的化学品管理提供科学依据，同时也可为我国履行《斯德哥尔摩公约》提供重要的数据支持。另外，随着经济快速发展所产生的污染所致健康问题在我国的集中显现，新型 POPs 污染的毒性与健康危害机制已成为近年来相关研究的热点问题。

随着 2004 年 5 月《斯德哥尔摩公约》正式生效，我国在国家层面上启动了对 POPs 污染源的研究，加强了 POPs 研究的监测能力建设，建立了几十个高水平专业实验室。科研机构、环境监测部门和卫生部门都先后开展了环境和食品中 POPs 的监测和控制措施研究。特别是最近几年，在新型 POPs 的分析方法学、环境行为、生态毒理与环境风险，以及新污染物发现等方面进行了卓有成效的研究，并获得了显著的研究成果。如在电子垃圾拆解地，积累了大量有关多溴二苯醚（PBDEs）、二噁英、溴代二噁英等 POPs 的环境转化、生物富集/放大、生态风险、人体赋存、母婴传递乃至人体健康影响等重要的数据，为相应的管理部门提供了重要的科学支撑。我国科学家开辟了发现新 POPs 的研究方向，并连续在环境中发现了系列新型有机污染物。这些新 POPs 的发现标志着我国 POPs 研究已由全面跟踪国外提出的目标物，向发现并主动引领新 POPs 研究方向发展。在机理研究方面，率先在珠穆朗玛峰、南极和北极地区"三极"建立了长期采样观测系统，开展了 POPs 长距离迁移机制的深入研究。通过大量实验数据证明了 POPs 的冷捕集效应，在新的源汇关系方面也有所发现，为优化 POPs 远距离迁移模型及认识 POPs 的环境归宿做出了贡献。在污染物控制方面，系统地摸清了二噁英类污染物的排放源，获得了我国二噁英类排放因子，相关成果被联合国环境规划署《全球二噁英类污染源识别与定量技术导则》引用，以六种语言形式全球发布，为全球范围内评估二噁英类污染来源提供了重要技术参数。以上有关 POPs 的相关研究是解决我国国家环境安全问题的重大需求、履行国际公约的重要基础和我国在国际贸易中取得有利地位的重要保证。

我国 POPs 研究凝聚了一代代科学家的努力。1982 年，中国科学院生态环境研究中心发表了我国二噁英研究的第一篇中文论文。1995 年，中国科学院武汉水生生物研究所建成了我国第一个装备高分辨色谱/质谱仪的标准二噁英分析实验室。进入 21 世纪，我国 POPs 研究得到快速发展。在能力建设方面，目前已经建成数十个符合国际标准的高水平二噁英实验室。中国科学院生态环境研究中心的二噁英实验室被联合国环境规划署命名为"Pilot Laboratory"。

2001 年，我国环境内分泌干扰物研究的第一个"863"项目"环境内分泌干扰物的筛选与监控技术"正式立项启动。随后经过 10 年 4 期"863"项目的连续资助，形成了活体与离体筛选技术相结合，体外和体内测试结果相互印证的分析内分泌干扰物研究方法体系，建立了有中国特色的环境内分泌污染物的筛选与研究规范。

2003 年，我国 POPs 领域第一个"973"项目"持久性有机污染物的环境安全、演变趋势与控制原理"启动实施。该项目集中了我国 POPs 领域研究的优势队伍，围绕 POPs 在多介质环境的界面过程动力学、复合生态毒理效应和焚烧等处理过程中 POPs 的形成与削减原理三个关键科学问题，从复杂介质中超痕量 POPs 的检测和表征方法学；我国典型区域 POPs 污染特征、演变历史及趋势；典型 POPs 的排放模式和运移规律；典型 POPs 的界面过程、多介质环境行为；POPs 污染物的复合生态毒理效应；POPs 的削减与控制原理以及 POPs 生态风险评价模式和预警方法体系七个方面开展了富有成效的研究。该项目以我国 POPs 污染的演变趋势为主，基本摸清了我国 POPs 特别是二噁英排放的行业分布与污染现状，为我国履行《斯德哥尔摩公约》做出了突出贡献。2009 年，POPs 项目得到延续资助，研究内容发展到以 POPs 的界面过程和毒性健康效应的微观机理为主要目标。2014 年，项目再次得到延续，研究内容立足前沿，与时俱进，发展到了新型持久性有机污染物。这 3 期"973"项目的立项和圆满完成，大大推动了我国 POPs 研究为国家目标服务的能力，培养了大批优秀人才，提高了学科的凝聚力，扩大了我国 POPs 研究的国际影响力。

2008 年开始的"十一五"国家科技支撑计划重点项目"持久性有机污染物控制与削减的关键技术与对策"，针对我国持久性有机物污染物控制关键技术的科学问题，以识别我国 POPs 环境污染现状的背景水平及制订优先控制 POPs 国家名录，我国人群 POPs 暴露水平及环境与健康效应评价技术，POPs 污染控制新技术与新材料开发，焚烧、冶金、造纸过程二噁英类减排技术，POPs 污染场地修复，废弃 POPs 的无害化处理，适合中国国情的 POPs 控制战略研究为主要内容，在废弃物焚烧和冶金过程烟气减排二噁英类、微生物或植物修复 POPs 污染场地、废弃 POPs 降解的科研与实践方面，立足自主创新和集成创新。项目从整体上提升了我国 POPs 控制的技术水平。

目前我国 POPs 研究在国际 SCI 收录期刊发表论文的数量、质量和引用率均进入国际第一方阵前列，部分工作在开辟新的研究方向、引领国际研究方面发挥了重要作用。2002 年以来，我国 POPs 相关领域的研究多次获得国家自然科学奖励。2013 年，中国科学院生态环境研究中心 POPs 研究团队荣获"中国科学院杰出科技成就奖"。

我国 POPs 研究开展了积极的全方位的国际合作，一批中青年科学家开始在国际学术界崭露头角。2009 年 8 月，第 29 届国际二噁英大会首次在中国举行，来自世界上 44 个国家和地区的近 1100 名代表参加了大会。国际二噁英大会自 1980 年召开以来，至今已连续举办了 38 届，是国际上有关持久性有机污染物（POPs）研究领域影响最大的学术会议，会议所交流的论文反映了当时国际 POPs 相关领域的最新进展，也体现了国际社会在控制 POPs 方面的技术与政策走向。第 29 届国际二噁英大会在我国的成功召开，对提高我国持久性有机污染物研究水平、加速国际化进程、推进国际合作和培养优秀人才等方面起到了积极作用。近年来，我国科学家多次应邀在国际二噁英大会上作大会报告和大会总结报告，一些高水平研究工作产

生了重要的学术影响。与此同时，我国科学家自己发起的 POPs 研究的国内外学术
会议也产生了重要影响。2004 年开始的"International Symposium on Persistent Toxic
Substances"系列国际会议至今已连续举行 14 届，近几届分别在美国、加拿大、中
国香港、德国、日本等国家和地区召开，产生了重要学术影响。每年 5 月 17～18
日定期举行的"持久性有机污染物论坛"已经连续 12 届，在促进我国 POPs 领域学
术交流、促进官产学研结合方面做出了重要贡献。

　　本丛书《持久性有机污染物（POPs）研究系列专著》的编撰，集聚了我国 POPs
研究优秀科学家群体的智慧，系统总结了 20 多年来我国 POPs 研究的历史进程，从
理论到实践全面记载了我国 POPs 研究的发展足迹。根据研究方向的不同，本丛书
将系统地对 POPs 的分析方法、演变趋势、转化规律、生物累积/放大、毒性效应、
健康风险、控制技术以及典型区域 POPs 研究等工作加以总结和理论概括，可供广
大科技人员、大专院校的研究生和环境管理人员学习参考，也期待它能在 POPs 环
保宣教、科学普及、推动相关学科发展方面发挥积极作用。

　　我国的 POPs 研究方兴未艾，人才辈出，影响国际，自树其帜。然而，"行百里
者半九十"，未来事业任重道远，对于科学问题的认识总是在研究的不断深入和不
断学习中提高。学术的发展是永无止境的，人们对 POPs 造成的环境问题科学规律
的认识也是不断发展和提高的。受作者学术和认知水平限制，本丛书可能存在不同
形式的缺憾、疏漏甚至学术观点的偏颇，敬请读者批评指正。本丛书若能对读者了
解并把握 POPs 研究的热点和前沿领域起到抛砖引玉作用，激发广大读者的研究兴
趣，或讨论或争论其学术精髓，都是作者深感欣慰和至为期盼之处。

2015 年 1 月于北京

前　　言

　　手性化合物是一类分子结构中含有手性中心（又称不对称中心）的有机化合物。其分子中的碳、磷或氮等原子与 4 个不同的基团（或原子、电子对）相连或分子结构由于立体因素而引起不对称。含有手性中心的有机污染物称为手性污染物（chiral contaminants）。目前，许多环境中检出的持久性有机污染物、农用化学品、药物与个人护理品等都含有手性结构，而这些手性污染物对生态安全和人类健康造成了潜在威胁。大部分手性污染物以外消旋体（racemate，对映体比为 1∶1）的形式使用并排放到环境中。但手性污染物进入环境，经历的一系列环境过程（尤其是生物过程）存在着严格的对映匹配原则，使得手性污染物在环境行为、毒性效应等方面具有了对映选择性。关于手性科学的研究可以追溯到 200 年前，但手性污染物环境化学与毒理学的对映选择性研究历史却只有几十年。长期以来，在评估手性污染物环境安全时，往往把它们视为单一化合物进行看待，这可能导致高估或者低估这类化合物的生态风险和健康安全。而且，绝大部分的环境法规也将其当成单一化合物进行管理。随着手性污染物进入环境的数量逐年递增，以及环境科学向更微观方向深入和发展，在化合物的结构特异性层面上评价手性污染物生态安全与健康风险对于精准评估此类化合物的环境风险并揭示其毒性效应及机制具有重要的意义。

　　手性污染物环境安全研究是基础和应用研究的结合，涉及环境监测、环境风险、安全高效新农药创制、农产品质量安全、公共卫生等多个领域，需要分析化学、环境化学、化学生物学、化学毒理学和计算化学等多学科协同开展工作。近几十年来，科学技术发展日新月异，新方法和新技术不断推陈出新，手性科学研究整体面貌也发生了巨大的变化。国内外研究人员先后建立了多种手性污染物分离、分析及构型表征等的研究方法，获得了近百种手性污染物对映体纯的标样，为手性污染物对映选择性环境行为和毒理学研究提供了强大的技术支撑。同时，科学家在不同的研究模型上完成了多种类型手性污染物生物效应对映差异及其分子机制的研究。

　　为了更好地适应我国环境科学与环境健康研究发展的需求，及时总结国内外有关手性污染物环境安全研究的新成就，本书在回顾手性科学研究历史的基础上，系统地介绍了近年来手性污染物在环境化学与毒理学方面的研究进展。本书力求"全而不流于滥"，兼顾系统性、完整性，同时着重突出研究前沿性。希望本书可为从事环境科学、环境毒理与健康、农业环境化学、环境保护与管理等领域的科研及管理人员提供参考。

本书共 8 章。在章节安排上以手性基本概念—环境行为—生态毒理效应为主线，各章之间既相互关联，又可以独立成篇，以便于读者跳跃式阅读。第 1 章概述手性科学研究的历史及环境中手性污染物研究；第 2 章介绍手性污染物对映体分离、分析技术和绝对构型表征及稳定性的研究；第 3～6 章主要介绍手性污染物的环境行为，包括环境残留与归趋、生物富集与放大、微生物降解、生物转化等内容，说明手性污染物的环境行为存在对映选择性；第 7、8 章介绍手性污染物对不同生物体毒性效应的对映体差异，并在此基础上对典型手性污染物的毒性对映体差异相关分子机制进行了论述。

本书第 1 章由刘维屏、赵美蓉撰写；第 2 章由刘维屏、赵璐撰写；第 3、5 章由牛丽丽、刘维屏撰写；第 4 章由刘维屏、徐晨烨、唐梦龄撰写；第 6 章由唐梦龄、赵美蓉撰写；第 7、8 章由赵美蓉、季晨阳、宋琴撰写，全书由刘维屏和赵美蓉完成统稿。在撰写过程中，浙江大学环境健康研究所、浙江工业大学环境科学研究中心的师生给予了大力支持和帮助，科学出版社朱丽编辑为本书出版做了很多耐心细致的工作，在此一并表示衷心的感谢。本书撰写过程中参考了大量文献，在此对文献作者及出版机构一并致谢。

本书是在作者及其研究团队多年来承担的各类国家自然科学基金项目［国家杰出青年科学基金项目（20225721）、重点项目（20837002）、国际（地区）合作与交流项目（21320102007）、国家重大科研仪器研制项目（21427815）及系列面上项目（21677130、304404205、30771255、40973077、21177112）］以及国家重点研发计划（2016YFD0200202）、国家重点基础研究发展计划［“973”计划（2009CB421603）］、国家高技术研究发展计划［“863”计划（2013AA065202）］项目的研究成果基础上撰写而成，感谢国家自然科学基金委员会、科技部等部门对手性污染物环境安全研究的大力支持！

我国手性污染物造成的环境安全问题较严重，迫切需要在对映体层面上深入了解这类化合物的环境行为及安全。正如《木兰诗》中所描述的“雄兔脚扑朔，雌兔眼迷离；双兔傍地走，安能辨我是雄雌”，手性污染物具有相同的原子组成、高度相似的理化性质和独特的立体结构选择性特点，这决定了其环境安全研究的复杂性和高难度。加之作者水平有限，时间仓促，书中不足和疏漏之处在所难免，殷切期望广大读者批评指正。

作　者

2018 年 5 月

目　　录

丛书序
前言
第1章　绪论 ……………………………………………………………………… 1
　1.1　自然界中的手性现象 ……………………………………………………… 3
　　　1.1.1　生命系统：对称有机体中的不对称模块 …………………………… 3
　　　1.1.2　微生物、动植物的不对称性 ………………………………………… 4
　1.2　Pasteur关于手性分子的研究及成果 …………………………………… 11
　　　1.2.1　Pasteur的光学论断 ………………………………………………… 12
　　　1.2.2　Pasteur手性研究发现的化学-物理背景 …………………………… 13
　　　1.2.3　Pasteur时代的分子结构理论和立体选择性手性合成 …………… 18
　　　1.2.4　生物分子同手性发展的偶然性、必要性及与手性领域的关系 …… 21
　　　1.2.5　手性（均）同一及其不守恒性 …………………………………… 23
　1.3　环境中的手性污染物 …………………………………………………… 25
　　　1.3.1　手性持久性有机污染物 …………………………………………… 26
　　　1.3.2　手性农药 …………………………………………………………… 27
　　　1.3.3　手性新型有机污染物 ……………………………………………… 28
　　　1.3.4　手性药物与个人护理用品 ………………………………………… 28
　1.4　手性污染物环境安全研究发展趋势 …………………………………… 29
　　　1.4.1　手性污染物对映体的分离、分析技术 …………………………… 30
　　　1.4.2　手性污染物对映体标品的制备 …………………………………… 30
　　　1.4.3　甄别手性农药高效安全构型 ……………………………………… 31
　　　1.4.4　建立手性污染物环境限值标准和环境基准 ……………………… 31
　　　1.4.5　新型手性化合物环境安全性研究 ………………………………… 31
　参考文献 ……………………………………………………………………… 32
第2章　手性污染物对映体的分离、分析与表征 ………………………… 35
　2.1　手性污染物对映体的分离 ……………………………………………… 36

2.1.1 物理分离 ·· 36
2.1.2 化学分离 ·· 37
2.1.3 生物分离 ·· 38
2.1.4 色谱分离 ·· 38
2.2 手性污染物对映体的定量分析 ······················· 50
2.2.1 光谱法 ·· 50
2.2.2 质谱法 ·· 51
2.2.3 其他方法 ·· 51
2.3 手性污染物对映体的构型表征 ······················· 52
2.3.1 有机合成法 ·· 53
2.3.2 X射线单晶衍射 ·· 54
2.3.3 核磁共振法 ·· 54
2.3.4 光谱法 ·· 56
2.4 手性污染物对映体的构型稳定性 ····················· 66
2.4.1 非生物条件 ·· 67
2.4.2 生物条件 ·· 70
参考文献 ··· 71
第3章 手性污染物环境残留与归趋的对映选择性 ·········· 78
3.1 手性污染物在土壤中残留和归趋的对映选择性 ········· 79
3.1.1 土壤中有机氯农药残留和归趋的对映选择性 ········· 79
3.1.2 土壤中手性工业化学品残留和归趋的对映选择性 ······ 85
3.1.3 影响土壤中手性污染物对映选择性残留和归趋的因素 ···· 86
3.2 手性污染物在大气中残留和迁移的对映选择性 ········· 89
3.2.1 大气中手性农药残留和迁移的对映选择性 ··········· 89
3.2.2 大气中手性工业化学品残留和迁移的对映选择性 ······ 93
3.2.3 影响大气中手性污染物对映选择性环境残留和归趋的因素 ···· 94
3.3 手性污染物在水体中残留和归趋的对映选择性 ········· 95
3.3.1 水体中手性农药残留和归趋的对映选择性 ··········· 95
3.3.2 水体中手性药物残留和归趋的对映选择性 ··········· 97
3.3.3 影响水体中手性污染物对映选择性环境残留和归趋的因素 ···· 99
3.4 手性污染物在沉积物中残留和归趋的对映选择性 ······ 100

　　　3.4.1　沉积物中手性农药残留和迁移的对映选择性 ················100

　　　3.4.2　沉积物中手性工业化学品残留和迁移的对映选择性 ········102

　3.5　手性污染物在界面交换过程的对映选择性 ····························104

　　　3.5.1　手性污染物在土壤-大气界面的对映选择性环境行为 ········105

　　　3.5.2　手性污染物在水体-大气界面的对映选择性环境行为 ········108

　参考文献 ··111

第4章　手性污染物生物富集与放大对映选择性 ···························119

　4.1　手性污染物生物积累研究内容和方法 ·······························119

　　　4.1.1　生物积累研究概述 ··119

　　　4.1.2　手性污染物的生物积累 ··119

　　　4.1.3　手性污染物生物积累研究方法 ····································120

　4.2　手性污染物对映体差异富集过程与机制 ·····························123

　　　4.2.1　对映选择性富集模式 ··123

　　　4.2.2　对映选择性富集机制 ··125

　4.3　手性污染物的水生生物富集与放大 ·································126

　　　4.3.1　浮游类 ··126

　　　4.3.2　贝类 ··127

　　　4.3.3　鱼类 ··128

　　　4.3.4　水生食物网研究 ··129

　4.4　手性污染物陆生生物富集与放大 ·····································131

　　　4.4.1　鸟、禽类 ··131

　　　4.4.2　蚯蚓、昆虫、大型溞 ··132

　　　4.4.3　哺乳动物 ··133

　4.5　手性污染物的植物富集 ···134

　　　4.5.1　蔬菜对手性污染物的富集 ··134

　　　4.5.2　树皮对手性污染物的富集 ··136

　4.6　手性污染物的人体富集 ···137

　参考文献 ··139

第5章　微生物降解手性污染物的对映选择性 ·····························143

　5.1　手性污染物的对映选择性降解机理及动力学研究方法 ················143

　5.2　手性除草剂在土壤微生物降解过程中的对映选择性 ················145

5.2.1 苯氧羧酸类除草剂 ·······145

5.2.2 酰胺类除草剂 ·······149

5.2.3 芳氧苯氧羧酸类除草剂 ·······151

5.2.4 咪唑啉酮类除草剂 ·······153

5.2.5 其他除草剂 ·······154

5.3 手性杀虫剂在土壤微生物降解过程中的对映选择性 ·······155

5.3.1 有机磷杀虫剂 ·······155

5.3.2 拟除虫菊酯类杀虫剂 ·······157

5.3.3 新烟碱类杀虫剂 ·······159

5.3.4 其他 ·······160

5.4 手性杀菌剂在土壤微生物降解过程中的对映选择性 ·······160

5.4.1 三唑类杀菌剂 ·······160

5.4.2 其他杀菌剂 ·······163

5.5 其他手性污染物在土壤微生物降解过程中的对映选择性 ·······164

5.6 手性污染物在水体微生物降解过程中的对映选择性 ·······166

5.6.1 除草剂 ·······166

5.6.2 杀虫剂 ·······167

5.6.3 杀菌剂 ·······167

5.7 影响手性污染物在环境微生物降解过程中对映选择性的关键因素 ·······168

5.7.1 土壤 ·······168

5.7.2 水体 ·······170

参考文献 ·······171

第6章 手性污染物生物转化的对映选择性 ·······177

6.1 手性污染物生物转化 ·······177

6.1.1 生物转化和代谢的基本概念 ·······177

6.1.2 手性污染物的生物转化和代谢 ·······179

6.2 典型手性污染物的生物转化 ·······180

6.2.1 动物体内典型手性污染物的生物转化 ·······180

6.2.2 植物体内典型手性污染物的生物转化 ·······185

6.3 手性污染物的生物转化和代谢机制 ·······189

6.3.1 CYP 酶 ·······191

6.3.2 脂肪酶 ··193

参考文献 ··195

第 7 章 手性污染物毒性的对映选择性 ··················199

7.1 手性持久性有机污染物 ····································200

7.1.1 多氯联苯 ··200

7.1.2 多环芳烃 ··201

7.2 手性农药 ···202

7.2.1 手性杀虫剂 ···202

7.2.2 手性除草剂 ···216

7.2.3 手性杀菌剂 ···220

7.2.4 其他因素对手性农药的对映体毒性的影响 ······224

7.3 手性新型有机污染物 ··226

7.4 手性药物与个人护理用品 ··································227

参考文献 ··227

第 8 章 手性污染物对映选择性毒性分子机制 ··········233

8.1 细胞毒性 ···234

8.1.1 细胞毒性研究简介及意义 ·····························234

8.1.2 常用模型及方法 ···234

8.1.3 细胞毒性机制研究 ······································237

8.2 卵巢毒性 ···243

8.2.1 卵巢毒性研究简介及意义 ·····························243

8.2.2 常用模型及方法 ···244

8.2.3 卵巢毒性机制研究 ······································245

8.3 胎盘毒性 ···248

8.3.1 胎盘毒性研究简介及意义 ·····························249

8.3.2 常用模型及方法 ···249

8.3.3 胎盘毒性机制研究 ······································250

8.4 发育毒性 ···253

8.4.1 发育毒性研究简介及意义 ·····························253

8.4.2 常用模型及方法 ···254

8.4.3 发育毒性机制研究 ······································255

8.5　促癌作用机制 ··260

8.5.1　促癌作用研究简介及意义 ·······································260

8.5.2　常用模型及方法 ··260

8.5.3　促癌作用机制研究 ···261

8.6　植物毒性 ··263

8.6.1　植物毒性研究简介及意义 ·······································263

8.6.2　常用模型及方法 ··263

8.6.3　植物毒性机制研究 ···264

8.7　代谢表型的影响 ···269

8.7.1　代谢表型研究简介及意义 ·······································270

8.7.2　常用模型及方法 ··270

8.7.3　代谢表型影响研究 ···271

参考文献 ··273

附录　缩略语（英汉对照） ···291

索引 ··296

第1章 绪　论

本章导读

- 介绍手性问题研究的早期历史、手性的概念、生物世界中对映选择性的必然规律，提出手性污染物环境过程及毒性效应必定具有立体选择性。
- 讨论自然界的手性现象，包括从微生物、动植物及人类的不对称性所产生的手性现象。
- 总结早期关于手性分子的研究成果、碳原子的正四面体理论、偏振光强度变化的规律，回顾分子手性研究成就的诺贝尔奖得主。
- 介绍四类主要手性污染物的种类、研究现状及研究发展趋势。

　　虽然手性是个古老的概念，但在对映体水平上研究手性污染物的环境化学与生物效应的历史并不长。通过对早期艺术品和人工制品的观察，人类意识到手性异构现象已有 1000 多年的历史[1]。伊曼纽尔·康德（Immanuel Kant，1724—1804）对手性进行了简单的描述，他指出"什么东西可以比我的手或耳朵在镜子中的影像更像其本身呢？但是我无法将我在镜中看到的这样一只手放在它原像的位置上……"[2]，这个定义比伟大的法国科学家路易斯·巴斯德（Louis Pasteur）（图 1-1）的定义早了近一个世纪。手性（又称手征性，chirality）概念非常简单，就像人的双手一样，左右手具有镜像关系，但不可重叠（图 1-2）。在不同学科中，手性定义也不尽相同，而手性在自然界却无处不在。例如：人们大多用右手写字，少数用左手写字（尤其在中国）；植物界许多藤本植物的茎盘绕方向是右旋的（图 1-3），仅有少量是左旋的。直到 Louis Pasteur 将相关手性现象延伸到分子领域，并意识到生物世界中手性的重要价值[3]，才是真正手性科学研究的开始。

图 1-1　Louis Pasteur
（1822—1895）

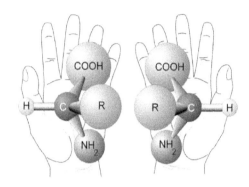

图 1-2　左右手镜面对称

图 1-3　常春油麻藤（*Mucuna sempervirens*），豆科，叶与嫩茎，右手性

开尔文勋爵（Lord Kelvin，1824—1907）定义手性为"任何一个不能与其镜像完全重叠的几何构型或者点群都可以说其具有手性"[4]，这种由分子的不对称引起的异构现象类似左手、右手互为镜像一样，所形成的异构体称为对映体（enantiomer）。

在漫长的生物、化学演化过程中，地球上出现了无数的手性化合物。构成生命体的有机分子，无论在种类上或在数量上，具有手性构型的占绝大多数。尽管生命中手性起源的问题历经物理学、化学、生物学以及天文学等领域的科学家们长达近一个世纪的研究与探索，许多学说仍处在争鸣和验证发展完善中[5]，但是人们已达成共识：手性是宇宙间的普遍特征，立体选择性在生命过程中是必然的规律。环境问题，特别是带有手性中心（chiral center）的化学污染，由于其作用的对象是生物界，一切手性污染物的环境过程与生态毒理效应也必定具有立体选择性（stereoselectivity），又称对映选择性（enantioselectivity）。

1.1 自然界中的手性现象

手性是自然界普遍存在的一种现象，Neville 在《动物的不对称性》一书中收集了一些在动物世界中存在的不对称的例子[6]。Gardner 也以手性为主题编著了精彩的《精巧的宇宙》一书[7]。Thompson 的名著《发育与形态》中也有关于这一主题的相关讨论[8]。我们仔细观察蜗牛（*Helix pomatia*）壳发现，蜗牛壳螺旋方向几乎全是右旋的（图 1-4）。但因此得出所有蜗牛壳都是右旋的结论就不正确了。虽然左旋形式很少见，但的

图 1-4 右旋的蜗牛壳

确存在。法国东部一家蜗牛处理公司的工人使用一种特制的手性刀具将蜗牛肉从壳中取出，而这种刀具并不适合偶尔碰到的左旋的蜗牛壳，人们发现，蜗牛具有左旋蜗牛壳的概率大约为 1/20000。

对某些物种来说，对映体积累的变化非常大。比如，在法国一座岛上，蜗牛（*Partula suturalis*）壳的螺旋方向与蜗牛所处的地域关系密切。海岛的北部区域以左旋为主，南部以右旋为主，中间区域则两者混杂。与之类似，美国加利福尼亚海岸比目鱼中，左眼及右眼的个体比例大约为 1∶1，而日本海域同种比目鱼几乎排除了左眼的变异[9]。在总结自然界微生物、动植物的手性现象前，我们先简要讨论一下生物分子微观的不对称现象。

1.1.1 生命系统：对称有机体中的不对称模块

科学研究已成定论：外观上左右对称是对生物的一种错觉，生物体几乎均由单（均）一对映体分子模块构成。比如鱼类，鱼的左右两侧都包含 D-糖、L-氨基酸、P 螺旋性[①]的α蛋白和 M 螺旋性的淀粉分子等。因此，许多动植物外观上的对称实际上是一种"假对称"。

大部分蛋白质由 L-氨基酸构成，而一些蛋白质以一定方式折叠从而形成拓扑结构，这也是手性的一种形式[9]，所有蛋白质本质上均具有手性。在关注蛋白质结构及动物体外形时，人们惊奇地发现，对映体纯的物质重复积累往往会形成 1 个高度对称的超分子结构。如跨膜蛋白，它以 7 个跨膜的具有 P 螺旋性的 α 蛋白为基础，从而形成了 1 个管状的超分子结构。这些蛋白质在外观上是极对称的，许

---

① P 螺旋为顺时针旋转；M 螺旋为逆时针旋转。

多含二聚体、四聚体等结构的酶，虽然从整体外观来讲也是极对称的，但是最终分析显示它们是具有手性的，因为它们由 L-氨基酸组成[10]。免疫球蛋白①超家族也有这种倾向，其中，IgG 免疫球蛋白由含单一抗原识别位点的二聚体组成。而 IgA 免疫球蛋白是由一倍、两倍或多倍类似 IgG 的结构单元组成。IgM 则由 5 个类似 IgG 的结构单元组成，组成免疫球蛋白超家族的氨基酸均为 L 型[11]。在细胞的结构形成上，许多具有不对称形态的细胞组分都会产生一定的作用。在亚细胞水平上，无论是具有管状、棒状还是杆状结构等，往往都会自然地盘绕起来，如肌动蛋白、肌浆球蛋白、烟草花叶病毒蛋白、胶原纤维、微管及原核生物的鞭毛。

不对称外形相对比较罕见，那么我们首先要问，为什么大多数生物的外形是对称的？Gardner 推测，早期生命很可能是球形对称的，"一旦生命到达海洋底部或是陆地上，永久的上下轴就已经产生了"[7]。他认为以固定方式生活的大多数植物和动物，如树木、海葵、管状蠕虫等，具有圆锥形的对称性，其顶部与底部极易区分，但前后左右往往难以区分。虽然一些游行动物，如海星、水母保持着圆锥对称的体形，但大部分游行动物的体形已经发展到左右对称了，这种动物除了头尾可区分，其前后也可区分出来。嘴和眼睛，或是其他感觉器官对于移动生物前端的感觉更加灵敏。而环境中游动的鱼、飞行的鸟或奔跑的哺乳动物几乎都无法区分左右。

然而，部分植物和动物已具有手性的体形，其中很可能是一个偶然事件或是由环境的不对称性引起的。而这些反常事件大多已被科学家个别研究。例如，鱼类研究者研究了比目鱼的不对称性，软体动物学家研究了腹足动物外壳的不对称性，植物学家则研究了藤、蔓的不对称性，等等。生物学领域的最新发展是将这类问题引入到化学领域，并发现一些控制不对称构型的相关基因[12]。

1.1.2 微生物、动植物的不对称性

1. 微生物的不对称性

实际上，具有不对称体形的微生物还是相当普遍的[13]。上述的 Gardner 关于为什么游行生物体具有对称体形的推理并不适用于微生物。螺旋状的体形使它们可以以螺旋的方式在高黏度的环境中游行，比如梅毒螺旋菌(*Trepanoma pallidum*)，其形状类似一个 P 螺旋状的螺丝锥。Hegstrom 等在标题为《宇宙的手性》综述中指出，杆状菌[如枯草芽孢杆菌(*Bacillus subtilis*)]通常是一个呈 P 螺旋的群体[14]，

---

① 人血浆内的免疫球蛋白可分为五类，即免疫球蛋白 G（IgG）、免疫球蛋白 A（IgA）、免疫球蛋白 M（IgM）、免疫球蛋白 D（IgD）和免疫球蛋白 E（IgE）。其中 IgG 是最主要的免疫球蛋白，约占人血浆内种球蛋白的 70%。

但在加热后会改变呈 M 螺旋状[15]（图 1-5）。

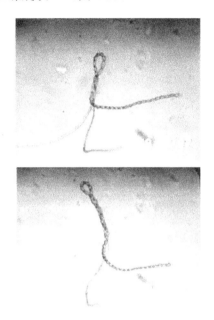

图 1-5　显微镜下枯草芽孢杆菌自然卷绕成螺旋状纤维

常见的纤毛原生动物草履虫（*Paramecium*）的外形类似右脚穿的拖鞋，这使得该生物具有螺旋状的运动方式。Neville 在研究纤毛原生动物时发现，有 102 个物种的游行轨迹为 M 螺旋，62 个物种的游行轨迹则为 P 螺旋[16]。这一结果无疑证实了生物体外形的部分不对称性。腰鞭毛虫属于腰鞭毛目的原生动物，因为能引发赤潮而引起广泛关注。其尾部有一凸出的鞭毛用于向前推行，而盘绕于中部的鞭毛可使行进中的腰鞭毛虫得以旋转[13]。许多单细胞海藻，如常见的水绵属绿藻类亦含有螺旋的成分，在藻青菌中也发现螺旋结构。

2. 植物界的不对称性

植物界中可观察到多种不对称类型。例如藤蔓，旋花属植物或攀缘茎类植物，一般盘绕成 P 螺旋。但有些物种，如蛇麻草（*Humulus lupulus*）和金银花（*Lonicera japonica* Thunb.）则盘绕成 M 螺旋。这些都很常见，威廉·莎士比亚（William Shakespeare，1564—1616）等诗人也都发现藤蔓的盘绕具有两种相反的螺旋方式[7]。

在茎杆上花或芽的排布也是螺旋状的，这是植物不对称性的另一种形式。这一研究在 19 世纪十分流行，而且弥漫着神秘主义和伪科学的色彩。Thompson 对早期有关手性的研究工作进行了综述[17]，Jean 将整个手性发展历史以及更多的近期研究成果总结在他的一部著作中[18]。许多植物的不对称性是由其叶序的排布造成的。著名的例子如兰科绥草属（*Spiranthes*）的花刺以及松果的鳞苞。许多棕榈树上也发现了螺旋排列的叶或枝条。如 *Pandanus forsteri*，一种产自新西兰本土的棕榈（*Trachycarpus*）属棕榈（图 1-6），可见两种光学异构的形态。

另一种植物不对称性表现为花的手性。许多花，如图 1-7 所示的芙蓉属植物（如 *Hibiscus mutabilis* Linn.），其花瓣的排列具有优先的旋向性。番木瓜的雌花花瓣呈顺时针盘绕，有趣的是，其雄花花瓣的盘绕方向恰恰相反。绝大多数的兰花品种是左右对称的，只有少数品种具有手性的花朵[19]。比如，血叶兰（*Ludisia discolor*）和飞燕兰（*Mormodes colossus*）花朵中多个部位都有弯曲，而并非左右对称。虽然有一些品种花瓣发生扭曲，粗看似乎是左右对称的，但由于花瓣扭曲在对称平面任意一侧都具有相同的螺旋性，所以它们实际上是手性的。

图 1-6 新西兰本土的棕榈属棕榈

图 1-7 芙蓉属植物花的手性

最有戏剧性的例子是热带植物毛足兰属（*Trichopilia*）植物（图 1-8），所有的花瓣和萼片均具有强烈的 M 螺旋的扭曲。新热带植物围柱兰属（*Encyclia*）以及亚洲-太平洋植物石斛兰属（*Dendrobium*）植物也具有呈 M 螺旋的花瓣。具有这种特性的 *Dendrobium*，因卷曲的花瓣竖直看上去像两只角，被称为"Antelope *Dendrobium*"（羚羊石斛兰）。

虽然从植物学的角度来描述植物特性有众多术语，包括叶子的形状、生长习性及其他辨别的特性，虽然这些特性包含了花瓣螺旋的形状，但没有花瓣旋转方向的描述。很明显，对物种的描述中应当包括手性的信息，而且很可能这一信息对物种的分类有一定帮助，并可能对物种进化关系的研究具有一定的参考价值。

图 1-8 热带植物毛足兰属植物

3. 无脊椎动物的不对称性

有关无脊椎动物不对称性的例子较多。腹足动物及蜗牛外壳的不对称性是动物不对称性中研究得最多的领域之一[20]。长期以来，人们注意到大部分蜗牛的外壳是右旋的，仅有少数品种的外壳为左旋。另外，某些正常状态下呈右旋的物种偶尔也会出现左旋变异的情况，反之亦然。如印度铅螺（*Turbinella pyrum*），正常状态下是右旋的物种，但偶尔也可以找到极稀有的左旋个体。而寻找这一稀有左旋品种个体已有上千年的历史，在远古的雕塑中，毗瑟挐也描述过左旋的贝壳。绝大部分的腹足动物在常态下是右旋的，仅有少部分为左旋品种。迄今为止，仍然很难讲明是什么原因造成了右旋形态的优势。但是倘若进化机制可使同一物种中的右旋体避免向左旋体转化，那么在右旋群体中的左旋突变异种则可能是竞争的缺陷造成的。

关于腹足动物盘绕方向的遗传性已有一些研究。对于蜗牛的螺旋，左旋是逆向的，而对于孔雀草（*Tagetes patula*），右旋是逆向的[20]。控制盘绕方向的因素在未受精的卵子中已经出现，所以盘绕方向不是由个体本身的基因型决定的，而是由其母体的基因型决定的。这是"母性遗传"的一个实例。

甲壳亚门动物的不对称性有很多著名的例子，如钳子尺寸不同的龙虾和螃蟹。这样的不平衡发育被称为各向异性，在雄性螃蟹 *Uca pugnax* 钳子中表现得尤为突出（图 1-9）。Neville 研究发现，其大钳子的重量可以是小钳子的两倍，大概为总体重的 70%[16]。这么大的各向异性在自由游行的十足甲壳类动物中是极少见的。

翅膀交叠方式的不对称是昆虫不对称性中的典型例子[16]。蟑螂一般偏好于左翅叠于右翅之上，而蟋蟀的正好相反。

图 1-9　螃蟹发育各向异性

4. 鱼类的不对称性

鱼类中，关于比目鱼的不对称性研究已经十分广泛并结果明确[7,9,16]。刚孵化出的比目鱼幼体的眼睛同其他鱼类一样，是左右对称的，并可以自由游动。但约 3 个星期后，它们下沉至水底，并将身体侧翻，一面朝上，一面朝下。朝水底的那只眼睛逐渐往上往前移动，几个星期后完成这种迁移。伴随着这一迁移还有其他一些变化，包括下侧色素的缺失及颚、鳞、鳍、横纹的不对称化。比目鱼的眼睛一般位于右侧，但有些则位于左侧，还有一些如星斑川鲽（*Platichthys stellatus*），则同时存在右侧眼及左侧眼的个体。Policansky 设计了一些有意思的繁殖实验以阐明星斑川鲽中不对称的遗传性因素[9]。在实验中，可能需要几个月的时间才能使幼鱼到达一个可使其朝不对称转化的环境，实验的结果表明外界环境和基因在比目鱼不对称的转化中都有可能扮演着重要的角色。但许多微生物伴随不对称体形的同时具有螺旋状游动的现象，而在鱼类的研究中并未发现这一现象。

5. 鸟类的不对称性

鸟类的不对称性是极其少见的，仅有的一个例外是交喙鸟（*Loxia curvirsotra*）。其交叉的喙可以帮助它在松果中拣取种子。根据 Neville 的报道，交喙鸟出生时，喙是对称的，大约在其一个月大时，喙开始交叉[16]。Gardner 研究发现，美国境内的大多数交喙鸟上颚偏向左，而在欧洲偏向左的情况更加普遍[7]。Neville 提到的另一种有趣的不对称鸟类为新西兰歪嘴鸻（*Anarhynchus frontalis*），这种鸟的喙往往偏向右侧（图 1-10）。这可能有助于它们翻开石子以搜寻食物。

谷枭（*Barn owls*，草鸮科）的头骨也是不对称的，因为它的一只耳朵发生了转移。这使其可更明确地判断出声音的方位，提高捕猎能力[21]。Neville 强调：

从外观上来看，鹅孵化中在出壳时总是以逆时针方向穿孔。这与其头的方位有关，因为鹅颈总是扭到一边的[16]。另外，Gardner 报道：所有雌鸟的卵巢和输卵管都是左右不对称的。在幼鸟中，左右卵巢和输卵管的尺寸是相等的，但在鸟的发育过程中，右侧的器官退化并失去作用，只有左侧输卵管在怀卵期间增大，并保持其功能[7]。

图 1-10　新西兰歪嘴鸻

6. 爬虫类和两栖类的不对称性

有关爬虫类及两栖类不对称性的例子极少，但 Neville 指出一些火蜥蜴和青蛙具有不对称结构[16]。

7. 哺乳动物的不对称性

哺乳动物中的不对称性也是相当稀少的。Gardner 提及了日本秋田狗的尾巴，其中雄狗的尾巴卷向一边，而雌狗的卷向另一边[7]。野猪的牙和羚羊的角也是手性的，一般身体的另一侧有一个具有相反手性的牙或角，以使整个个体保持中心对称（内消旋）结构。

但独角鲸（*Monodon monoceros*）是个例外。独角鲸是生活于格陵兰岛领域的一种鲸，但它曾经广泛分布于北极地区。雄性独角鲸具有一个明显 M 螺旋性的长牙。这一长牙从独角鲸嘴巴的左侧凸出，相应的右侧的牙齿则不会延长凸出。但也有报道说少数独角鲸（雄性独角鲸中约有 0.2%）左右两侧的牙齿均会延长[22]。独角鲸的牙齿均为 M 螺旋，这与以上有关哺乳动物牙及角不对称的一般规则相矛盾。与牙齿一样，独角鲸的喷水孔也是不对称的，一般位于中间靠左。

8. 人类的不对称性

人类的身体是近似左右对称的。但有一些例外，如强烈的右手偏好性（右撇子），大约95%的人是右撇子。而左手偏好性的人往往处于不利的地位，因为日常很多物品的设计、制造都更利于右手使用者。如剪刀、棒球手套、开瓶器、手表等[7]。

也有很多关于人脑不对称性的研究，Saravi 对左脑-右脑问题进行了综述。除去一些不合理的部分，有些事实还是很有意思的。人脑的左右半球在功能上或多或少是独立的，各司其职[23]。比如，右脑一般空间感和识别脸形的能力较强，而左脑则一般具有较好的计算功能。很多有关这一课题的知识是在孤立左右半脑的神经束的情况下得到的。

正电子发射断层成像（PET）和核磁共振成像（MRI）技术的应用为正常人体脑部不对称性研究提供了一些宝贵的信息。例如，早先的报道认为音乐及其他"艺术"功能主要由右脑控制[24]。而近期，通过这两种技术对一位音乐家的脑部进行研究发现，其左半球的颞平面（planum temporale）区域比一般人大，这种不对称性在音乐家体内非常明显。

人体内部的器官也有不对称倾向，心脏、胃、胰腺一般位于人体左侧，而肝脏、阑尾、胆囊一般位于右侧。在被称作内脏逆位（*situs inversus*）的特殊条件下，大约0.01%的人会受到影响，而且内脏本身的排列也将会颠倒。有趣的是，在连体婴的其中一个个体中往往会发现内脏逆位。目前已经明确，控制这一条件的家族型基因在 X 染色体上[25]。

进化生物学研究最活跃的领域包括对控制内脏逆位的基因和引起进化不对称性的其他因素的研究。一种被称为音猬因子（sonic hedgehog）的基因被认为在鸡内脏器官不对称进化中扮演重要角色，与其紧密相关的基因可能在果蝇、斑马鱼、鼠类甚至是人类中扮演着相似的角色[26]。目前进化生物学发现的速度是十分惊人的，可以预见从基因的角度认识动物不对称性为时不远。

人类和动物的一些行为也是不对称的。Gardner 指出蝙蝠总是以 P 螺旋的路径飞向天空。有人猜测飞翔的鸟类或蛇盘绕方向也有类似的偏好[7]。

Gardner 报道说，当海豚被限制在一个圆形容器中，它将以逆时针方向游行[7]。另一研究发现用 *S*-安非他明（amphetamine）处理猫后，它会以逆时针方向转圈[27]（没有有关用 *R*-安非他明处理猫的报道）。

很明显，生物体外部形态的不对称性是一个值得关注的课题。多种生物的不对称性可能对分类学有一定作用，而且当不对称性存在时，在描述物种进化的过程中需要包括手性的信息。在使用确切的描述手性的术语时必须十分小心。从自然界的手性现象不难看出这一研究领域的重要性，本章开头已提及，是 Pasteur 将相关手性现象延伸到分子领域，并首先将其运用到了生物领域。下面论述 Pasteur 关于手性分子的研究之路，希望对手性化学家有启示。

1.2 Pasteur 关于手性分子的研究及成果

1846 年，Pasteur 从法国 École Normale Supérieure de Paris（巴黎高等师范学院）完成学业后留校继续他的研究。他在对从酒糟中分离出来的酒石酸盐（tartrate）晶体结构进行研究时发现，酒石酸盐的晶体有两种结晶形态，这两种晶体的关系就好像一个物体与它在镜子中的映像一样（图 1-11）。

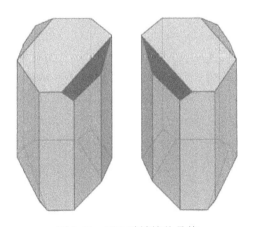

图 1-11　酒石酸钠铵盐晶体

Pasteur 发现，酒石酸钠铵溶液可结晶出两组晶体，他利用手工挑选晶体的方法成功地将光学活性异构体从非活性混合物中分离出来[28]。Pasteur 还发现它们的水溶液能够使偏振光产生不同的偏转方向，一种使偏振光向左偏转，另一种则使偏振光向右偏转，所以这种物质又称光学活性物质（optical active substance）。更为奇妙的是，当把这两种晶体的溶液等量混合以后，则不会发生偏振光的偏转，而它们的其他物理和化学性质相同。由此，Pasteur 断定酒石酸盐分子具有两种不同的空间构型，这也是手性概念第一次被引入化学领域，为现代有机立体化学奠定了基础。Pasteur 对酒石酸盐晶体半面现象的发现，在科学史上具有里程碑意义。

1.2.1   Pasteur 的光学论断

Pasteur 在研究之初就发现，半面指向右的酒石酸盐晶体在形态上与自然状态下产生的(+)-酒石酸盐所生成的晶体具有完全一致的构型。在水溶液中，它们具有相等的平面偏振光偏转角度，均向右偏转，即都是顺时针或正的方向。与之对应的另一个指向的晶体，在水溶液中有等量的光偏转角度，但方向相反，指向左，即逆时针或负的方向。根据两组晶体在形态学上的异构，Pasteur 依据类推法猜测，新分离出来的晶体(–)-酒石酸盐和其对映体(+)-酒石酸盐具有不可重合的镜像分子构型。在当时，"光学异构性"用于描述那些具有相同的物质组成和基本理化性状，只是一类具有光学活性，而另一类不具有光学活性的物质，如(+)-酒石酸盐和(±)-酒石酸盐。Pasteur 的进一步研究使"对映体"的概念得到完善。对映体是存在于液相中具有相等的光旋转角度但方向相反的一对异构分子，这对具有两种光学活性构型的等量分子混合物组成了一种非光学活性的外消旋物质（racemic substance）。由于这种分子（肉眼可分辨的对映异构体）的不可重合镜像关系，Pasteur 新创了"dissymétrie"这个词，通常被译为"不对称物质"。直到 1904 年，Kelvin 在巴尔的摩的演讲中才引入了"手性"（希腊语 *cheir*，相当于英语中的 hand）这个术语来描述对映体间的关系[28]。

19 世纪 60 年代，由于没有成熟的分子结构理论，Pasteur 的化学洞察力只能局限于分子构型[29]。在 Pasteur 的一生中，他发现的所有在溶液中具光学活性的物质，都是天然产物，或来源于天然物质。从中他推测，活性的生物体拥有手性的自然力来生物合成自身具有光学活性的物质。Pasteur 在 Strasbourg（斯特拉斯堡）大学（1849～1854 年）和 Lille（里尔）大学（1854～1857 年）担任化学教授期间，试图找到通用的手性介质。他认为，如果他发现了不对称性的原子力，则将能成为"生物学领域的伽利略或牛顿"[30]。

1846 年，迈克尔·法拉第（Michael Faraday，1791—1867）的研究表明，玻璃或其他均匀透明介质在磁场中可产生光学活性。1853 年，Pasteur 将完全对称晶型物质置于强大的电磁场中，希望得到光学活性，但失败了。同年他发现，带有一个光学活性植物碱基（plant-alkaloid）的酒石酸形成了两种不同的非对映体盐，而这两种盐有不同的溶解度，因此可用结晶的方法将对映体分开[30]。为了寻找普遍存在的手性能量（chiral power），Pasteur 用偏振光照射酒石酸盐，结果也没有成功。但是，他把酒石酸辛可宁（cinchonine tartrate）在 170 ℃下加热几小时后，从滤渣中分离出了一种新的非活性异构体，这在当时被他描述为打开分子形态的缺口，但其实际是酒石酸的中间体[31]。1854 年，Pasteur 又利用一个日光反射器，模拟太阳的升与落来处理植物，以期了解地球的旋转对植物光合作用所制造产物的光学活性的影响，试验又失败了。

　　尽管 Pasteur 在斯特拉斯堡大学和里尔大学期间关于手性自然力的研究并不顺利，由此他转向较为间接的途径来进行研究，即假设活性有机体具有手性作用力。他利用这种作用力从外消旋混合物中分离出了对映体。通过这种途径，他发现有好几种方法可用来从外消旋酒石酸中分离出一种或两种光学活性对映体。

　　1857 年后，Pasteur 回到巴黎，开始担任巴黎高等师范学院生理化学研究室主任（1857～1867 年）。1858 年，他发现了用于研究外消旋体旋光性的第三种方法，即以酒石酸铵盐作为土壤灰绿青霉（*Penicillium glaucum*）生长的碳源。灰绿青霉优先吸收(+)-酒石酸，从而使培养基中的左旋物质逐渐达到最高值，再将(−)-酒石酸铵从中分离出来[32]。

　　1860 年，法国化学学会邀请 Pasteur 做了两场关于分子不对称性的总结报告。他指出，这些手性的中间体似乎只存在于特定的有机体中，天然有机物一旦产生就有了不对称能量存在。而我们在实验室进行合成反应时，这种能量就会消失或无效[33]。后来，Pasteur 在 1874 年和 1883 年的讲稿中重申了这个理论。但关于手性力的研究并不顺利，直到 1883 年 Pasteur 才回顾了不对称晶体和光学溶液的研究，以及他的宇宙手性的观念。他认为：宇宙是不对称的，如果把太阳系和恒星系中的一切物体置于一面跟随着它们运动的镜子面前，镜像与实物不可重合······生命由不对称作用力主宰。因此，植物通过阳光辐射引起的光合作用亦是手性的。他预言，所有生物物种在其结构上、外部形态上，究其原因是宇宙非对称作用力的产物[34]。关于这方面的研究，物理学家比化学家研究得更热烈。

1.2.2　Pasteur 手性研究发现的化学-物理背景

　　晶体结构的研究以及平面偏振光的发现与研究都早于 Pasteur 对手性分子的研究工作。应该说它们是 Pasteur 发现手性主要的化学-物理学背景。

1. 晶体学及碳四面体结构的影响

　　18 世纪的矿物学家和结晶学家一直认为晶体由空间填入的单元构成，微观具有与宏观晶体相同的几何构型。巴黎自然历史博物馆的矿物学教授勒内·朱斯特·阿维（René Just Haüy，1743—1822）于 1809 年推测，如果晶体继续分辨至分子尺度，则会发现宏观晶体及它的分子组成在形态学上的相似性[35]。Haüy 的这一法则在 19 世纪的法国化学界具有一定的影响力[36]。这个法则导致安德烈·马里·安培（André Marie Ampère，1775—1836）在 1814 年转向这一研究，Ampère 认为，形成宏观晶体的空间填充单元须具三维空间[37]。19 世纪的前半叶，化学发展以经

图 1-12　约瑟夫·阿希尔·勒贝尔（1847—1930）

验主义为主，理论指导很少。在当时，该法则致使 Pasteur 得出结论,(+)-和(−)-酒石酸分子具有不可重叠的镜像结构，但它们与铵盐形成的相应晶体在宏观形态上相似[1]。19 世纪末，Pasteur 的学生约瑟夫·阿希尔·勒贝尔（Joseph Achille Le Bel）（图 1-12）从该法则中得出结论，碳原子的 4 个化学键指向 1 个不规则四面体的顶点，但如果分子结构单元是规则的四面体，则就可得到空间对称的四面体晶体[38a]。不幸的是，Le Bel 是在 48 ℃或高于这个温度下得到的四溴化碳，而这个温度下分子在晶格内转动呈球形，因而没有得到本该由他得到的立方体晶体。事实上，Le Bel 还是发现了“超过一定温度”晶体似乎会变成立方体的现象，但他没有深入研究下去。Pasteur 相对幸运，他用低于 27 ℃的温度对酒石酸铵盐进行结晶，得到两种对映体的晶体。当高于 27 ℃时，就会结晶出全对称晶型的外消旋酒石酸盐，它具有紧致的晶格，两种对映体酒石酸离子可成对穿过一个倒置中心。

　　Haüy 法则被后来的晶体学家用于从几何构型扩展到分子和晶体的物理化学性质研究时，结果常有分歧。Haüy 认为某种物质的最简单晶体是有别于其他物质的，但是其他晶体学家（包括 Haüy 的学生在内）发现了相关的一系列物质的晶体，例如，过渡金属的硫酸盐是同形的但结构混合的晶体[39]。该发现作为同形异质（isomorphism）定律，成为 19 世纪晶体化学的指导原则，于 1819 年由艾尔哈德·米切利希（Eilhard Mitscherlich，1794—1863）在柏林提出。该定律特别指出“相同数量的原子以相同的方式组合产生相同的晶体构型，这种构型与原子的化学属性无关，且只由原子的数量和相对位置决定”[39]。Mitscherlich 用这个定律确定相应硒酸盐和硫酸盐的同形异质中硒和硫的相对原子质量。Haüy 一直没有接受这个定律，但自从发现同形晶体的平面内和平面间的角度通常存在细微差异，他的态度开始变得缓和。

　　加布里埃尔·德拉福斯（Gabriel Delafosse，1796—1878）曾经是 Haüy 的学生，1843～1846 年间在巴黎高等师范学院担任 Pasteur 的“结晶学”课程教师。Delafosse 通过研究晶体的特殊物理性状与物质组成相关的二级结构，并将晶面的纹理与推断的构型和组成分子的内部排序结合起来研究，发现某些情况下，附加在晶体最简构型上的二级面可伴有电或光学晶体特性[40]。

2. 平面偏振光的影响

1809 年埃蒂安·路易斯·马吕斯（Etienne Louis Malus）（图 1-13）关于平面偏振光（plane polarized light）的发现，推动了晶体光学研究的发展。根据不同折射系数（1，2 或 3）来解释平面偏振光在沿晶轴传播的情况，用于单轴和双轴等晶体的分类。1812 年，让·巴蒂斯特·毕奥（Jean Baptiste Biot，1774—1862）在巴黎法国公立大学发现，对于已知波长的光，平面偏振光的偏转角取决于穿过晶面的厚度，但由于晶片的物质特异性差异，出射光有时向右，有时向左。Haüy 把石英晶体两种重要的二级构型区分出来——具有斜半面的平面一组指向右，而另一组指向左。1820 年，博学家约翰·赫歇尔（John

图 1-13 埃蒂安·路易斯·马吕斯（1775—1812）[①]

Herschel，1792—1871）在与他父亲天文学家威廉·赫歇尔（WIllIam Herschel，1738—1822）做实验时发现，一组晶片将垂线切成三角形的轴，平面偏振光顺时针偏转，另一组逆时针偏转。Herschel 总结得到，石英晶体二级构型的手性形态及其引起平面偏振光的顺、逆时针偏转，都有一个共同的起源，即石英晶体分子通过分子间力而对称地排列产生一半的平面，以及通过不对称晶格和光射线之间的力产生光学偏转[41]。

似乎等方性的石英平面可使平面偏振光偏转，而其他双轴晶体的类似正轴面则不能，这种异常最终被光的横波理论解决了。1822 年，年轻的奥古斯丁·菲涅耳（Augustin Fresnel，1788—1827）和他的同事一起研究偏振光的干涉现象，确定了光是横波的理论；发现光的圆偏振和椭圆偏振现象，并用波动说解释了偏振面的旋转；推出了反射定律和折射定律的定量规律，即菲涅耳公式；解释了 Malus 的反射光偏振现象和双折射现象，奠定了晶体光学的基础。由于在物理光学研究中的重大成就，菲涅耳被誉为"物理光学的缔造者"。

Fresnel 假设，石英和其他光学活性物质对左右偏振光有不同的折射指数。一束偏振光一旦进入一种光学活性介质，就会成为双层的左右偏振射线，它们在穿过介质时会不同程度地被阻碍，在两种成分物质之间产生相差。他把一种光学活性介质的圆偏振双折射现象归因为组成这个介质的分子的排列或螺旋结构[42]，

---

① 发现反射时光的偏振，确定了偏振光强度变化的规律（现称为马吕斯定律）。其于 1810 年被选为法国科学院院士。

他的理论也同样可应用于流动相中的光学活性物质，因为在流动相中，光学偏转必然要有一个分子起源。

1846 年年末到 1847 年 4 月，Pasteur 在巴黎高等师范学院做他的化学及物理学博士学位论文期间，奥古斯特·洛朗（Auguste Laurent，1807—1853）对他也产生了一定的影响。Laurent 致力于芳香族化合物取代反应的研究，他认为这类反应有不变的"芳香核"基本结构，因此产物的许多性质与母本之间只存在微小的差异。氯化马钱子碱（chlorostrychnine）晶体与马钱子碱（strychnine）晶体是同形的，因而这两种物质晶体中的分子组成结构必然十分相近；不仅如此，两种物质都具有毒性和光学活性[43]。在 Laurent 的影响下，Pasteur 改变了研究课题，化学方向上他开始研究含砷和含锑盐的类质同形问题，物理学方向上研究流体的光学偏转能量[44]。

从 1815 年起，Biot 为了寻求光偏转机理，对流动相（气相或溶液）中的天然有机物的光学活性做了大量的研究。1846~1847 年，Pasteur 因为对液态天然产物及溶液中酒石酸盐的研究而与 Biot 保持联系。19 世纪 30 年代的化学晶体学研究主要是针对具有相同化学组成的两种物质，其中一种是光学活性的，另一种则没有光学活性。1831 年 Mitscherlich 对(+)-酒石酸盐和非活性酒石酸盐各自晶体构型做了比较，发现两种物质在各种情况下晶体形态不同，除了铵盐一种情况，这些晶体都是类质同形的。当时，他并没有对这个特例赋予重要意义，随着研究的深入，这个特例明显反常。Mitscherlich 经过重复试验，肯定了他早期对酒石酸盐和混合酒石酸盐晶体的结晶学研究结论。1843 年，他将研究结果总结寄给了 Biot，Biot 于次年发表了该结论及其对该结论的注解[44]。

许多化学家对该结论大为震惊。伦敦大学的托马斯·格雷厄姆（Thomas Graham，1805—1869）在他的《化学元素》一书中写道：光学对映体"击败了各种解释的尝试"[45]。但什么是最令人惊奇的呢？Graham 认为，(+)-酒石酸盐和非活性混合酒石酸盐晶体"不仅是它们的酸组成，水和其他要素的比例方面也是种巧合，而且 Mitscherlich 还观察到类质同形的外部构型。没有发现比展示这种盐更直观和让人信服了"[46]。

1847~1848 年，Pasteur 认为自己正处在对光学对映体本质研究的关键时期。Pasteur 在晚年经常引用格言说：科学发现的领域，机会只青睐有准备的头脑。其实，他的科研洞察力早在 1843~1846 年的学生时期就准备好了，例如研究晶体形态学和分子组成之间的关系，以及不对称晶面和晶体的特殊性质之间的关系；研究关于石英的两种主要次生构型的对立手性半面，以及 1822 年相关的 Herschel 等量对立光偏转能量。他受 Laurent 观点的影响更深刻，认为分子结构的相似性可通过晶体形态学和相似物理特性反映出来，包括光学活性。同时他还受到 Biot 的影响，认为液相中光学偏转能量局限于生物的天然产物。

酒石酸钠铵盐晶体的半晶面意味着在一定程度上它们是光学活性酒石酸。Pasteur 注意到，这些晶体的晶面只有一半与(+)-酒石酸盐晶体的晶面相同，这类晶体在溶液中有正光学偏转。而另外一半的晶体有互补的镜像方向，在溶液中呈相反的负光学偏转。由于光偏转发生在液相中，表明偏转效应是分子引起的，(+)-酒石酸盐和新发现的(−)-酒石酸盐，化学组成相同，因此在分子排列上必定有所不同。Pasteur 推测，像各种肉眼可见晶体的形态学上的二级结构一样，可用不可重叠的镜像性状区别。

Pasteur 的发现为光学对映体研究提供了更新更实质性的基础。此时关于一对不对称分子的描述为，化学组成和基本结构上完全相同，只在溶液中有相反的平面偏振光偏转，即手性异构体（对映体）。然而化学性质相同的提法没有持续多久，因为，1853 年 Pasteur 发现(+)-和(−)-酒石酸生物碱基盐有不同的溶解度。1856 年发现发酵得到的戊基酒精存在光学活性和非光学活性物质后，Pasteur 收回了"半面校正法则"的提法。通过结晶单酯钡盐可得到 2 种对映体，且这样得到的晶体被证实是同形的且缺一半的晶面[47]。

Laurent 十分关注化学发展的主流，特别是有关有机物质反应和结构的阐释。他拓展了晶体构型和分子组成之间的传统分析，寻求晶体表面物质和本质之间的"近似同形"，提出取代反应不会使结构彻底改变的假设。Laurent 的一个观点认为，就算反应不会减少物质的分子结构，也可以推测假设结构的可能反应，从而测试结构的合理性。*Méthode de chimie*（Laurent 著，1853 年）的出版具有广泛的影响力。该书认为"在我们时代，Laurent 的发现就像拉瓦锡（1743—1794，法国化学家，氧气的发现者）的发现在他那个时代一样都是极其重要的"[48]。

由于 1848 年 Pasteur 第一个提出光学分辨的方法，科学界对他报以很多赞誉。但 Pasteur 本人对 Laurent 的崇拜却在减弱，并且又将杜马（J. B. A. Dumas，1800—1884）立为了自己的榜样。1852 年，在给 Dumas 的一封信中，Pasteur 痛陈了其作为 Laurent 学生时受到的影响，同时希望得到 Dumas 的帮助[43]。1868 年，Dumas 将 Pasteur 引荐给国王，国王将他提升为荣誉团体的带头人。

3. Pasteur 的认识局限

大约在 1850 年之后，除了对自己提出的不对称分子划分标准的捍卫以及对实验化学中光学活性的区分外，Pasteur 对主流化学的发展几乎没有兴趣了。1850 年，Pasteur 发现来自芦笋的天冬氨酸具有光学活性，同年，Dessaigens 通过加热延胡索酸铵盐合成了一种没有光学活性的物质——天冬氨酸。Pasteur 感到非常奇怪，访问了 Dessaigens，并且从他那里得到了合成的天冬氨酸样品，并证实合成的天冬氨酸确实表现出非光学活性。

1853 年，Pasteur 分离得到内消旋的酒石酸。他认为这种潜在的不对称存在 4 种结构形式，也就是他建立的酒石酸有 4 种不同结构：左旋和右旋光学对映体，外消旋混合物（racemic mixture 或 external constitution）和内消旋物（internal constitution）。

1860 年，Pasteur 在关于分子不对称的论文中声称，化学家最多能够在实验室合成中性的化合物，并且提出由 Dessaigens 合成的天冬氨酸肯定是中性的。这个合成的天冬氨酸应该不是一种外消旋的结构体，并且他认为"因为在那种情况下，不止有一种活性物质提取出来了，而是得到两种这样的物质，一种是左旋的，另一种是右旋的"[49]。很明显，Pasteur 根本没有检查 Dessaignes 给他的样品，虽然人工合成天冬氨酸是外消旋的，通过其对映体的生物碱基盐的不同溶解度，或是使其氨基化合物结晶，天冬酰胺酸对映体会自发结晶出(+)-和(−)-晶体。因 Perkin 和 Duppa 于 1860 年报道了一种通过琥珀酸（succinic acid）人工合成的外消旋酒石酸，Pasteur 才不得不承认化学家可以合成外消旋物质[50]。Pasteur 还保留了合成的外消旋酒石酸样品，发现这不是内消旋物质，而是外消旋酒石酸，因为其可以分离出左旋、右旋酒石酸。

后来，Pasteur 认为：化学家不能在实验室通过标准步骤直接从非活性物质中合成光学活性物质，而必须依赖这样一种合成手段，即非活性的有机体通过有机体控制下的普遍手性力（chiral forces）来完成。实验室合成与生物过程的区别并不是最重要的，他说"我认为化学合成产物与生物过程产物之间必然存在差异"[51]。

1.2.3　Pasteur 时代的分子结构理论和立体选择性手性合成

1860 年卡尔斯鲁厄（Karlsruhe）国际化学会议之后，关于化学元素的原子质量和原子化合价理论被广泛接受。这使发展基于原子之间化学键结合数量和方向的分子结构构建成为可能。

受 Laurent 化学理论方法的影响，奥古斯特·克库勒（August Kekulé，1829—1896）基于苯的六边形环状模型，于 1865 年提出分子平面结构理论。Kekulé 的理论在原子取代反应中能够得到很好的验证。特别是环状同分异构的苯系物结构。但 Kekulé 的理论对解释脂肪族物质的结构不是很成功，其中光学对映体是主要问题并持续到该理论从三维上来描述这类物质的立体结构。1874 年，法国的 Le Bel 和荷兰的雅各布斯·亨利克斯·范托夫（Jacobus Henricus van't Hoff）（图 1-14）

各自提出了碳原子的 4 个化合价的四面体结构，以致被结合到 1 个碳原子上的 4 个不同基团产生了 2 个对映体结构，仅仅在其中一个不可重合与另一个形成镜像这点上存在差异。这种模型（异构体碳原子的四面体）解释了当时了解的所有可溶的光学异构物质。van't Hoff 还预言了尚未被发现的光学异性的种类。

图 1-14　雅各布斯·亨利克斯·范托夫（1852—1911）[①]

　　Pasteur 在 1875 年和 1883 年的回顾报告中并没有提及 van't Hoff，但是他经常间接提到 Le Bel，并承认他为自己的学生。的确 Le Bel 在他的研究中采用了 Pasteur 的理论。1874 年，Le Bel 寻找不对称力，并认为这种力能够阻止在有机合成时外消旋酸盐的生成。Le Bel 在寻找光学异构体的过程中，倾向于把那些通常被人们看作平面分子的视为三维空间分子。1890～1894 年，Le Bel 提出了独特的观点，即碳的 4 个化合价比规则的四面体具有较低的对称倾向性，因为四碘化碳晶体和四溴化碳晶体是双折射晶体。在 Haüy 理论中，1 个晶体和它的要素分子是形态学映像。因此 Le Bel 提出乙烯肯定是 1 个非平面的分子，而且它的 1∶2 的衍生物会溶解于光学异构体。1892 年，Le Bel 试图根据 Pasteur 的第三种方法，利用微生物优先消耗一种异构体作为碳源，分解柠檬醛酸。他发现微生物的确增加了化合物的光活性。在 1894 年，他发现这种光活性物质是(−)-甲基丁二酸，由微生物酶立体定向催化甲基丁烯二酸（citraconic），并使之与水加成形成（图 1-15）[38b]。

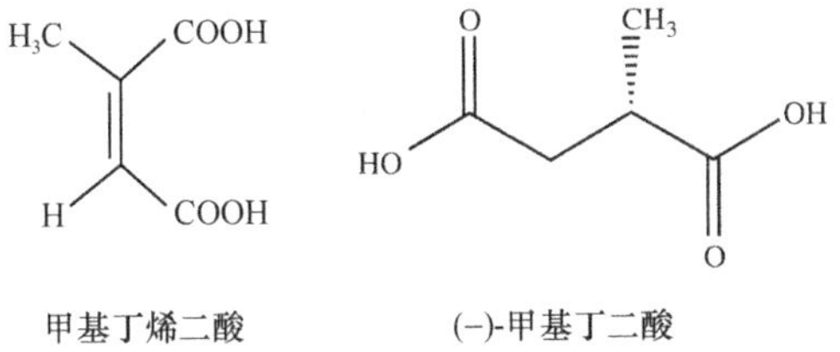

甲基丁烯二酸　　　　　　(−)-甲基丁二酸

图 1-15　微生物酶催化立体定向形成光活性物质(−)-甲基丁二酸

---

　　① 雅各布斯·亨利克斯·范托夫：发现溶液中化学动力学法则和渗透压规律，首创"不对称碳原子"概念，以及碳的正四面体构型假说。1901 年成为第一位诺贝尔化学奖得主。

图 1-16　埃米尔·费歇尔
（1852—1919）
生物化学及多肽和糖类化学家，第
二位诺贝尔化学奖得主（1902 年）

van't Hoff 更倾向于采用 Laurent 和 Kekulé 的惯例，从碳化合价的四面体倾向性为饱和的和未饱和的有机分子，提出了详细的光学和几何学异性的期望值。van't Hoff 的由 n 个手性碳原子结合链 A-[CXY]$_n$-B，产生的关于立体异构体数目的预言，最早被埃米尔·费歇尔（Emil Fischer）（图 1-16）通过实验测定了。随后就被 Fischer 用于研究糖和缩氨酸。他发现，就像 van't Hoff 预言的那样，如果 A 和 B 是不等价基团，有 2^n 种光学活性的立体异构体。这 2^n 种立体异构体由 $2^{(n-1)}$ 个化学构造不同的非对映异构体组成，每一个非对映异构体由 1 对镜像对映体组成。

Fischer 通过合成和分解的化学方法将各种糖联系起来，特别是醛糖酮糖系列间的相互关系，建立了他的 D 和 L 构型理论。这可追溯到 1906 年 Rosanoff 假设的丙糖，D-(+)-甘油醛的绝对构型[52]。后来，Fischer 的构型理论通过 X 射线结晶学中的不规则分散方法被证明在立体化学上是正确的[53]（图 1-17）。

图 1-17　D-(+)-甘油醛的绝对构型

在相对构型理论的指导下，Fischer 比较了糖与微生物、酶之间差异化的反应。发现，用酵母测试其反应的 14 种糖中，只有 4 种单糖可发酵，即 3 种己醛糖（D-葡萄糖，D-半乳糖，D-甘露糖）和 1 种己酮糖（D-果糖）。这些己糖在碳-5 位置有一个相同的立体构型。D 构型虽然很必要，但对反应不是最有利的，因为 D-塔罗糖被证实是不可发酵的乙醛糖。D-塔罗糖的所有手性碳有相同的空间构型，可作为一种或更多可发酵己糖，但是手性中心构型的特殊序列各不相同，且与发酵过程的酶互不相容。

Fischer 继续研究了天然产物或实验合成物质中的两种葡萄糖苷的特殊酶系行为。用甲醇处理 D-葡萄糖，少量酸作为晶体产生两种对映体，α-和β-甲基-D-配糖物，通过在醛式糖中半缩醛发酵引入外加手性中心。Fischer 发现的苦杏仁酵素，最早由 Liebig 等于 1837 年分离得到，水解只得到β-D-配糖物，而 1860 年 Berthelot 发现的麦芽糖包含了酵母发酵的酶蛋白，只在以α-D-配糖物为底物时具有活性。

而这两种酶以相应对映体 L-配糖物和其他半缩醛糖为底物时不表现活性。

通过这些及类似研究，Fischer 得出结论："关于分子不对称性，过去通常假设的存在活细胞的化学活性和化学试剂之间的差异是不存在的。"从糖合成反应中手性的立体选择性到发酵或配糖类酶促水解的立体定向性是手性辨别的逐步扩大。后来的例子表明，酶与其特定底物有互补结构，"为了产生化学效应，酶和配糖物必须像钥匙和锁一样彼此吻合"。从立体选择性到立体定向性的手性辨别的逐步扩大，"为认识天然不对称合成这个谜提供了简单的途径"。始于 1 对对映体，合成反应不可避免地产生空间结构一致的反应中间体选择性偏好的主要非对映产物，"一旦分子是不对称的，它接下来的反应也是在不对称层面上的"。既非有机物内在的生命活力（*vis vitalis*），也非 Pasteur 的宇宙手性能量，能说明 Fischer 表述的活的有机体全手性生物化学中 D 系列糖和 L 系列氨基酸的主导特征。正如 Fischer 推崇的，合成中产生手性中心——立体选择性合成的起源开始了。

1.2.4　生物分子同手性发展的偶然性、必要性及与手性领域的关系

19 世纪 90 年代后期，当 Fischer 的想法初具雏形时，在 *Nature* 杂志的专栏中，有关生物分子光学活性起源的争论就开始升温；其导火索是弗兰西斯·贾普（Francis Japp，1848—1925）在 1889 年的大不列颠化学会议上提出有关"立体化学和生机论"的权威性论述。他表示：在有机质形成的过程中有一种力起到至关重要的作用，"这种力能够使那些识别器（intelligent operator）按照它的意愿来选择明确的对映体，同时排除其不对称的对映体"。

在接下来一个月的 *Nature* 杂志论战中，Japp 并没有为他的生机论找到任何支持者。在对 Japp 的观点持反对意见的人中，大多数都认同一种关于进化成为生化同手性（biochemical homochirality）的原始对映体（prebiotic enantiomer）的"偶然"成因说（"chance" origin），但是也有一小部分把这种起始对映体（ancestral enantiomer）归结为非对称物理成因。Japp 则对这些反对意见进行了反驳，他认为：现在所知的所有物理现象都是对称的，正如"偶然"成因说所认为的那样，镜面对称的 2 个对映体产生的概率是相等的。

帕西·弗兰克兰德（Percy Frankland，1848—1946）是一位比利时化学家。1897 年，他在伦敦化学协会作了一次纪念 Pasteur 的演讲。他同他的妻子，一位生物化学专家，一起出版了一部关于 Pasteur 的传记[54]。Frankland 在 *Nature* 杂志的论战中提出：偏振射线是原始对映体产生的一个条件[55]。在此，Frankland 指出了在法国进行的有关手性力理论的研究进展，同时也介绍了有关有色光学活性物质对左旋、右旋偏振光的不同吸收的发现。

1894 年，巴黎高等物理化工学院的皮埃尔·居里（Pierre Curie）（图 1-18）

图 1-18　皮埃尔·居里
（1859—1906）[①]

分析了一种"因"（cause）与其在物理现象中的"果"（effect）之间的一般对称关系。他指出，"果"可能比其"因"更具对称性，同时在"果"中的任何不对称必然能在"因"中表现出来。

Pasteur 认为任何自然力（natural force）都可能是非对称的，然而 Curie 却发现生命中的手性分子表现出个体的镜像对称性。不过在一组互补的力的同线性（collinear）组合当中，Curie 证明了一个轴向的旋转力（rotatory force）和另一个线性向量（linear vector）的力可能会产生两种手性力场（chiral force field）。与这两种力的平行组合所不同的是，两者处于非平行组合时会产生不可重叠的镜像对映体。旋转运动和线性运动的组合会变成螺旋运动。当轴向量和极向量平行时，这种螺旋运动是右旋的；当两个向量不平行时，螺旋运动是左旋的。相似地，磁场（轴向）和电场（极向）的同线性组合会失去它们的个体镜像对称性。当两者在电磁场中以同样的频率振荡时，它们的镜像组合会被左旋光和右旋光替代。

1874 年，Le Bel 猜测偏振光构成了一种手性偏好，这种偏好只认同光化学反应中两种镜像对映体的其中之一。20 年后，Curie 为这个猜测提供了理论依据，并且很快在 1895 年证实了圆二色性。这种圆二色性指的是旋光（旋转双折射）与其特定的透光波长范围的吸收。

1895 年，即 Pasteur 去世的那年，艾梅·科顿（Aimé Cotton，1869—1951）在巴黎高等师范学院发现了在一个吸收波段，经过同样处理的一种旋光异构体对左旋偏振光和右旋偏振光有着不同的吸收偏好。即对于光学异构分子，在相同波段的吸收数量相同但方向相反，正如旋光对特定波长范围的吸收。这就是后来人们通称的"科顿效应"。

"科顿效应"，即圆二色性，已经被理论证实。这说明如果用特定吸收波长的左旋或右旋偏振光对光学不稳定（photo-labile）的外消旋物进行照射，那么会增大对映体和所使用的吸收系数更小的旋光成分的混合程度。Bonner 认为，这个假设将带来一个传统认识：来自太阳或者其他自然光源中的偏振光可以被认为是产生有机对映体的成因，这种有机对映体出现在生物分子同手型的自催化立体选择性反应中[56]。

① 皮埃尔·居里：1903 年诺贝尔物理学奖得主。

Cotton 自己也在通过偏振光照射来观察他所期望的外消旋物的光学现象，但是没有成功。首次通过单频偏振光照射一种外消旋物而得到部分光学活性现象的实验是由海德堡物理化学家维尔纳·库恩（Werner Kuhn，1899—1963）在 1929 年完成的。他陆续证明了：处于光化学活性下的宽频"白"偏振光照射不能区别外消旋物的不同对映体。对映选择性光解作用或光合作用都需要用圆二色光吸收最大波段的旋转偏振光对外消旋酶底物进行照射，以使得一个对映体比另一个吸收更多的光，同时也有更为明显的光化学转变。

宽频圆二色偏振光缺乏手性区分的能力。每个手性分子的圆二色光的吸收波段都按照波长顺序呈现交替变换，而且在整个电磁波波谱上频率计权为零。理查德·库恩（Richard Kuhn）（图 1-19）关于手性分子在整个波段范围内旋光能量和为零的原创性发现，使得他接受了那个时期的主流观点，即认为生物对映体分子的起源仅仅是一种偶然。在他的晚年，Kuhn 同样在一个有机体的结构性和功能性生物分子的研究中发现了偶然性的存在。

图 1-19　理查德·库恩
（1900—1968）①

他认为这种外消旋作用对于生物衰老过程起着至关重要的作用。

1.2.5　手性（均）同一及其不守恒性

20 世纪 20 年代，我们已经逐渐清楚，电磁学和其他一些由 Curie 定性的手性领域在一段时空分布上是均匀的，通常认为它们是特殊条件下同种类型的生物分子手性同一起源。即使是在特定条件下，一系列的 L-氨基酸和 D-蔗糖而不是 D-氨基酸和 L-蔗糖的特异性选择机会比任何的要素都能作为生物分子手性同一的根本要素。

尤金·维格纳（Eugene P. Wigner）（图 1-20）于 1927 提出手性同一守恒原则。Wigner 还假设，通过联合纵坐标原点分析，所有的物理原因或根源及其产生效应的相关规律在空间倒置是一致的，也就是说它们在镜像反映中是不变的[57]。在理论物理学中，手性同一的守恒已成为经典理论，虽然有时会有特例[58]。

自然力被假定为手性同一守恒，包括强和弱的核相互作用，也就是 α 和 β 放射性。在 1928～1930 年的电子偏振分散的研究中，用发出 β 射线的放射性核作光源，产生了令人惊异的结果，即至少过去没有发现手性同一能被弱的交感干扰[59]。

_____

① 理查德·库恩：从事胡萝卜素类以及维生素类的研究，1938 年诺贝尔化学奖得主。

图 1-20　尤金·维格纳
（1902—1995）①

另一类反常的累积最终导致了 1956 年的结论，即手性同一在弱的交感中不守恒，并且很快被快速测定的试验结果所证实[60]。

β 衰变试验确定了手性同一在弱的交感中不守恒，并证明了基本粒子所固有的手性和螺旋性。电子发出的 β 衰变在其本质上是左手性的；而相应的反粒子 β 正电子却是右手性的。由正常太阳系原子所组成的手性分子，如 L-丙氨酸具有一个真正的由反物质世界中的反原子组成的手性同一结合态镜像对映异构体，而由标准粒子组成的陆地对映异构体（D-丙氨酸）由于简单奇偶等价的破坏具有依靠不等价弱核力的特性。将电子弱相互作用（统一的中性弱核力与电磁）包含进 *Ab initio*②量子力学对电子基态结合能的计算表明，L-氨基酸、L-多肽和普通的 D-糖比与它们相应的陆地对映异构体相对稳定。

自然界电子弱相互作用随时随地发生，它提供 1 个手性分子校正符号的有利因子，陆地有机体的生物分子（Fischer 确定 L-氨基酸和 D-糖）手性同一性正是基于此。由 Curie 提出的经典的手性场需要特殊的起始条件来区别手性符号，如南半球或北半球、黎明或黄昏、一束特殊波长的循环偏振光等。其对 L-氨基酸和 D-糖的电子弱相互作用优势很小，它与地球表面温度引起每摩尔的外消旋分子中百万分之一的对映异构体过剩的能量相当。早期就已经提出了一小部分对映异构体过剩对手性同一的级数放大机理[60]。

关于起源于有机质、星际分子云中的冰和颗粒（太阳系就是在 4.6 亿年前形成于此）的宇宙含碳陨石中，L-氨基酸会有显著的对映异构体过剩的证据。1969 年坠落在澳大利亚维多利亚的 Murchison 陨石中含碳物质氨基酸含量的分析证实天然蛋白氨基酸 L-对映异构体过剩。

L-对映异构体过剩通常是由于陨石坠落后含碳物质的陆地污染，因为蛋白质 α-氨基酸的 α-氢原子在水中相对不稳定。含碳陨石水化到一定程度后，α-氢原子的不稳定导致蛋白质氨基酸在水中随着时间推移不断地外消旋。蛋白质氨基酸在

---

① 尤金·维格纳：因对原子核和基本粒子理论，特别是通过对称性基本原理的发现和应用所作的贡献而获得 1968 年诺贝尔物理学奖。

② *Ab initio* 是一种利用分子模拟的技巧，通过计算未知结构蛋白质序列中的所有原子在空间中假设的位置所产生的能量的方法，希望达到能量最平衡的状态，这样最后在空间中所形成的结构就有可能是在自然界中折叠结构。

骨化石、牙齿和贝壳中的外消旋的半衰期在地表温度从热带到北极从几千年到上百万年变化着，而这些氨基酸的α-甲基类似物对外消旋稳定[61]。

随后对 Murchison 含碳陨石中有机物质的手性分析集中在α-甲基-α-氨基酸中的 4 个，它们在含碳物质中相对富集但是在陆地有机体生物分子中的情况不知道或者很少发生。这 4 个非蛋白氨基酸表现出 2%～9%的 L-对映异构体过剩，所以手性同一性在第一太阳系中受物质的化学起源的影响至少在 4.6 亿年以前，早于距今 3.8 亿年前生物起源以前[62]。

在检测到电子弱相互作用中的手性同一被破坏后，Haldane 指出这个发现已经证明 Pasteur 的宇宙不对称性概念[63]。这种说法需要证明如 Pasteur 所想象的弱核力既没有级数也没有生物合成作用。但是，中性的电子弱相互作用具有对应于 Fischer 对陆地有机体生物手性同一 L-氨基酸和 D-糖系列的手性特征，同时 L-特征现在被认为是生命起源以前宇宙氨基酸的特征。Pasteur 意识到的宇宙的手性局限于太阳系和固定恒星中的星座，半晶体和生物合成产物。关于手性的故事，这里只是涉及一二。

1.3　环境中的手性污染物

手性是宇宙间的普遍特征，分子结构中通常含有手性中心（又称不对称中心），其由分子中的碳、磷或氮等原子与 4 个不同的基团（或原子、电子对）相连或分子结构由于立体因素而引起不对称。含有手性中心的有机污染物称为手性污染物。此外，手性化合物还包括具有手性轴（如有环状骨架的螺烷）、手性平面（如 paracyaloptases）、拓扑型非对称性（如 catenanes）、扭转手性（如顺反异构体中单键和双键的扭力产生的异构体）、螺旋性（如蛋白质、多糖、核酸）的化合物。人们已知由于长期宇宙作用力的不对称，在宇宙间形成的生物体中蕴藏着大量的手性分子，如氨基酸、蛋白质、糖类、DNA 等都是手性分子。手性是自然界的普遍特征，而对映选择性在生命过程中是必然的规律。近年来，手性污染物的对映选择性环境行为和生物效应已经得到了广泛的重视。这是因为在生物世界中，手性环境污染物与生物体内的酶、激素和 DNA 等相互作用时产生对映选择性毒性，导致内分泌紊乱或"三致"效应，其对映体在吸收、代谢、排泄、毒性方面往往是不同的，有时甚至会表现出完全相反的活性。关于手性污染物环境化学与毒理学的对映选择性研究历史并不长，但由于明确手性污染物环境行为和环境安全的对映选择性对于评价和管理这类化合物具有重要意义，这一方面的研究还亟待加强。

手性污染物存在非常广泛，目前环境中检出率高、残留量逐年递增的有机污染物中有很多是手性污染物。下述几类有机污染物中含有大量的手性结构：①联合国明确的持久性有机污染物（persistent organic pollutants，POPs），如第一批 12 种污染物中的 α-六六六（α-hexachlorocyclohexane，α-HCH）、o,p'-滴滴涕（o,p'-dichlorodiphenyltrichloroethane，o,p'-DDT）、o,p'-双（6-羟基-2-萘）二硫[o,p'-bis (6-hydroxy-2-naphthyl) disulfide，o,p'-DDD]、顺式氯丹（cis-chlordane，CC）、反式氯丹（trans-chlordane，TC）、氧氯丹（oxy-chlordane，OXY）、七氯（heptachlor，HEPT）和环氧七氯（heptachlor epoxide，HEPX）以及多氯联苯（polychlorinated biphenyls，PCBs）；②使用面广且量大的农药，主要包括苯氧酸类、酰胺类、咪唑啉酮类等除草剂，有机磷农药（organophosphorus pesticides，OPs）、拟除虫菊酯类（synthetic pyrethroids，SPs）及新烟碱类等杀虫剂，还有一些杀菌剂等；③一些新型有机污染物，主要是指在实际环境介质中能够进行鉴别和分析，又具有潜在 POPs 特性的一些新型化合物，包含新型溴代阻燃剂及其代谢产物、苯并三唑类紫外线吸收剂（benzotriazole UV stabilizer，BZTS）、全/多氟烷基化合物、表面活性剂类物质等；④药物与个人护理用品（pharmaceutical and personal care products，PPCPs）等，包括的化合物种类很多，例如各种处方药和非处方药（如抗生素、类固醇、消炎药、镇静剂、抗癫痫药、显影剂、止痛药、降压药、避孕药、催眠药、减肥药等）、香料、化妆品、遮光剂、染发剂、发胶、香皂、洗发水等。在人们的生产和消费过程中，PPCPs 被大量排放到环境中，可能对生态环境和人类健康造成不良影响。

1.3.1　手性持久性有机污染物

由于卤原子（杂原子）的引入，许多含卤 POPs 均具有手性异构特征，常被称作手性 POPs。首批列入《关于持久性有机污染物的斯德哥尔摩公约》受控名单的 POPs 共 12 种，其中 9 种具有手性结构。例如，多氯联苯共有 209 种同类物，78 种因分子中存在手性轴而具有手性，其中 19 种（PCB45、84、91、95、88、131、132、135、136、139、144、149、171、174、175、176、183、196、197）阻转类 PCBs 在室温环境下可以保持相对稳定。而 PCBs 主要代谢产物甲磺基多氯联苯则最多可以形成 400 多种对映异构体。某些手性 POPs，如 o,p'-DDT 母体本身具有手性结构，在环境中形成的中间代谢产物 o,p'-DDD 依然具有手性中心。α-HCH 也有稳定的(+)-α-HCH 和(–)-α-HCH。另外，一部分非手性 POPs 化合物，经过复杂生物转化形成的代谢产物也具有手性结构。如在多环芳烃中，属奈黄酮及苯并芘（BaP）、蒽及其衍生物的毒性最大。苯并芘在选择性代谢过程中所生成的手性代谢产物为 BaP-7,8-氧化物（trans-BaP-7,8-二氢二醇，BPDE）。随着全球化学品的增加和对 POPs 认识的日益深入，列入 POPs 清单的手性化合物数量逐渐增加，包括六氯丁二烯、八溴二苯醚、十溴二苯醚等。新型溴代阻燃剂六溴环十二烷

（hexabromocyclododecane，HBCD）同分异构体均具有 3 个手性中心。POPs 是一大类严重影响人类健康及环境生态安全的污染物，这些新成员的加入无疑将增加手性 POPs 风险评价和管理工作的复杂性[64]。

1.3.2 手性农药

农药是有毒化学品中使用量最大、施用面最广的一类有机化合物[65]。手性农药（chiral pesticides）是指农药分子中具手性结构的农用化学品，早在 1995 年据 Williams 报道，从农药种类讲目前世界市场有 25%的农药是手性的。而在我国，目前手性农药市场占有率已超过了 40%。手性农药种类非常多，包括拟除虫菊酯类、有机磷农药类、三唑类、苯氧羧酸类和酰胺类等农用化学品。早期大量使用的手性有机氯农药，如艾氏剂、狄氏剂、异狄氏剂、氯丹、滴滴涕、七氯、灭蚁灵、毒杀酚、六氯苯，已被列入首批《关于持久性有机污染物的斯德哥尔摩公约》名单中被禁止使用；OPs 是替代有机氯农药而发展起来的，根据其手性中心分为磷和碳手性中心 OPs。其中磷手性的 OPs 包括：灭虫威（mesurol）、灭蝇磷等磷酸酯；丙硫磷（prothiofos）、甲丙硫磷（sulprofos）、丙溴磷（profenofos）等硫代硫酸酯；苯硫磷（ethyl-*p*-nitrophenyl phenylphosphonothioate）、对溴磷（leptophos）等磷酸酯；苯腈磷（surecide）和地虫磷（fonofos）等硫逐磷酸酯；甲胺磷（methamidophos）、乙酰甲胺磷（acephate）、异柳磷（isophenphos）、育畜磷（crufomate）、克线磷（fenamiphos）和水胺硫磷（isocarbophos）等磷酰胺；水杨硫磷（salithion）和噻唑磷（fosthiazate）等含杂环有机磷。碳手性的 OPs 包括：敌百虫（trichlorfon）、二溴磷（Dibrom）、马拉硫磷（Malathion）、稻丰散（phenthoate）、草铵膦（glufosinate ammonium）等。同时具有碳、磷两个手性中心的 OPs 包括：噻唑磷（fosthiazate）、氯胺磷（chloramine phosphorus）、甲基氯胺磷（chloramidophos）、异马拉硫磷（isomalathion）等。拟除虫菊酯类农药主要是替代高毒 OPs，市场占有率高，均含有 1 个或者多个手性中心，可以形成一对或者多对对映异构体。如氯氰菊酯（cypermethrin）、氯菊酯（permethrin）、联苯菊酯（bifenthrin）、溴氰菊酯（decamethrin）、氰戊菊酯（fenvalerate）、氟氰戊菊酯（flucythrinate）、氟胺氰菊酯（tau-fluvalinate）、甲氰菊酯（fenpropathrin）等。常用的苯氧羧酸类除草剂主要有苯氧羧酸类的 2,4-滴（2,4-dichlorophenoxyacetic acid）、2,4-滴丙酸［2-(2,4-dichlorophenoxy)propionic acid］、2,4-滴异辛酯（isooctyl 2,4-dichlorophenoxyacetate）等，以及芳氧苯氧羧酸酯类的禾草灵（diclofop-methyl）、吡氟禾草灵（fluazifop-butyl）、噁唑禾草灵（fenoxaprop-*p*-ethyl）和喹禾灵（quizalofop-ethyl）等，这些芳氧苯氧羧酸酯类的除草剂中都含有 1 个手性碳原子，存在 2 个对映异构体。三唑类农药中，如戊唑醇（tebuconazole）、己唑醇（hexaconazole）、烯唑醇（diniconazole）、粉唑醇

（flutriafol）、三唑酮（triadimefon）、腈菌唑（myclobutanil）、戊菌唑（penconazole）、硅氟唑（flusilazole）等；或三唑醇（triadimenol）、环唑醇（cyproconazole）、多效唑（paclobutrazol）、丙环唑（propiconazole）、双苯三唑醇（bitertanol）、抑霉唑（imazalil）、抑芽唑（triapenthenol）等分别含 1 个或 2 个手性中心。另外含有手性中心的农用化学品还包括昆虫引诱剂、信息素以及驱虫剂、植物生长调节剂和除草剂、杀螨剂、灭鼠药等。它们中的很多化合物也具有手性结构。特别需要强调的是，我国自主研发几种农药也属于手性农药。如哌虫啶和环氧虫啶（cycloxaprid）是我国近几年来拥有自主知识产权的新烟碱类杀虫剂（neonicotinoid insecticides），具有高效、广谱和环境友好等特点。其中哌虫啶具有 2 个不对称中心，环氧虫啶具有 1 个不对称中心，是国际上第一个烟碱乙酰胆碱受体（nicotinic acetylcholine receptor，nAChR）的拮抗剂，极有可能成为国际上具有重要影响力的新一类杀虫剂[66]。

1.3.3　手性新型有机污染物

在过去的 30 年里，国内外的大部分研究主要集中在常规的"优先污染物"上，如有机氯农药、PCBs 和 PAHs 等一类在环境中持久存在且已经表现出明显的生态或对人体健康风险的物质，而对具有潜在生态风险的一些新型环境污染物的研究还没有得到广泛重视。新型有机污染物（emerging contaminants）是指环境中新出现的或已存在但其生态风险尚不明确或未引起人们关注的一类有机化合物。主要包括广泛受关注的全氟辛酸（perfluorooctanoic acid，PFOA）类化合物及全氟辛基磺酸（perfluorooctane sulphonate，PFOS）类化合物、人工甜味剂（天冬氨酰苯丙氨酸甲酯等）、苯并杂环化合物（benzo-heterocycle compounds）、多氯化萘、短/中链氯化石蜡（chloroalkanes）等[67]。其中某些人工甜味剂、短/中链氯化石蜡、全氟辛基磺酸及全氟辛酸类化合物的异构体含有手性中心。以上有关新型有机污染物环境过程的研究多基于外消旋体层面上，而对这类污染物化学结构的多样性在环境过程中的影响考虑得很少，对其异构体在生物调控的环境中的行为了解还十分有限，特别是关于对映异构体环境行为差异的分子机制研究几乎是空白。

1.3.4　手性药物与个人护理用品

药物与个人护理品广泛存在于人们日常使用的药物和日用品中，可通过污水处理厂、污泥回用及垃圾填埋、畜禽和水产养殖以及人类与动物的直接排放等途径进入环境中，目前已在多种环境介质中检测出一定的浓度残留。PPCPs 在环境中的残留可对生态环境中的动植物产生毒性效应。据报道，约有 44%的抗生素对大型溞具有危害性，大于 50%的抗生素都对鱼类有毒害作用。三氯生对水生微生物的生长发育也具有一定影响，抗生素可通过抑制叶绿体及酶的活性，从而对植物生长产生抑制作用，同时，PPCPs 可以在环境生物体内蓄积进而对环境生物产生潜在危害。有些 PPCPs 有类似 POPs 化合物的性质，而有些 PPCPs 由于其本身极高的生物活性在极低剂量下就可能对生态安全和人群健康造成威胁，近年来越来越受到各方重视[68]。

手性药物的研究起始于 20 世纪 50 年代的"反应停"（thalidomide）事件。反应停具有 1 个手性中心，形成了 2 个对映异构体，不同异构体具有完全不同的药理作用，S 构型为镇静剂，能在妊娠期控制精神紧张；但 R 构型则无镇静作用，是一种强致畸物，当时全世界有 8000 名婴儿受害。目前人或动物疾病治疗所需的多种药物，包括抗生素、激素、心血管药、精神类药物等多含有手性中心。如异丙肾上腺素（isoprenaline）、沙丁胺醇（salbutamol）、去甲肾上腺素（norepinephrine）、氯胺酮（ketamine）、心得安（Propranolol）、氟西汀（fluoxetine）、阿替洛尔（Atenolol）、萘普生（Naproxen）、布洛芬（Ibuprofen）等[69]，它们的对映体在环境中也同样具有选择性的环境行为和生物效应。但是由于这类化合物往往手性中心比较多，受限于分离、表征、分析及对映体制备等技术，目前环境安全对映体差异研究特别有限。

1.4 手性污染物环境安全研究发展趋势

环境中的手性污染物是一大类严重影响人类健康及环境生态安全的污染物，而手性特征增加了这类物质在环境中的复杂性。就 POPs 而言，2001 年 5 月《关于持久性有机污染物的斯德哥尔摩公约》的签订，使 POPs 的概念逐渐为世人所熟悉。实际上，当前国际社会对持久性有毒化学物质的控制范畴是一个比 POPs 更为广泛的概念，被称为持久性有毒物质（persistent toxic substances，PTSs），包括无机和有机两大类物质，其中的有机类物质通常被称为持久性有毒有机物（persistent toxic organic substances，PTOSs）。还有许多有机物质在环境中并不太难降解，但会持续大量地向大的区域进行释放。其所带来的对生物体的持续暴露造成的危害类似于较难降解的物质。由于分子结构的复杂性使得环境中部分 PTOSs 具有不同的立体化学结构，存在着化学结构多样性的特点。具有结构多样性的这些物质进入环境后，各个异构体在生物体吸收、富集、转化、代谢、降解和靶标毒性上都会存在一定的选择性行为差异，从而对生态系统产生不同的影响。

国内外学者在手性污染物环境安全和健康风险方面开展了系列研究，在对映体水平上对手性污染物的环境行为、毒性效应及其可能的分子机理进行了系统的研究。尤其是我国科学家，先后建立了近百种手性污染物分离、分析的方法。通过色谱法获得了对映体纯的标样，在手性污染物急慢性毒性、内分泌干扰、发育毒性等的对映选择性方面进行了研究。目前，人们已经充分认识到了手性污染物在环境安全、毒性效应等方面普遍存在对映选择性差异，即某一个对映体的毒性效应高于其他对映体。由于手性污染物种类繁多，结构多样，现有研究仅仅是揭示了其冰山一角。手性污染物环境安全的研究是基础和应用研究结合，涉及环境安全、环境监测、安全高效新农药创制、农产品质量安全、公共卫生等多个领域，需要环境化学、化学生物学、分析化学、化学毒理学和计算化学等多学科协同开展工作。未来手性污染物环境化学及其环境安全效应的对映选择性研究还需重视以下几个方面的问题。

1.4.1　手性污染物对映体的分离、分析技术

我国作为工业和农业生产大国，处在工业有机污染物的不断增加和农药的不可替代与环境污染、生态安全的矛盾中。尽管人们预知手性污染物某一异构体（尤其是对映体）具有生物活性，而其他异构体的生物活性会很低、无效甚至有副作用，但目前大量生产和使用的还是以混合物（手性化合物以外消旋体）为主。几十年以来，环境研究中几乎都把它们当作纯的单一化合物来看待，环境法规亦是如此。而对各类手性污染物的分离制备、构型表征及分析检测方法，推动了这一领域从外消旋向单一对映体的研究。而手性污染物的分离、分析技术是研究手性污染物环境安全对映体差异性的技术难题，也是制约这方面研究进一步深入的瓶颈。虽然已经建立和完善了液相高效色谱和气相色谱分离、分析方法，为研究手性污染物环境行为的对映选择性提供了可靠的分析手段和强有力的技术支持。但是随着进入环境中手性污染物种类逐年增加，特别是一些多手性中心、轴手性中心化合物的增加，手性污染物的结构多样性更为复杂。因此，发展新的手性选择性分离材料，建立高灵敏、高选择性、快速的环境样品手性污染物分析、检测新方法势在必行。

1.4.2　手性污染物对映体标品的制备

尽管手性污染物的检出和残留水平都很高，但是在对映体水平上对其环境安全的认识还是非常有限。造成这一现象的主要原因之一是无法获得足够的用于实验室暴露和环境行为分析的对映体纯的标品。目前为止，在手性污染物的对映选择性研究方面，遇到的最难点和瓶颈之一还是难以获得单一光学异构体。因此，尽管环境科学家认为在对映体水平上评价手性污染物暴露风险十分重要，但这一领域的研究仍局限于调查手性污染物的生物降解和吸收的对映选择性及急性毒性的对映选择性。以目前现有的数据还无法评价手性污染物对映选择性生态和健康风险。而在我国，甚至极度缺乏最基本的手性污染物环境残留的基本调查信息，阻碍了对这类化合物的生态风险预测。因此，基于手性拆分、半制备、制备及不对称合成技术的手性对映体纯标样的制备成为手性污染物环境安全研究的突破口。另外，还需要建立对手性污染物对映异构体绝对构型表征的系统方法体系。

1.4.3 甄别手性农药高效安全构型

农药作为一类特殊的化学物质，为解决人类温饱、增强社会稳定、促进社会发展做出了不可磨灭的贡献。目前，世界上农林牧业的病虫草害等的防治主要依靠化学农药。而且，在今后相当长的时间内，农药对提高农作物单位面积产量的作用仍不可替代。在我国，化学农药的年使用量已达几十万吨（原药），其单位面积用量为世界平均水平的 2～3 倍，由此造成的农药污染量大，受农药污染的农田高达上亿亩，污染面广。如何在人多资源少、农药等农用化学品使用不可避免的条件下，全面、正确了解农药的污染规律、认识其危害，开发新型高效安全的农药品种，从而减轻和防止对环境的污染、保持生态系统健康，实现农业、经济和社会的可持续发展是一项日益突出的难题。新农药创制耗资巨大、风险高。建立快速、精确、高效的手性农药安全甄别技术，创制自主知识产权的绿色化学农药，是绿色农药创制的一个重要思路。选择量大、面广的手性农药为研究对象，通过对靶标和非靶标生物作用对映选择性差异，获得靶标高效、环境安全的构型；以及开展手性农药构型优化与减量施药关系的研究，旨在获得高效安全的异构体，为我国绿色农药创制提供技术支持，为开展在对映体层面进行农药污染、环境安全研究与绿色农药构型探索提供基础。

1.4.4 建立手性污染物环境限值标准和环境基准

我国不同环境介质中手性污染物污染检出都呈现逐年递增的态势，特别是农田土和饮用水源地的污染对人群健康危害极大，手性化合物环境残留存在显著的对映选择性。环境限值标准和环境基准是准确评估污染物风险和管理的重要依据。我国目前污染物环境限值和环境基准主要参考欧美等发达国家已有标准。由于我国至今尚未建立基于对映体层面的手性污染物环境质量基准与标准的生态毒理学和环境健康的研究，造成我国对手性污染物健康风险评估与管理远未达到精准评估的要求。鉴于此，我国急需在手性污染物环境安全对映体差异研究的基础上，建立符合我国不同区域特征的手性污染物环境限值与环境基准，尽快实现精准化评估和管理手性污染物。

1.4.5 新型手性化合物环境安全性研究

从手性污染物的角度而言，除了手性农药和一些传统的手性 POPs 外，大量的具有手性结构的新型污染物进入了环境体系。例如，工业化学品溴代和其他阻燃剂、全氟和多氟烷基化合物，以及药物与个人护理用品等都可能成为影响人类健康和环境生态安全的污染物，而手性特征更增加了这些物质在生态环境中的复杂性。但是，在对映体水平上开展手性化合物环境化学及其环境安全效应的研究很少，相关环境标准和限值也非常缺乏。因此，需要开展手性化合物尤其是新型手性污染物的跨界面过程研究，根据其对映体比值研究手性污染物残留特征及源解析，为后续明确这类化合物的污染源、减少环境排放提供依据。

总之，自然环境是手性的，而且土壤和天然水体是复杂而特殊的手性环境，外来手性污染物进入手性环境后，不同生物可能选择性摄取、代谢同一手性物质的不同对映体，不同对映体在手性环境中的代谢、毒性会存在差异。因而，手性污染物的环境代谢、生物积累和生态毒理效应的对映选择性是不言而喻的。Kohler 等提出了"对手性污染物的环境归趋应考虑化学结构的立体选择性"[70]。由于手性分子作用的靶标和非靶标生物体都是手性的，为此手性污染物的生态毒理与环境安全亦需要考虑这一选择性[71]。这也是本书希望在对映体水平上阐明手性污染物的环境化学与毒理学的初衷。

参 考 文 献

[1] Washburn D K, Crowe D W. Symmetries of Culture: Theory and Practice of Plane Pattern Analysis. Seattle: University of Washington Press, 1988.

[2] Kant I. Prolegomena to Any Future Metaphysics That Can Qualify as a Science. Paul Carus Translation. Open Court, LaSalle, IL. 1783 (12th printing 1995).

[3] Dubos R. Louis Pasteur: Free Lance of Science. New York: Charles Scribner's Sons, 1950.

[4] Kelvin L. Baltimore Lectures, Clay and Sons. London, 1904: 449.

[5] 胡文祥, 王建营. 协同组合化学. 北京: 科学出版社, 2003: 160-165.

[6] Neville A C. Animal Asymmetry, Studies in Biology No. 67. London: Edward Arnold Publishers, 1976.

[7] Gardner M. The New Ambidextrous Universe: Symmetry and Asymmetry from Mirror Reflections to Super strings, Revised Edition. New York: W. H. Freeman,1990.

[8] Thompson D W. On Growth and Form, The Complete Revised Edition. New York: Dover Publications, 1992: 157-162.

[9] Policansky D. The asymmetry of flounders. Scientific American, 1982, 254: 116-122.

[10] Fersht A. Enzyme Structure and Mechanism. New York: W.H. Freeman, 1985.

[11] Eisen H N. Immunology. Philadelphia: Harper & Row, 1980.

[12] Lough W J, Wainer I W. Chirality in Natural and Applied Science. Boca Raton: CRC Press, 2002: 289-291.

[13] Sagan D, Margulis L. Garden of Microbial Delights. Boston: Harcourt Brace Jovanovich, 1988.

[14] Hegstrom R A, Kondepudi D K. The handedness of the universe. Scientific American, 1990, 262: 108-115.

[15] Potera C. Physics, biology meet in self assembling bacterial fibers. Science, 1997, 276: 1499-1550.

[16] Neville A C. Animal Asymmetry, Studies in Biology, No. 67. London: Edward Arnold Publishers, 1976.

[17] Thompson D W. On Growth and Form, The Complete Revised Edition (originally published

1917), New York: Dover Publications, 1992: 171-173.

[18] Jaean R V. Phyllotaxis: A Systematic Study in Plant Morphogenesis. New York: Cambridge University Press, 1994.

[19] Deessler R L. Phylogeny and Classification of the Orchid Family. Portland, OR: Dioscorides Press, 1993.

[20] Robertson R. Snail Handedness. National Geographic Research & Expiration, 1993, 9: 104-119.

[21] Hume R. Owls of the World. Philadelphia: Running Press, 1991.

[22] Bruemmer F.The Narwhal: Unicorn of the Sea. Toronto: Key Porter, 1993.

[23] Saravi F D. The right hemisphere: An esoteric close? Skeptical Inquirer, 1993, 17: 380-387.

[24] Schlaug G, Jäncke L, Huang Y, Steinmetz H. *In vivo* evidence of structural brain asymmetry in musicians. Science, 1995, 267, 699-701.

[25] Casey B, Devoto M, Jones K L, Ballabio A. Mapping a gene for familial situs abnormalities to human chromosome Xq24-q27.1. Nature Genetics, 1993, 5: 403-407.

[26] Dickman S. The left-hearted gene. Discover, 1996, August, 71-75.

[27] Glick S D, Weaver L M, Meibach R C. Amphetamine-induced Rotation in Normal Cats Brain Research, 1981, 208: 227-229.

[28] Pasteur L. Mémoire sur la relation qui peut exister entre la forme cristalline et la compositon chimique, et sur la cause de la polarization rotatoire. Comptes Rendus de l'Academie des Sciences, 1848, 26: 535-538.

[29] Mason S F. Annual reports on the progress of chemistry section a-physical & inorganic chemistry. Top. Stereochem., 1976, 9: 1-34.

[30] Geison G L. The Private Science of Louis Pasteur. Princeton, NJ: Princeton University Press, 1995.

[31] Pasteur L. (1853) in Vallery-Radot (Ed.) Oeuvres de Pasteur, Vol. I. Dissymétrie Moléculaire, Massom, Paris, 1922: 258-262.

[32] Pasteur L. (1858) in Vallery-Radot (Ed.) Oeuvres de Pasteur, Vol. II. 1922: 25-28.

[33] Pasteur L. (1860) in Vallery-Radot (Ed.) Oeuvres de Pasteur, Vol. I. 1922: 314-344.

[34] Pasteur L. (1883) in Vallery-Radot (Ed.) Oeuvres de Pasteur, Vol. I. 1922: 369-386.

[35] Haüy R J. Tableau Comparatif des Résultats de la Crystallographie et de l'Analyse Chemique relativement à la Classification des Minéraux, Paris, 1890: xvii.

[36] Mauskopf S H. Transactions of the American Philosophical Society, 1976, 66: 5-82.

[37] 刘维屏. 农药环境化学. 北京: 化学工业出版社, 2006.

[38] LeBel J A. (1890-1894) in Delépine, M.M. Vie et Oeuvres de Joseph-Achille Le Bel, Dupont, Paris, 1949, (a) 85-97; (b) 93-97 & 114-116.

[39] Burke J G. Origins of the Science of Crystals. Berkeley and Los Angeles: University of California Press, 1996: 107-146.

[40] Mauskopf S H. Remarks on social selection as a factor in the progressivism of science. Transactions of the American Philosophical Society, 1976, 66: 51-55.

[41] Mauskopf S H. Social science and probabilistic analysis in physics. Transactions of the American Philosophical Society, 1976, 66: 62-64.

[42] Fresnel A. Mertonian theses (Robert K. Merton). Bull. Sci. Soc., Philomathique, 1924: 147-158.

[43] Laurent A. Chemical Method. London: Cavendish Society, 1855: 203.

[44] Geison G K, Secord J A. Pasture and the process of discovery: The case of optical isomerism. Isis, 1988, 79: 6-36.

[45] Mauskopf S H. Chondrichthyan fishes from the Paleocene of South Carolina. Transactions of

the American Philosophical Society, 1976, 66: 66-68.

[46] Graham T. Elements of Chemistry, Bailliere, London, 1842: 157-158.

[47] Graham T. Elements of Chemistry, Bailliere, London, 1850: 183.

[48] Pasteur L. (1856) in Vallery-Radot (Ed.) in Oeuvres de Pasteur, Vol. I. 1922: 284-2884.

[49] Laurent A. Chemical Method, Cavendish Society, London, 1855: viii.

[50] Perkin W H, Duppa B F. The condensation of formaldehyde with ethyl malonate, and synthesis of pentamethylene-1,2,4-tricarboxylic acid. Journal of the Chemical Society, 1860, 13: 102.

[51] Pasteur L. (1883) in Oeuvres de Pasteur, Vol. I. 1922: 377.

[52] Rosanoff M A. On Fischer's classification of stereo-isomers. Journal of the American Chemical Society, 1906, 28: 114-121.

[53] Bijvoet J M, Peerdeman A F, van Bommel A J. Determination of the absolute configuration of optically active compounds by means of X-rays. Nature, 1951, 168: 271-272.

[54] Frankland P F, Frankland G C. The distribution of Pasteur antirabic material, Pasteur, Cassel, London, 1898.

[55] Frankland P F. Asymmetry and vitalism. Nature, 1898, 59: 30-31.

[56] Bonner W A. Origins of molecular chirality. *In* Ponnamperuma C. Exobiology. North-Holland, Amsterdam, 1972.

[57] Wigner E. Einige Folgerungen aus der Schrödingerschen Theorie für die Themstrukren. Z. Physics, 1927, 43: 624-652.

[58] Frauenfielder H, Henley E M. Nuclear and Particle Physics, Benjamin, Reading, Mass, 1975.

[59] Franklin A. The discovery and the nondiscovery of parity nonconservation. Studies in History and Philosophy of Science, 1979, 10: 201-257.

[60] Mason S F. Chemical Evolution: Origins of the Elements, Molecules and Living Systems. Oxford: Clarendon Press, 1991.

[61] Bada J L. Amino acid cosmogeochemistry. Philosophical Transactions of the Royal Society, London, 1991, B333: 249-358.

[62] Cronin J R, Pizzarello K. Enantiomeric excesses in meteoritic amino acids. Science, 1997, 275: 951-955.

[63] Haldane J B S. Pasture and cosmic asymmetry. Nature, 1960, 185: 87.

[64] 刘维屏. 农药环境化学. 北京: 化学工业出版社, 2006: 253-290.

[65] 张全, 王萃, 赵美蓉, 刘维屏. 手性持久性有机污染物的环境界面过程及生态安全研究进展. 中国科学(B), 2013, 43(3): 326-335.

[66] Garrison A, Wayne, Gan J, Liu W P. Chiral Pesticides: Stereoselectivity and Its Consequences. Washington, DC: American Chemical Society, 2011.

[67] 江桂斌, 刘维屏. 环境化学前沿. 北京: 科学出版社, 2017: 92-131.

[68] 张亚雷, 周雪飞. 药物和个人护理品的环境污染与控制. 北京: 科学出版社, 2012: 8-39.

[69] 曾苏. 手性药物与手性药理学. 杭州: 浙江大学出版社, 2002: 1-6.

[70] Kohler H P E, Angst W, Giger W, Kanz C, Müller S, Suter M J F. Environmental fate of chiral pollutants—The necessity of considering stereochemistry. Chimia International Journal for Chemistry, 1997, 51(12): 947-951.

[71] Liu W P, Gan J Y, Jury W A. Enantioselectivity in environmental safety of current chiral insecticides. Proceedings of the National Academy of Sciences of the United States of America, 2005, 102: 701-706.

第2章　手性污染物对映体的分离、分析与表征

本章导读

- 介绍各种手性污染物对映体的分离方法。由于实验室对映体纯标样可以通过液相色谱法来制备，因而将对此法做详细介绍。
- 简要介绍手性污染物光谱法、质谱法和其他定量分析的方法。
- 较全面介绍手性污染物对映体的构型表征，特别是基于圆二色光谱的方法。
- 介绍在热、光、生物体内等不同条件下手性污染物对映体的构型稳定性。

通常情况下，手性污染物对映体（enantiomer）纯标样很难通过商业途径获得，往往买到了一种构型的标样，却无法得到另一种构型的标样。为此，进行手性污染物环境化学与毒理学的深入研究，首先是通过外消旋体（racemate）来进行对映体纯样品的半制备及制备，这就需要发展手性污染物对映体的分离方法；其次是对不同构型（configuration）的对映体进行绝对构型表征；最后还需要了解手性分子不同构型的稳定性，确定手性分子是否有对映体差异研究的意义。手性污染物对映体分离、分析技术和构型表征、稳定性是手性污染物环境化学研究的基础，也是制约这方面研究的一个重要因素。本章拟从以下两方面进行论述。

1. 对映体标样的制备——环境化学与毒理学对映选择性研究的基础

手性污染物对映体标样的分离制备方法众多，且各具优势及局限性。其中，结晶拆分法简单、制备成本低廉，特别适合工业化分离，但普适性差，适用分离的化合物少。化学拆分法虽比结晶拆分法适用性好，适合工业分离，但产物纯度较难保证，所以并不适合用于制备对映体纯标样。而生物分离法具有极高的专一性，因而可以得到高纯度的光学活性物质，但要消耗掉一种对映体从而使收率降到了50%以下。色谱分离法（chromatographic separation）是目前实验室最常采用的方法，但是无论是液相色谱法（liquid chromatography）还是模拟移动床色谱法（simulated moving bed chromatography），手性分离材料最为关键。随着各类液相色谱手性柱的商品化发展，液相色谱法成为最重要的制备对映体纯标样的方法。

液相色谱手性柱可以分为分析型和制备型（制备型有半制备及制备）两类。目前，分析型手性柱商业途径购买方便，可用于微量制备，但费时且成本较高；手性制备柱的市场选择较少，价格昂贵，但能够在较短的时间能实现较大剂量的制备。

2. 对映体绝对构型的表征——手性化学中的难题之一

对映体绝对构型的表征方法繁多，许多方法涉及大型仪器（如单晶 X 射线衍射仪、核磁共振波谱仪等），特别是解析中需要用到一些量子化学手段并需要专业人员解决。本章重点介绍几种通过圆二色光谱（circular dichroism，CD）来进行绝对构型表征的方法，例如八区律、全 CD 模拟计算法等，方便读者理解和使用。

关于手性化合物的稳定性研究不多，但了解不同对映体的构型稳定性很重要。构型稳定性主要涉及以下问题：①如果常温下对映体会产生外消旋化（不稳定），那么在对映体水平上研究环境中的手性污染物就没有意义；②如果在提取、分析过程中对映体会产生外消旋化，那么在对映体水平上进行研究时，提取及分析过程中所用到的溶剂等方式就需要进行调整；③如果温度变化（例如>100 ℃会产生外消旋化），那么显然不可以用气相色谱方法来进行分离分析；④如果在生物体内由于酶的作用，对映体很易产生外消旋化，则认识生物效应（如生物富集、生物代谢及药物活性、毒性等）的对映选择性就要更加谨慎。无论是由碳手性中心、磷手性中心还是由手性轴产生的手性化合物，在不同的环境下（如某些化学溶剂、温度影响、生物酶等）都会产生异构化或外消旋化。手性污染物之所以长期以来被当作单一化合物来进行研究，主要原因就是对映体分离、分析、表征和稳定性的评价方法存在很大的瓶颈。

2.1　手性污染物对映体的分离

手性化合物的研究首先是将外消旋体进行分离。经典的拆分方法主要分为以下几类：①利用物理性质的差别进行拆分的结晶法和选择性吸附法等；②利用化学反应生成非对映异构体进行拆分；③利用酶高度特异性催化反应进行生物分离；④各种色谱分离法，例如气相色谱法（gas chromatography，GC）、高效液相色谱法（high performance liquid chromatography，HPLC）、毛细管电泳色谱法（capillary electrochromatography，CE）、超临界流体色谱法（supercritical fluid chromatography，SFC）以及模拟移动床色谱法。

2.1.1　物理分离

结晶拆分法的基本原理就是化合物的异构体在一定的温度下，较外消旋体的溶解度小，易拆分。即在过饱和的外消旋体溶液中加入一种异构体作为晶种，诱导溶液中与晶种相同的对映体优先析出，从而达到分离的目的。该方法是手性化合物拆分研究过程中最早被使用的方法，目前在工业生产中仍然广泛使用，是最为经济实惠的拆分方法，也不需要借用其他任何物质。结晶拆分法最典型的例子就是酒石酸钠铵盐的拆分。1848 年，路易·巴斯德（Louis Pasteur，1822—1895）在研究酒石酸盐时发现了两种不同的结晶，分别是酒石酸钠铵盐的 2 种对映体所形成的结晶，他的先驱性工作标志着手性化合物对映体分离分析的开始。

选择性吸附与扩散分离需要通过含有特定分离功能基团的膜来分离外消旋体，具有能耗低、稳定性强、易于连续操作等优点，适用于大规模的手性拆分，具有较大的发展潜力[1]。用于手性拆分的膜可以分为三大类：疏水或亲水性微孔膜、具有特种识别位点修饰的对称或者非对称膜以及特异性酶催化反应膜[2-3]。其中，特种识别位点修饰膜可以分为选择性扩散膜和吸附膜两种。在选择性扩散和吸附膜的分离过程中，通过膜对不同对映体吸附或扩散选择性的差异来实现手性化合物对映体的拆分。吸附膜与扩散膜的差异在于吸附膜随着吸附时间的增长，吸附速率会有所下降，通常为非稳态过程，吸附达到饱和后需要进行解吸，而选择性扩散膜的拆分过程通常为稳态过程，可连续进行[4]。

2.1.2　化学分离

化学分离主要利用化学拆分法来对外消旋化合物进行对映体分离。化学拆分法具有形成非对映异构体（diastereoisomer）再进行分离这两个重要的步骤。首先通过一定的化学方法在外消旋体的分子中引入一定构型的手性结构，使外消旋体变为由非对映异构体组成的一般混合物，然后利用通常的分离方法（一般为重结晶）将 2 个非对映异构体分开，最后再用化学方法将引入的手性结构除去，得到纯的对映体。其中引入的外消旋体的手性结构称为拆分剂，且拆分剂的选择是这一方法成败的关键。

一般对拆分剂的要求有三个方面：①既容易与外消旋体反应又易用化学方法予以分解而得到原来的化合物；②形成的非对映异构体至少要有 1 个易形成良好的晶体，并且 2 个非对映异构体之间在溶解度上要有显著的差别；③廉价易得，或易于制备，或易于回收。目前常用的拆分剂有 3 个来源，天然产物如番木鳖碱（brucine）、咖啡碱（caffeine）等；由光学活性物质经人工半合成产物，例如由(−)-薄荷酮（menthone）所合成的 D-樟脑-10-磺酸（D-camphor-10-surfonic acid）等；以及其他的工业副产物和人工合成物，例如 L-(+)-氨基醇（alkamine）、由苯乙酮（acetophenone）合成的 D-/L-α-苯乙胺（phenylethylamine）等。大多数天然拆分剂容易制成纯品，因而拆分效率高，但通常资源有限，价格昂贵[5]。利用资源比较丰富的天然活性物质，通过人工半合成改造成合适的拆分剂，是获得高效率拆分剂的重要途径。利用某些工业副产物作为拆分剂，既可以变废为利，又可以减少拆分费用。人工合成拆分剂的优点在于有更多的选择，而且可以同时得到一对拆分剂。

2.1.3　生物分离

生物分离法主要利用酶对对映异构体的选择性酶解的特点，使外消旋体中的一种异构体酶解较快，另一种异构体酶解较慢，从而在适当的条件下被保留下来达到分离的目的。酶的活性中心通常是不对称结构，有利于对外消旋体中的对映体进行特异性识别，在一定条件下，酶只能催化外消旋体中的 1 个对映体，与其发生反应成为其他化合物，从而使 2 个对映体分开，反应产物的对映体过剩百分率可达 100%。另外，酶催化的反应大多在温和的条件下进行，温度通常不超过 0～50 ℃，酸碱度接近中性；而且酶无毒，易降解，不会造成环境污染，适于大规模生产。因此，用催化效率高、专一性强的酶拆分外消旋体是获取对映体纯化合物的捷径。酶固定化技术、多相反应器等新技术的日趋成熟，大大促进了酶拆分技术的发展，脂肪酶、酯酶、蛋白酶、转氨酶等诸多酶类已用于外消旋体的拆分。随着科技的进步，酶法在实现手性药物的拆分和生物转化方面发挥着越来越大的作用，各种新的方法与技术层出不穷，抗体酶、交联酶晶体、固定化酶及非水相酶学等都已成为当今酶学研究的活跃领域，这些技术的发展与完善也必将推进拆分技术的发展[6]。

2.1.4　色谱分离

色谱分离法是利用不用物质在不同相态的选择性分配，以流动相对固定相中的混合物进行洗脱，混合物中不同的物质会以不同的速度沿固定相移动，最终实现分离的目的。色谱分离法起源于 20 世纪初，50 年代之后飞速发展，并发展出一个独立的三级学科：色谱学。1952 年英国科学家阿切尔·马丁（Archer John Porter Martin，1910—2002）、理查德·辛格（Richard Laurence Millington Synge，1914—1994）（图 2-1）因发明分配色谱法而共同获得诺贝尔化学奖。

图 2-1　阿切尔·马丁（左）和理查德·辛格（右）

色谱分析法分辨率高、工艺简单，但一般容量较小，仅适用于实验室使用。根据流动相的不同，目前常用的色谱技术可以分为 GC、HPLC、CE、SFC 及薄层色谱法（thin layer chromatography，TLC）等。

各种色谱技术均可用于手性污染物对映体的拆分，可以将外消旋体与手性试剂作用生成非对映异构体，再用普通的色谱技术拆分，这称为间接法；也可以使用手性流动相或者手性固定相，在分离体系中创造不对称环境，进行手性化合物的拆分，这称为直接法。通常直接法更为简单、廉价，使用也更加广泛，以下也主要介绍直接法手性拆分。色谱分离法是最可靠和最常用的测定低含量对映体的方法之一，也是目前唯一能测定复杂基质中对映体纯度的方法。同时，色谱分离法很容易实现对对映体的大规模制备。色谱技术已经成为当前手性分离分析的主要工具。

1. 气相色谱法

GC 是用气体作流动相的色谱分离分析方法。汽化的试样被载气（流动相）带入色谱柱中，柱中的固定相与试样中各个组分的作用力不同，各个组分从色谱中流出时间不同，组分彼此分离。GC 是色谱中非常重要，也是色谱领域中发展较早、相当成熟的技术。一般来说，GC 具有速度快、简单、灵敏的特点。在分离对映体时，其分离度（R_s）、重复性和精确度都很高，因此，对于可挥发的热稳定手性分子，它表现出了明显的优势。

GC 中手性固定相（chiral stationary phases，CSPs）按拆分机制可分为三大类：

一是基于氢键作用的 CSPs，主要有手性氨基酸衍生物作为选择子的二酰胺（含手性聚合物固定相）、二肽酯、二酰脲等；其主要拆分机制是与 CSPs 通过氢键作用缔结，通过"三点"作用模式相互作用（图 2-2），由于氢键作用强度的不同，所形成的缔合物空间阻力不同，稳定性也不同，从而达到对映体分离的目的[7]。Oi 等[8]使用 GC 手性固定液（L-缬氨酸三肽通过三嗪环连接聚氧硅烷），直接分离了顺式菊酸（cis-permethric acid）和反式菊酸（trans-permethric acid）。冯建跃等[9]采用 R-3,5-二硝基苯甲酰-苯基甘氨酸和长链烃的硅胶微粒手性柱，成功分离了氟胺氰菊酯的 2 个旋光异构体。

二是基于配位作用的 CSPs，即手性金属络合物固定相；其金属离子是以配位键形式与其他原子相结合，一般要求被分析物具有 π 电子或孤对电子，分离机制主要基于 π-络合物的相互作用，由对映体作用的差异进行拆分。一般金属络合物固定相只能在较低的温度范围内使用，因此，在手性污染物对映体的分离中使用较少[10]。

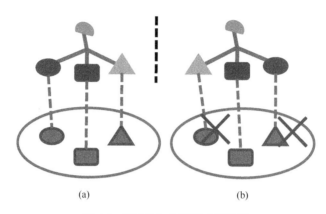

(a)　　　　　　　　　　　　　　　(b)

图 2-2　"三点"作用模式示意图

（a）化合物分子能与固定相形成稳定的"三点"作用，结合能力较强；（b）其对映体分子与固定相之间不能形成稳定的"三点"作用，结合能力较差

　　三是基于包结或络合作用的 CSPs，主要是多种环糊精衍生物和手性冠醚（crown ether）[11]。环糊精（cyclodextrins，CDs）也称环聚葡萄糖，通常含有 6～12 个葡萄糖单元，其分子形状是略呈锥形的圆环，如 β-CD 结构，它是由 7 个 D-葡萄糖单元通过 α-1,4 糖苷键结合而成的环状低聚寡糖（图 2-3）。在 CDs 分子中，糖单元都采用椅型构象，能自我旋转形成中空的界面圆锥形结构，其外侧共分布着 21 个羟基，内侧则由氧原子覆盖，因此 CDs 具有外腔亲水、内腔疏水的特性[12]。但由于其熔点高、涂渍性和成膜性较差，不适合做 GC 固定相，通常需要对其进行衍生化，以得到性质不同、选择各异的 CSPs[13]。目前商品化的手性气相色谱柱的固定相基本上都是基于衍生化的 CDs。

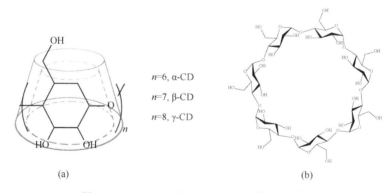

n=6, α-CD
n=7, β-CD
n=8, γ-CD

(a)　　　　　　　　　　　　　　　(b)

图 2-3　CDs（a）以及 β-CD（b）的化学结构

　　Fidalgo 等[14]比较了两种商业化的手性气相色谱柱 Chiralsil-Val（L-缬氨酸-叔丁基酰胺）和 CP-Chiralsil-Dex-CB［(2,3,6-三-O-甲基)-β-环糊精］对 13 种有机磷农

药（organophosphorus pesticides，OPs）的拆分效果。结果显示，Chiralsil-Val 无法对 OPs 进行拆分，而育畜磷（crufomate）、敌百虫（trichlorfon）在 CP-Chirasil-Dex-CB 上实现了基线分离，甲胺磷（methamidophos）、异柳磷（isophenphos）、地虫磷（fonofos）和二溴磷（dibrom）实现了部分分离。CDs 改性固定相相较于手性氨基酸衍生物固定相表现出了更好的拆分性能。Liu 等[15-17]使用 GC 在 BGB-172（即 15%的联苯和 85%二甲聚硅氧烷上的叔丁基二甲基-β-CD）手性柱上成功拆分了顺式联苯菊酯（cis-bifenthrin）、顺式氯氰菊酯（cis-cypermethrin）和顺式氟氯氰菊酯（cis-cyfluthrin）。他们还利用气相色谱在 α-CD 手性柱拆分了顺式联苯菊酯和顺式氯菊酯（cis-permethrin），获得了较好的分离效果。Charles 等[18]研究了 19 种稳定的手性多氯联苯（PCBs）在 7 种常见的商业化的改性环糊精 CSPs Chirasil-Dex（聚硅氧烷骨架上固化二甲基-2,3,6-三-O-甲基-β-CD）、Cyclosil-B（30% 2,3-二-O-甲基-6-O-叔丁基二甲基甲硅烷-β-CD）、B-PA Chiraldex（过氧甲基-β-CD）、B-DM Chiraldex（2,3-二-O-甲基-β-CD）、G-TA Chiraldex（2,6-二-O-戊基-3-三氟乙酰基-γ-CD）、B-PH Chiraldex（S-2-羟丙基甲基酯-β-CD）、G-PT Chiraldex（羟丙基-过甲基三氟乙酰基-γ-CD）上的拆分，19 种 PCBs 在 GC 上的最佳拆分条件所用的色谱柱及拆分结果总结见表 2-1。

表 2-1　19 种手性 PCBs 在 7 种常见的 GC 上的最佳拆分条件所用的色谱柱及分离度[18]

PCBs IUPAC 编号	色谱柱	R_s	PCBs IUPAC 编号	色谱柱	R_s
45	B-DM	1.7	144	B-PA	0.5
84	B-PA	1.2	149	C-Dex	1.3
88	G-TA	1.2	171	G-TA	1.0
91	B-DM	1.9	174	B-PA	1.3
95	B-DM	1.9	175	B-PA/B-PH	0.5
131	G-TA	1.0	176	G-PT	1.2
132	C-Dex	1.5	183	B-PH	0.8
135	B-PA	1.2	196	G-TA	0.7
136	B-DM	1.4	197	G-PT	0.7
139	G-TA	1.0			

Jonathan 等[19]利用 DB-5MS 串联 BGB-172 色谱柱（20% 叔丁基二甲基氯硅烷-β-CD）的方式实现了对甲酯化的手性全氟辛酸（perfluorooctanoic acid，PFOA）化合物的拆分。为全氟烷基类化合物（perfluorinated alkyl substances，PFASs）的手性拆分提供了一个重要的思路。在手性药物与个人护理品（PPCPs）的分离分析方面，GC 也起到了重要的作用。Buser 等[20]通过 GC 手性衍生化后对废水和地表水中的消

炎药物布洛芬对映体进行了拆分。表 2-2 中列出了一些手性污染物对映体用 GC 分离的情况。

表 2-2 几种不同类型的手性污染物对映体在 GC 上的拆分情况

类型	名称	所用色谱柱及条件	结果	参考文献
有机氯农药	α-HCH	BGB-172 40 ℃（1 min）20 ℃/min 到 160 ℃ 1 ℃/min 到 190 ℃ （80 min）20 ℃/min 到 225 ℃（40 min）	基线分离 −/+	[21]
	o,p'-DDD	BGB-172 40 ℃（1 min）20 ℃/min 到 160℃ 1 ℃/min 到 190 ℃ （80 min）20℃/min 到 225 ℃（40 min）	基线分离 +/−	[21]
	o,p'-DDT	BGB-172 40 ℃（1 min）20 ℃/min 到 160 ℃ 1 ℃/min 到 190 ℃ （80 min）20 ℃/min 到 225 ℃（40 min）	基线分离 −/+	[21]
OPs	异柳磷	CP-Chirasil-Dex CB 50 ℃（1 min）10 ℃/min 到 125 ℃ 0.2 ℃/min 到 190 ℃	R_s=1.03	[14]
	二溴磷	CP-Chirasil-Dex CB 50 ℃（1 min）10 ℃/min 到 110 ℃（40 min） 0.2 ℃/min 到 190 ℃（10 min）	R_s=0.89	[14]
PPCPs	布洛芬	Astec Chiraldex 手性柱（二甲基-β-环糊精） 100 ℃（2 min）2 ℃/min 到 200 ℃（5 min）	S/R	[22]
	萘普生 （Naproxen）	Astec Chiraldex 手性柱（二甲基-β-环糊精） 100 ℃（2 min）2 ℃/min 到 200 ℃（5 min）	S/R	[22]
	普萘洛尔 （Propranolol）	MDN-5S 100 ℃（1 min）3 ℃/min 到 300 ℃（1 min）	R-(+)/S-(−)	[23]
多环麝香	HHCB	OV 1701 毛细管柱（14%氰基丙基苄基/86%二甲基聚硅氧烷掺杂环糊精） 85 ℃（2 min）30 ℃/min 到 120 ℃ 0.2 ℃/min 到 130 ℃ （220 min）30 ℃/min 到 150 ℃（50 min）10 ℃/min 到 220 ℃（40 min）	R_s=12.75（SS/RR） R_s=11.28（SR/RS） trans-4S7S/cis-4S7R/ cis-4R7S/trans-4R7R	[24]
	DPMI，AHDI，ATII，AHTN	OV 1701 毛细管柱（14%氰基丙基苄基/86%二甲基聚硅氧烷掺杂环糊精） 85 ℃（2 min）30 ℃/min 到 120 ℃ 0.2 ℃/min 到 130 ℃ （220 min）30 ℃/min 到 150 ℃（50 min）10 ℃/min 到 220 ℃（40 min）	R_s=2.03, R_s=0.77, R_s=1.10, R_s=0.68	[24]
	HHCB-内酯	OV 1701 毛细管柱（14%氰基丙基苄基/86%二甲基聚硅氧烷掺杂环糊精） 85 ℃（2 min）30 ℃/min 到 120 ℃ 0.2 ℃/min 到 130 ℃ （220 min）30 ℃/min 到 150 ℃（50 min）10 ℃/min 到 220 ℃（40 min）	R_s=2.38, R_s=1.02	[24]
全氟辛酸	PFOA	BGB-172 40 ℃（2 min）0.2 ℃/min 到 58 ℃		[19]

注：HHCB 表示 1,3,4,6,7,8-六氢-4,6,6,7,8,8-六甲基环戊二烯[g]-2-苯并吡喃；HHCB-内酯表示 1,3,4,6,7,8-六氢-4,6,6,7,8,8-六甲基环庚烷[g]-2-苯并吡喃-1-酮；AHTN 表示 1-(5,6,7,8-四氢-O-3,5,5,6,8,8-六甲基-2-萘基)-乙酮；DPMI 表示 1,2,3,5,6,7-六氢-1,1,2,3,3-戊甲基-4H-吲哚酮；AHDI 表示 1-(2,3-二氢-1,1,2,3,3,6-六甲基-1H-茚-5-基)-乙酮；ATII 表示 1-[2,3-二氢-1,1,2,6-四甲基-3-(1-甲基-乙基)-1H-茚-5-基]-酮。

此外，随着色谱仪器的发展，多维气相色谱法（multi-dimensional gas chromatography，MDGC）首先由 Simmons 和 Snyder[25]提出建立，即使用两个或多个气相色谱体系进行组合联用。MDGC 在复杂基质中多种化合物的同时分离分析方面具有明显的优势。MDGC 的发展也为手性化合物在 GC 上的拆分提供了新的思路，在 PCBs、精油、香料、香精以及氨基酸的手性分离方面应用比较广泛[26]。其中 Thomas 等[27]利用二维气相色谱（two-dimensional gas chromatograpy，TDGC）串联质谱的方法对 PCB95、149、132 和 174 进行了对映体拆分。在非手性柱 HT-8 和手性柱 Chirasil-Dex 两次拆分的作用下，PCB95、149 和 132 实现了基线分离，PCB174 得到了部分分离的结果，展现了比单个气相色谱分离更好的效果。GC 在手性污染物的对映体分离方面有着广泛的应用，但是存在一个重要的问题，如果所分离的物质较易由于温度变化发生异构化或分解，那么这些化合物就不适合使用 GC 进行分离分析。

2. 高效液相色谱法

HPLC 以液体为流动相，采用高压输液系统，将具有不同极性的单一溶剂或不同比例的混合溶剂、缓冲液等流动相泵入装有固定相的色谱柱，在柱内各个成分被分离后，进入检测器进行检测，从而实现对试样的分离分析。

随着 CSPs 和手性流动相添加剂研究的发展、商用 CSPs 的出现和一些重要的机理理论问题的解决，HPLC 逐渐成为对映体分离中最重要的一种手段。手性固定相法是目前手性 HPLC 分离中最常用的方法。HPLC 操作时间较短且有较高的载样量，有利于得到一定量的对映体，分离速度快、柱效高、使用范围广且分离能力强。但是由于没有一种广谱性的色谱固定相，需根据样品的结构选择合适的手性柱。

在 HPLC 手性分离领域中，设计新型的手性 CSPs，开发已有的 CSPs 的应用范围，探索色谱手性识别机理这 3 个方面的问题备受关注，并成为人们研究的热点以及手性色谱发展的前沿。据统计，目前已有 1300 多种液相色谱 CSPs 被开发出来，其中至少 200 种已经有商品化的产品出售[28]。传统的商业化 CSPs 根据化学结构的不同可以分为以下几类："刷"型（Pirkle 型）CSPs、多糖类 CSPs、配体交换 CSPs、环糊精 CSPs、高分子聚合物 CSPs、蛋白 CSPs、大环抗生素 CSPs 以及冠醚型 CSPs 等。其中应用最为广泛的是"刷"型 CSPs 和多糖类 CSPs。关于 HPLC 固定相的发展，Tang 等[29]也做了全面详细的综述。

"刷"型 CSPs 是从 N-(3,5-二硝基苯甲酰)-DL-亮氨酸［图 2-4（a）］衍生化而来，通过含有末端羧基或异氰酸酯基的手性前体与氨基键合硅胶进行缩合反应，形成酰胺或脲型结构[30]。Pirkle 等在这方面做了大量的指导性工作。固定相的结构中，手性分子主要分布在惰性基质的表面，易与分析物接触产生相互作用，分析物与固定相之间的主要相互作用是 π-π 相互作用[31]。"刷"型 CSPs 具有确定的化学结构，共同的结构特征是在手性中心附近至少含有下列基团之一：①π-酸或 π-碱芳基，具有给体-受体相互作用能力（电子转移络合）；②极性氢键给体-受体；③形成偶极相互作用的极性基团；④大体积非极性基团，提供立体位阻、范德瓦耳斯作用或构型控制作用。目前的分析和半制备领域主要包括了 9 种型号的 Pirkle 型 CSPs：α-Burke 2，β-Gem 1，DACH-DNB，Leucine（亮氨酸），Phenylglycine（苯基苷氨酸），Pirkle 1-J，ULMO，Whelk-O1［图 2-4（b）］和 Whelk-O2[32]。由于其特殊的结构，"刷"型 CSPs 在分离含有芳香基团的对映体时，可起到很好的拆分能力，例如芳基丙酸、非固醇类的抗炎药物，以及其他许多的手性医药用品和农药。Yen 和 Wang 等[33-34]用(S, S)-Whelk-O1 和(R, R)-Whelk-O1 两种 Pirkle 型固定相对丙溴磷（profenofos）和苯线磷（fenamiphos）进行对映体分离，并用偏振器检测对映体的光谱旋转。结果显示，这 2 个 OPs 的对映体在这 2 种 Pirkle 型固定相上的出峰顺序正好相反。邵保海等[35]也用(S,S)-Whelk-O1 手性柱对 6 种萘普生酯类化合物（Naproxen esters）进行了对映体分离，结果显示，6 种化合物都能够在较短的时间内得到基线分离，明确萘普生酯与(S,S)-Whelk-O1 之间的吸引作用主要有：固定相上的二氢菲与萘普生酯中的萘环之间的 π-π 作用，以及固定相上酰胺氢与萘普生酯中的酯羰基氧之间的氢键作用。

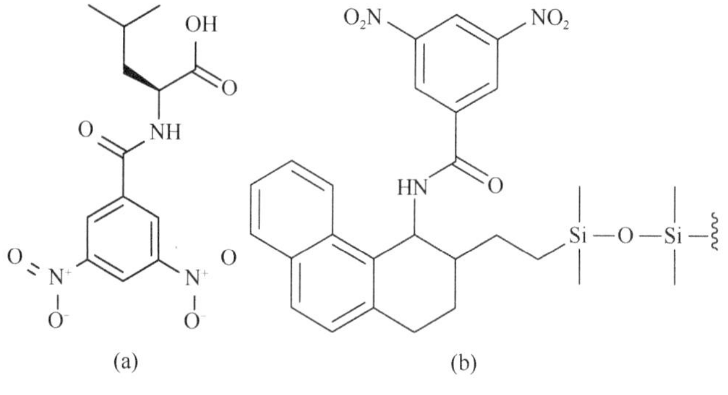

图 2-4   N-(3,5-二硝基苯甲酰)-DL-亮氨酸（a）和(S, S)-Whelk-O1 手性选择子（b）化学结构

多糖，如纤维素（cellulose）和淀粉（amylum）是自然界中大量存在的有光学活性的生物聚合物，它们具有良好的精细结构，作为 CSPs 的手性选择子具有天然的优势，纤维素和直链淀粉也是最主要的两类多糖类 CSPs。虽然纤维素和淀粉的水解产物都是 D-葡萄糖，但是它们的糖苷键不同，纤维素为 β-1,4-糖苷键，淀粉为 α-1,4-糖苷键，因此两者具有完全不同的构型（图 2-5）。

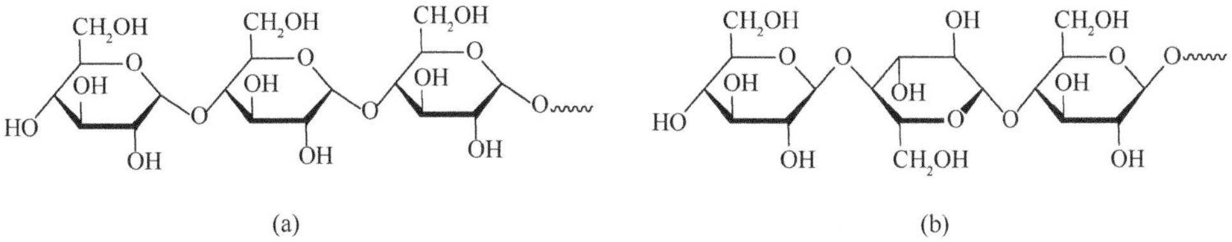

图 2-5　淀粉（a）和纤维素（b）的化学结构

Kotake 等于 1951 年首次发现它们本身具有一定的手性识别能力[36]。但是分析物在天然聚合体网上的转移能力和扩散能力差，导致天然多聚糖分离能力也差，且因此扩大了分析物的峰宽，不利于化合物的分离分析。因此，衍生化的多聚糖类复合物逐渐开始被合成。天然的多聚糖可以通过活性羟基基团与适当的试剂反应进行修饰，从而增加手性结合位点的数目，提高手性识别能力。如纤维素-三(4-甲基苯基甲酸酯)和直链淀粉-三(3,5-二甲基苯基氨基甲酸酯)（图 2-6），都是比较容易得到的光学活性聚合物，同时也是运用性最强的多糖类 CSPs。

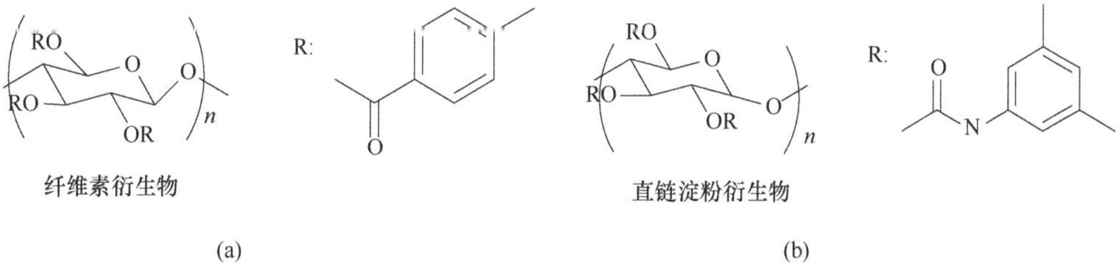

图 2-6　纤维素-三(4-甲基苯基甲酸酯)（a）和直链淀粉-三(3,5-二甲基苯基氨基甲酸酯)（b）的化学结构

Okamoto 研究课题组合成了大量的纤维素、直链淀粉衍生物，并将其涂敷在硅胶表面，制备了具有很好手性拆分能力的多种 CSPs[37]。该研究课题组到目前为止已经开发了一系列的基于纤维素和直链淀粉的 CSPs，包括 Chiralpak AD、AS、AS-H 以及 Chiralcel OA、OB、OB-H、OC、OD、OF、OG、OJ、OK 等。80%以上的外消旋体能够在 Chiralpak AD、Chiralcel OD 和 Chiralcel OJ 柱上得到对映体分离，所以相对来讲，这 3 根手性柱是最通用的商品柱[38]。Xie 等[39,40]利用 Chiralcel OD-H、Chiralcel OJ-H、Chiralpak AS-H、Chiralpak AY-H 手性柱对酰胺类除草剂（amide herbicides），即异丙甲草胺（metolachlor）、敌草胺（napropamide）、乙草胺（acetochlor）、异丙草胺（propisochlor）进行了对映体分离的研究。首次使用正己烷/乙醇（96/4，V/V）作为流动相在 AY-H 柱子上得到了异丙甲草胺 4 个对映体的基线分离，4 个色谱峰之间的分离度分别是 2.02、4.63 和 3.08，AY-H 柱上对映体的流出顺序为 αSS、αRS、αSR 以及 αRR。关于手性农药在 HPLC 上的拆分，Ye 等[41]

也做了比较详细的综述，包括 SPs、OPs、酰胺类除草剂、杀菌剂、咪唑啉酮类（imidazolinones）除草剂、苯氧羧酸类除草剂（phenoxypropanoic-acid herbicides）以及三唑类杀菌剂（triazole-related fungicides）。大量的实验规律总结发现：含有 1 个手性中心的拟除虫菊酯类手性农药适合用 Chiralcel OD 柱进行拆分，含有 3 个手性中心的拟除虫菊酯则适用于 2 个串联的 Chirex 00G-3019-OD 柱；OPs 可以用 Chiralpak AD 柱进行拆分，咪唑啉酮类除草剂以及苯氧羧酸类除草剂可以在 Chiralcel OJ 柱上得到最好的拆分效果。三唑类杀菌剂在 Chiralcel OD-H 和 Chiralcel OJ-H 上都能够得到较好的拆分结果。

除了手性农药以外，手性 PPCPs 在 HPLC 上的拆分也有不少的研究。相对于 GC 来说，HPLC 更适用于有极性性质的手性 PPCPs 的分离分析。MacLeod 等[42]用 HPLC 在 Chirobiotic V 手性柱上对多种 β 阻断剂（β-blockers）、血清素吸收阻断剂（serotonin re-uptake inhibitors）和柳丁氨醇（salbutamol）进行了对映体分离，其中柳丁氨醇、美托洛尔（metoprolol）、吲哚洛尔（pindolol）、普萘洛尔、索他洛尔（sotalol）、氟西汀（fluoxetine）、阿替洛尔（atenolol）、西酞普兰（citalopram）都得到了比较好的拆分效果。López-Serna 等[43]也在 Chirobiotic V 手性柱上对 16 种手性药物和其中 2 种代谢产物进行了分离分析，得到了比较好的拆分结果。在新型有机污染物的手性分离上，HPLC 也起到了重要的作用。Wang 等[44]使用两根串联的 Chiralpak QN-AX 弱阴离子交换手性柱[硅胶表面共价键合-O-9-(叔丁酯氨基甲酰)奎宁]实现了对 1m-PFOS 对映体的直接拆分，所用的流动相为四氢呋喃/0.2 mol/L 甲酸/三乙胺/水（70/20/0.05/10，V/V/V/V），在 130 min 内，分离度达到了 0.85。这是目前唯一能够直接拆分手性 PFASs 的分离分析方法。

3. 毛细管电泳法

CE 是以电场为驱动力，基于分析物组分在毛细管中的电泳淌度或（和）分配系数不同进行分离的色谱方法。CE 分离对映体时，一般是在 1 根毛细管中装入对映体混合物，然后加入手性添加剂，再将毛细管置于 2 个缓冲液槽之间，通过高压电源施加电场，2 个对映体与手性添加剂形成非对映体配位化合物，配合常数的差别使这些暂时的带电荷体系在外加电场的影响下以不同的速度运动，从而实现分离。毛细管电泳移动相中常用的手性添加剂有手性金属配位化合物、天然或改性的 CDs、冠醚、大环抗生素（macrolides antibiotics）、非环的低聚和多聚糖等。毛细管电泳为极性大、非挥发性和热稳定性的手性化合物的拆分提供了有效的手段，简单、高效、试样用量少且几乎没有废液，在手性药物分析和临床医学研究中得到了越来越广泛的应用。

　　手性化合物分离的 CE 模式按分析对象在溶液中的状态，较常用的有毛细管区带电泳法（capillary zone electrophoresis，CZE）、胶束电动毛细管色谱法（micellar electrokinetic capillary chromatography，MEKC）、毛细管电色谱法（capillary electro chromatography，CEC）等[45]。CZE 是 CE 中最基本、最普遍的一种模式。向背景电解质中添加手性选择剂的方法实现了离子型化合物的拆分，通过改变背景电解质中手性添加剂的类型和浓度，对分离方法进行优化。MEKC 涉及电渗电泳和色谱分配过程，在缓冲液中加入表面活性剂形成胶束相，分析物在水相和胶束相中多次分配以达到分离的目的。CEC 是将固定相填充于毛细管柱内或涂布、键合于其内壁，以电渗流或电渗流结合压力流推动流动相、溶质，根据它们在固定相和流动相之间的分配及自身电泳淌度的差异而得以分离。

　　CDs 以及衍生物因为其特殊的结构在 CE 中也有着广泛的应用。Perez-Fernandez 等[46]将 2,3,6-三-O-β-CD 作为手性添加剂，成功地用 CE 将顺式联苯菊酯对映体进行了拆分，实现了在 10 min 内，分离度达到 2.8 的良好拆分结果。Ibrahim 等[47]则采用二元环糊精系统作为手性添加剂，对 3 种三唑类手性农药进行了拆分，分离效果良好且具有很好的重复性。在手性药物分离方面，孙嘉仪等[48]以羧甲基-β-CD 作为手性添加剂，将氯苯那敏（chlorphenamine）、羟氯喹（plaquenil）、班布特罗（bambuterol）和沙丁胺醇（salbutamol）这 4 种手性药物进行了拆分，在最佳的分离条件下，4 种手性药物的分离度分别达到了 10.49、6.67、3.75 和 1.56，都实现了基线分离。

　　冠醚作为手性添加剂，能形成主客体配合物，对手性化合物进行拆分。常用的有(18-冠-6)-2,3,11,12-四羧酸［图 2-7（a）］，用于分离氨基酸和多肽等多种含有氨基的手性化合物，且冠醚既能溶于亲水性溶剂又能溶于疏水性溶剂，可以作为非水毛细管电泳的手性添加剂。Kulm 等[49]使用冠醚（18C6H4）作为手性添加剂，成功分离了降麻黄碱（norephedrine）、重酒石酸去甲肾上腺素（norepinephrine bitartrate）等药物。使用手性冠醚对无紫外吸收的伯胺类对映体可采用紫外检测方法直接进行检测，无需衍生化，这是手性冠醚的优点，但是冠醚有毒、致癌，对背景缓冲液也有一定的要求，在一定程度上限制了冠醚的使用。

　　大环抗生素主要有安沙霉素（ansamycin）和糖肽（glycopeptide）类。结构中含有多个手性、芳香环、氢键基团和疏水的"篮子"结构，与分析物之间具有氢键作用、静电作用、疏水作用、π-π 作用、立体位阻作用等多种作用模式，通过与对映体之间相互作用的强弱不同来实现分离。Armstrong 等[50]利用抗生素利福霉素（rifamycin）［图 2-7（b）］作为手性添加剂对 18 种氨基酸类手性药物进行了分离研究，其中特布他林（terbutaline）、异丙肾上腺素（isoproterenol）、巴美生（bamethan）、奥西那林（metaproterenol）、辛氟林（synephrine）、甲基氟林（metanephrine）、沙丁胺醇（salbutamol）、肾上腺素（epinephrine）以及去甲苯福林（norphenylephrine）实现了基线分离。Yu 等[51]也首次将克拉霉素乳糖（clarithromycin lactobionate）作为手性添加剂实现了对盐酸普萘洛尔（Propranolol hydrochloride）、美托洛尔、羟苄羟麻黄碱（ritodrine）等 15 种基础药物的对映体分离。

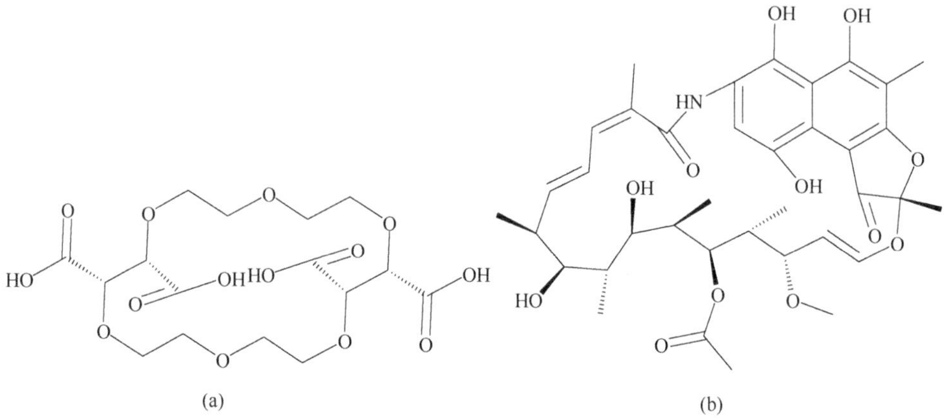

图 2-7　(−)-(18-冠-6)-2,3,11,12-四羧酸（a）和利福霉素（b）的化学结构

4. 超临界流体色谱法

SFC 是以超临界流体作为流动相，依靠流动相的溶剂化能力来进行分离、分析的色谱过程。SFC 兼有 GC 和 HPLC 的特点，既可以分析 GC 不适应的高沸点、低挥发性样品，又比 HPLC 有更快的分析速度的条件。Mourier 等[52]于 1985 年首次用 SFC 实现了手性分离。在手性分离方面与 HPLC、GC 相互补充，在单一对映体制备方面有独到的优越性。

SFC 一般采用超临界状态的二氧化碳作为流动相，由于其密度与液体相似，因此它的溶解能力强，可以迅速将产物洗脱出来，适用于分离难挥发和热稳定性差的物质，而且二氧化碳无毒，对环境污染小，价格便宜，适用于大量生产。SFC 系统既可以使用 HPLC 检测器，也可以使用 GC 检测器，操作简单易于转换。且超临界流体的黏度近于气体，过程阻力小，可采用细长色谱柱增加柱效，采用较高的流速缩短分离时间。

可用于 HPLC 的 CSPs 一般也可以用于 SFC，目前应用于 SFC 的 CSPs 主要有：Pirkle 型 CSPs、多糖类 CSPs、配体交换色谱型 CSPs、含肽或蛋白质 CSPs、环糊精 CSPs、大环抗生素 CSPs 以及最新的应用分子印迹技术和放生感应技术发展的 CSPs 等。目前应用最多的为多糖类 CSPs。Hamman 等[53]对 80 种外消旋化合物在 25 种 CSPs 上的拆分进行了研究，比较了不同 CSPs 的拆分性能，结果发现 OD 柱表现出了最佳的拆分性能，同时也发现 AD、AS、AY、CC4、ID 和 Whelk-O1 这 6 根柱子的组合可以实现全部 80 种化合物的分离。Lucie 等[54]研究了 20 种手性药物在 5 种多糖类 CSPs 上的拆分，建立了手性药物采用 SFC 进行手性拆分优化策略，直链淀粉-三(3,5-二甲基苯基氨基甲酸酯)和纤维素-三(3,5-二甲基苯基氨基甲酸酯)提供了最佳的对映体分离成功率。Płotka 等[55]对 SFC 在手性药物及代谢物拆分以及用于手性药物拆分的 CSPs 进行了综述，Wang 等[56]对手性药物拆分中的各种条件，如改性剂、添加剂、背压和温度、串联的检测器以及 SFC 在制备方面的应用进行了比较全面的综述。总体来说，SFC 在手性药物分离上的研究较多，手性农药以及持久性有机污染物手性分离方面也有一定的应用。高伟亮[57]使用 Sino-Chiral OJ、Chiralpak IB 和 Chiralcel OD 柱研究了 18 种手性 PCBs 在 SFC 上对映体拆分，共有 16 种手性 PCBs 实现了基线分离，PCB135 部分分离，PCB95 不能分离。PCB45、84、88、91、131、135、139、144、149、171、176 和 183 在 Sino-Chiral OJ 柱上实现最优分离，PCB132、174、175 和 196 在 Chiralcel OD 柱上实现最优分离，PCB197 在 Chiralpak IB 柱上实现了最优分离，在手性 PCBs 的分离分析上，Sino-Chiral OJ 表现出了最好的拆分性能。冯硕立[58]研究了 7 种手性三唑类农药在 Chiralpak IB 和 Chiralcel OJ 上对映体分离效果，腈菌唑（myclobutanil）、三唑酮（triadimefon）、己唑醇（hexaconzole）、烯效唑（uniconazole）、噁醚唑（difenoconazole）在 Chiralpak IB 柱上得到了最好的拆分结果，抑霉唑（imazalil）和戊唑醇（tebuconazole）在 Chiralcel OJ 柱上得到了最好的拆分结果。Zhao 等[59]研究了酰胺类除草剂敌草胺在 AMY1、CEL1 和 CEL2 上的对映体拆分效果，发现 CO_2/异丙醇（80/20，V/V）结合 CEL2 柱的条件下，能在 2 min 之内实现对敌草胺的基线分离，相比较于传统的 HPLC 分析，极大地缩短了分离时间，提高了分离效率。表 2-3 列出了部分手性农药在 SFC 上的拆分情况。

表 2-3　部分手性农药在 SFC 上的拆分情况

种类	名称	条件	结果	参考文献
三唑类	三唑醇 （triadimenol）	Chiralpak AD 5%甲醇，200 bar，2 mL/min，35 ℃	K：5.41，6.44，8.11，22.55； R_s：1.81，2.47，10.88	[60]
	三唑酮	Chiralpak AD 15%甲醇，200 bar，2 mL/min，35 ℃	K：1.03，1.91；R_s：4.09	[60]
新烟碱类 （neonicotinoid insecticides）	环氧虫啶 （cycloxaprid）	Chiralcel AD-H 30%乙醇，150 bar，2 mL/min，35 ℃	K：2.50，5.8；R_s：6.42	[61]
	哌虫啶 （paichongding）	Chiralcel OD-H 30%乙醇，150 bar，2 mL/min，35 ℃	K：1.26，1.35，2.18，2.67； R_s：0.61，4.40，2.14	[61]

种类	名称	条件	结果	参考文献
菊酯类	甲氰菊酯 （fenpropathrin）	Chralcel OJ-H 柱 5%甲醇，120 bar，1.5 mL/min，60 ℃	R_s: 1.67	[62]
	灭虫菊 （chrysron）	Chralcel OJ-H 柱 15%异丙醇，120 bar，2 mL/min，30 ℃	7 min 之内基线分离	[62]
	氯菊酯	Chralcel OJ-H 柱 7%异丙醇，120 bar，4 mL/min，40 ℃	4 min 之内基线分离	[62]
	氟氯氰菊酯	Chiralpak IC+ Chralcel OJ-H 柱 异丙醇：4.5%~6%（3 min）； 6%~10%（7 min）；10%（8 min）； 120 bar，3.5 mL/min，50 ℃	8 min 之内实现较好的分离效果	[62]
酰胺类	敌草胺	CEL2 柱 20%异丙醇，2000 psi，2 mL/min，55 ℃	R_s: 3.71	[59]

注：K 表示分配系数；R_s 表示分离度。

2.2　手性污染物对映体的定量分析

手性污染物对映体的定量分析主要有两种：一种是将手性污染物对映体通过多种方法进行分离制成纯的单一对映体化合物，再通过普通化合物的定量分析方法进行分析，包括元素分析（elemental analysis）、光谱法（spectroscopy）、质谱法（mass spectrography）等；另一种是通过手性仪器色谱体系串联各种检测器进行在线定量分析。关于分离部分的内容 2.1 节已经进行了系统介绍，本节主要介绍用于定量分析的各种检测装置。

2.2.1　光谱法

手性分子与非手性分子在物理学中的一个重要差别就在于，手性分子中存在不对称因素，能够使偏振光的偏振面发生偏转，产生旋光现象；同时，对左旋和右旋圆偏光的吸收存在差异，产生 CD 现象，所以，除了普通的荧光光谱（fluorescence spectroscopy）、紫外可见光谱（ultraviolet-visible spectroscopy，UV）、红外光谱（infrared spectroscopy，IR）和拉曼光谱（Raman spectroscopy）之外，手性化合物还可以用旋光光谱（optical rotatory dispersion，ORD）、圆二色光谱来进行定量分析。

光谱学定量分析的基本依据是朗伯-比尔定律（Lambert-Beer law），光被透明介质吸收的比例与入射光的强度无关；在光程上每等厚层介质吸收相同比例值的光。朗伯-比尔定律的数学表达为 $A=\lg(1/T)=kbc$，其物理意义可以解释为当一束平行单光垂直通过某一均匀非散射的吸光物质时，其吸光度 A 与吸光物质的浓度 c 及吸收层厚度 b 成正比，而透光度 T 与 c、b 成反比，这是光谱学定量方法吸光光度法（absorption photometry）、比色分析法（colorimetric analysis method）和光电比色法（photoelectric colorimetry）定量的基础。

这些光谱仪器在与色谱分离体系进行串联作为色谱检测器之后，就可以直接对色谱系统分离的手性化合物进行在线的定量分析。常用于色谱仪器的光谱检测器主要有紫外-可见光检测器（ultraviolet-visible detector，UVD）、光电二极管阵列检测器（photodiode array detector，PAD）、荧光检测器（fluorescence detector，FD）、示差折光检测器（differential refractive index detector）等。

2.2.2　质谱法

质谱分析是一种测量离子质荷比的分析方法，其基本原理是使试样中各组分在离子源中发生电离，生成不同质荷比的带电离子，经过加速电场的作用，形成离子束，进入质量分析器。在质量分析器中，再利用电场和磁场使带电离子发生相反的速度色散，将它们分别聚焦而得到质谱图，从而确定其质量。质谱法在一次分析中可提供丰富的物质结构信息。在众多的分析测试方法中，质谱法被认为是一种同时具备高特异性和高灵敏度且得到了广泛应用的普适性方法，在手性污染物对映体的定性和定量分析方面发挥了重要作用。

常用的质谱仪种类主要有：四极杆质谱仪（quadrupole mass spectrometer）、飞行时间质谱仪（time-of-fight mass spectrometer，TOF）、离子阱质谱仪（ion trap mass spectrometer）、离子回旋共振质谱仪（ion cyclotron resonance mass spectrometer，ICR），以及混合型质谱仪 Q-TOF 和 Q-IT 等。

2.2.3　其他方法

除了常用于 HPLC 的光谱类检测器和具有高度特异性的质谱检测器，还有一些其他的检测器也经常用于 GC 的检测器中。GC 常用的检测器有热导检测器（thermal conductivity detector，TCD）、火焰离子化检测器（flame ionization detector，FID）、电子捕获检测器（electron capture detector，ECD）、火焰光度检测器（flame photometric detector，FPD）、氮磷检测器（nitrogen-phosphorus detector，NPD）、原子发射检测器（atomic emission detector，AED）等。TCD 建构简单，性能稳定，几乎对所有的物质都有响应，通用性好，但是灵敏度较低；FID 是典型的质量型检测器，对有机化合物具有极高的灵敏度，且结构简单，稳定性好；ECD 是一种高选择性的检测器，仅对含有卤素、磷、硫、氧等元素的化合物具有很高的灵敏性，对于大多数的烃类都没有响应；FPD 又称硫、磷检测器，是只对含有硫、磷有机化合物具有高度选择性和高度灵敏性的质量型检测器。这些 GC 的特异性检测器有时会获得比质谱检测器更好的灵敏度，在特定化合物的测定中表现出了优势。

2.3 手性污染物对映体的构型表征

有机分子的结构可以分为构造（construction）、构型（configuration）、构象（conformation）这三个层次。分子构造是指具有一定分子式的分子中各原子有一定的成键顺序和键性，而构型和构象则反映了具有一定构造的分子中，原子在空间的排列状况。构型反映了分子中原子间的相对空间关系，而构象则反映绝对空间关系。分子式相同的两分子，由构造差异而形成的异构体称为构造异构体（constitutional isomers）。相应的异构现象称为构造异构（constitutional isomerism），如链异构、位置异构、功能异构等。构造相同而构型不同的分子称为构型异构体（configurational isomers）。相应的异构现象称为构型异构（configurational isomerism），如对映异构（enantiomerism）和非对映异构（diasterioisomerism）。同一构型的分子，可因键的旋转而呈现多种构象。在绕键旋转的过程中，对应于旋转势能曲线上的各极小值的那些较稳定的构象，称为构象异构体（conformational isomer），简称异象体，其他不稳定的构象，通常不称作异象体，相应的异构现象称为构象异构（conformational isomerism）（图 2-8）。

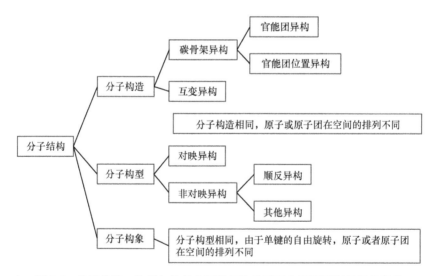

图 2-8 分子构造、构型与构象之间的层次关系及它们所引起的异构现象

对映异构体的构型命名方法主要有两种：相对构型和绝对构型表示法。相对构型表示法是指 D、L-构型表示法，人为指定(+)-甘油醛为 D 型，(−)-甘油醛为 L 型，以甘油醛的构型为标准来确定其他手性化合物的构型。绝对构型是对空间原子排列的手性分子实体或组成及其立体化学的描述。目前最常用的绝对构型的命名方法为 *R*、*S* 命名法。该方法由英戈尔德（C. K. Ingold）、凯恩（R. S. Cahn）和

普瑞洛格（V. Prelog）提出并且已经被国际纯粹与应用化学联合会（IUPAC）采纳。按照该命名原则对具有手性中心的化合物构型进行标记时，首先根据基团优先性顺序规则把连载手性碳上的 4 个不同基团按规则排列成序。例如 4 个基团的优先性顺序是 1>2>3>4，然后，从手性碳出发，朝优先性最低的基团 4 的方向看去，即沿着 C-4 这个共价键的方向进行观察，接着观察出 1～3 三个基团在空间排列的顺序，如为顺时针，则称为 R 构型，如为逆时针，则称为 S 构型。

目前确定手性分子绝对构型的方法主要有：有机合成法、基于手性试剂化学反应和核磁共振（nuclear magnetic resonance，NMR）的 Mosher 法、X 射线单晶衍射法和光谱学方法[63]。

2.3.1　有机合成法

有机合成法是从初始的已知手性的化合物开始，通过手性控制的有机化学反应，将其转化为目标化合物的方法。该法通过不对称的催化合成控制得到一定构型的产物，以此来确定手性化合物的绝对构型[64]。葡萄糖结构的测定是费歇尔（E. Fischer）在进行糖结构研究时完成的，历时 7 年（1884～1891 年），他也因在糖化学研究中的贡献，于 1902 年获得了诺贝尔化学奖。1884 年，费歇尔开始研究糖类，当时已知葡萄糖的分子式为 $C_6H_{12}O_6$。慕尼黑大学的化学家克里安尼（H. Kiliani）已经初步探明葡萄糖是直链的五羟基醛。在此基础之上，费歇尔对葡萄糖的立体结构进行了测定。在葡萄糖构型的鉴定过程中，以 D 型甘油醇作为构造糖中碳链的起始物质，经过克里安尼（Kiliani）氰化增碳、成脎反应、稀硝酸氧化等多步复杂的化学反应，将所得的产物与天然存在的葡萄糖进行旋光性质等方面的比较，最终确定葡萄糖的绝对构型。还有一些手性农药的合成和构型的确定也使用到了这样的方法。例如，通过已知手性的 2-氯丙酸（2-chloropropionic acid）与 2,4-二氯苯酚（2,4-dichlorophenol）在 NaH 作为催化剂和加热条件下发生加成反应（图 2-9），再通过重结晶就可以得到绝对构型确定的 2,4-滴丙酸（dichloroprop）[65]。在农药精异丙甲草胺（S-metolachlor）的合成过程中就使用到了手性铱络合物进行催化的不对称氢化反应（图 2-10），在手性催化剂的作用下可以得到单一的高效体精异丙甲草胺，从而确定异丙甲草胺的绝对构型[66-67]。但是通过有机合成的方法来确定手性污染物对映体的绝对构型，过程烦琐且复杂，普适应性差。

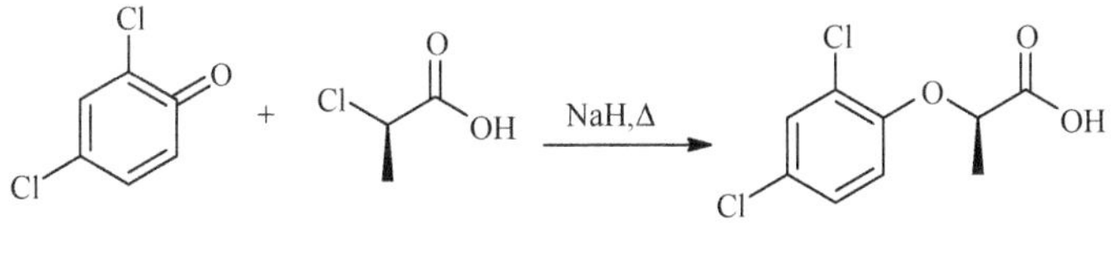

图 2-9　2,4-滴丙酸的合成过程[68]

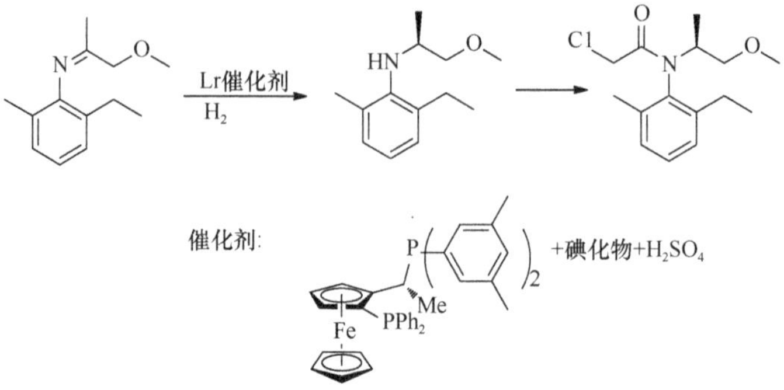

图 2-10　*S*-异丙甲草胺的合成过程[67]

2.3.2　X 射线单晶衍射

高速运动的电子与物体碰撞时，发生能量转换，电子的运动受阻失去动能，其中一小部分（1%左右）能量转变为 X 射线。X 射线是由原子中的电子在能量相差悬殊的两个能级之间跃迁而产生的粒子流，其波长很短介于 0.01～100 Å 范围内。1912 年劳厄（M. von Laue）发现，晶体具有三维点阵结构，以晶体为光栅，能散射波长与原子间距（分子中原子间的键合距离一般在 1～3 Å）相近的 X 射线。入射 X 射线由于晶体三维点阵引起的干涉效应，形成数目甚多、波长不变、在空间具有特定方向的衍射，这就是 X 射线衍射（X-ray diffraction）。测量出这些衍射的方向和强度，并根据晶体学理论推导出晶体中原子的排列情况，即 X 射线结构分析。

X 射线晶体衍射用于结构分析的过程，从单晶培养开始到晶体的挑选与安置，继而使用衍射仪测量衍射数据，再利用各种结构分析与数据拟合方法，进行晶体结构解析，最后得到各种晶体结构的几何数据与结构图形等结果。从单晶培养到构型表征的过程比较烦琐复杂，一般不适用于手性污染物对映体的构型表征。

2.3.3　核磁共振法

NMR 是指自旋磁矩不为零的原子核，在外磁场中，其核能级将发生分裂，若再有一定频率的电磁波作用于它，分裂后的核能级之间将发生共振跃迁的现象。

自旋量子数（*I*）不为零的核都具有磁矩，$I=0$ 的原子核如 ^{16}O、^{12}C、^{22}S 等，无自旋，没有磁矩，不产生共振吸收。$I=1$ 或者 $I>1$ 的原子核，其核电荷分布可看作一个椭圆体，电荷分布不均匀，共振吸收复杂，研究应用较少；$I=1/2$ 的原子核，如 ^{1}H、^{13}C、^{19}F、^{31}P 等，可看作和电荷均匀分布的球体，并像陀螺一样自旋，有磁矩产生，是 NMR 研究的主要对象。静电场中，磁性核存在不同能级。用一特定频率的电磁波（能量等于 ΔE 核的能级差）照射样品，核会吸收电磁波进行能级间的跃迁，此即为 NMR 的原理。同时，原子核处在核外电子氛围中，这些电子在外加磁场的作用下会产生次级磁场，导致该核受到屏蔽，在原有的共振吸收频率的基础之上产生化学位移 $\Delta\delta$。所以处于不同化合物中或者同一化合物中不同位置的原子核的共振吸收频率不同，我们可以通过测量吸收频率来了解分子结构[69]。

应用 NMR 测定有机化合物的绝对构型，主要是测定 R 和（或）S 手性识别试剂与对映体反应的产物 ^{1}H 或 ^{13}C NMR 化学位移数据，得到化学位移 $\Delta\delta$ 值与模型比较来推断底物手性中心的绝对构型。但是 NMR 的射频是一种对称的物理能，理论上是不能区别对映体的共振信号的，也就是说，通常情况下互为对映体的两种化合物的 NMR 信号是完全重合的，只有给对映体加一个不对称的环境，使它们处于非对映体异构关系下，才有可能产生化学位移的不等价，从而使相应基团的信号分开。利用信号分开的一些规律就可以确定手性碳的绝对构型。在用 NMR 测定有机化合物绝对构型的所有方法中，Mosher 法是最常用的一种方法。Mosher 于 1973 年分别提出了应用 ^{1}H NMR 和 ^{19}F NMR 来判定有机化合物绝对构型的方法[70]。

在 ^{1}H NMR Mosher 法中，使用到了一种手性衍生试剂 α-甲氧基-α-三氟甲基苯基乙酸（简称 MTPA 或 Mosher 试剂）。在 Mosher 酯的构型关系模型图比较的基础上，可根据 $\Delta\delta$ 的符号来判断仲醇手性碳的绝对构型。在 Mosher 酯构型关系模型图中，如图 2-11 所示，仲醇 α-H、MTPA 的羰基和 α-三氟甲基处于同一平面上。在 R-MTPA 酯中，L_2 基团处于苯环的环境中，L_3 基团远离苯环，在 S-MTPA 酯中刚好相反，由于苯环的抗磁屏蔽作用，L_2 基团的质子在 R-MTPA 酯中比在 S-MTPA 酯中的 NMR 信号出现在较高场，所以 $\Delta\delta$ 为负值；L_3 基团的质子则刚好相反，$\Delta\delta$ 为正值。判断构型时，将 $\Delta\delta$ 为负的质子放在 MTPA 平面的左侧，将 $\Delta\delta$ 为正的质子放在 MTPA 平面的右侧，然后根据模型图来判断手性中心的绝对构型。

之后发展起来的各种方法都以这样一种原理为基础，即通过不同的手性试剂，例如 α-苯基甲氧基乙酸（methoxy phenylacetic acid，MPA）、2-(9-蒽基)-2-甲氧基乙酸（9-anthranyl methoxy acetic acid，9AMAA）等一类芳基甲氧基乙酸试剂和一些其他新兴的手性试剂[71-73]，给对映体外加一个不对称的化学环境，使它们处于非对映体异构关系下，从而导致对映体在核磁波谱中产生的化学位移不等价，使相应基团的信号分开。利用信号分开的一些规律可确定手性碳的绝对构型。

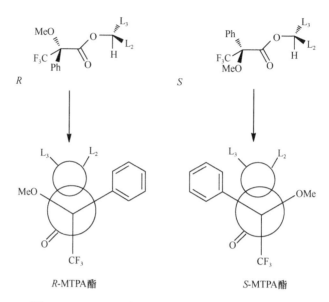

图 2-11　*R*-MTPA 酯和 *S*-MTPA 酯的构性关系模型图

2.3.4　光谱法

　　1848 年，法国青年化学家路易·巴斯德利用机械的方法将无旋光的酒石酸钠铵拆分出两种晶型不同的晶体，而这两种晶体分别溶解后的溶液对旋光的偏转产生了相反的结果，从此奠定了手性化合物研究的基础。由此，手性分子与非手性分子在物理学性质上的一个重要差别就在于，手性分子能够使偏振光的偏振面发生偏转，也就是说手性分子具有旋光性，而非手性分子不具有这种性质。因此，手性分子又称为光学活性化合物。同时，圆二色性作为旋光性的另外一种表现形式，是由于手性化合物对于左旋和右旋的圆偏振光吸收存在差异。圆二色性与旋光性的本质是相同的，都是因为手性分子中存在不对称因素。

　　1. 平面偏振光和圆偏振光

　　普通光源中的原子和（或）分子能够独立发光，所发出的光波中具有各个方向的光矢量，在与传播方向垂直的平面内，所有可能的振动方向上，振幅都相等的光为自然光。如果光矢量只在一个固定的平面内并沿着一个固定的方向振动，则为线偏振光或者平面偏振光，光矢量的振动方向与光的传播方向所构成的平面为振动面。振幅保持不变，而方向周期性变化，电场矢量绕传播方向螺旋前进的光为圆偏振光。圆偏振光可以看成是 2 个相互垂直的振幅相等、相位差为 $\pm\pi/2$ 的线偏振光的合成。$+\pi/2$ 对应于右旋圆偏振光，$-\pi/2$ 对应于左旋圆偏振光，即圆偏振光中包含着两个频率和振幅相同的左旋和右旋圆偏光。

2. 旋光光谱和圆二色光谱

手性化合物的光学活性差异主要表现在两个方面，一方面是对线性偏振光偏振平面的旋转产生旋光现象；另一方面是对左旋、右旋圆偏振光的吸收差异，产生圆二色现象（图 2-12）。

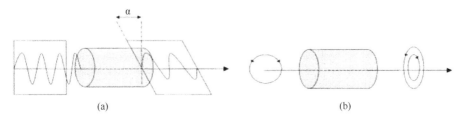

图 2-12　旋光现象（a）和圆二色现象（b）示意图

假如有机分子是具有手性的，当平面偏振光通过它时，偏振面便发生旋转，即所谓该物质具有"旋光性"。偏振面所旋转的角度称之为旋光度，可用旋转检偏镜进行测定。从观察者的角度看，当检偏镜顺时针方向旋转时，样品称右旋(+)物质，逆时针方向旋转时称左旋(–)物质。当介质为不对称结构的晶体或手性化合物的溶液（总称旋光性物质），平面偏振光通过该介质时，折射率不同，即 $n_L \neq n_R$，由此造成左旋圆偏光和右旋圆偏光在介质中的传播速度不同 $v_L \neq v_R$，从而导致偏振面的旋转，这就是旋光现象。用仪器记录平面偏振光的偏振面旋转的角度就是旋光度 α，通常用钠光 D 线（≈ 589.3 nm）来测量，用不同波长的平面偏振光来测量化合物的旋光度，并以有关量作纵坐标，波长为横坐标，得到的图谱就称作旋光光谱。

具有光学活性的化合物，若没有发色团，旋光度为负值，则 ORD 谱线从紫外到可见区呈单调上升；旋光度为正值，则 ORD 谱线单调下降。两种情况下都趋向和逼近 0 线，但不与 0 线相交，谱线只是在 1 个相内延伸，没有峰也没有谷，这类 ORD 谱线称为正常的或平坦的旋光谱线。分子中有 1 个简单的发色团（如羰基）的 ORD 谱线，在紫外光谱 λ_{max} 处越过零点，进入另 1 个相区。形成的 1 个峰和 1 个谷组成的 ORD 谱线，称为简单科顿效应谱线。当波长由长波一端向短波一端移动时，ORD 谱由峰向谷变化称为正的科顿效应；而 ORD 谱线由谷向峰变化则称为负的科顿效应。有些化合物同时含有 2 个以上不同的发色团，其 ORD 谱可有多个峰和谷，呈现复杂科顿效应曲线。每一个实际的 ORD 曲线都是分子中各个发色团的平均效应，分子的每种取向及每种构象的贡献，因此 ORD 谱线经常出现比较复杂的情况。

当平面偏振光通过旋光性介质时，它所包含的左旋和右旋圆偏振光分量不仅传播速度不同，而且强度也不同。旋光性有机分子对组成平面偏振光的左旋圆偏振光和右旋圆偏振光的摩尔吸光系数是不同的，即 $\varepsilon_L \neq \varepsilon_R$，这种现象称之为圆二色性。两种摩尔吸光系数之差 $\Delta\varepsilon = \varepsilon_L - \varepsilon_R$，是随入射偏振光的波长变化而变化的。以 $\Delta\varepsilon$ 或有关量为纵坐标，波长为横坐标，得到的图谱就称作 CD。图 2-13 为圆二色光谱仪的装置示意图。

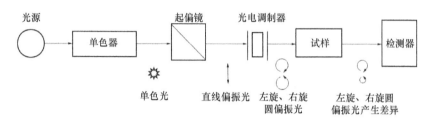

图 2-13　圆二色光谱仪装置示意图

ORD 和 CD 是同一现象的两个方面，它们都是由光与物质作用产生的。在紫外可见区域，用不同波长的左旋、右旋圆偏振光测量 CD 和 ORD 的主要目的是研究有机化合物的构型或构象。在这方面，ORD 和 CD 所提供的信息是等价的，实际上它们互相之间有固定的关系。如果待测样品在 200～800 nm 波长范围内无特征吸收，ORD 呈单调平滑曲线，此时 CD 近于水平直线（$\Delta\varepsilon$ 变化甚微），不呈特征吸收，对解释化合物的立体构型没有什么用处。若在上述范围内有特征吸收，则 ORD 和 CD 都呈特征的科顿效应。理想情况下，ORD 的 λ_K、CD 的 $\Delta\varepsilon$ 最大绝对值（呈峰或谷）及 UV 吸收峰 λ_{max} 三者应重合，但实际上这三者很接近，不一定重合。当 ORD 呈正的科顿效应时，相应的 CD 也呈正的科顿效应；当 ORD 呈负的科顿效应时，相应的 CD 也呈负的科顿效应。当 ORD 和 CD 呈正的科顿效应时，物质是右旋的；当 ORD 和 CD 呈负的科顿效应时，物质是左旋的。因此，ORD 和 CD 都可以用于测定有特征吸收的手性化合物的绝对构型，且得出的结论是一致的。但是 CD 谱比较简单明确，更容易解析，所以更多地用于绝对构型的确定中。

传统的 CD 是指波长在 200～400 nm 之间的吸收谱，即电子圆二色谱（electronic circular dichroism，ECD）。由于八区律、激子手性法等方法的发现和发展，ECD 得到了广泛应用。然而，传统的 ECD 要求手性分子必须有紫外吸收，这一点成为限制其应用的重大问题。20 世纪 70 年代，Holzwarth、Nafie 和 Stephens[74-75]等先后成功测定了红外光区频率下的 CD，即振动圆二色谱（vibrational circular dichroism，VCD）。此后，随着傅里叶变换红外光谱等新技术的发展，VCD 的测量范围逐渐扩大为 4000～750 cm^{-1}，测量精度不断提高，信噪比不断降低。与 ECD 相比，VCD 的最大优势就是不需要分子中含有生色团（紫外吸收），而几乎所有的手性分子都在红外区有吸收，都会产生 VCD。图 2-14 为振动圆二色谱仪装置示意图。

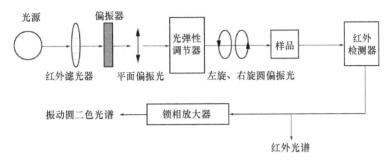

图 2-14　振动圆二色谱仪装置示意图

3. 圆二色光谱解析

1）八区律

传统的 ECD 在立体化学中的应用较多，对于羰基化合物，特别是环酮化合物的研究较多，并形成了半经验的八区律（octant rule）来推测其立体结构。这里以羰基基团为例来对八区律进行介绍。

羰基基团在 300 nm 处具有一个弱的、磁偶极允许的、电子偶极禁阻的 n-π*跃迁，n 和 π 轨道定义了 3 个正交的节点平面，如图 2-15 所示，其中 2 个是对称平面，总之，它们将空间分为 8 个部分，称作八区，图形中描述了它们对于 ECD（300 nm 处）的正负相关性。这种正负相关性来源于大量的实验外推和理论计算，所以八区律是一种半经验规则，而不仅仅来源于实验观察。应用八区律的一个典型例子就是 *R*-3-甲基环己酮，如图 2-15 所示，显然，所有原子和基团的贡献相互抵消，除了 C-3 位的取代基（1 个甲基）和 C-5 位（1 个氢原子），具有较大极性的甲基相比于 H 在 ECD 上产生了 1 个正的信号。图 2-16 为 *R*-布洛芬在八区律中的应用。

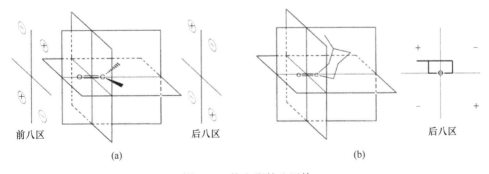

前八区　　　　　　　后八区　　　　　　　　　　　　　　　　后八区

　　　　　(a)　　　　　　　　　　　　　　　　(b)

图 2-15　饱和酮的八区律

（a）发色团的节点平面定义了 8 个区域，对于 300 nm 处 ECD 的正负如图所示；
（b）显示了 *R*-3-甲基环己酮在后八区的投射（$\Delta\varepsilon_{280nm}$: +）[76]

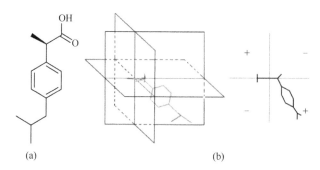

(a)　　　　　　　　　　　　　　　　(b)

图 2-16　（a）R-布洛芬的分子结构；（b）R-布洛芬在八区律中的应用（$\Delta\varepsilon_{225nm}$：+）[77]

2）激子偶联模型

八区律适用于仅含有 1 个孤立发色团的手性分子，但是，绝大多数的手性污染物分子在紫外可见光的波段都包含几个发色基团，在这种情况下，发色团之间的相互作用通常会在 ECD 中提供更多的信号。当 2 个发色团在空间上位置相近，且有一个适当的方向时，它们的跃迁偶极子之间的相互作用通常会产生较大的旋转优势，超过安排在手性非发色团骨架上的发色团的微扰。在多种跃迁允许的电子和磁偶极子混合的情况下，最有意义的情况发生在 2 个具有强大跃迁允许的电偶极子的发色团相互耦合时，2 个相等的发色团相互耦合，结果 2 个简并激发态裂分成由 1 个 $2V_{12}$ 隔开的 2 个能级，称作达维多夫分裂（Davydov splitting）（图 2-17）。

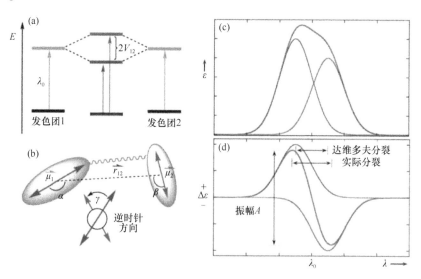

图 2-17　（a）两个发色团引起激发态的裂分；（b）两个发色团的空间几何关系；
（c）预测紫外光谱；（d）预测 ECD[76]

相关的理论计算显示 ECD 偶联强度正比于偶极子强度的四次方，反比于发色团之间距离的平方。对于 2 个不同的发色团之间的简并偶联，偶联强度也反比于跃迁强度裂分，也就是说，越强吸收的发色团，在空间上越靠近，在能量上越接近，则预期会给出越强烈的 ECD 偶联信号。偶联信号与发色团的空间位置直接相关，这依赖于分子构型和构象，取决于偶极子之间所形成的 3 个角 α、β 和 γ 之间的相互作用。如图 2-17 所示，观察 2 个偶极子的中心，所形成的锐角 γ 为逆时针方向时，产生负的偶联信号，反之则产生正的偶联信号。虽然这种推测是经验主义的，但是同样依赖于一定的理论计算，因此，这种规则并非是全经验性的，仍然是一种半经验性的规则。这种偶联计算模拟为计算 1 个全激电子偶联的 ECD 提供了一定的思路，并将其用于和实验光谱进行比较。实际上，广泛认为激子手性方法源于几何结构与光谱性质之间的直接关系，这提供了一个可行的光谱预测以及可靠的立体化学预测。

3）激子偶联模型在 VCD 中的应用

在 IR 中，羰基的伸缩振动所产生的吸收峰是非常强烈和特殊的，在 1750 cm^{-1} 处产生的吸收信号一般也不会受到其他信号的干扰；此外，羰基是有机化合物中或者有机化合物的代谢产物中普遍存在的一个基团，因此从羰基的吸收入手来研究 VCD 与物质结构的关系可以说是一个很好的切入点。

2012 年，北海道大学的 Tohru Taniguchi[78]等提出激子偶联模型同样适用于 VCD 的分析。他们在对化合物 1（图 2-18）研究的过程中发现，分子结构中本身存在 1 个羰基，当取代基 R 基团中也含有乙酰基时，即也含有 1 个羰基时，VCD 的信号在羰基吸收峰上出现了偶联裂分的情况，并且一对对映体(S)-1c 和(R)-1c 的 VCD 信号表现出了明显的对称性。对物质 2 的研究也更进一步证实了这样一个实验事实，即根据更多的实验数据，他们总结发现：①2 个 C=O 相互作用产生的 VCD 信号强度是 1 个 C=O 信号强度的 25 倍多；②2 个羰基伸缩振动的方向与 VCD 信号之间也存在明显的相关性，从前面 1 个羰基看向后 1 个羰基时，所呈的角为 θ 角，如果 θ 角是顺时针的，则会出现 1 个从正的信号到负的信号的偶联 VCD 信号，如果 θ 角是逆时针的，则会产生 1 个相反的信号。他们对其他几种含有双羰基的手性物质也都进行了 VCD 测定，发现都遵循以上的这一规则，因此，他们提出，这样一种在 ECD 分析中产生的激子偶联模型，也同样适用于 VCD 的分析。

在之后的几年中，他们将这种激子偶联模型用于解释天然产物[79]、合成产物[80]以及磷酸甘油[81]的立体化学，取得了很好的结果，可以说明这样一种经验规则还是具有一定普适性的。Xie 等[82]也将这一半经验规则用于解释手性除草剂乳氟禾草灵（Lactofen）的 VCD，也得到了很好的结果（图 2-19）。但是，在该理论提出的 3 年后，Cody L. Covington 等[83]对这一理论提出了质疑，他认为 2 个基团发生简并

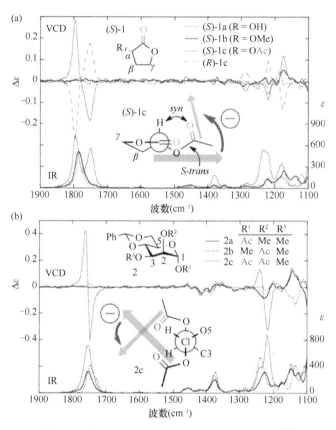

图 2-18　单羰基和双羰基的化合物的 VCD 比较[78]

偶联与 2 个基团没有发生简并的处理方式是完全不同的，从波函数处理的差别上看，一个是简单的叠加，另外一个则复杂得多。他们通过量子化学计算结果与文献中的实验 VCD 进行了比较，在计算的 3 种物质中，计算比较的结果显示激子偶联对于 VCD 耦合的贡献仅分别占 30%、3%和 15%，这么低的贡献可以认为文献报道中与激子耦合相关是偶然的，所以很可能是错误的解释得到了正确的结果。VCD 的谱图比 ECD 的谱图要复杂得多，经验以及半经验规则等解析方法的发展也受到了很大的限制，为数不多的经验规则的理论解释也有待进一步研究。

　　4）全 CD 模拟计算

　　随着计算机技术的进步和量子化学理论的发展，很多有机化学家已经开始采用纯理论计算的方法来对实验数据进行模拟研究，且在此基础上对 ECD 和 VCD 模拟计算的成功，使得全 CD 模拟计算在解析 CD 方面取得了很好的效果，也使得 CD 方法成为鉴定手性化合物绝对构型最为强有力的工具。由于一对对映体具有正负相反的计算谱图，通过比较所研究的手性化合物的实测谱图与量子化学计算得到的谱图，就能直接判断得出化合物的绝对构型。

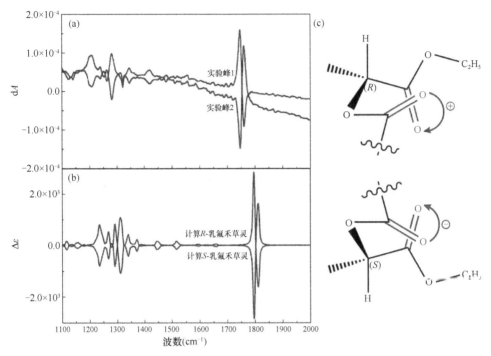

图 2-19　乳氟禾草灵的绝对构型鉴定
（a）实验 VCD；（b）计算 VCD；（c）乳氟禾草灵结构[82]

在计算模拟的过程中，需要注意的是，分子是以多种构象存在于溶液中的，要计算 1 个分子的 CD，首先必须寻找出该分子的优势构象及其布居数，然后对各种优势构象进行几何优化。再根据 CD 计算的基础理论，选择一定的计算方法和基组，求解出某一构象的 CD。因此全 CD 模拟计算的步骤一般可以分为构象分析、图谱计算和图谱拟合这 3 个过程（图 2-20）。

ECD 是测试化合物在紫外可见区域的 CD，大多数情况下是在溶剂中进行的；VCD 是测试化合物在红外区域的 CD，可以在溶液中进行也可以在固体状态下进行，但是无论状态如何，除了具有刚性结构的化合物或者形成单品的固体，其他情况下都需要通过"构象搜索"这一环节来获得优势构象。每 1 个构象都会产生不同的 CD，其至会产生相反的 CD，而实验中所得的 CD 是所有构象产生的综合结果。对于刚性分子来说，其在溶液中可能会以单一的构象存在，然而对于大部分的手性污染物来说，它们大多是柔性分子，在溶液中可能会以几十种甚至成千上百种能量相似的构象存在，每一种构象对应于一种能量态，这些能量态的相对能量大小决定了每种构象在溶液中分布的概率，这些构象的概率分布符合玻尔兹曼（Boltzmann）分布，以低能量构象为主，构成对 CD 的主要贡献。

$$\frac{N_i}{N} = \frac{e^{-\varepsilon_i/k_\text{B}T}}{\sum e^{-\varepsilon_i/k_\text{B}T}}$$

式中，i 是构象的标签，N_i 是分子在构象 i 下的数目，N 是分子在各个构象下的总数目，ε_i 是构象 i 的能量，k_B 是玻尔兹曼常数，T 是温度。

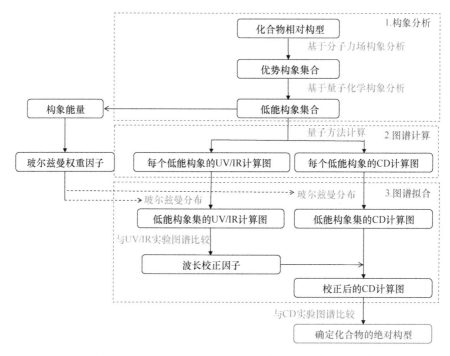

图 2-20 全 CD 模拟计算确定化合物绝对构型的一般步骤

因此，进行化合物构象分析获得一定能量的构象是 CD 计算的第一步。目前在 CD 计算中，化合物构象分析一般通过基于分子力场的构象分析和基于量子化学的构象优化完成。能够完成构象搜索的软件有 HyperChem，Spartan，MacroModel，Insight II 以及 Confort 等。构象分布遵循玻尔兹曼分布规律，能量越低的构象占据比例越高，比例很小的构象对于 CD 的贡献可以忽略不计。因此在构象搜索之后，一般可选取 1 个合适的能量窗（例如 $\Delta E \leqslant 5$ kcal/mol），仅对能量窗中的构象进行后续的计算，这样不仅可以提高计算效率，也保证了模拟 CD 的准确性。对于构象较多的复杂化合物，可以利用 NMR 的相关信息对构象进行分析和约束，辅助进行构象分析。关于构象搜索，Jens Sadowski 等[84]和 Schwab[85]都进行了详细的综述报道。

经过分子力场方法获得的构象分子需要利用量子化学的方法进一步进行优化从而获得真正的低能构象。目前可以进行量子化学计算的软件有 Gaussian、ORCA 与 TURBOMOLE 等，其中 Gaussian 在目前手性污染物对映体绝对构型的研究中应用最多。

在量子化学计算中，分子能量和其他相关性质都是通过求解薛定谔方程获得的，但是对于太大的体系，准确求解薛定谔方程是不太可能的。不同电子结构方法在求解薛定谔方程上都做了一定程度的近似，主要分为 3 种：半经验方法（semi-empirical approach）、从头算方法（*ab initio* method）和密度泛函理论（density functional theory, DFT）。半经验方法是根据实验数据所确定的参数来简化薛定谔方程求解，计算时间相对较短，但是由于参数的设定是由实验数据所决定，所以使用会受到一定的限制。从头算方法是计算过程中不使用任何来自实验的参数，只使用光速、电子和核的电荷、质量以及普朗克常量对薛定谔方程进行求解，所有的计算都基于量子力学原理，计算时间相对较长。DFT 是最近发展起来的计算方法，在很多方面与从头算方法类似，特别是杂化了的密度函数，如 B3LYP 和 B3PW91，因为它们的计算结果可与实验值较好地吻合而被广泛地用于 CD 的计算中。

除了选择合适的量子化学计算方法，还需要选择描述分子轨道的基组。一般来说，使用的基组越大，计算结果与实验值越接近，但是相应的，耗时也会随之增加。根据相关经验，一般先利用从头算方法中的 Hatree-Fock 方法结合较小的基组［如 6-31G 或者 6-31G(d)］对基于分子力场搜索获得的较低能量的构象在真空中进行优化及频率计算。一般含有虚频的构象为不稳定构象，需要排除，不用继续进行 CD 计算。然后再使用 DFT 中的 B3LYP、B3P86 等结合相对较大的基组［如 6-31G(d)或者 cc-pVTZ］在相应实验中所使用到的溶液中进行优化，并计算其优化后的能量。通过量化计算优化后，根据优化后的能量计算各个构象在玻尔兹曼分布中的比例，即玻尔兹曼权重因子，优化后的构象用于 CD 计算。

第二步是计算各个低能量构象的 CD。获得优化后的低能构象，采用 DFT 中的 B3LYP、B3P86 结合较大的基组［如 6-311++G(2d,p)或者 aug-cc-pVDZ］计算每个低能构象在相应溶剂中的 UV 和 ECD 或者 IR 和 VCD。例如，在用 Gaussian 软件计算 UV 和 ECD 时，需要用关键字段"TD=(singlet，nstate=13)"进行含时密度泛函的计算，一般而言，nstate 的数值为计算激发态的数量，该值越大，计算值与实验值越接近，但是计算时间也会随之增加；在计算 IR 和 VCD 时，需要用到关键字段"Freq=VCD"来进行 VCD 的计算，VCD 的计算不涉及激发态，一般来说比 ECD 的计算简单。

第三步是拟合谱图。得到 Gaussian 计算的输出结果之后，可以利用 GaussSum、GaussView、SpecDis、Multiwfn 等软件读取每个低能量构象的 CD。根据玻尔兹曼的权重因子对各个低能量的构象进行玻尔兹曼平均，拟合得到化合物的 CD。将全 CD 模拟计算得到的谱图与实验测得的谱图进行对比来确定化合物的绝对构型，在此过程中可以通过同时计算得到的 UV 及 IR 对 ECD 和 VCD 的波长平移等进行校正，以获得与实际值更加吻合的计算结果。

在整个 CD 计算的过程中，准确的构象分析是影响计算结果准确性的关键，只要能够准确获得化合物的低能构象，CD 计算的结果一般都能与实验值具有比较高的相似度。因此该方法在多种化合物手性构象确定方面起到了重要作用，尤其是比较复杂的天然产物的绝对构型分析方面。由于大部分手性污染物结构相对比较复杂，且可能存在多手性中心的情况，很难通过有机合成法、X 射线单晶衍射法和 NMR 这些传统的方法来进行构型鉴定，结构的复杂性也使得目前所形成的解析 CD 的经验、半经验规则不适用，而全 CD 模拟计算则提供了一种通用可靠的解决途径。

用 CD 来进行构象鉴定也存在一定的缺陷，例如，ECD 信号的产生需要分子中含有发色团，对于一些无法产生科顿效应、ECD 信号的化合物则不能进行分析，而 VCD 信号较弱，因此信号的检测对于化合物的浓度要求比较高，一些在环境中以低浓度存在的化合物难以准确测出其 VCD 信号。此外，化合物的分子中若存在较多的柔性结构，则构象复杂，往往会超出一般配置的计算能力和计算资源，使得全 CD 模拟计算的准确性降低。但是 ECD 和 VCD 结合使用能够解决大部分手性污染物对映体构型鉴定的问题，而且随着量子化学理论的不断发展，测试技术不断进步，且计算机技术的进一步发展，利用这种全 CD 模拟计算对 CD 解析来进行化合物绝对构型表征将会越来越广泛。

2.4　手性污染物对映体的构型稳定性

在对手性污染物进行研究的过程中，我们除了需要对手性污染物对映体进行分离分析以外，还需要确定手性污染物对映体的构型稳定性。以 PCBs 为例，PCBs 作为一类 POPs，共有 209 种同类物，其中有 78 种存在手性轴，室温下稳定存在的手性 PCBs 有 19 种（图 2-21）[86]，也就是说其他 59 种手性 PCBs 在室温条件下就会发生相互转化，那么对其进行分离分析就没有太大的意义。另外，一些研究表明，在加热或者极性溶剂的条件下，手性化合物的对映体之间也会发生相互转化。据报道，拟除虫菊酯的异构体在光化学降解或者是极性溶剂条件下能够发生转化[17,87,88]。在研究手性污染物的过程中经常会使用到 GC 分析，这就涉及温度对构型稳定的影响，且一些前处理的过程也经常会涉及极性溶剂（比如甲醇、水等），进而也会涉及溶剂对构型稳定性的影响，如果不考虑这些过程可能存在对映体转化就会导致分析偏差甚至是错误的结论，因此研究手性化合物构型稳定性就显得十分必要。

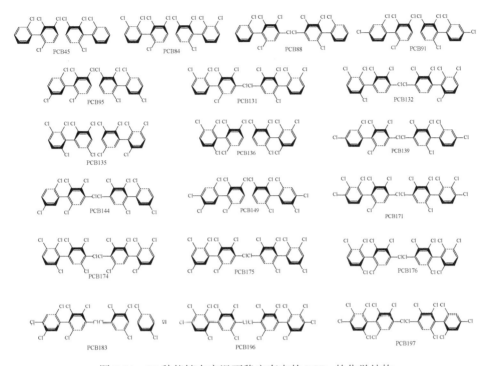

图 2-21　19 种能够在室温下稳定存在的 PCBs 的化学结构

2.4.1　非生物条件

1. 热稳定

产生手性化合物的手性因素主要有不对称原子，如 C、P、S 和 N，手性轴以及螺旋性结构。手性污染物的热稳定性研究主要集中在具有轴手性和一些手性碳具有特殊反应活性的化合物上。

一般情况下，热稳定性的研究主要集中在单键旋转受阻碍的联苯型化合物，例如 PCBs 和手性除草剂异丙甲草胺。单键两端的分子结构比较复杂，使得常温下单键的自由旋转受到阻碍，但是，当温度升高到一定的程度，超过了单键旋转的活化能时，单键的旋转阻碍就会消失，化合物就会发生构型的转变。手性除草剂异丙甲草胺 [图 2-22（a）] 有 2 个手性元素（不对称手性 C 和手性轴），在环境中存在 4 个稳定的异构体 αSS、αRS、αSR 和 αRR。Moser 等[89]通过计算 Ar—N 键旋转的能垒（活化能=154 kJ/mol）表明，当温度上升到一定程度时，构象之间会发生相互转换；Muller 等[90]在气相色谱分析中明确发现了异丙甲草胺异构体的热互变现象，在 200 ℃时，异丙甲草胺异构体通过取代环上的手性轴异构化进而快速转变，而分子结构中的手性碳却是很稳定的，所以这种互变现象形成的是差向异构体，而不是相应的对映体。

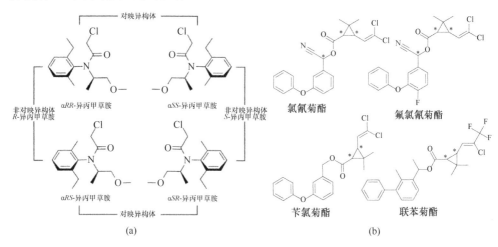

图 2-22　异丙甲草胺的化学结构以及异构体之间的相互关系（a）和
几种拟除虫菊酯（b）的化学结构

此外，一些具有特殊反应活性的手性碳也可能由于温度的升高而发生一些简单的基态化学反应，产生构型的转化。Liu 等[17]在对拟除虫菊酯类杀虫剂的手性稳定性研究中发现，在气相色谱的进样过程中，当进样温度达到 260 ℃时，氯氰菊酯和氟氯氰菊酯的 α-C 会发生异构体的转化，生成差向异构化合物，这种构型转化达到了 9%。同样的拟除虫菊酯化合物，分子结构中只存在环丙基环上手性碳的顺式苄氯菊酯（*cis*-permethrin）和顺式联苯菊酯在同样的实验过程中则没有发生构型的转化，构型保持稳定。图 2-22（b）为几种拟除虫菊酯的化学结构。

2. 光稳定

关于手性化合物的光稳定性有报道溴氰菊酯（deltamethrin）（图 2-23）会在光照的条件下发生光化学异构化作用，Ruzo 等[87]发现在玻璃或者硅胶固定相上，溴氰菊酯的 1*R-cis*-α*S* 单体主要会发生顺式到反式的异构化现象。Maguire 等[88]发现在玻璃薄膜或者正己烷中，在光照的条件下，溴氰菊酯的 1*R-cis*-α*S* 单体除了会形成 1*S-cis*-α*S* 异构体，也有少量的 1*R-trans*-α*S* 和 1*S-trans*-α*S* 异构体产生。溴氰菊酯的这种光化学异构化作用是发生在环丙基环上的，与热转化中氯氰菊酯和氟氯氰菊酯的 α-C 上的构型转化有着本质的区别。

3. 溶剂稳定

在分析有机污染物的过程中，很多样品处理方法都涉及不同溶剂的使用。因此研究手性污染物对映体的溶剂稳定性也具有重要的意义。多项关于拟除虫菊酯

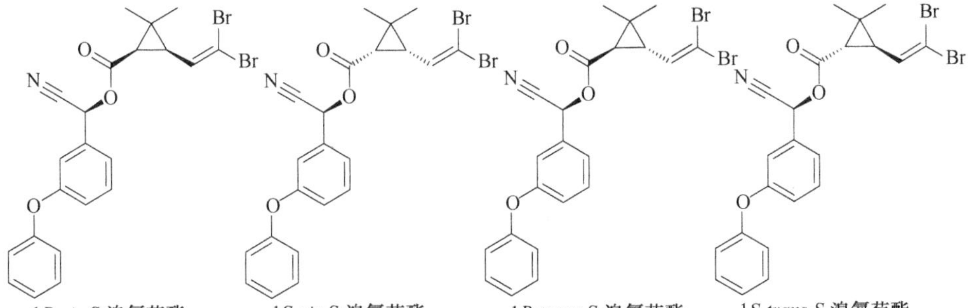

1R-cis-S-溴氰菊酯　　1S-cis-S-溴氰菊酯　　1R-trans-S-溴氰菊酯　　1S-trans-S-溴氰菊酯

图 2-23　四个溴氰菊酯异构体的化学结构

类手性农药的研究显示，具有 α 位手性碳的拟除虫菊酯类农药会在极性溶剂中发生构型转化。我们的研究表明，氯氰菊酯和氟氯氰菊酯在水溶液中会发生 α 位手性碳的转化[17]。Leicht 等[91]发现，氟氯氰菊酯非对映体在正己烷、乙酸乙酯和二氯甲烷中是稳定存在的，而相同的异构体在甲醇或者醇水混合物中又是相对不稳定的。Maguire 等[88]发现，在天然水中，溴氰菊酯会发生 α 位手性碳的异构化现象。Ruzo 等[87]研究了曝光条件下的溴氰菊酯异构化作用中醇的作用，并探究了这种手性转化的原因，将大部分的 α 位手性碳的转化都归因于基态反应，即溴氰菊酯和溶剂之间可以进行 α 位手性碳上的质子交换。Perschke 等[92]的研究显示，在暗处不同的极性溶剂中，溴氰菊酯 α 位手性碳上也会发生异构体转化，进一步证实了这种转化是由于极性溶剂与 α 位的手性碳发生了化学反应。李朝阳等[93]在研究有机磷杀虫剂稻丰散（phenthoate）[图 2-24（a）] 以及几种菊酯在水体和土壤中的手性稳定性时发现，在较强碱性的水体和土壤中，稻丰散的手性碳、甲氰菊酯和氰戊菊酯（fenvalerate）的 α 位手性碳是不稳定的，而且这种转化在灭菌土壤中也同样存在，说明这种转化过程属于化学过程，而在酸性土壤条件下，没有这种转化现象，说明转化属于碱性条件下的活泼氢交换反应，与作者课题组发现的转化机制基本一致。

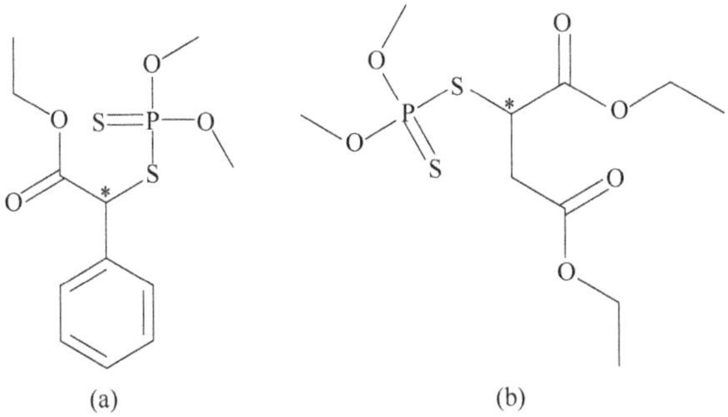

（a）　　　　　　　　　　（b）

图 2-24　稻丰散（a）以及马拉硫磷（b）的化学结构

除了具有 α 位手性碳的这类特殊手性化合物之外，Shalini 等[94]在 Bz-d6/DMSO-d6（40/60，*V*/*V*）溶剂中发现，异丙甲草胺不同的构象轴手性之间有快速的转换。Sun 等[95]也观察到了马拉硫磷（Malathion）[图 2-24（b）]在环境水样中会发生对映体转化的情况。但是这些转化发生的机理并没有找到合理的解释。

2.4.2 生物条件

在生命演变的初期，地球上出现了无数构成生命体的有机分子，这些有机分子绝大多数都是具有手性结构的，而且，就目前的科学研究表明，地球上没有含有右旋氨基酸的生命体。在生物世界里，由氨基酸组成的各种酶是各种生化反应的催化剂，单一的手性化合物的对映体对生物体进行暴露或者进入复杂的环境介质之后，在这些具有特异性结构的酶的作用下，对映体之间的差异性就会显得尤为突出，但是在评价对映体之间的毒性和环境行为的差异之前，我们首先需要理解的问题是手性化合物在这些生物作用的条件下是否保持了构型稳定。

1. 被暴露生物体

杨叶在研究联苯菊酯对斑马鱼的毒性时，分别将斑马鱼单独暴露于 *S*-顺式联苯菊酯和 *R*-顺式联苯菊酯[图 2-25（a）]中，24 h 之后就观察到了明显的外消旋化[96]。同时，重金属镉、铜、铅的联合暴露也会对斑马鱼体内联苯菊酯的对映体转化产生影响。Wang 等[97]在研究高效反式氯氰菊酯在小鼠体内的立体选择性降解的过程中发现，在注射了单独的(−)-和(+)-反式氯氰菊酯之后，在血浆中发现了(+)-体向(−)-体转化的现象。Jing 等[98]研究了精甲霜灵（metalaxyl-M）[图 2-25（b）]在西红柿中的构型稳定性，在 40 天的培养过程中，有 26%～32%的对映体发生了

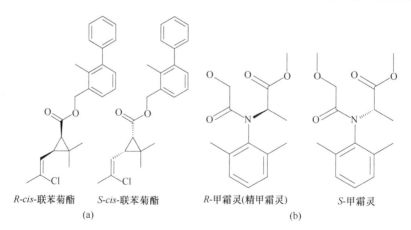

| *R-cis*-联苯菊酯 | *S-cis*-联苯菊酯 | *R*-甲霜灵(精甲霜灵) | *S*-甲霜灵 |
| (a) | | (b) | |

图 2-25　联苯菊酯和甲霜灵的化学结构

构型转化，从 *R* 型转化成了 *S* 型。这些研究表明，手性污染物对映体确实会在被暴露生物体内发生构型的转化，在有的生物体内这种转化的效率超过了 20%，显然这在研究对映体之间的差异时不能忽略。

2. 土壤环境

土壤是很多有机污染物汇集和代谢的重要场所，且土壤中的微生物种类复杂多样。有关手性农药在土壤环境中的构型稳定性的研究较多，很多研究表明一些手性农药在土壤降解的过程中是构型保持的，不会发生转化，但是也有报道显示，一些手性污染物会在特定的土壤条件中发生对映体的转化。Polcaro 等[99]研究了酰胺类除草剂精异丙甲草胺在土壤培养过程中的对映体转化行为，经 60 天的培养之后，土壤中出现了碳手性为 *R* 的异构体，也就是说在该过程中发生了碳手性的转化。Muller 等[100]的研究表明芳氧基丙酸类除草剂 2,4-滴丙酸和 2-甲-4-氯丙酸（mecoprop）（图 2-26）会在土壤环境中发生对映体的转化行为，同时发现，在土壤中单独降解 *R* 体和 *S* 体时，均会发生转化，而在灭菌土壤中则没有观察到转化的现象，从而证明这种转化是由土壤中的微生物或酶引起的。Clark 等[101]也曾报道过三唑类杀菌剂三唑醇（图 2-26）在土壤中的差向异构化现象，这种转化也被归因于微生物或酶的作用。Sun 等[95]研究了马拉硫磷在不同土壤中的对映体转化情况，发现在赤峰和兖州的土壤中出现了对映体的转化，但是，在南昌的土壤中则没有观察到这种现象。大量的研究表明，土壤的性质，如土壤的 pH、有机物含量和土壤质地都会影响土壤微生物的活性从而影响到土壤中的对映体互变现象。

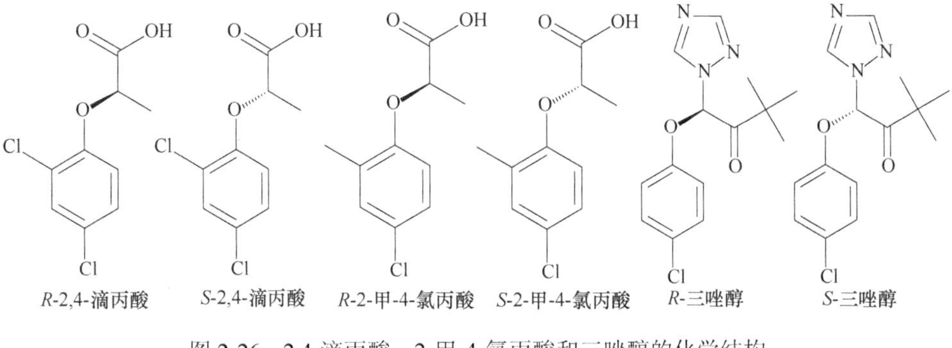
R-2,4-滴丙酸　*S*-2,4-滴丙酸　*R*-2-甲-4-氯丙酸　*S*-2-甲-4-氯丙酸　*R*-三唑醇　*S*-三唑醇

图 2-26　2,4-滴丙酸、2-甲-4-氯丙酸和三唑醇的化学结构

参考文献

[1] Perry R H, Green D W, Maloney J O. Perry's Chemical Engineer's Handbook. 6th end. New York: McGraw-Hill, 1984: 22-37.

[2] Ceynowa J. Separation of racemic mixtures by membrane methods. Chemia Analityczna, 1998,

43(6): 917-933.

[3] Lopez J L, Matson S L. A multiphase/extractive enzyme membrane reactor for production of diltiazem chiral intermediate.Journal of Membrane Science, 1997, 1: 189-211.

[4] 黄蓓, 陈欢林. 选择性扩散和选择性吸附手性拆分膜及其应用. 功能高分子学报, 2002, 15: 480-486.

[5] 张建军, 王道全. 高等有机化学. 北京: 中国农业大学出版社, 2012.

[6] 冯洪珍, 孟昭力, 王如斌. 手性药物拆分的几种方法及研究进展. 广东药学院学报, 2003, 19: 153-155.

[7] 李莉, 字敏, 任朝兴, 袁黎明. 气相色谱手性固定相研究进展. 化学进展, 2007, 19(2/3): 393-403.

[8] Oi N, Kitahara H, Matsushita Y, Kisu N. Enantiomer separation by gas and high-preformance liquid chromatography with tripeptide derivatives as chiral stationary phases. Journal of Chromatography A, 1996, 722: 229-232.

[9] 冯建跃, 陈关喜, 吴清洲, 刘清, 徐秀珠, 胡耿源. 氟胺氰菊酯的定性定量分析. 分析化学研究简报, 2001, 29(11): 1292-1294.

[10] 史雪岩, 傅若农. 金属络合物作气相色谱固定相的进展.分析化学, 2000, 28(1): 118-123.

[11] 孙晓杰. 离子液体聚硅氧烷固定相的合成及气相色谱性能研究. 武汉: 武汉大学博士学位论文, 2011.

[12] 陈胜文, 邝乃慈, 李庆华. 环糊精修饰中孔分子筛 SBA15 作为手性色谱固定相及其应用. 分析化学研究简报, 2008, 36(9): 1249-1252.

[13] 朱小波, 王仪, 陈福良, 尹明明. 环糊精衍生物在手性农药气相色谱分离中的应用. 现代农药, 2009, 8(3): 5-10.

[14] Fidalgo-Used N, Montes-Bayon M, Blanco-Gonzalez E. SPME-enantioselective gas chromatography with ECD and ICP-MS detection for the chiral speciation of the pesticide ruelene in environmental samples. Journal of Analytical Atomic Spectrometry, 2006, 21(9): 876-883.

[15] Qin S J, Budd R, Bondarenko S, Liu W P, Gan J Y. Enantioselective degradation and chiral stability of pyrethroids in soil and sediment. Journal of Agricultural and Food Chemistry, 2006, 54(14): 5040-5045.

[16] Liu W P, Gan J Y, Schlenk D, Jury W A. Enantioselectivity in environmental safety of current chiral insecticides. PANS, 2005, 102(3): 701-706.

[17] Liu W, Qin S, Gan J. Chiral stability of synthetic pyrethroid insecticides. Journal of Agricultural and Food Chemistry, 2005, 53: 3814-3820.

[18] Charles S W, Arthur W G. Enantiomer separation of polychlorinates biphenyl atropisomers and polychlorinated biphenyl retention behavior on modified cyclodextrin capillary gas chromatography columns. Journal of Chromatography A, 2000, 866: 213-220.

[19] Jonathan E N, Wayne G, Jimmy K A, John W W. Isomers/enantiomers of perfluorocarboxylic acids: Method development and detection in environmental samples, Chemosphere, 2016, 144: 1722-1728.

[20] Buser H R, Poiger T, Müller M D. Occurrence and environmental behavior of the chiral pharmaceutical drug Ibuprofen in surface waters and in waters. Environmental Science and Technology, 1999, 33(15): 2529-2535.

[21] 袁合金, 张安平. 手性气相色谱同时测定土壤中 5 种有机氯农药对映体分数. 分析化学,

2009, 4(37): 630.

[22] Matamoros V, Hijosa M, María H, Bayona J M. Assessment of the pharmaceutical active compounds removal in wastewater treatment systems at enantiomeric level. Ibuprofen and Naproxen. Chemosphere, 2009, 75: 200-205.

[23] Fono L J, Sedlak D L. Use of the chiral pharmaceutical propranolol to identify sewage discharges into surface waters. Environmental Science and Technology, 2005, 39: 9244-9252.

[24] Berset J D, Kupper T, Etter R, Tarradellas J. Considerations about theenantioselective transformation of polycyclic musks in wastewater, treated wastewater and sewage sludge and analysis of their fate in a sequencing batch reactor plant. Chemosphere, 2004, 57: 987-996.

[25] Simmons M C, Snyder L R. Two-stage gas-liquid chromatography. Analytical Chemistry. 1958, 30: 32-35.

[26] Abdalla A E, Hassan Y A. Multidimensional gas chromatography for chiral analysis. Critical Reviews in Analytical Chemistry, 2018, 48(5): 416-427.

[27] Thomas D B, Rahel C B. Two-dimensional gas chromatography coupled to triple quadrupole massspectrometry for the unambiguous determination of atropisomericpolychlorinated biphenyls in environmental samples. Journal of Chromatography A, 2006, 1110: 156-164.

[28] 金丽霞. 手性三唑类杀菌剂和芳氧苯氧丙酸类除草剂高效液相色谱对映体分离. 杭州: 浙江工业大学博士学位论文, 2011.

[29] Tang M L, Zhang J, Zhuang S L, Liu W P. Development of chiral stationary phases for high-performance liquid chromatographic separation. Trac-Trends in Analytical Chemistry, 2012, 39: 180-194.

[30] 陈立仁. 液相色谱手性分离. 北京: 科学出版社, 2006.

[31] 刘维屏. 农药环境化学. 北京: 化学工业出版社, 2006: 311-315.

[32] Regis Technologies Inc. http://www.registech.com/Markets/Chromatography/Chiral/Pirkle.html. 2018.

[33] Yen J H, Tsai C C, Wang Y S. Separation and toxicity of enantiomers of organophosphorus insecticide leptophos. Ecotoxicology and Environmental Safety, 2003, 55(2): 236-242.

[34] Wang Y S, Tal K T, Yen J H. Separation, bioactivity, and dissipation of enantiomers of the organophosphorus insecticide fenamiphos. Ecotoxicology and Environmental Safety, 2004, 57(3): 346-353.

[35] 邵保海, 徐秀珠, 吕建德, 蔡小军, 邹莉, 傅小芸. 外消旋萘普生酯类在(S,S)-Whelk-O1 与 CDMPC 手性柱上的对映体分离及手性识别机理的比较. 化学学报, 2003, 61(10): 1635-1640.

[36] Kotake M, Sakan T, Nakamura N. Resolution into optical isomers of some amino acids by paper chromatography. Journal of the American Chemical Society, 1951, 73: 2973-2974.

[37] Okamoto Y, Kaida Y, Hayashida H. Tris(1-phenylethylcarbamate) of cellulose and amylose as useful chiral stationary phases for chromatographic optical resolution. Chemistry Letters, 1990, 6: 909-912.

[38] Yashima E, Okamoto Y. Chiral discrimination on polysaccharides derivatives. Bulletin of the Chemical Society of Japan, 1995, 68(12): 3289-3307.

[39] Xie J Q, Zhao L, Liu K, Guo F J, Liu W P. Enantioseparation of four amide herbicide stereoismoers using high-performance liquid chromatography. Journal of Chromatography A, 2016, 1471: 145-154.

[40] Xie J Q, Zhang L J, Zhao L, Tang Q Z, Liu K, Liu W P. Metolachlor stereoismers: Enantioseparation, identification and chiral stability. Journal of Chromatography A, 2016, 1463: 42-48.

[41] Ye J, Wu J, Liu W P. Enantioselective separation and analysis of chiral pesticides by high-performance liquidchromatography. Trends in Analytical Chemistry, 2009, 28(10): 1148-1163.

[42] MacLeod S L, Priya S, Charles S W. Stereoisomer analysis of wastewater-derived-blockers, selectiveserotonin re-uptake inhibitors, and salbutamol by high-performanceliquid chromatography-tandem mass spectrometry. Journal of Chromatography A, 2007, 1170: 23-33.

[43] López-Serna R, Kasprzyk-Horden B, Petrovic M, Barcelo D. Multi-residue enantiomeric analysis of pharmaceuticals and their active metabolites in the Guadalquivir River Basin (South Spain) by chiral liquid chromatography coupled with tandem mass spectrometry. Analytical and Bioanalytical Chemistry, 2013, 405: 5859-5873.

[44] Wang Y, Beesoon S, Benskin J P, De Silva A O, Genuis S J, Martin J W. Enantiomer fractions of chiral perfluorooctanesulfonate (PFOS) in human sera. Environmental Science and Technology, 2011, 45(20): 8907-8914.

[45] 刘海兴. 毛细管电泳在药物分析中的应用研究. 长春: 吉林大学博士学位论文, 2004.

[46] Perez-Fernandez V, Garcia M A, Marina M L. Enantiomeric separation of cis-bifenthrin by CD-MEKC: Quantitative analysis in a commercial insecticide formulation. Electrophoresis, 2010, 31(9): 1533-1539.

[47] Ibrahim W A W, Warm S A, Aboul-Enein H Y, Hermawan D, Sanagi M M. Simultaneous enantioseparation of cyproconazole, bromuconazole, and diniconazole enantiomers by CD-modified MEKC. Electrophoresis, 2009, 30(11): 1976-1982.

[48] 孙嘉仪, 邢玉平, 宋佳新, 郭兴杰. 毛细管电泳法分离4种手性药物对映体. 沈阳药科大学学报, 2015, 3(3): 199-203.

[49] Kulm R, Steinmetz C, Bereuter T, Haas P, Erni F. Enantiomeric separations in capillary zone electrophoresis using a chiral crown ether. Journal of Chromatography A, 1994, 666: 367-373.

[50] Armstrong D W, Rundlett K, Reid III G L. Use of a macrocyclic antibiotic, rifamycin B, and indirect detection for the resolution of racemic amino alcohols by CE. Analytical Chemistry, 1994, 66: 1690-1695.

[51] Yu T, Du Y, Chen B. Evaluation of clarithromycin lactobionate as a novel chiral selector for enantiomeric separation of basic drugs in capillary electrophoresis. Electrophoresis, 2011, 32(14): 1898-1905.

[52] Mourier P A, Eliot E, Caude M H, Rosset R H, Tambute A G. Supercritical and subcritical fluid chromatography on a chiral stationary phase for the resolution of phosphine oxide enantiomers. Analytical Chemistry, 1985, 57: 2819-2823.

[53] Hamman C, Wong M, Aliagas I, Ortwine D F, Pease J, Schmidt D E, Victorino J. The evaluation of 25 chiral stationary phases and the utilization of sub-2.0 m coated polysaccharide chiral stationary phases viasupercritical fluid chromatography. Journal of Chromatography A, 2013, 1305: 310-319.

[54] Lucie N, Michal D. General screening and optimization strategy for fast chiral separations in modern supercritical fluid chromatography. Analytica Chimica Acta, 2017, 950: 199-210.

[55] Płotka J M, Biziuk M, Morrison C, Namiesnik J. Pharmaceutical and forensic drug applications of chiral supercritical fluid chromatography. Trac-Trends in Analytical Chemistry, 2014, 56: 74-89.

[56] Wang R Q, Ong T T, Tang W H, Ng S C. Recent advances in pharmaceuticalseparations with supercritical fluid chromatography using chiral stationary phases. Trends in Analytical Chemistry, 2012, 37: 83-100.

[57] 高伟亮. 手性多氯联苯和拟除虫菊酯类手性农药在超临界流体色谱中的对映分离研究. 杭州: 浙江工业大学硕士学位论文, 2011.

[58] 冯硕立. 超临界流体色谱拆分手性唑类农药的研究. 杭州: 浙江工业大学硕士学位论文, 2010.

[59] Zhao L, Xie J Q, Guo F J, Liu K. Enantioseparation of napropamide by supercritical fluid chromatography: Effects of the chromatographic conditions and separation mechanism. Chirality, 2018, 1: 1-9.

[60] del Nozal M J, Toribio L, Bernal J L, Castano N. Separation of triadimefon and triadimenol enantiomers and diastereoisomers by supercritical fluid chromatography. Journal of Chromatography A, 2003, 986: 135-141.

[61] Zhang C, Jin L X, Zhou S S, Zhang Y F, Feng S L, Zhou Q Y. Chiral separation of neonicotinoid insecticides by polysaccharide type stationary phases using high-performance liquid chromatography and supercritical fluid chromatography. Chirality, 2011, 23: 215-221.

[62] McCauley J P, Subbarao L, Chen R. 使用UPC^{2}对拟除虫菊酯进行对映体和非对映体分离. Waters 应用纪要. http://www.waters.com/waters/library.htm?locale=122&lid=134717217&cid=511436.2018.

[63] 甘礼社, 周长新. 振动圆二色谱: 一种确定手性分子绝对构型的新方法. 有机化学, 2009, 29(6): 848-857.

[64] 章维华, 杨春龙, 王鸣华, 蒋丰, 蒋木庚. 不对称催化反应在手性农药不对称合成中的一些应用. 有机化学, 2003, 23: 741-749.

[65] Wen Y Z, Chen H, Shen C S, Zhao M R, Liu W P. Enantioselectivity tuning of chiral herbicide dichlorprop by copper: Roles of reactive oxygen species. Environmental Science and Technology, 2011, 45(11): 4778-4784.

[66] Byung T C, Yu S C. Enantioselective synthesis of optically active metolachlor via asymmetric reduction. Tetrahedron: Asymmetry, 1992, 3: 337-340.

[67] Togni A. Planar-chiral ferrocenes: Synthetic methods and applications. Angewandte Chemie, 1996, 35: 1475-1477.

[68] Camps P, Perez F, Soldevilla N.(R)- and (S)-3-hydroxy-4, 4-dimethyl-1-phenyl-2-pyrrolidinone as chiral auxiliaries in the enantioselective preparation of alpha-aryloxypropanoic acid herbicides and alpha-chlorocarboxylic acids. Tetrahedron: Asymmetry, 1998, 9: 2065-2079.

[69] 王明雷, 杜江, 王嗣, 陈若云, 于德泉. 核磁共振法在天然有机化合物绝对构型测定中的应用. 有机化学, 2001, 21(5): 341-349.

[70] Sullivan G R, Dale J A, Mosher H S. Correlation of configuration and fluorine-19 chemical shifts of alpha-methoxy-alpha-trifluoromethylphenyl acetate derivatives. Journal of Organic Chemistry, 1973, 38(12): 2143-2147.

[71] Trost B M, Belletire J L, Godleski S, Mcdougal P G, Balkovec J M, Baldwin J J, Christy M E, Ponticello G S, Vagra S L, Springer J P. On the use of the O-methylmandelate ester for establishment of absolute configuration of secondary alcohols. Journal of Organic Chemistry, 1986, 51(12): 2370-2374.

[72] Kusumi T, Takahashi H, Xu P, Fukushima T, Asakawa Y, Hashimoto T, Kan Y, Inouye Y. New chiral anisotropic reagents, NMR tools to elucidate the absolute configuration of long-chain organic compounds. Tetrahedrom Letters, 1994, 35: 4297-4401.

[73] Dieter E, Christian R T, Jan R. 5-Amino-4-aryl-2, 2-dimethyl-1, 3-dioxans: Application as chiral NMR shift reagents and derivatizing agents for acidic compounds. Tetrahedron: Asymmetry,

1999, 10(2): 323-326.

[74] Holzwarth G, Hsu E C, Mosher H S, Faulkner T R, Moscowit A. Infrared circular dichroism of carbon-hydrogen and carbon-deuterium stretching modes-observations. Journal of the American Chemical Society, 1974, 96: 251-252.

[75] Nafie L A. Cheng J C, Stephens P J. Vibrational circular dichroism of 2,2,2-trifluoro-1-phenylethanol. Journal of the American Chemical Society, 1975, 97: 3842-3843.

[76] Nina B, Lorenzo D B, Gennaro P. Application of electronic circular dichroism in configurational and conformational analysis of organic compounds. Chemical Society Reviews, 2007, 36: 914-931.

[77] 陈胜文. 手性农药对映体圆二色光谱表征及环境行为差异性研究. 杭州: 浙江大学博士学位论文, 2005.

[78] Tohru T, Kenji M. Exciton chirality method in vibrational circular dichroism. Journal of the American Chemical Society, 2012, 134: 3695-3698.

[79] Asai T, Tangiguchi T, Yamamoto T, Monde K, Oshima Y. Structures of spiroindicumides A and B, unprecedented carbon skeletal spirolactones, and determination of the absolute configuration by virbrational circular dichroism. Organic Letters, 2013, 15(17): 4320-4323.

[80] Komori K, Tangiguchi T, Mizutani S, Monde K, Kuramochi K, Tsubaki K. Short synthesis of berkeleyamide D and determination of the absolute configuration by the vibrational circular dichroism exciton chirality method. Organic Letters, 2014, 16: 1386-1389.

[81] Taniguchi T, Manal D, Shibata M, Itabashi Y, Monde K. Stereochemical analysis of glycerophospholipids by vibrational circular dichroism. Journal of the American Chemical Society, 2015, 137: 12191-12194.

[82] Xie J Q, Zhao L, Liu K, Guo F J, Chen Z W, Liu W P. Enantiomeric characterization of herbicide lactofen: Enantioseparation, absolute configuration assignment and enantioselective activity and toxicity. Chemosphere, 2018, 193: 351-357.

[83] Covington C L, Nicu V P, Polayarapu P L. Determination of absolute configurations using exciton chirality method for vibrational circular dichroism: Right answers for the wrong reasons? Journal of Physical Chemistry, 2015, 119: 10589-10601.

[84] Sadowski J, Schwab C H, Gasteiger J. Computational Medicinal Chemistry for Drug Discovery. New York: Marcel Dekker, 2004: Chapter 7.

[85] Schwab C H. Conformations and 3D pharmacophore searching. Drug Discovery Today Technologies, 2010, 7(4): 245-253.

[86] Kaiser K. Optical-activity of polychlorinated biphenyls. Environmental Pollution, 1974, 7: 93-101.

[87] Ruzo L O, Holmstead R L, Casida J E. Pyrethroid photochemistry: Decamethrin. Journal of Agricultural and Food Chemistry, 1977, 25: 1385-1394.

[88] Maguire R J. Chemical and photochemical isomerization of deltamethrin. Journal of Agricultural and Food Chemistry, 1990, 38: 1613-1617.

[89] Moser H, Rihs G, Sauter H. Der Einfluß von atropisomerie und chiralem Zentrum auf die biologischeaktivitat des metolachlor. Z. Naturforscher B, 1982, 37(4): 451-462.

[90] Muller M D, Poigert, Buser H R. Isolation and identification of the metolachlorstereoisomers using high-performance liquid chromatography, polarimetric measurements, and enantioselective gas chromatography. Journal of Agricultural and Food Chemistry, 2001, 49: 42-49.

[91] Leicht W, Fuchs R, Londershausen M. Stability and biological activity of cyfluthrin isomers.

Journal of Pesticide Science, 1996, 48: 325-332.

[92] Perschke H, Hussain M. Chemical isomerization of deltamethrin in alcohols. Journal of Agricultural and Food Chemistry, 1992, 40: 686-690.

[93] 李朝阳, 张智超, 张玲, 冷连. 土壤中高效氟氯氰菊酯对映选择性降解的研究. 农业环境科学学报, 2006, 6: 1640-1643.

[94] Shalini J, Walter F S, Cathleen J H, Alba T. Influence of the chemical environment on metolachlor conformations. Journal of Agricultural and Food Chemistry, 1999, 47: 4435-4442.

[95] Sun M J, Liu D H, Zhou G X, Li J D, Qiu X X, Zhou Z Q, Wang P. Enantioselective degradation and chiral stability of malathion in environmental samples. Journal of Agricultural and Food Chemistry, 2012, 60: 372-379.

[96] 杨叶. 典型拟除虫菊酯杀虫剂和典型重金属对斑马鱼的联合毒性研究. 杭州: 浙江大学博士学位论文, 2015.

[97] Wang Q X, Qiu J, Zhu W T, Jia G F, Li J L, Bi C L, Zhou Z Q. Stereoselective degradation kinetics of theta-cypermethrin in rats. Environmental Science and Technology, 2006, 40: 721-726.

[98] Jing X, Yao G, Wang P, Liu D, Qi Y, Zhou Z. Enantioselective degradation and chiral stability of metalaxyl-M in tomato fruits. Chirality, 2016, 28: 382-386.

[99] Polcaro C M, Berti A, Mannina L, Marra C, Sinibaldi M, VIel S. Chiral HPLC resolution of neutral pesticides. Journal of Liquid Chromatography and Related Technologies, 2004, 27: 49-61.

[100] Muller M D, Buser H R. Conversion reactions of various phenoxyalkanoic acid herbicides in soil. 1. Enantiomerization and enantioselective degradation of the chiral 2-phenoxypropionic acid herbicides. Environmental Science and Technology, 1997, 31(7): 1953-1959.

[101] Clark T, Wong W, Vogeler K. Comparative fate in soil of the enantiomers of triadimenol when applied individually to barley seed. Pesticide Science, 1991, 33: 447-453.

第3章 手性污染物环境残留与归趋的对映选择性

本章导读

- 介绍利用手性特征变化指示手性化合物在环境中的立体选择性作用过程，表明手性化合物的对映选择性特征可有效地判断环境中手性污染物的来源、迁移路径和归趋。
- 介绍土壤、大气、水体和沉积物中手性污染物残留与归趋的对映选择性及影响因素。
- 介绍土壤-大气界面和水体-大气界面手性污染物交换的对映选择性及影响因素。

有机污染物的土壤、水、气及其界面环境行为是复杂多变的，手性污染物在非手性环境条件下具有完全相同的物理和化学性质，非生物过程对于手性污染物的不同对映体的作用方式是一致的，不会改变其对映体组成。但在手性环境中，有生物因素参与的环境行为就可能有立体选择性，表现出在环境归趋、代谢、生物效应等方面的差异。研究表明，以外消旋体进入环境中的手性污染物，由于其生物效应往往只存在于 1 个或少数几个对映体中，且受具有手性特征的环境因子和生物因素的影响，在经历了一系列的环境过程后，手性污染物不同对映体间发生构型转化或被某些异构体优先降解，其对映体比例（enantiomeric ratio, *er*）或对映体分数（enantiomeric fraction, *ef*）会发生改变。因此，不同来源的手性污染物进入相同的手性环境，或者相同来源的手性污染物进入不同的手性环境，其对映选择性在生态环境中的消解与归趋往往存在较大差异[1]。因此，可以利用手性特征的变化来指示环境中手性污染物的来源、迁移路径和环境归趋，有助于揭示手性污染物的环境化学归宿过程。

长期以来，手性污染物外消旋体被当作单一的环境污染物进行研究，而忽略了手性污染物在环境中的构型转化或归趋的对映选择性，造成了相关数据的不准确性，高估或低估了手性污染物对生态环境和人体健康的潜在危害。因此，在研究手性污染物时，从结构多样性的角度和在对映体层面上考虑其对生态环境和人类健康造成的影响，真实揭示手性污染物环境行为的对映体差异，对准确地进行环境污染物风险评价十分必要。目前，国内外对手性污染物在环境中的对映选择性特征和环境归趋的研究已逐渐开展，相关研究多集中在手性农药、手性工业化学品和手性抗生素等。这不仅为正确评估手性化合物的环境行为和风险提供科学依据，更能为手性污染物环境污染修复，以及绿色、高效和安全化合物创制提供确切的科学信息[2]。

3.1　手性污染物在土壤中残留和归趋的对映选择性

土壤是污染物重要的源和汇。持久性有机污染物因其亲脂性、持久性等特征，可吸附于土壤有机质，并可滞留数年；另外，污染物可从土壤中挥发，又使受污染的土壤成为二次污染源，对生态系统和人类造成持续的潜在风险。土壤作为重要的生态系统单元，是分解手性污染物的主要场所，且存在影响手性污染物对映选择性环境行为的诸多关键因素。手性污染物主要以外消旋混合物的形式进入土壤，并在土壤中进行迁移转化等复杂的环境过程，包括随地表径流横向流动或向深层淋溶、在水土界面上的吸附以及解吸、向大气中挥发和沉降以及被生物体吸收等环境过程。

3.1.1　土壤中有机氯农药残留和归趋的对映选择性

我国是农业大国，农药的生产量和使用量一直处于世界前列，而在这些农药中，已有 40%具有手性特征。目前关于手性农药在土壤中选择性富集和残留的报道已不少，其中多数集中于有机氯农药（organochlorine pesticides，OCPs），如 α-六六六（α-hexachlorocyclohexane，α-HCH）、o, p'-滴滴涕（o,p'-dichlorodiphenyltrichloroethane，o,p'-DDT）、o,p'-双(6-羟基-2-萘)二硫 [o,p'-bis(6-hydroxy-2-naphthyl) disulfide，o,p'-DDD]、顺式氯丹（cis-chlordane，CC）、反式氯丹（trans-chlordane，TC）、氧氯丹（oxy-chlordane，OXY）、七氯（heptachlor，HEPT）和环氧七氯（heptachlorepoxide，HEPX）等，大多数 OCPs 均含有至少 2 个对映体，不同对映体在不同土壤中的生物降解过程往往存在手性选择性。因此，它们的 ef 值可用来探索手性污染物的微生物降解过程以及残留特征等。

背景土壤对于了解手性污染物在全球循环中的环境行为，特别是追溯大气迁移等来源具有较好的指示意义。由于土壤微生物组成十分复杂，不同地域的不同土壤对手性污染物的对映选择性降解也存在显著差异。Kurt-Karakus 等[2]曾在全球 37 个不同国家，远离城市、农业和工业地带，采集了 65 个表层背景土壤样品（0～5 cm），其中包括了土壤类型、有机质含量和环境条件差异较大的草原和森林土，测定了手性 OCPs——氯丹（包括 TC 和 CC）、氯丹类化合物 MC5、α-HCH 和

o,p'-DDT 的对映体分数，发现它们在全球土壤中均表现出了不同程度的对映选择性残留（图 3-1）。氯丹在大多数土壤中呈现出对映选择性富集，其中采自英国森林的土壤样品中 CC 的 *ef* 值最低，为 0.080，瑞士土壤中 CC 的 *ef* 值最高，为 0.846，(+)-TC、(−)-CC 及 MC5 在 BDX 柱上的第一个馏分在多数土壤中被优先选择性降解，分别有 72.4%、57.4%、67.3%土壤中(+)-TC、(−)-CC 和 MC 的第一个组分降解快于各自的另外一个对映体；但仍有一部土壤呈现相反的对映选择性，分别有 10.3%、27.8%和 25.0%土壤样品中的 TC、CC 和 MC5 以(+)-、(−)-对映体和第一个组分残留为主，而 17.3%、14.8%和 7.7%土壤中 TC、CC 和 MC5 以外消旋体形式存在。α-HCH 在大多数土壤样品中（44.6%）为外消旋体，37.5%土壤中(−)-α-HCH 优先降解，仅有 17.9%土壤中 α-HCH 主要以(−)-对映体形式存在。*o,p'*-DDT 的 2 个对映体在不同土壤则具有不同的降解速度，以(+)-和(−)-*o,p'*-DDT 为主的土壤分别占到 1/2。Bidleman 等[3]曾在瑞典采集了 1 个森林土壤、4 个草地土壤和 3 个农场土壤样品，TC 和 CC 在这些土壤中的 *ef* 平均值分别为 0.416±0.021 和 0.541±0.044，除了 1 个样品外，其余所有土壤中的(+)-TC 和(−)-CC 的降解速率均快于另一个对映体，并且有 1 个草地土壤样品中的 TC 和 CC 主要以(+)-对映体的形式存在。

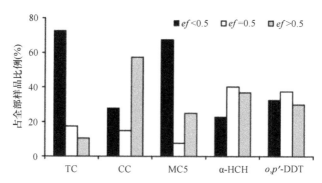

图 3-1　背景土壤中手性有机氯农药对映体分数的分布情况[2]

农田土壤是手性农药污染重要的源，农药在农业活动中使用后，只有一小部分作用于靶标生物，大部分均残留在了农田土壤中，因此，农田土壤中储存着大量的农药及其代谢产物。Wiberg 等[4]曾对美国中西部农田土壤中手性 OCPs 的对映体分数进行了测定，*o,p'*-DDT 的 *ef* 值在 0.41～0.57 范围内，证实了 *o,p'*-DDT 在不同土壤中存在不同的选择性降解。但是却发现氯丹及其手性降解产物在所有样本中的选择降解方式是相同的。Aigner 等[5]于 1995 年冬季和 1996 年春/秋季在美国俄亥俄州、宾夕法尼亚州、印第安纳州和伊利诺伊州的农业点和小型家庭园子的玉米带采集了土壤表层样品（0～15 cm），对 5 种手性 OCPs 进行了对映体分数的测定。30 个土壤样品中的手性 OCPs 均存在对映选择性降解，o,p'-DDT 和 OXY 在不同土壤中呈现出不同的对映体选择模式，在具有选择性降解的 11/17 土壤中，o,p'-DDT 在 6 个样品种主要以 $(-)$-o,p'-DDT 形式存在，er 值在 0.76～0.86 范围内，另外有 5 个土样中 $(-)$-o,p'-DDT 被优先降解，er 值为 1.07～1.19，而其余 6 个样品中，o,p'-DDT 主要以外消旋形式存在，er 值在 0.96～1.05 之间。OXY 在 5/17 土壤中 $(-)$-对映体过剩，9/17 土壤中 $(+)$-对映体过剩，另外 3 个样品中 OXY 接近外消旋体。TC、CC 和 HEPX 在多数土壤中均以 $(-)$-TC、$(+)$-CC 和 $(+)$-HEPX 过剩的状态存在，$(+)$-TC、$(-)$-CC 和 $(-)$-HEPX 的 er 值分别在 0.48～0.93、1.06～1.56 和 1.17～7.27 范围内。另外，Falconer 等[6]曾在加拿大英属加仑比亚的农田土壤中做了调查，但仅发现 1/6 土壤样品中 $(+)$-o,p'-DDT 被优先选择性降解，其余土壤中 o,p'-DDT 均为外消旋体。而 OXY 在 2 个土壤样品中 $(-)$-对映体过剩，$(-)$-α-HCH 在 3 个土壤中被优先降解（er =1.21～1.36），另外 3 个土壤中 α-HCH 则为外消旋体。对于氯丹，该研究还发现 6 个土壤中的 TC 和 CC 均为外消旋体，HEPX 则以 $(+)$-对映体过剩。

为了验证土壤微生物是否会对手性 OCPs 进行对映选择性降解，并利用对映体组成的时间变化趋势来研究微生物降解速率，以及分析污泥是否可改变微生物群落对手性农药的对映选择性，Meijer 等[7]于英国农药试验田采集了两类土壤——未施种过的背景土壤和污泥施用土壤，分析了土壤中 α-HCH、CC、TC 和 o,p'-DDT 的对映体分数。结果显示，α-HCH、CC、TC 和 o,p'-DDT 的 ef 值分别在 0.48～0.52、0.40～0.48、0.50～0.57 和 0.48～0.57 之间，在所有年份土壤样品中，$(-)$-CC 和 $(+)$-TC 均为优先降解的对映体，并且 OCPs 的 ef 值没有呈现随时间升高或减小的趋势，说明土壤微生物对手性污染物的对映选择性降解速率随着时间的延长没有一致性，不同时间段占主导地位的微生物群落不同。另外，他们还发现，污泥的施用没有改变微生物群落对手性 OCPs 的对映选择性降解方向。

持久性有机物污染可进行长距离迁移，农田地区不是 OCPs 的唯一污染区，随着工业、交通、商业和其他人类活动的进行，城市土壤也遭受着农药污染，因此研究城市地区 OCPs 的残留、归趋和生态风险是十分必要的。Carlsson 等[8]于 2005年和 2008 年在捷克城市地区采集了表层土壤样品，发现 α-HCH、o,p'-DDT 和 o,p'-DDD 的 ef 值在 2005～2008 年间没有明显改变。西班牙于 1977 年禁止了 DDT的使用，但三十年后，仍能在西班牙的城市地区检测到高浓度 OCPs 的存在，其中DDT 在某些地区仍被认为具有潜在的生态风险。Muñoz-Arnanz 等[9]于 2007 年和2008 年的春天，在多尼亚纳国家公园附近的自治市采集了 32 个土壤样品，这些样品所在土壤为该地区具有代表性作物的农田土壤。在 22 个具有足够检出浓度的土壤中，o,p'-DDT 的 ef 值在 0.324～0.590 之间，17 个土壤中 o,p'-DDT 存在对映选择性富集现象，其中有 9 个样品 ef 值小于 0.5，8 个样品 ef 值大于 0.5；o,p'-DDT 的 DEV$_{rac}$（ef 值与 0.5 的差的绝对值）在 0.012～0.176 之间，表明这些土壤样品中 DDT 基本来源于历史使用的残留。与其他研究相似，o,p'-DDT 的 DEV$_{rac}$ 与 (p,p'-DDE+p,p'-DDD)/p,p'-DDT 的比值也没有显著相关性。Wong 等[10]也研究了英国和加拿大城市与乡村地区土壤中 OCPs 的对映选择性特征，土壤中 TC 和 CC 的 ef 值分别在 0.387～0.471 和 0.526～0.607 之间，表明(−)-CC 和(+)-TC 为土壤中优先降解的对映体；对于 o,p'-DDT，在各个土壤样品中的 ef 值在 0.460～0.691 范围内，非外消旋和外消旋体均有检出。

部分 OCPs 禁止使用后，一些地区关闭了有机氯农药生产厂家，但由于 OCPs 的持久性，在农药厂关闭多年后，仍能在其所在区域的周边土壤中检出 OCPs。Muller 等[11]在一个原 HCH 工厂附近土壤中发现，α-HCH 基本以外消旋形式存在，仅有轻微(−)-α-HCH 优先降解的趋势（er = 1.099）。西班牙埃布罗河盆地曾在农业和工业活动中大量使用了 DDT 产品，包括三氯杀螨醇和氯碱，该地区的环境受到了严重的 DDT 污染。Bosch 等[12]曾于 2006 年冬季和 2007 年春季在该盆地的下游地区采集了 30 个土壤样品，其中 4 个采样点位于三氯杀螨醇生产工厂附近，2 个位于辛卡河的上游地区和下游地区的化工厂附近，7 个样品来源于辛卡河、埃布罗河和塞格雷河的主要支流，其余样品取于氯碱厂附近上游和下游河水灌溉的农田土壤。结果表明，在 19/30 个被用来进行 o,p'-DDT 对映体分数分析的土壤样品中，o,p'-DDT 的 ef 值在 0.356～0.523 范围内，其中 5 个土壤样品中 o,p'-DDT 的 ef 值接近外消旋体，表明 DDT 在这些地区有新来源；其余样品中 o,p'-DDT 的 ef 值均偏离于外消旋体，最低值出现在庇里牛斯山的土壤中，因此，这里的 DDT 可能是通过大气长距离迁移而形成的历史残留。在 ef 值偏离 0.5 的土壤样品中，(+)-o,p'-DDT 在大多数样品中被优先降解。与其他研究结果类似，o,p'-DDT 的 ef 值与其浓度和 DDT/(DDE+DDD)没有显著相关性，尽管 o,p'-DDT 浓度最高的土壤中，其 ef 值接近于 0.5，但在浓度低的土壤中，其 ef 值也接近于外消旋体。

国内对手性污染物在土壤环境行为方面的研究虽然起步较晚，但近几年发表的相关研究逐渐增多。Yuan 等[13]采集了我国青藏高原不同海拔地区的表层土壤样品，发现在 30/32 样品中能检测出 α-HCH 对映体的土壤中，有 2 个（6.7%）土壤中的 α-HCH 为外消旋体，其 ef 值分别为 0.504 和 0.497；3 个样品（10%）中 α-HCH 的 ef 值略高于 0.5，为 0.505；其余 25 个（83.3%）样品中 α-HCH 的 ef 值均小于 0.5，范围在 0.306～0.495 之间，平均值为 0.464±0.039，表明(−)-α-HCH 为 α-HCH 在青藏高原土壤中的主要残留形式。对于 o,p'-DDT，有 22/32 土壤样品中可检出其对映体，其中 4 个（18.2%）样品中 o,p'-DDT 为外消旋体，ef 值在 0.498～0.505 之间，7 个（31.8%）样品中 o,p'-DDT 的 ef 值大于 0.5，平均值为 0.512±0.004，范围为 0.507～0.517；另外有 50%的样品中 o,p'-DDT 的 ef 值小于 0.5，平均值为 0.458±0.035，范围在 0.371～0.493 之间。

在对农田土壤的研究中，Li 等[14]于 2002 年在我国珠江三角洲采集了 74 个土壤样品，包括 37 个旱田土壤、14 个稻田土壤和 23 个自然土壤，针对具有手性结构的 α-HCH、o,p'-DDT 和 TC、CC 测定了对映体分数。研究发现，o,p'-DDT 和 α-HCH 的对映体在不同土壤中呈现不同的优先降解程度。在 HCH 浓度高的土壤中，α-HCH 主要以外消旋体形式残留，提示 α-HCH 可能有新源的输入，但由于我国在 1983 年禁止了工业 HCH 的使用，HCH 在我国环境中的来源本应为工业 HCH 的历史使用和林丹（γ-HCH）的新输入，因此，该结果表明，γ 异构体向 α 异构体转化可能也是 HCH 在土壤中残留的重要过程。同样，在 p,p'-DDT 浓度较高的地区，o,p'-DDT 的 ef 值接近 0.5，同时 o,p'-DDT/p,p'-DDT 的比例也较高，表明该地区有工业 DDT 的非法使用造成的新来源，而 TC 和 CC 则均为(−)-对映体优先降解（ef>0.5）。张安平等[15,16]也于 2006 年在我国浙江省进行了 58 个地区的布点和采样，分析了农田土壤中 α-HCH、o,p'-DDD 和 o,p'-DDT 的手性特征。结果显示，土壤中 α-HCH 的 ef 值在 0.199～0.905 之间，82%的土壤中 ef 值大于 0.5，即为(−)-α-HCH 优先降解，而(+)-α-HCH 仅在 13%的土壤中被优先降解。o,p'-DDT 在 20%的样品中与外消旋体没有显著差异，48%的样品中(+)-o,p'-DDT 被优先降解，ef 值在 0.175～0.486 之间，而 32%的样品中为(−)-o,p'-DDT 优先降解，ef 值在 0.534～0.892 之间。o,p'-DDD 在 62%样品中的 ef 值小于 0.5，而在剩余 38%样品中的 ef 值大于 0.5。与上述研究结果相似的是，Niu 等[17]在 2011 年的全国农田土壤中发现（图 3-2），α-HCH 的 ef 值在 0.391～0.667 范围内，平均值为 0.560，同样，大多数样品中 α-HCH 均为非外消旋体，且 ef 值大于 0.5，说明这些地区中 HCH 可能来源于历史使用的残留，且大多数土壤中(+)-对映体会优先富集。另外，在 2013 年采集的土壤中对 o,p'-DDT 的研究发现[18]，大多数土壤中 o,p'-DDT 的 ef 值均偏离 0.5，有 51%的土壤中 ef 值小于 0.5，说明在大部分土壤中，(+)-o,p'-DDT 会优先进行降解，其对映体(−)-o,p'-DDT 则会选择性地富集在土壤中（图 3-3）。

在我国北方地区，张泉等[19]分析了天津塘沽和宁河地区表层土壤中 OCPs 的残留水平和组成成分，以了解 OCPs 的来源和潜在风险，但只有部分样品中的 α-HCH 被成功分离检测，er 值分别为 0.38、0.77、0.36。另外，李晋栋[20]在 2013 年对北京地区农田和草地表层土壤（n=44）中 OCPs 的研究发现，北京地区土壤中 α-HCH 的 ef 值在 0.385～0.593 之间，平均值为 0.491。在有效的 35 个样品中，40%的样品中 α-HCH 的 ef 值大于 0.5，即优先富集(+)-α-HCH；45.7%的样品中 ef 值小于 0.5，表明优先富集(−)-α-HCH；另有 4.3%的样品中 ef 值接近于 0.5，这些样品中 α-HCH 与

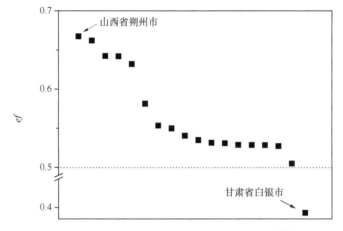

图 3-2　我国农田土壤中 α-HCH 的手性特征[17]

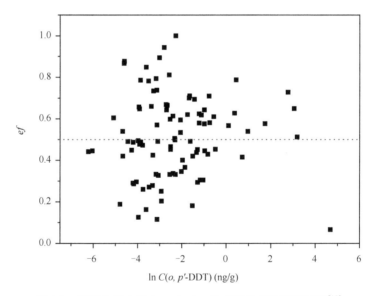

图 3-3　我国农田土壤中 o,p'-DDT 的对映选择性残留特征[18]

外消旋体相比没有显著差异。另外，o,p'-DDT 的 ef 值在 0.399～0.588 范围内，平均值为 0.495。在有效的 31 个数据中，35.5%的样品中 o,p'-DDT 的 ef 值大于 0.5，即优先富集(+)-对映体，48.4%样品中的 ef 值小于 0.5，优先富集(−)-对映体，另外有 16.1%的样品中 o,p'-DDT 为外消旋体。o,p'-DDD 在这些样品中的 ef 值为 0.302～0.562，均值为 0.454，在 38 个有效数据中，分别有 18.4%和 68.4%的样品中 o,p'-DDD 的 ef 值大于和小于 0.5，仍有 13.2%的样品中 o,p'-DDD 为外消旋体。在 24 个有效土壤样品中，TC 均为非外消旋体，ef 值在 0.187～0.865 范围内，均值为 0.497，分别有 64.8%和 13.2%的样品中 o,p'-DDD 的 ef 值大于和小于 0.5。只有 2 个样品可测得 CC 的 ef 值，分别为 0.569 和 0.558，均优先富集(+)-CC。

在我国城市土壤中，Wang 等[21]采集了银川的城市地区 12 个表层土壤样品(0～5 cm)，其中包括 8 个公园土、2 个绿地土和 2 个郊区农田土。结果显示，α-HCH 和 o,p'-DDT 在所有土壤样品均为非外消旋体，证实了 HCH 和 DDT 土壤残留均为历史使用造成的。另外，10/12 样品中 α-HCH 和 o,p'-DDT 的(+)-对映体被优先降解。杨洪达[22]也在杭州西湖地区采集了 40 余个土壤样品，α-HCH、o,p'-DDT 和 o,p'-DDD 的 ef 值分别在 0.44～0.57、0.44～0.51 和 0.40～0.50 之间，平均值分别为 0.53±0.04、0.47±0.02 和 0.46±0.03。曲磊[23]曾系统地研究了北京市公园土壤中 α-HCH 和 o,p'-DDT 的对映选择性残留特征，结果表明，α-HCH 和 o,p'-DDT 对映体比值分别在 81.82%和 95.45%的土壤中偏离 0.5，95.45%样品中 α-HCH 的 ef 值小于 0.5，即公园土壤微生物优先降解(+)-α-HCH；对于 o,p'-DDT，则有 68.18%的土壤样品中微生物优先降解(+)-o,p'-DDT，另外有 27.27%土壤中(−)-o,p'-DDT 被优先降解。

3.1.2　土壤中手性工业化学品残留和归趋的对映选择性

六溴环十二烷（hexabromocyclododecane，HBCD）在溴代阻燃剂中生产量排名第三，它们主要使用在挤压和伸展的聚苯乙烯材料中，用于楼房、装饰物和一小部分家庭电器中起隔热作用。HBCD 在全世界内使用十分广泛，且其物理化学性质较稳定，因此经常在各种环境介质中被检出。由于 HBCD 的阻燃性，其在很多电子产品中也被大量使用，而我国南方某些地区恰恰聚集了很多电子垃圾回收点，因此，研究电子垃圾回收区域环境中 HBCD 的残留十分必要。Gao 等[24]于 2006 年 11 月和 2008 年 4 月在我国南方清远和贵屿——2 个典型电子垃圾回收区，以及作为典型工业区的东莞地区，采集了 90 个农田和森林表层土壤，分析了 HBCD 3 种异构体 α-、β-和 γ-HBCD 的对映体分数。结果显示，在 48/90 个有足够量浓度进行对映体分析的土壤样品中，α-、β-和 γ-HBCD 的 ef 值分别在 0.503～0.507、0.494～0.506 和 0.502～0.511 范围内，商业化产品的 ef 值分别为 0.514、0.510 和 0.503，虽然土壤样品中这些 HBCD 异构体的 ef 值偏离了 0.5，但与商业品相比没有明显差异，因此表明该研究区域土壤中 HBCD 没有发生对映体转化，均为新来源。

多氯联苯（polychlorinated biphenyls，PCBs）是一类持久性有机物，在环境中可持续残留，并随各种环境过程迁移转化。在 PCBs 的 209 种同类物中，有 78 种具有轴向手性，其中 19 种 PCBs 为阻转类 PCBs，这些异构体在环境温度下能够稳定存在并具有手性异构体。Calsson 等[8]在捷克采集的土壤样品中，研究了 3 种手性 PCBs，如 PCB132、95 和 149 对映体分数的时间分布特征，发现 PCB95 和 149 的 ef 值的中位数在 2005～2008 年之间没有明显变化，但 PCB132 的 ef 值从 0.38 增加到了 0.53。

青藏高原是一个特殊的背景地区，大量研究表明，其在污染物全球循环的过程中起着重要作用。Yuan 等[25]于 2010 年跨越青藏高原中部采集了海拔在 3711～5352 m 之间的 44 个表层土壤样品，分析了 29 种具有手性特征的 PCBs 中的 3 种——PCB95、136 和 149。由于浓度和检出限的限制，PCB95、136 和 149 的手性特征分别在 41、35 和 26 个土壤中进行了分析。结果表明，PCB95、136 和 149 的 ef 值的平均值分别为 0.395、0.421 和 0.439，范围分别在 0.311～0.435、0.335～0.477 和 0.365～0.495 之间，PCB95、136 和 149 的 ef 值在所有土壤样品中均小于 0.5。

为了研究 PCBs 在农村和城市土壤中对映体特征差异并探索相关影响因素，Cui 等[26]于 2008 年在我国山东省济南市的城市和农村地区分别采集了 9 个和 14 个土壤样品，由于一些工业园位于农业区，因此农业区样品中包括了 9 个农田土壤样品和 5 个工业用地土壤样品。研究结果显示，在济南地区土壤中，具有手性的 PCB132、95 和 149 的 ef 值分别在 0.132～0.509、0.429～0.501 和 0.172～0.847 范围内，平均值分别为 0.473±0.025、0.355±0.146 和 0.527±0.167，分别有 39%、58%和 80%的土壤样品中 PCB132、95 和 149 以非外消旋体形式存在。虽然 PCBs 在城市中应用较多，可能会有新的来源，但在该研究中，从空间分布角度看，城市和农村地区土壤中这 3 种手性 PCBs 的手性特征没有明显差异，表明影响 PCBs 手性特征的因素比较复杂，不能一概而论。Wong 等[10]调查了加拿大城镇和郊区土壤中 PCB95、136、149 的对映体分馏情况，显示手性 PCBs 的 ef 值与其污染水平有相关性。Chen 等[27]对中国南方典型的电子垃圾污染地区土壤中的手性 PCBs 进行调查发现，PCB95、132、136、149、183 均接近外消旋，而 PCB84 的 ef 值有明显偏移，并且农田土比荒地土偏移更多，这可能是由于农田土比荒地土含有更丰富的微生物量。

3.1.3　影响土壤中手性污染物对映选择性残留和归趋的因素

土壤微生物组成和活性受多种复杂因素影响，比如土壤有机质类型和含量、pH、土壤营养和氧化还原状态、温度、湿度以及种植植物类型等，它们都会影响土壤微生物的种类和作用[28,29]。不同状态的土壤微生物会对手性化合物产生不同程度和方向的对映选择性降解。Lewis 等[30]指出，环境条件，如森林砍伐、土壤变暖和施肥状态会颠倒一些手性农药的对映选择性降解，他们推测土壤有机质（soil organic matter，SOM）对结构相似的化合物的对映选择性吸附会影响土壤微生物对映体选择性转化的有效性。由于影响因子与微生物群落的关系要强于各自单独对手性化合物对映选择性的影响，因此它们可能通过共同运作的方式影响手性化合物的对映体组成。这就是为什么在大多数研究中仅发现或没有发现单一环境因子与手性化合物 ef 值或 DEV_{rac} 值之间相关性的原因[2]，即使在某些研究中观测到了它们之间的显著相关性，但也仅能解释其中很小一部分的变异。例如，在美国四个州地区的玉米带土壤中，没有发现 SOM 或农药浓度对其对映选择性方向和程度的影响[5]，同样，在我国珠江三角洲土壤中也没有发现土壤有机碳和 pH 等土壤理化性质对 α-HCH、o,p'-DDT 和 TC 及 CC 对映体分布的显著影响[14]。

　　然而，也有一些研究发现了如采样点地理位置、气候条件和手性化合物浓度等与手性化合物 ef 值的相关性。例如，刘维屏团队[18]在对我国农田土壤中 o,p'-DDT 的分析中发现，随着温度的升高，o,p'-DDT 的 DEV_{rac} 值有逐渐上升的趋势（$R = 0.248$，$p=0.019$），这可能是由于温度的不同影响了微生物对 o,p'-DDT 对映体的选择性降解情况，当温度升高时，微生物较为活跃，因此更能够选择性地降解 o,p'-DDT 的其中 1 个对映体（图 3-4）。Yuan 等[25]对青藏高原地区土壤中 PCBs 的分析中，发现 PCB95、136 和 149 的 ef 值与其浓度和采样点海拔具有显著相关性，但与黏土含量、土壤有机质、采样点经度和纬度却没有显著相关，并且，PCBs 异构体浓度与海拔没有显著相关性，这表明，手性 PCBs 的 ef 值可能比其本身浓度更能说明持久性有机污染物的分馏效应；对于 PCB95 来说，随着海拔升高，对映体过剩程度降低；对 PCB136 和 PCB149 来说，(+)-对映体的过剩程度随着海拔的升高而降低，对映体的长距离大气迁移是解释这种现象的可能原因；并且，当浓度升高时，这 3 种异构体的 ef 值也随之升高，PCB96 的 ef 值从 0.331 升高到了 0.435。另外，Covaci 等[31]曾发现 α-HCH 在土壤中的对映体富集程度会随着周围浓度的升高而降低；Shen 等[32]也发现在阿尔卑斯山脉土壤中手性 OCPs，包括 α-HCH、顺式外环氧七氯（cis-heptachloroepoxide，cis-HCE）和 OXY 的对映体过剩程度随各自浓度升高而降低；相似的，在高浓度地区 ef 值变化也在 Niu 等[17]对我国农田土壤中 α-HCH 的研究中发现（参见图 3-2）；杨洪达[22]也发现 o,p'-DDT、o,p'-DDD 的 DEV_{rac} 值与各自浓度之间存在较好的负相关性（$p<0.01$），即随着浓度升高，o,p'-DDT、o,p'-DDD 的对映体间差异（ef 值）减小，说明西湖区域内花港管理处和岳庙管理处等 DDT 残留较高的土壤中，DDT 有近期输入。Wong 等[10]也曾发现在 PCB95、136 和 149 浓度较低的土壤中存在这 3 种异构体的对映选择性降解，这可能是较低的 PCB95、136 和 149 会满足土壤中相关微生物的需求，因此会产生选择性降解，但这种解释不适用于整个环境。除此之外，Kurt-Karakus 等[2]发现，TC 的 DEV_{rac} 与 TC/TN 的比值具有负相关关系（$R^2 = 0.11$，$p=0.0098$），即在 TC/TN 比例高的土壤中 TC 主要以外消旋体存在。Wiberg 等[4]也发现了相同的负相关性，相关系数 R^2 为 0.37，p 值为 0.0017，并且其偏离外消旋体的程度还与 TC 的浓度有

关（$R^2 = 0.18$，$p=0.038$）。同样，国内 Zhang 等[16]的研究也发现，o,p'-DDT 的 DEV$_{rac}$ 值与 o,p'-DDT/p,p'-DDT 的比值呈显著负相关，并利用该关系追溯到了我国浙江地区在采样时间前后有三氯杀螨醇的使用。

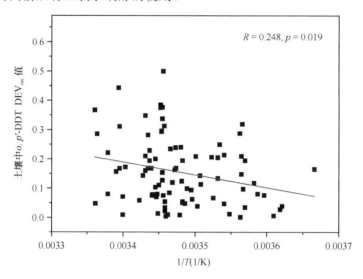

图 3-4   我国农田土壤中 o,p'-DDT 的手性特征与温度的关系[18]

土壤理化性质对手性化合物环境行为影响方面研究较多。土壤有机质含量和构成可改变土壤微生物群落，从而影响手性化合物在土壤中的对映选择性环境行为。Kurt-Karakus 等[2]在全球土壤中发现，不同来源地，即草原和森林的土壤样品中 OCPs 的 ef 值没有明显差异，但 TC 和 CC 的 DEV$_{rac}$ 值与 SOM 含量存在显著正相关关系，p 值分别为 0.0022 和 0.0031，而 SOM 与其他 OCPs 没有相似的显著相关性。Zhang 等[15]发现在我国浙江省土壤中 α-HCH 的 ef 值与微生物生物量呈显著负相关（$R^2=0.12$，$p=0.03$），但与土壤质地无关。Cui 等[26]发现 PCB95 和 132 的 DEV$_{rac}$ 值与 SOM 含量呈显著正相关，即在 SOM 含量高处，2 种手性 PCBs 的对映选择性降解程度也越高，并且这种趋势在 PCB132 上强于 PCB95。对于这种现象，作者推测 SOM 可能会通过改变土壤微生物的活性来改变手性 PCBs 的对映选择性富集和降解程度。但他们并没有发现 DEV$_{rac}$ 与手性 PCBs 浓度的显著相关性。Calsson 等[8]在捷克的土壤中也发现有机物的 ef 值与土壤有机碳、土壤总氮和腐殖酸含量呈显著相关。但杨洪达[22]按照土地利用类别分后，没有发现 o,p'-DDT、o,p'-DDD 和 α-HCH 3 种 OCPs 在 4 种土壤中 ef 值的显著差异（$p>0.05$）。

土壤 pH 可影响土壤碳和营养元素的可利用性、金属的溶解性和微生物及真菌群落组成活性[33]，因此在一些研究中发现，土壤 pH 可改变手性污染物的环境行为对映选择性。比如，Shen 等[32]对阿尔卑斯山脉土壤的研究表明，HEPX、OXY 和

α-HCH 在腐殖质和 pH 较高的土壤中更倾向于以外消旋体的形式存在；Zhang 等[16] 在浙江省农田土壤中也发现 *o,p′*-DDD 的 DEV$_{rac}$ 值与土壤 pH 具有显著相关性，但 pH 不是影响 *o,p′*-DDT 手性特征的关键因素；国外的研究也发现了相似的规律，捷克土壤中 PCB149 的 *ef* 值与 pH 具有显著相关性（$R^2 = 0.67$，$p = 0.0013$），在瑞士 101 个土壤中也发现具有手性的 PCB95、132 和 149 的 *ef* 值与土壤 pH 存在非常显著的相关性，p 值为 $6 \times 10^{-7} \sim 0.0035$，但是相关系数较低，仅为 $0.08 \sim 0.22$[34]。但在 Li 等[14]和 Zhang 等[15]的对 α-HCH 研究中却没有发现类似规律。

3.2　手性污染物在大气中残留和迁移的对映选择性

污染物在大气中以气体或吸附在悬浮颗粒上的形式存在，进而发生扩散和迁移。由于其具有半挥发性，能够从水体或土壤中以蒸气形式进入大气环境，因此可通过大气环流进行远距离迁移。在较冷的地方，通过"冷凝效应"，污染物会重新沉降到地表。而随着温度升高，它们再次挥发进入大气，进行迁移。这种过程可以不断发生，使得污染物可沉积到地球偏远高寒地区，导致全球范围的污染传播。此外，大气中的污染物在温度较低以及适宜的地表介质上又会发生吸附和沉淀，致使一些组分在高纬度和极地地区富集。当污染物人为排放强烈时，大气中污染物的浓度增高，地表介质又从大气中吸收部分污染物，当大气污染物浓度降低或环境温度升高时，地表介质中的一部分污染物又重新释放进入大气环境中。因此，大气是污染物迁移的重要场所。

3.2.1　大气中手性农药残留和迁移的对映选择性

手性农药施用后，一部分会直接进入大气，随大气进行迁移；另外一部分进入土壤中的手性污染物也可通过挥发进入大气，在土壤-大气之间进行交换。目前已有大量研究发现了手性污染物的非外消旋体在空气中的存在。例如，Shen 等[35] 于 2000/2001 年跨越北美，包括加拿大、美国、南墨西哥、伯利兹城和哥斯达黎加，利用 XAD 被动采样器，在距地面 1.5 m 高度处采集了大气样品，分析了 TC、CC、HEPT、*o,p′*-DDT 和 α-HCH 的对映体分数。结果显示，在能准确测出 TC 和 CC 的 *ef* 值的 22 个大气样品中，CC 的 *ef* 值全部大于 0.5，范围在 $0.508 \sim 0.534$ 之间，而 TC 的 *ef* 值全部小于 0.5，范围在 $0.395 \sim 0.498$ 之间，即该地区大气中(+)-CC 和(–)-TC 相对于另一个对映体来说是被优先富集的对映体。HEPX 是 HEPT 在土壤中的微生物代谢产物，HPEX 在 25 个地点的大气样品中均被检出，所有样品中(+)-HEPX 的浓度均高于(–)-HEPX，*ef* 值大于 0.5，说明在 HEPT 降解过程中，(+)-HEPX 被优先生成。*o,p′*-DDT 的 2 个对映体可在 12 个地点的大气样品中被检出，不同地点

o,p'-DDT 的 ef 值不尽相同，或大于或小于或接近 0.5。北美各个采样点大气中
α-HCH 的 ef 值差异较大，总体在 0.471～0.519 范围内。加拿大西部安大略湖大气
中 α-HCH 的 ef 值全部大于 0.5，即优先富集(+)-对映体，且 ef 值高于英属哥伦比
亚和加拿大落基山脉大气中 α-HCH 的 ef 值。美国东南部和墨西哥尤卡坦半岛地区
大气上方 α-HCH 的 ef 值也都大于 0.5，而加拿大北极区东部大气中 α-HCH 的 ef
值小于 0.5，特别在沿海省份和苏必利尔湖大气中 ef 值较低，范围在 0.470～0.480
之间，与海水中对映选择性趋势相似，表明海水蒸发是 α-HCH 的重要来源。

Venier 等[36]于 2002～2003 年研究了印第安纳州、阿肯色州和路易斯安那州空
气样品中多种 OCPs 的 ef 值（图 3-5）。结果发现，o,p'-DDD 仅在阿肯色州的 8 个
样品中检出，均为非外消旋体，ef 平均值为 0.44。CC 和 TC 的 ef 平均值分别为
0.521±0.001 和 0.475±0.001，说明(−)-CC 和(+)-TC 分别为大气中优先消除的对映体，
但它们的 ef 值在 3 个采样点没有显著差异。HEPX 的 ef 值仅可以从阿肯色州和印
第安纳州得到，在路易斯安那州点位的浓度太低而导致 2 种对映体无法分离。
HEPX 的 ef 平均值为 0.655±0.002，且都与外消旋标准品显著不同，表明(−)-对映
体被优先降解。有趣的是，印第安纳州 HEPX 的 ef 平均值显著高于阿肯色州，这
可能是较高的 HEPT 浓度（预计在南方）降低了微生物活性，从而降低了 HEPT
的对映选择性降解，导致 HEPX 的 ef 值更低。另一个可能的原因是，空气中不存
在 HEPX 的对映选择性降解，因此降低了总体的 ef 值。印第安纳州大气中 HEPX
的 ef 值比阿肯色州高，这可能反映了历史上这两个地区在 HEPT 使用上区别。

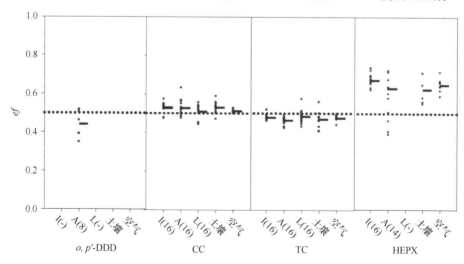

图 3-5　印第安纳州（I）、阿肯色州（A）和路易斯安那州（L）空气样品中手性有机氯农药的
ef 值[36]（括号内为样品数量）

为了研究氯丹对映选择性特征的时间变化趋势，Bidleman 等[37]于 1984～1998 年间采集了北极地区空气样品进行分析，地点（年份）包括加拿大（1993～1996 年）、俄罗斯（1994 年）、芬兰的北极站（1998 年）以及瑞典西海岸（1998 年）。结果表明，TC 在所有站点中的 ef 值与外消旋标准品的 ef 值（0.498～0.501）显著不同，CC 则有 2 个站点与外消旋标准品显著不同。芬兰帕拉斯的 5 个样品和瑞典罗尔维克的 7 个大气样品中 MC5 的 ef 值分析结果表明，罗尔维克的所有样品和帕拉斯地区的 2 个样品中 MC5 均发生了对映选择性降解，罗尔维克大气样品中 MC5 的 ef 值为 0.471±0.010，帕拉斯大气中 MC5 的 ef 平均值为 0.488±0.013，但与标准品没有显著差异。HEPX 为高度非外消旋体，(+)-对映体被优先富集，表明氯丹主要来源于白蚁杀虫剂的历史使用，北极空气中非外消旋体的氯丹和 HEPX 为北半球温暖区域土壤中杀虫剂的二次挥发和长距离迁移提供了强有力的证据。1994 年北冰洋表层水样品中氯丹为外消旋体，其中 TC 的 ef 值为 0.499，CC 的 ef 值为 0.501，而 HEPX 为非外消旋体，ef 值平均为 0.639。HEPX 的来源主要包括 HEPT 在土壤中的代谢和大气中的光化学氧化，前一个过程被认为能富集(+)-HEPX 代谢产物，后者则产生外消旋的 HEPX。来自温带地区的空气样品中 HEPX 为非外消旋体，这说明土壤排放为 HEPX 在大气中的主要源。北极空气中 HEPX 的 ef 值（0.662～0.703）比北冰洋表层水中（0.639）高些，说明 HEPT 的大气迁移和光化学过程比现在更强。

另外，Gouin 等[38]也通过五大湖大气样品的采集，分析了手性 OCPs 的时空变化趋势。在多伦多和芝加哥采集的样品中，氯丹为近外消旋体，这可归因于历史上工业氯丹的使用和排放。空气中氯丹和 α-HCH 对映体特征的时空分布可用来辨别这些化合物的源。在所有采样点中，CC、TC 和 α-HCH 的年平均 ef 值分别为 0.513、0.473 和 0.493，TC 的 ef 值偏离外消旋体的程度比 CC 大。CC 的 ef 值在采样点和季节间几乎没有差异，范围为 0.499～0.522，而 TC 的 ef 值在采样点和季节间则稍有差异，圣克莱尔秋季大气中 CC 和 TC 都接近外消旋体，多伦多大气中 CC 和 TC 的 ef 值的季节性差异较小。α-HCH 的对映选择性特征在所有采样点大气中较为一致，除了伊格尔港以外，大部分乡村点位春季大气中 α-HCH 的 ef 值普遍偏离 0.5。另外，冬季大气中 α-HCH 的 ef 值更接近外消旋体，且伊格尔港地区最低。α-HCH 在苏必利尔湖水和上方空气中 α-HCH 的 ef 值相似，因此，苏必利尔湖可能是附近海岸点位中 α-HCH 的来源。

在国内，刘国卿等[39]利用半渗透膜装置（SPMD）对珠江三角洲代表性地段（包括香港）大气中的 OCPs 进行了分析，发现 α-HCH 和 α-氯丹的 er 值（年均值）分别为 0.75 和 0.69，夏季大气与土壤中的 er 值相当，而冬季时要低于土壤，表明夏季大气 α-HCH 基本来自于土壤中 α-HCH 的挥发，而冬季大气 α-HCH 可能来自土壤挥发与外来源迁移组合。因此，残存在大气中的手性污染物，并非全部来自土壤的挥发物，与不同的地区、季节、迁移等条件有很大关系。杨洪达[22]在对杭州西湖上方空气的采样调查研究中也发现，3 种手性 OCPs，包括 o,p'-DDT、o,p'-DDD 和 α-HCH 的 ef 值随季节变化较大，通过与该区域土壤中手性 OCPs 的 ef 值作比较，发现两种介质中的手性 OCPs 的 ef 值在夏季和秋季较为一致，而在冬季和春季有严重的偏离，说明夏季和秋季（平均气温 22.4 ℃）西湖区域大气中 OCPs 可能主要来自当地土壤的自然挥发，而冬季和春季（平均气温 9.8 ℃）可能主要来自外部的迁移沉降。

除此之外，部分研究发现，大气中手性 OCPs 以外消旋的形式存在，但不同地区、不同化合物的对映选择性特征仍存在差异。Müller 等[11]对挪威农村空气中 α-HCH 的 er 值进行了检测，发现 α-HCH 的 er 值为 1.020，说明 α-HCH 几乎是以外消旋体的形式存在于大气中。Bidleman 等[40]在南美和北美洲五大湖的空气中也发现 HEPT 是以外消旋体的形式存在的，然而在大气中却大量富集(+)-HEPX，并且大气中 HEPX 的 ef 值接近于该地农田中 HEPT 的 ef 值，因此，空气中的(+)-HEPX 来自于大气，而不是空气中 HEPT 的光降解。Genualdi 等[41]比较了亚洲和美国太平洋西北部大气中 OCPs 的对映选择性特征，α-HCH 在日本冲绳大气以及中国和韩国土壤中基本以外消旋体形式存在，而在美国太平洋西部切埃卡峰观测台处大气中则为非外消旋体，ef 值为 0.528±0.0048，可能是受太平洋海水和区域土壤挥发影响。Leone 等[42]也发现美国大气中 α-HCH 的 ef 值接近外消旋体，平均值为 0.500±0.006，但 TC、CC 和 MC5 的 ef 平均值分别为 0.481±0.005、0.509±0.005 和 0.483±0.004，均显著区别于各自的外消旋体。相似的，Ulrich 和 Hites[43]采集了伊利湖、密歇根湖和苏必利尔湖附近的空气样品，分析了氯丹类化合物的 er 值及其空间趋势。结果表明，这些地区大气中 TC 和 CC 的 ef 值分别为 0.468 和 0.512，CC 的 er 值在密歇根湖、苏必利尔湖和安大略湖附近几乎相同，为外消旋体（均值为 1.05±0.02），在伊利湖附近略高，为 1.12±0.03，这也许是因为伊利湖是五大湖最温暖的区域，所以相应的生物活动也更强。TC 的 er 值平均为 0.88±0.02，不同地点中有差异，在伊利湖附近最高（0.93±0.01）、密歇根附近最低（0.83±0.02），总之与外消旋体的 er 值显著不同，可见(−)-TC 为空气样品中优先富集的对映体，所以 TC 和 CC 在环境中代谢途径可能不同。外环氧七氯的 er 平均值为 1.99±0.04，各大湖之间差异可能不显著，与外消旋体差别很大，表明该化合物的(+)-对映体更易富集。外环氧七氯的高 er 值可能来自酶促过程中 HEPX 的产生，而不是仅仅来自产生外消旋的外环氧七氯的光催化。

再比如，Wang 等[44]研究了越南城市和乡村地区手性 OCPs 的对映体特征，以评估不同季节和区域污染物的分布和来源。结果表明，o,p'-DDT 在所有空气样品中均接近外消旋体，*ef* 值范围为 0.477～0.491，且夏季平均值（0.482）和冬季平均值（0.486）没有显著差别。无论是夏季（*ef*=0.471±0.05）还是冬季（*ef*=0.453±0.09），α-HCH 在大部分样品中均为(+)-对映选择性降解（图 3-6）。空气中 TC 和 CC 的 *ef* 值分别为 0.47～0.509 和 0.467～0.533，TC 和 CC 的对映选择性降解情况在空间分布上差异较大，但基本优先降解的均为(+)-TC 和(−)-CC，且夏季和冬季的优先降解情况不同，这说明有多种因素影响手性降解。

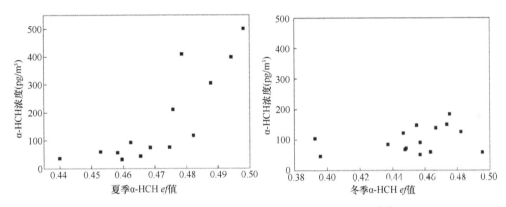

图 3-6 越南地区夏季和冬季 α-HCH 的对映体特征[44]

氯丹作为针对白蚁的杀虫剂，曾经在家庭房屋中被经常施用，以致氯丹在室内空气中的残留情况较为严重，因此，对室内空气中手性 OCPs 的对映选择性残留特征研究较集中在氯丹上。Leone 等[45]采集了美国玉米带 37 个室内空气样品，室内空气样品中氯丹均为外消旋体，*ef* 值为 0.50±0.01，表明氯丹有新来源输入。相似的是，氯丹的外消旋体残留也被 Wiberg 等[46]在美国亚拉巴马州和哥伦比亚市的郊区家庭室内空气样品（*n* = 8）中发现，其中 TC 的 *ef* 值为 0.49±0.01，CC 的 *ef* 值为 0.50±0.01。室内农药残留不会有太多的环境降解过程发生，因此手性农药降解缺乏是正常现象。Jantunen 等[47]也在 8 个美国南部家庭的室内空气中发现了氯丹的外消旋体，且浓度数量级比环境空气水平高。

3.2.2 大气中手性工业化学品残留和迁移的对映选择性

为了了解 HBCD 在城市环境本底大气中的产生和分布情况，Yu 等[48]采集了广州市的 32 个空气样品，测定了 HBCD 在气态颗粒物中的 *ef* 值。结果表明，颗粒相中 β-和 γ-HBCD 的 *ef* 值分别平均为 0.476～0.517 和 0.507～0.540，而来自中国制造厂的 2 种 HBCD 商品的 *ef* 值分别为 0.497～0.511 和 0.518～0.512，因此 β-和 γ-HBCD 在广州市大气中基本以外消旋体形式存在，不存在立体选择性转化。α-HBCD 的 *ef* 值为 0.417～0.493，其中一个采样点的 *ef* 值为 0.413，说明土壤中

HBCD 可能是大气中 HBCD 的来源之一。值得注意的是，对于该点的样品来说，α-HBCD 经过了对映选择性降解，而 β-和 γ-HBCD 则表现出外消旋体，这两种截然相反的现象可能是因为 α-HBCD 在所有空气样品中的浓度最高，导致更高的生物转化率，因此 *ef* 值偏离 0.5，并且，该采样点 HBCD 在气相和颗粒相中更均衡，周边土壤中 HBCD 可能是大气中 HBCD 的一个来源。

在其他化合物方面，Harrad 等[49]对户内外空气中的 PCBs 进行研究发现，PCB95 和 149 在室内的空气中均以外消旋体或者接近外消旋体的形式存在，这 2 种手性 PCB 在室内空气中所表现出的对映选择性特征与在同一地点户外空气中观察到的十分相似，结合该地方土壤中存在着非外消旋体的报道[50]，可以说明户外空气中 PCBs 的主要来源为室内空气中 PCBs 的挥发，而不是来自周围土壤。Chen 等调查了中国南方某电子垃圾拆卸地大气中 PCB84、95、132、153、136、149 和 183 的对映体组成分数，表明除 PCB84 外均表现出高度的外消旋特征，因此认为该区域大气中 PCBs 主要来自电子垃圾回收过程的直接挥发，而不是来自土壤的二次挥发[27]。

3.2.3 影响大气中手性污染物对映选择性环境残留和归趋的因素

由于在大气迁移和转化过程中很少发生手性化合物的对映体转化或降解，因此，通常可结合研究地区其他环境介质中手性化合物的对映选择性特征来追溯手性污染物的源和汇，详见 3.5 节阐述。单从大气这一环境介质看，大气中污染物的手性特征主要受采样点地理位置、气候条件和污染物来源及浓度影响。例如，Shen 等[35]在对北美大气中手性 OCPs 的研究中发现，东海岸 α-HCH 的 *ef* 值随着纬度的增加呈现逐渐外消旋化的趋势，这与温度和冰盖量是相关的，随着冰盖量的增加和温度的降低，手性污染物从海水挥发到大气的量也在减少，因此在纬度高的地区，海水对大气 α-HCH 的 *ef* 值的影响远小于大气长距离迁移的影响，而大气迁移来的手性污染物往往是外消旋体，因此，在纬度高的地区大气中 α-HCH 的 *ef* 值接近于 0.5。在 Wang 等[44]对越南地区大气中 OCPs 的研究中也发现了气候条件对手性污染物对映体特征的影响，在夏季，空气中 α-HCH 浓度和 *ef* 值紧密相关，但在冬季则没有。另外，他们还发现，在 α-HCH 浓度高（400～501 pg/m³）的采样点，α-HCH 接近外消旋体（*ef* 值为 0.479～0.498），而 α-HCH（<60 pg/m³）低的地区，α-HCH 则为显著非外消旋体（*ef* 值为 0.453～0.460），这可能是因为含高浓度 α-HCH 的空气样品中有新鲜和更少微生物降解的输入源。相似的是，Huang 等[51]也发现大气中 *o,p'*-DDT 的 *ef* 值和它的浓度具有强烈的相关性，但 Wang 等[44]对越南大气的研究中却没有发现类似规律，说明近期存在工业 DDT 的使用。同时，Gouin 等[38]和 Eitzer 等[52]的研究中发现大气中 CC 和 TC 的 *ef* 值间的负相关关系，说明大部分

样品中氯丹的对映选择性特征受土壤向大气挥发的影响。但 Leone 等[42]于 1996 年秋天和 1997 年春/秋以及 1998 年全年在美国俄亥俄州、宾夕法尼亚州、印第安纳州和伊利诺伊州和密苏里州的大气样品中却发现，不同高度大气中 OCPs 的手性特征基本相近，土壤中的 OCPs 浓度随着高度增加而降低，说明土壤是附近大气的主要污染源。

3.3　手性污染物在水体中残留和归趋的对映选择性

水体中有机污染物的来源主要为农药生产厂向水体排放工业废水、农药污染的土壤淋溶进入水体、环境介质中的残留农药随降水、径流等进入水体、农药喷洒时农药微粒随风飘移降落至水体、清洗喷洒和储存农药设备和容器等。有机污染物在水中的溶解度很低，一旦进入水环境后，可与水中的悬浮颗粒物、沉积物中的有机质、矿物质等发生分配、物理吸附和化学吸附等一系列物理化学反应，进而转入到沉积相中。由于水生生物作用或者洋流作用，吸附到悬浮物和沉积物中的污染物又会发生各种迁移和转化，重新进入到水相中。有机污染物对水体造成的污染问题已引起了广泛的重视。有机污染物一旦进入地下水，由于生物量少、水温低和无光分解作用，难以降解，其半衰期常在 1 年以上，而且它们被水生生物吸收后易在生物体内积累，并通过食物链进行逐级浓缩放大，造成潜在的生态环境威胁。

3.3.1　水体中手性农药残留和归趋的对映选择性

国外 Faller 等[53]于 1991 年首次利用 β-环糊精手性毛细管气相色谱法测定了北海海水中 α-HCH 的 er 值，证实了手性污染物在水体环境中的降解行为。发现 α-HCH 的 er 平均值在欧洲北海东部海域为 0.85，在西部海域为 1.15，即两海域的对映选择性方向相反，但具体的原因不明。随后 1992 年 Huhnerfuss 等[54]对波罗的海和德国湾的 21 份水样进行了分析，进一步验证了北海东部水域优先降解(−)-α-HCH 对映体。Jantunen 等[55]也对从白令海和楚科奇海一直到北冰洋的广阔海域中主要 OCPs 的残留情况进行了调查，同样，白令海和楚科奇海水中会优先降解(−)-α-HCH，而在北冰洋和格陵兰海水中则与之相反，同时还发现在所有被调查海水中均会富集(+)-外环氧七氯，而氯丹则几乎全部以外消旋体存在。但在另外的研究中却发现了不同的结果[56-58]，北极圈和亚北极区内的白令海和楚科奇海水中优先代谢(−)-α-HCH，然而在北海中部和东部则优先代谢(+)-α-HCH，在北极的湖泊和沼泽中也是优先降解(+)-α-HCH。这些研究还发现，和营养丰富的湖水比较起来，在北极的淡水沼泽地、温带以及营养匮乏的淡水湖里，α-HCH 有着明显的立体选择性降解行为，因此 α-HCH 可能更倾向于在营养匮乏的水域内降解。另外，水体中 α-HCH 的 ef 值处在从低纬度的<0.5，到较远南部的>0.5 的变化范围中[59]。以上研究表明，同一种农药在不同水域中可能存在不同的对映选择性降解行为，而不同农药在同一水域的对映选择性行为也可能存在差异。

在国内，张智超等[60]以甲基化环糊精为手性分离柱，首次研究了我国海河河口和天津新港港湾水中 α-HCH 的对映选择性降解情况，结果表明，新港港湾水体中 α-HCH 在初春和初夏的 er 值分别为 0.91 和 0.80～0.82，该水体中的微生物优先降解(+)-α-HCH，er 值的差异可能与水温变化有关；而海河河口水中 α-HCH 的 er 值近似为 1，其中的原因可能有两种，也许是河口水体中 α-HCH 的微生物降解相对非生物去除过程来说可以忽略，或者不具有对映选择性，又或许是因为附近存在经常排放 α-HCH 外消旋体的污染源。为了深入认识 OCPs 在流域-河口-近海水体中的迁移转化行为，从而为流域水体中 OCPs 的污染防治提供依据，罗慧等[61]采集了九龙江平、丰、枯水期的若干个水样和北溪流域 8 个点位的土样，研究了九龙江流域-河口-近海水体中 OCPs 的相态分布、季节变化特征和来源。结果表明，九龙江区域不同区段枯水期水体中 α-HCH 的 er 值在 0.34～0.95 范围内，最小值出现在北溪的华寮点位，最大值出现在河口下游的某个点位。这说明九龙江区域水体中微生物对 α-HCH 的降解具有对映选择性，(+)-α-HCH 优先降解。此外，α-HCH 的 er 平均值在流域、河口和近海水体中分别为 0.59±0.13、0.66±0.17 和 0.64±0.23，说明各水体中微生物对 α-HCH 对映体的降解能力存在差异。为了调查 POPs 在杭州西湖区域的污染状况、为相关部门对西湖污染治理提供科学依据，杨洪达[22]采集了西湖 19 个点位的表层水样，对杭州西湖区域手性 OCPs 对映体特征及污染来源进行了分析。结果发现，2010 年西湖 α-HCH 的 ef 值为 0.23～0.86，平均值为 0.45±0.12；o,p'-DDT 的 ef 值为 0.14～0.73，平均值为 0.43±0.10，且 2 种手性 OCPs 的 ef 值的季节变化没有一定的规律。研究推测产生这种变化的其中一个原因可能是近年来杭州市政府对西湖的整治力度较大，实施的钱塘江引水工程和清淤工程导致水体交换频繁，加上水体中 OCPs 残留较少，使得手性 OCPs 的 ef 值容易波动。虽然，钱塘江引水输入的 OCPs、大气中 OCPs 的雨水沉降和自然水体地表径流输入的 OCPs 是西湖 OCPs 可能的新来源。然而监测结果表明，钱塘江输入的 OCPs 较少，且西湖区域大气中手性 OCPs 对映体比例呈季节性变化，因此，钱塘江引水和大气沉降不是西湖水体中 OCPs 的主要来源。由于西湖流域土壤中 OCPs 残留量较高，近年来雨水酸化严重使得雨水对土壤的侵蚀能力较强，导致更多的 OCPs 进入西湖，可见自然水体的地表径流是西湖 OCPs 的主要来源。对西湖区域周边土壤中手性对映体比例的分析结果显示，土壤中对映体比例复杂，这是 2 种手性 OCPs 的 ef 值无规律变化的另一个原因。

随着研究手段的不断进步，不少科研工作者已开始将研究逐步深入到探索不同种类手性农药在水体中的残留和富集情况。例如，Liu 等[62]采集了苏格兰西南部一条河流的表面径流水，发现 Z 型顺式联苯菊酯（Z-cis-bifenthrin）和顺式氯菊酯（Z-cis-permethrin）都是 1S-3S 型比 1R-3R 型优先降解。Zipper 等[63]也利用手性 GC-MS，对一个垃圾站的沥出液和下游地下水样品中的 2-甲-4-氯丙酸对映体含量进行了监测，发现垃圾站沥出液中的 R-对映体和 S-对映体浓度几乎相同，表明 2-甲-4-氯丙酸是以外消旋体形式进入水体的，但下游的地下水样品中 er 值增加，推测造成这种现象的主要原因可能是存在选择性的生物降解。

3.3.2　水体中手性药物残留和归趋的对映选择性

药物对于人类的贡献功不可没，但随着近年来的大量和频繁使用，环境中存在较高浓度的药物残留，对人体健康和环境安全产生了巨大威胁。生活废水是药物排放和残留的重要场所，Buser 等[64]分析了瑞士、北海地表水和戈绍、晋费菲孔、乌斯特污水处理厂进出水中布洛芬（Ibuprofen，IB）的残留富集和环境行为。结果表明，戈绍、晋费菲孔和乌斯特污水处理厂进水中具有药理活性的(+)-S-IB 浓度要远高于(–)-R-IB（er = S/R = 5.5～8）和人尿中的分布情况（er = 19）一致。与入水水质相比，出水中 IB 的 er 值为 0.9～2，说明(+)-S-IB 在某种程度上更易降解。在实验室条件下对污水处理厂进水（混合活性污泥）进行分析，发现 IB 的 er 值从最初的 5.7 降到了 2.7。由此可以推测，这种快速、充分的降解和对映体组成改变是可生物调控的。在河流和湖泊中，(+)-S-IB 浓度通常要高于(–)-R-IB。用添加 IB 外消旋体的湖水进行实验，发现灭菌样品在 37 天内都没有 IB 的降解，而在未灭菌的光照或黑暗条件下，(+)-S-IB 更易降解，对映体组成 R-IB>S-IB，黑暗条件下 IB 的 er 值约为 0.6，光照条件下为 0.1，说明光照条件下 IB 的对映选择性降解更强，这种降解方式很可能是生物降解。该结果与人体内代谢情况相反，推断其中的生物转化过程包括对映异构化（例如 S 型转化为 R 型）。Vazquez-Roig 等[65]分析了西班牙巴伦西亚 3 座污水处理厂中 5 种手性药物（麻黄碱、伪麻黄碱、去甲麻黄碱、阿替洛尔和文拉法辛）、5 种毒品［苯丙胺、甲基苯丙胺、3,4-亚甲二氧基苯丙胺（MDA）、3,4-亚甲二氧基甲基苯丙胺（MDMA）和 3,4-亚甲二氧基乙基苯丙胺（MDEA）］的产生和立体选择性。非法合成的 MDMA 在废水中为非外消旋体，人体主要代谢(+)-S-MDMA，最终导致(–)-R-对映体富集（ef<0.5），也就是说，MDMA 使用后在水中很可能富集(–)-对映体，Pinedo-Ⅰ和 Pinedo-Ⅱ污水处理厂就是这种情况，并且在污水处理过程中，(+)-S-MDMA 比 R-(–)-MDMA 更易降解。生产的苯丙胺也通常是非外消旋体，(+)-S-苯丙胺代谢比(–)-R-对映体更快，苯丙胺在 Pinedo-Ⅰ和 Pinedo-Ⅱ污水处理厂的 ef 值分别为 0.42 和 0.38，然而，

在出水中并未检出 MDMA 和苯丙胺，所以无法说明它们的对映选择性消解。阿替洛尔商品为外消旋体，在 3 座污水处理厂中没有被充分去除，在未经处理的污水中(–)-S-对映体富集，而在污水处理过程中(–)-S-或(+)-R-对映体都有可能富集，这取决于污水处理技术：在 Pinedo-Ⅱ 污水处理厂中，(–)-S-对映体富集，但在 Pinedo-Ⅰ 和 Quart-Benager 污水处理厂中，(+)-R-对映体富集。虽然 3 座污水处理厂都采用活性污泥法处理污水，但 Pinedo-Ⅱ 还采用了生物脱氮的方法，这使得进水在好氧条件下经受不同细菌的脱氮作用，这些细菌可能有利于(+)-R-阿替洛尔降解，导致(–)-S-对映选择性富集。(–)-1R, 2S-麻黄碱和(+)-1S, 2S-伪麻黄碱在未经处理的污水中浓度接近。(–)-1R, 2S-麻黄碱在 Pinedo-Ⅰ 和 Quart-Benager 污水处理厂中被优先富集，但在 Pinedo-Ⅱ 污水处理厂中没有检测到该物质的立体选择性降解。Suzuki 等[66]研究了水生环境中手性消炎药萘普生的产生和行为，水样来自东京多摩川流域和 6 座近该流域的污水处理厂。结果发现，在东京多摩川流域污水处理厂的进水和出水中，S-萘普生的浓度分别为 0.03～0.43 μg/L 和 0.01～0.11 μg/L，在 6 座污水处理厂的去除率为 50%±14%。R-萘普生在污水处理厂进水中没有检出，但在出水中有检出，萘普生的 ef 值为 0.88～0.91。即使在黑暗条件、20℃的纯水中，S-萘普生和 R-萘普生的手性转化在 21 天后也没有发生，这说明在污水处理厂的处理工程中发生了 S-萘普生向 R-萘普生的手性转化。在实验室中用来自污水处理厂的活性污泥处理污水，发现 S-萘普生很快降解成 DM-NAP，并且有 S-萘普生向 R-萘普生的手性转化。在纳污河流中，萘普生浓度达到了 0.08 μg/L，ef 值为 0.84～0.98，并且在雨水对河水贡献比例增加的条件下也几乎保持不变，从河水中 R-萘普生的缺乏可以推断未经处理的污水的流入是纳污河流中萘普生的主要来源。

为了阐明手性唑类抗真菌药物在污水处理过程中的对映体选择性行为、在水和河床沉积物中的手性和非手性特征及季节影响，Huang 等[67]分析了珠江三角洲污水和河水中 3 种手性咪唑类（益康唑、酮康唑和咪康唑）和 1 种手性三唑类（戊唑醇）抗真菌药物的对映体组成及分数，其中污水来自广州市的一座污水处理厂，河水来自珠江流域 14 个采样点。结果表明，咪唑类药物在原废水的溶解相和颗粒相中的 ef 值分别为 0.484～0.527 和 0.450～0.530。在污水处理厂处理过程中，即使咪唑类药物的浓度显著降低，ef 值也没有显著性变化，说明咪唑类药物的对映选择性降解比较微弱。溶解的唑类抗真菌药物的 ef 值通常和悬浮颗粒物中吸附的唑类不同，表明手性唑类抗真菌药物对映体在污水的溶解相和颗粒相中的行为不同。3 种咪唑类杀菌剂在河流和不经过处理的污水中基本以外消旋体形式存在，而戊唑醇在河流中的对映选择性形态与咪唑类杀菌剂相反。另外，Wang 等[68]也分析了珠江三角洲污水处理厂以及纳污地表水中布洛芬和碘普罗胺的立体异构情况。

结果发现，在污水处理厂第一套和第三套处理系统的进水中，布洛芬的 *ef* 值分别为 0.170～0.174 和 0.108～0.188，大大低于市售药物的 *ef* 值，说明污水中的布洛芬经过了人体的代谢和排泄。在污水处理厂的最终出水中，布洛芬的 *ef* 值渐渐增加到了 0.480，说明(+)-*S*-布洛芬降解得更快。在厌氧、兼氧和好氧过程中，布洛芬的 *ef* 值明显增加，浓度则显著降低。然而，Matamoros 等[69]则发现布洛芬在厌氧条件下的降解没有对映选择性。另外，即使浓度下降，加氯消毒后布洛芬的 *ef* 值也没有显著变化，说明对映选择性降解只在生物过程中发生。布洛芬的 *ef* 值在城市沟渠中为 0.130～0.158，在珠江干流中则为 0.187～0.327。碘普罗胺的 *er* 值在支流中为 1.500～1.733，在珠江干流中则为 1.712～2.531。说明在珠江干流中，2 种药物主要来自经过处理之后的污水的排放，而在支流和城市沟渠中，未经处理的废水的直接排放具有重要贡献。

为了解地表水中药物活性化合物的产生和环境风险，Ma 等[70]采集了东洞庭湖和西洞庭湖 42 个点位的水样，分析了其中 8 种常用手性药物的对映选择性残留。除了萘普生以 *S*-萘普生销售外，这些市场上销售的手性药物均为外消旋体。在手性药物中，除阿替洛尔和氟比洛芬外的 6 种药物均有检出，萘普生只有 *S* 型检出，也许是因为它在洞庭湖中的残留是痕量的。氟西汀和文拉法辛是世界范围内最常用的抗抑郁药物，洞庭湖中氟西汀的 *ef* 值为 0.5～0.63，说明 *S* 型更易富集；文拉法辛的 *ef* 值在 0.5 附近波动，说明文拉法辛没有明显的对映选择性残留；美托洛尔的 *ef* 值为 0.48～0.64，在大部分样品中略高于 0.5。López-Serna 等[71]发现 IB、阿替洛尔和美托洛尔在被研究的环境中为非外消旋体，与之相反，心得安通常为非外消旋体，因此，可以用它来判断污染来源[72]。本研究中，心得安的 *ef* 值平均为 0.49，说明不存在明显的立体选择性。总体上，对映体组成结果表明这些药物为外消旋或弱对映选择性。

3.3.3 影响水体中手性污染物对映选择性环境残留和归趋的因素

影响不同水体中手性农药的立体选择性因素较多且复杂，手性污染物在水中的降解差异性与水质关系密切，水营养、水体微生物、水体形态也都能影响手性化合物的选择性降解。Falconer 等[73]在北极某岛的一条溪流中发现，两周内 α-HCH 的 *er* 值随着水温的升高（0.8～14.8 ℃）从 0.95 减小到了 0.62，推测这种变化是水温升高和悬浮颗粒物增加的缘故。Huang 等[67]也发现了相似的温度的影响，唑类抗真菌药物的分布和手性有季节性变化规律，冬天河水中唑类抗真菌药物浓度要高于春季和夏季，但咪康唑的 *ef* 值在夏季更高。另外，他们还发现季风也会对 4 种杀菌剂的分布及对映体存在形式产生影响，与其他季节相比，夏季河流中会存在更多的(+)-戊唑醇构型。Law 等[57]通过对水体中 α-HCH 的研究认为，出现选择性降解是由环境条件以及生物膜的构成造成的。另外，他们还发现厌氧和偏还原性的地下水环境有利于生物降解，而在浅表水环境中没有发现其对映体的选择性降解行为，出现这种现象的原因可能是水质偏酸限制了生物的活性以及流程较短，对映选择性降解随着与水源区距离的不断增大有增加的趋势，这也表明接触时间是这个降解反应一个重要的因素。此外，ef 值与地下水的酸度呈正相关，这也表明弱酸性的地下水会促进对映选择性降解。

3.4　手性污染物在沉积物中残留和归趋的对映选择性

随着工农业生产的快速发展和人民群众生活水平的日益提高，大量污染物通过工业废水和生活污水的直接排放以及土壤渗漏、地表径流和大气沉降进入水体。由于有机污染物的疏水亲脂特性使其在水体中的含量较低，大部分进入水体沉积物或富集于生物体中，而且生物体死亡后，污染物也随之进入了水体沉积环境，因此水体沉积物是持久性有机污染物的最终归宿。水体沉积物是江河、湖泊、水库和海湾等水体底部积存的沉泥，它是环境污染物在广泛空间和长时间内的聚集处。有机污染物一方面通过沉积物的再悬浮作用重新进入水体，造成二次污染；另一方面通过水生和底栖生物的富集和放大，经由食物链传递而危害人类健康。沉积物的安全性及对生态系统和人类健康的影响已越来越被公众所关注。因此，研究水系沉积物中手性污染物对于建立更为有效的有机污染物风险评估体系，最大限度地减缓、控制或修复有机污染物残留对水生生态环境的破坏，保障人类生命健康等都具有重要的现实意义。

3.4.1　沉积物中手性农药残留和迁移的对映选择性

为了解微生物降解在氯丹削减中所起的作用，Li 等[74]分析了美国长岛海峡沉积物中 TC 和 CC 的对映体组成。结果发现，表层沉积物中 TC 和 CC 的 ef 值为 0.482～0.513，ef 均值接近 0.500，与样品库保存的沉积物样品中氯丹的 ef 值没有显著性差异（$p>0.05$），说明长岛海峡表层沉积物中 TC 和 CC 的 ef 值在过去 20 年中没有显著变化。柱状沉积物中，CC 在 4 个样品中的 ef 值分别为 0.500±0.017、0.505±0.014、0.498±0.017 和 0.498±0.015，TC 的 ef 值分别为 0.495±0.017、0.495±0.013、0.491±0.012 和 0.492±0.011，且 TC 和 CC 的 ef 值在所有的柱状沉积物中随深度没有变化。表层和柱状沉积物中氯丹的 ef 值在时间上没有显著变化，且氯丹在大部分（>95%）样品中为外消旋体或近外消旋体（范围为 0.49～0.51），表明长岛海峡沉积物中微生物基本没有对氯丹进行对映选择性降解，原因可能是沉积物的厌氧环境抑制了氯丹的生物降解，或沉积物中氯丹的生物降解是非对映选择性的。由于长岛海峡附近农田土壤中 TC 和 CC 的 ef 值分别为 0.464 和 0.538，为非外消旋[75]，而本研究中表层沉积物大部分采样点的 TC 和 CC 为外消旋或接近外消旋，说明农田土壤的地表径流顶多是长岛海峡氯丹来源的一小部分。房屋地基土中氯丹保持外消旋状态，因此房屋地基土很有可能是长岛海峡氯丹的主要来源。据估计，有 2400 万家庭用氯丹来控制白蚁。推测在长岛海峡，氯丹可能的输入途径包括房屋地基土的径流和蒸发后的大气沉降。

在国内，杨华云[76]系统地研究了长江三角洲毗邻海域多个地点沉积物中 OCPs 的对映体特征。在长江口及其毗邻海域沉积物中发现，所有采样点中 α-HCH 都发生了对映选择性降解和残留，ef 值都小于 0.5，表明(+)-α-HCH 被优先降解，说明长江口及其毗邻海域表层沉积物中 α-HCH 来自老的工业源。与 α-HCH 相似，o,p'-DDD 也都发生了对映选择性降解，ef 值都小于 0.5，(+)-对映体优先降解。o,p'-DDD 是 o,p'-DDT 厌氧降解的产物，在沉积物中沉积时间比较长，所以会发生对映选择性降解。此外，该区域表层沉积物中微生物的种类和数量是造成 α-HCH 和 o,p'-DDD 以(+)-对映体优先降解的原因。对于 o,p'-DDT 来说，ef 值在 0.339～0.725 之间，部分发生对映选择性降解，这与前面分析的含有 15%的 o,p'-DDT 成分的三氯杀螨醇可能是 DDT 新的来源相符合，老的 DDT 污染源经过长时间的微生物等作用发生对映选择性降解，新的 DDT 污染源未发生对映体降解。与之相似，在中国东海北部的象山湾、三门湾和乐清湾的大部分沉积物样品中，所有采样点中 α-HCH 也都发生了对映选择性降解，ef 值都小于 0.5，ef 值分别为 0.306～0.406、0.303～0.472 和 0.353～0.430，(+)-α-HCH 被优先降解。浙江沿海象山湾、三门湾和乐清湾海域表层沉积物中，所有采样点中 o,p'-DDT 都发生对映选择性降解，ef 值分别为 0.498～0.630、0.110～0.198 和 0.104～0.132。象山湾中，o,p'-DDT 的 ef 值大于 0.5，说明(–)-对映体优先降解，而对于三门湾和乐清湾，ef 值远小于 0.5，意味着(+)-对映体优先降解。

另外，余鹏[77]通过采集北极海域表层沉积物，发现在大多数采样点中，α-HCH 均发生了对映选择性降解，ef 值大于 0.5，说明该地区沉积物中的 α-HCH 主要来源于老的工业源，且(–)-α-HCH 优先降解。与 α-HCH 相反，多数沉积物中 o,p'-DDT 的 ef 值小于 0.5，说明该海域(+)-o,p'-DDT 优先降解。TC 和 CC 在北极海域沉积物中的 ef 值分别在 0.29～0.73 和 0.46～0.67 范围内，大多数采样点 TC 和 CC 的 ef 值都接近于 0.5，表明氯丹在该海域没有表现出对映选择性降解，即有新来源的氯丹的输入。

除此之外，我们在 2009 年采集了杭州市京杭大运河、西溪湿地和西湖地区的柱状沉积物样品（图 3-7），发现 α-HCH 在 0～5 cm、5～10 cm 和 10～15 cm 三个层级中的 ef 值分别为 0.452～0.645、0.416～0.677 和 0.428～0.688，并分别有 87%、80%

和80%的样品中 *ef*>0.5，即大部分样品中(+)-α-HCH 被优先富集[78]。*o,p'*-DDT 在 0～
5 cm、5～10 cm 和 10～15 cm 三个层级中的 *ef* 值分别为 0.449～0.633、0.405～0.717
和 0.432～0.690，分别有 87%、67% 和 73% 的样品中 *ef* 值超过了 0.5，表明(+)-*o,p'*-DDT
在大多数样品中被优先富集。这 2 种手性 OCPs 的 *ef* 值随沉积物采样深度的变化十
分多变，没有明确规律，另外，*ef* 值与 TOC 也没有发现显著相关性。

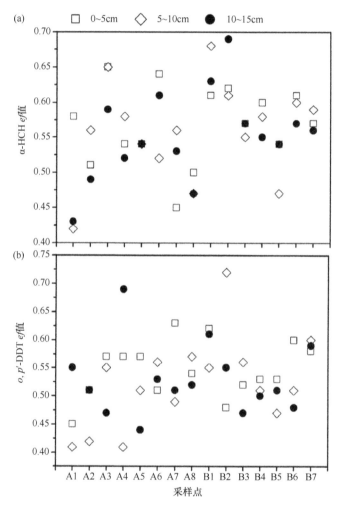

图 3-7　杭州地区底泥中 α-HCH 和 *o,p'*-DDT 的 *ef* 值[78]

3.4.2　沉积物中手性工业化学品残留和迁移的对映选择性

　　与土壤、大气和水体相同，沉积物中手性工业品的研究也多集中在 HBCD 和
PCBs 上。为了解天津市环境中 HBCD 的浓度及归趋，Zhang 等[79]首次分析了海河、

大沽排污口和天津港沉积物中 HBCD 的残留水平及其对映体特征。结果显示，在 51 个沉积物样品中，α-HBCD、β-HBCD 和 γ-HBCD 的(−)-对映体分别在 16、30 和 15 个样品中被优先富集，(+)-对映体分别在 15、11 和 10 个样品中富集，由此看来，(−)-HBCD 比(+)-HBCD 更易富集。Feng 等[80]也曾分析了珠江三角洲 4 条主要河流和 1 个河口表层沉积物 HBCD 和 TBBPA 的残留水平、空间分布、环境行为、可能来源和归趋。由于 α-HBCD 和 β-HBCD 对映体浓度较低，研究中只给出了 γ-HBCD 的 *ef* 值。除了大堰河电子垃圾区域 γ-HBCD 的 *ef* 值为 0.488±0.091 外，沉积物中 γ-HBCD 的 *ef* 平均值在 0.431±0.035 和 0.479±0.010 之间，和 HBCD 工业产品的外消旋特征明显不同，说明这些区域水环境中存在对 HBCD 的对映选择性生物降解。相对珠江（*ef*=0.452±0.029）、北江（*ef*=0.434±0.028）、顺德支流（*ef*=0.431±0.035）和珠江口（*ef*=0.443±0.043）来说，东江沉积物中 γ-HBCD 的 *ef* 值更接近外消旋，为 0.476±0.028，说明东江可能有新的 HBCD 输入或更少的生物降解。另外，西江沉积物有大气中来自工业区的 HBCD 沉降输入，*ef* 值为 0.479±0.010，和东江较接近。虽然大部分沉积物样品中(−)-γ-HBCD 被优先富集，但在大堰河沉积物中 γ-HBCD 的 *ef* 值为 0.400~0.690（平均为 0.488±0.091），(−)-γ-HBCD 和(+)-γ-HBCD 都有可能富集。为了了解污水处理中 HBCD 对映体的潜在生物转化情况，该研究计算了污泥样品中 HBCD 的 *ef* 值（0.487 和 0.489），和工业品没有显著不同。这意味着污水处理也许不会引起 γ-HBCD 显著的对映选择性生物转化，该对映体的显著性生物转化可能主要发生在水生环境中。但这种假设仍需要更多的数据来验证。

国外对沉积物中 HBCD 的研究结果与国内有些差异，Guerra 等[81]报道了西班牙河流沉积物中(+)-γ-HBCD 富集，表明(−)-γ-HBCD 比(+)-γ-HBCD 具有较高的降解速率，γ-HBCD 的 *ef* 值偏离外消旋体 7.0%~5.3%，范围在 0.51~0.55 之间，但在 9 个英国湖泊所有表层沉积物中 α-HBCD、β-HBCD 和 γ-HBCD 则为外消旋体（0.47~0.53）。这些观测结果和珠江三角洲地区大部分沉积物中(−)-γ-HBCD 的对映选择性富集是不一致的。这可能是水域生态系统在不同气候条件下的好氧/厌氧环境或生物群落不同导致生物过程不同引起的。

为了了解 PCBs 的生物转化和对映选择性情况，Wong 等[82]测定了美国哈得孙河、康涅狄格河（含胡萨顿河）、密歇根湖西部排水区域、威拉米特河、萨斯奎哈纳河、怀特河和哈特韦尔湖等不同地区沉积物中 8 种 PCBs 阻转异构体的对映体分数，其中 4 个柱状沉积物样品来自哈特韦尔湖，剩下的 20 个表层沉积物来自其他湖泊。结果表明，哈特韦尔湖柱状沉积物中 PCB91、95、132、136、149、174 和 176 为非外消旋体，支持了之前报道中基于非手性测量得出的该地存在 PCBs 还原脱氯过程的结论。在哈得孙河和胡萨顿河的表层沉积物样品中，异构体的 *er* 分布模式和已知的还原脱氯模式一致，许多 PCBs 阻转异构体也是非外消旋体，说明这些地方 PCBs 在生物转化过程存在对映选择性。哈得孙河沉积物中 PCB91 的对映选择性与胡萨顿河相反，说明这两个地方存在不同的 PCBs 生物转化过程。另外，奎纳博格河、Fox 河和怀特河等也有点位存在 PCBs 的对映选择性。为了分析高浓度和低浓度条件下 PCBs 的微生物还原脱氯作用，Wong 等[83]还做了进一步的研究，测定了美国哈特韦尔湖 3 个点位的柱状沉积物样品和安大略湖 1 个点位的柱状沉积物样品中 7 种手性 PCBs 的 *ef* 值。结果发现，哈特韦尔湖沉积物中 PCBs 浓度（5～60 μg/g）很高，大部分手性异构体为非外消旋体，这与之前实验室利用该湖沉积物进行的小规模还原脱氯实验结果一致，也表明还有可能发生了立体选择性还原脱氯反应。PCB91、95、132 和 136 的 *ef* 值和对应的异构体浓度具有显著的相关性，在某些点位和总的 PCBs 浓度有显著的相关性，这说明对映选择性微生物脱氯活动随着沉积物中异构体浓度的升高而增强。另外，PCB91、132 和 176 的对映体组成与深度呈反比，可能是因为在同一个柱状沉积物样品中存在多种可对 PCBs 进行对映选择性脱氯反应的微生物种群。这些结果表明，浓度和时间不是影响 PCBs 生物转化的唯一因素，这使得预测对映选择性更加复杂。根据 *ef* 值与时间的比较结果，生物转化半衰期大约为 30 年，与掩埋封存的时间范围一致。安大略湖柱状沉积物中 PCBs 浓度最高为 400 ng/g，大部分异构体为外消旋体或接近外消旋体，且非手性的标志物也表明安大略湖不存在微生物的生物转化过程。还原脱氯过程也许存在阈值，但在 PCBs 浓度低于 30～80 μg/g 时也可能发生。另外，他们也对比研究了英国和加拿大地区湖泊沉积物中 PCBs 的手性特征[10]，多伦多沉积物样品中 PCB149 的 *ef* 值在 0.492～0.499 之间，接近外消旋体，没有显示出对映选择性降解；PCB95 的 *ef* 值范围在 0.409～0.500 之间，而在英国湖泊沉积物中 PCB95 的 *ef* 值在 0.463～0.537 之间；多伦多沉积物样品中仅有 2/7 可测得 PCB136 的对映选择性，*ef* 值分别为 0.502 和 0.486，而在英国沉积物中，PCB136 大多数为非外消旋体，*ef* 值为 0.504～0.564；而对于 PCB149 来说，其在多伦多沉积物中的 *ef* 值为 0.492～0.499，接近外消旋体，而在英国沉积物中则大多数为非外消旋体，*ef* 值为 0.480～0.529，表明有轻微的对映选择性。

3.5　手性污染物在界面交换过程的对映选择性

大多数手性污染物具有半挥发性，可以从水体或土壤介质中蒸发到大气，通过大气环流进行长距离迁移并发生沉降，当温度升高时，它们则会再次挥发进入大气，水中的污染物可以通过地表径流进入土壤环境中，土壤中的污染物也可以通过灌溉等方式进入水环境中，从而不断地进行迁移和循环，所以污染物在各种不同环境介质中的含量以及存在形式是相互影响的。由于这种过程不断地发生，所以手性污染物可沉降到世界的任何一个角落，对全球环境造成污染，威胁生态安全和人类健康。手性污染物在多介质环境中的迁移、交换过程已成为环境科学领域的研究前沿和热点之一。已有研究表明，通过测定手性污染物在各环境介质中的 er 值或 ef 值，可以区分新旧污染源，区分微生物降解过程和非酶促过程，从而追踪手性污染物在多介质环境中的迁移、转化过程，同时，手性污染物可作为环境中的示踪物，来研究手性物质在水、土、气中的交换。在生产和使用过程中，手性污染物多数是以外消旋体的形式存在的。由于对映体的物理化学特性一样，因此它们的非生物反应过程路径相似。对映体中的一个变化经常使化合物偏离外消旋体，因此手性化合物从最初的源头释放到大气中，一般是外消旋体或者是接近外消旋体的化合物。但如果从二级源头（水、土）挥发到大气中，这时的手性污染物常为非外消旋体或它的对映体组成接近二级源头[84]。环境中的手性污染物经历生物降解的时间愈长，它们的对映体组成变化愈大，通过比较对映体组成变化，可以判断污染物是来自"老"源还是"新"源，还是由于外来源的迁移。对于特殊的手性污染物来说，研究其在不同界面交换过程中对对映体的选择行为，对于我们研究手性污染物的来源、危害等问题有着重要的意义。

3.5.1　手性污染物在土壤-大气界面的对映选择性环境行为

土壤中污染物的含量为评估历史上大气沉降提供了可能，通过对全球土壤中手性 OCPs 对映体残留特征分析表明[2]，大部分地区土壤中(+)-TC 和(−)-CC 和(+)-HEPX 的残留都高于它们各自的对映体，其余一小部分地区，土壤微生物对OXY、o,p'-DDT 和 α-HCH 对映选择性降解具有不一致性，但可以作为当地土壤-大气交换示踪物。但对同一地点的大气-土壤样品中手性污染物的分析，将更加有助于我们了解手性污染物在这两种介质间的转化过程，还可以计算出土壤介质中污染物对当地大气污染的贡献率，因此，研究手性污染物在两相界面间的迁移比单独研究其在土壤或大气中的行为更加重要。

手性污染物不同对映体在土壤和大气中优先选择性降解的一致性使其可作为全球或地区性土壤-大气交换的示踪物。Bidleman 等[3]于 1998～2001 年间采集了加拿大北极圈附近芬兰和瑞典西海岸的土壤、大气样品，并与 1971～1973 年瑞典、斯洛维亚和冰岛大气样品比对，发现大气中氯丹的 ef 值在过去 30 年发生了改变，由外消旋体形式逐渐变成了非外消旋体形式，并且该 ef 值介于土壤中氯丹 ef 值和现阶段使用的外消旋体形式氯丹 ef 值之间，因此大气中氯丹的残留很大程度上受土壤释放量的影响。Finizio 等[85]于 1995 年对不列颠哥伦比亚省弗雷泽河谷农田土壤中手性农药释放情况的研究发现，α-HCH 在 38%土壤中(+)-对映体被优先选择性降解，o,p'-DDT 在大多数土壤中以外消旋体存在，而对于 HEPX 来说，(+)-对映体在 39%的样品中优先选择富集。大气中这些手性化合物的对映选择性特征与相应土壤中的趋势基本一致，并且 α-HCH 的 er 值随采样高度升高而呈现减小趋势，这可能与土壤中非外消旋形式的 α-HCH 的挥发以及大气中非外消旋体的迁移有关。虽然 HEPX 的浓度在垂直剖面上随着高度的增加逐渐降低，但是土壤上方空气中 HEPX 的 ef 与土壤中的 ef 值相比并未变化，这表明大气中 HEPX 并不是通过 HEPT 的光解产生（或者只有其中极小的一部分），而主要来自土壤中 HEPX 的释放。在 Leone 等[42]对美国俄亥俄州、宾夕法尼亚州、印第安纳州和伊利诺伊州和密苏里州大气和土壤样品的研究中，测定分析了 o,p'-DDT、α-HCH、TC、CC、OXY 和 HEPX 的 ef 值，并与相应位置的土壤样品中这些手性 OCPs 的手性特征进行比较，发现它们在土壤和大气中的降解方向和程度趋势较为一致，大多数土壤样品中对映选择性降解程度略大于相应大气中，这是由大气本身的稀释作用造成的。然而，印第安纳州的农田土壤中，CC 和 OXY 在土壤和大气中呈现出了相反的对映选择性降解特征，其中一个农田曾经为住宅房屋，大量使用氯丹来消灭白蚁。因此，造成土壤和大气中此两种有机氯农药 ef 值相反的原因可能与氯丹的不同使用过程、不同的组成成分以及土壤不同的微生物代谢有关。以上研究均证实来自土壤挥发产生的手性污染物已成为大气污染的一个重要来源。

利用手性化合物的对映选择性特征还可进一步评估土壤挥发和大气迁移来源贡献的相对大小。刘国卿等对珠江三角洲大气中的 HCH 和 α-氯丹的手性特征进行了分析，研究表明该地区夏季大气 α-HCH 基本来自于土壤中 α-HCH 的挥发，而冬季大气中以 α-HCH 可能来自土壤挥发与外来源迁移的组合[39]。Daly 等[6]在哥斯达黎加全国的 23 个采样点采集了土壤和大气样品，采样点大多数都是如国家公园、生物保护区、考察站等过去没有有机氯农药使用记录的地方，而且各采样点的温度、土壤性质、植被覆盖率以及靠近污染源区等条件都有差异。对采集的样品进行手性分析发现，哥斯达黎加大气中以 α-HCH 为外消旋体或者以(+)-α-HCH (ef>0.5)优先富集为主，α-HCH 的 ef 值与大气中 α-HCH 和 ΣHCH 的含量没有明显的相关性，与 SOM 含量也没有相关性。与 Shen 等[35]对墨西哥南部的切图马尔 (0.512) 以及塔帕丘拉（0.504）两地的研究数据相比，相差不大，他们发现农田土壤上空的大气中(+)-α-HCH 的含量更加丰富，而靠近水体的大气中由于蒸发而导致(+)-α-HCH 的降解，最终其 ef 值小于 0.5，他们的研究说明水体中存在对(+)-对映体的选择性降解，而土壤中农药则会更长时间的残留。Antonio 沿岸的采样点存在最小的 ef 值，为 0.494，该地区太平洋的微生物降解途径与北部大西洋的降解途径存在差异。在哥斯达黎加的大气和土壤中 OCPs 的对映选择性降解都出现了相同的结果，TC 通常选择性降解(+)-TC（ef<0.5），而 CC 则选择性降解(−)-CC（ef>0.5），空气和土壤样品中 TC 和 CC 的 ef 值与总氯丹、TC/CC 都没有相关性。Belem 土壤中 TC 和 CC 的 ef 值比大气中高，Presidente Prudente 土壤和大气中 TC 和 CC 的 ef 值相差不大，而 Antonio 土壤中 TC 和 CC 的 ef 值比大气中大，该结果说明土壤不是该地大气中反式氯丹的主要来源。土壤中残留农药的挥发也是大气中农药污染的重要来源，因此农药即使在被禁止后，也可能通过农田和房基蒸发进入大气。Bidleman 等[7]同时测定英国哥伦比亚省农场土壤以及上方 5~140 cm 大气中 HEPX 的 er 值，结果表明大气中的 HEPX 主要不是靠农田土壤的蒸发，而是其他来源。

　　手性污染物的对映体特征可用于追溯污染物在土壤和大气之间的交换和平衡状态。Bidleman 和 Leone[8]于 1999~2000 年在美国亚拉巴马州、路易斯安那州和得克萨斯州采集了 30 个农田土壤样品，同时选择了一些地点采集了土壤上方 40 cm 处的大气样品，测定了土壤和大气样品中手性 o,p'-DDT 的 ef 值。o,p'-DDT 在这些样品中的 ef 值基本偏离外消旋体，ef 值大于或小于 0.5 的样品各占一半。同时，他们发现土壤和大气中的 ef 值存在显著相关性（p=0.0028），但线性方程的斜率为 0.7，而不是 1.0，这表明 o,p'-DDT 在该研究区域的土壤和大气中没有达到平衡状态；另外，从土壤挥发到大气过程中 o,p'-DDT 的对映选择性降解特征被稀释也是造成斜率小于 1.0 的可能原因之一。

　　Wong 等[89]通过空气以及相应采样点处的土壤样品来研究 OCPs 在土壤和大气之间的转化。2003~2004 年期间在恰帕斯州的两个采样点每两周采空气样一次，2003 年至 2004 年在韦拉克鲁斯州和塔瓦斯科州的一个采样点采空气样；相同采样点采集 0~10 cm 的表层土壤，土壤样品共有 46 个，分别采自 2003~2006 年期间。对采集样品进行分析发现，大气中 TC 和 CC 以外消旋体形式存在，ef 的平均值为 0.497~0.504，相对标准差为 0.4%~1.1%，结果表明，氯丹来自最近的释放或以前杀白蚁时的残留。o,p'-DDT 在所有大气样品中也都为外消旋体，其 ef 的平均值为 0.500~0.504。在加拿大和美国的边界从东到西上，o,p'-DDT 存在向非外消旋体转变的趋势，会优先降解(+)-o,p'-DDT，其 ef 值<0.5。土壤中 o,p'-DDT 的对映选择性特征不一致，有些为非外消旋体，其 ef 的平均值为 0.456~0.647，会优先降解(+)-o,p'-DDT 或(−)-o,p'-DDT，比如在墨西哥土样中，其 ef 值分布在 0.500 两侧；有些则为外消旋体。在恰帕斯山农场、恰帕斯山高海背景值以及塔帕丘拉墓地是 DEV_{rac} 值最低的地方，为 0.011~0.019，表明这些地方的 o,p'-DDT 存在较少的对映选择性降解，可能是有新的 DDT 输入或土壤中缺乏对 o,p'-DDT 具有选择性降解的微生物；塔帕丘拉公园、农场以及韦拉克鲁斯土壤中 o,p'-DDT 的 DEV_{rac} 较大，为 0.044~0.147，表明这些地方存在较强对映体的选择性降解。

　　对于除农药外的其他化合物在大气和土壤界面间的交换行为研究主要集中在 PCBs 上。位于加拿大中心的阿尔伯塔 Swan 山垃圾处理中心，是加拿大主要处理

PCBs 的地方,但是其大气中污染物的主要来源是历史排放还是长距离运输仍属于未解之谜。因此 Asher 等于 2005～2008 年期间通过被动采样采集了距离处理厂不同距离的 25 个采样点的大气样品以及相应的土壤样品,研究了 PCBs 的污染情况以及手性 PCBs(PCB91、95、136 和 149)的对映体特征[90]。结果发现,只有土壤中的 PCB95 为明显非外消旋体,ef 值为 0.434±0.034,变化范围在 0.363～0.489 之间,这表明土壤中有生物降解发生,例如好氧微生物的降解,但不同区域土壤中的微生物组成和活性变化较大,对手性污染物的对映选择性降解程度不尽相同。手性 PCBs 的 ef 值与该采样点到处理厂的距离没有明显的相关性($p>0.05$),这与 ef 值与 PCBs 浓度没有明显相关性的结果相吻合。土壤中 PCB91、136 和 149 的 ef 值与外消旋体之间没有显著差异($p>0.05$)与 PCB95 的结果相反,PCB149 虽然与外消旋体差别不大,但仍表现出(+)-对映体略微优先富集的情况($ef=0.516±0.023$),而 PCB91 和 136 则基本为外消旋体,ef 值分别为 0.498±0.014 和 0.497±0.018。所有大气样品中的 PCB95 均为外消旋体,而土壤中为非外消旋体,两者 ef 值之间有显著差异($p<0.001$),这说明在样品采集期间,土壤中 PCBs 生物降解后的残留和挥发不是大气中 PCBs 的主要来源,大气中 PCBs 主要来自处理厂的近期排放和扩散。PCB149 在土壤中不是明显的非外消旋体,但在空气中的 ef 值接近外消旋体,而不是土壤中的值。空气中 PCB91 和 136 也都存在不同程度的对映选择性残留。除此之外,Robson 等[50]也利用了手性化合物的对映选择性特征研究了英国西米德兰兹郡一个城市和农村大气及表层土中 PCBs 的来源。结果表明,所有表层土中手性 PCBs 都被对映选择性降解,PCB95 在大部分土壤中的 ef 值均大于 0.5,而 PCB136 和 149 则优先降解(+)-对映体。在大气样品中,所有 PCBs 的同分异构体都表现出外消旋体的特征,通过 t 检验发现,城市采样点处的 3 种 PCBs 的 ef 值在土壤和大气样品中的 ef 值有显著性的差异($p<0.001$),相似的是,乡村采样点处大气和土壤中 PCB95 和 149 的 ef 值也显著不同($p<0.001$),但 PCB136 的 ef 值在土壤和大气间没有显著差异($p=0.03$)。因此,大气中这 3 种手性污染物均来源于外消旋来源,而受土壤挥发的影响较小。

3.5.2 手性污染物在水体-大气界面的对映选择性环境行为

手性化合物对映体分析对于分析化合物的水-气交换有着重要的补充意义。手性污染物在水体-大气界面的交换过程具有长期趋势、季节周期性和短期变化等特点,这导致了污染物在挥发过程中呈现周期性变化。其中长期变化趋势是手性污染物用量逐渐减少和全球蒸馏效应共同作用结果的体现,季节性周期的发生可能是由温度、空气浓度的改变而导致,短期的变化效应则可能是由气团中污染源的变化所引起。Buser 等[91]对斯堪的纳维亚半岛环境样品中不同的氯丹化合物对映体进行检测，结果显示，大气中所有氯丹化合物都以外消旋体形式存在，表明在大气长期运输过程中氯丹的分解并未发生生物降解，而是以非生物过程（化学、光化学反应等）为主。Covaci 等[31]于 2002 年夏季采集了欧洲地区 22 个国家 71 个样品，通过研究样品中 α-HCH 的对映体残留发现，除了西班牙的巴塞罗纳以外，其他受地中海影响地区的大气中 α-HCH 的 ef 值远远高于 0.5，而受波罗的海影响地区大气中的 α-HCH 的 ef 值则都小于 0.5009（ef = 0.479～0.499），波罗的海许多水样中 α-HCH 也表现出优先降解(+)-α-HCH 对映体的特征，其 ef<0.500，因此该区域中，大气中大部分的 α-HCH 来源于海水的蒸发作用。根据采集自北冰洋东北部和北极湖采集的样品计算 α-HCH 微生物降解速率，结果发现在北冰洋东北部(+)-α-HCH 微生物降解的一级速率常数为 0.12 a^{-1}，(–)-α-HCH 的一级速率常数为 0.030 a^{-1}，表明在长期的运输过程中,(+)-α-HCH 会被优先选择性降解,这与 Berding 和 Matthies 的研究结果相吻合，他们发现：在水中由于不同的降解速率，最终发现(–)-α-HCH 对映体的残留时间比(+)-α-HCH 长 3 倍[92]。受大西洋影响的样品中 α-HCH 的 ef 值分布范围较宽，在纬度低于 50°N 时，ef>0.5，在纬度大于 50°N 时，ef<0.5，但其中有 3 个样品的 ef 值大于 0.5。从一个地方到另一个地方的长期转运过程中，对映选择性降解的现象并不罕见，但这种情况不适合用风向的差异性来解释，这说明多种因素都会对手性化合物的对映选择性特征产生影响。另外，作者还发现，内陆 α-HCH 浓度高的样品中，其 ef 值也近乎为 0.5，并且当去除 α-HCH 的来源样品点时，α-HCH 的 ef 值与经度呈现出了十分显著的正相关性,R^2 为 0.826。在同时采集的城市和乡村样品中，城市地区 α-HCH 的 ef 值大于乡村地区，大多数都在大于或等于 0.5 的状态。

在 Bidleman 等[93]对北美五大湖和北极地区的气-水气体交换和土壤中残留农药的蒸发情况研究中也发现了相似的周期性变化规律。作者利用有机氯农药的对映体比值，确定了大气中 OCPs 在不同季节的不同来源。结果表明，α-HCH 的 er 值在五大湖区随水温、大气浓度和水层的变化而变化，湖水中的(+)-α-HCH 异构体被微生物降解，er 值为 0.85，且四季不变；而大气中 α-HCH 的 er 主要受挥发（非外消旋体）和长距离传输过来（外消旋体）的农药共同影响，夏季距离湖面 10 m 高处的大气样品中 α-HCH 为非外消旋体，而在秋天则为外消旋体，导致这种差异的原因可能夏季温度较高蒸发作用比较大，大气中湖水蒸发的非外消旋体 α-HCH 占主导地位，而冬天恰好相反，蒸发作用较小，主要是大气的远程运输影响。对比湖面大气中 α-HCH 的 er 值与逸度分数之间的关系发现，er 值具有季节性周期变化，春天、秋天和冬天主要是外消旋体，夏天为非外消旋体，七八月份 er 值为 0.93，该结果表明差不多一半的 α-HCH 来源于水体蒸发。而对北极地区的研究也表明 OCPs 是通过大气传输到达此处的。北极地区海洋表层水体由于"冷凝作用", HCH 浓度比其他海洋、湖区的水体高;表层水体中 α-HCH 是非旋光性的, 北冰洋的西部(+)-对映体被优先降解, 白令海和西伯利亚楚科奇海则(−)-α-HCH 被优先降解, 不被冰雪覆盖区域上方大气层中的 α-HCH 则表现出与表层水体相似的对映选择性行为。对于氯丹来说, 安大略湖上空的大气中(+)-TC 被优先降解 (er = 0.92±0.01), 工业氯丹的组成是 er = 0.89±0.02, 因此该地区 TC 的 er 值与工业氯丹的标准值之间具有显著性差异, 但与 α-HCH 不同的是, 氯丹的 er 值没有呈现季节性变化规律。

手性污染物在水-气之间的交换受气相控制, 水体-大气界面的交换参数可以作为大气界面交换示踪物, ef 值通常可用作估算手性污染物从水体挥发到大气界面的比例。Bethan 等[94]分析了从北海采集到的大量海水、大气以及沉积物的样品中 α-HCH 的污染情况, 并探索了大气-海水之间污染物对映选择性特征的季节性变化规律。结果发现, 海水中 α-HCH 的 er 值在 0.82~0.91 之间, 德国湾海水中 α-HCH 的 er 值为 0.84±0.03, 并且不会随着季节发生改变。α-HCH 在北海中存在不同的微生物转化途径, 在北海的东部区域包括德国湾和斯卡格拉克海峡地区(+)-α-HCH 被优先转化 (er = 0.85), 而在大不列颠的西海岸地区则会优先降解(−)-α-HCH (er = 1.15), 表明(+)-α-HCH 在该地区较不易被微生物降解。在易北河和莱茵河, 样品中污染物更接近于外消旋体, 其 er 值为 0.90。沉降样品中 α-HCH 的 er 值为 0.88~1.02, 并且与海水温度存在相关性。Ridal 等[95]曾报道水面上非外消旋的 α-HCH 向大气挥发的程度会随着温度的增加而增加, 从而导致大气中对映体比例的改变, 因此, 这个过程也会影响雨水中 α-HCH 的 er 值。在样品采集期间, 大多数空气样品中的 α-HCH 来源于海洋, 因此在天气较暖时, 大气中更容易出现非外消旋体的 α-HCH。另外, 作者根据 Bidleman 和 Falconer 提出的模型, 计算了大气-海水之间的交换比例[87]。公式如下:

$$f_v = \frac{(er_{BL} - 1)(er_{SW} + 1)}{(er_{SW} - 1)(er_{BL} + 1)} \tag{3-1}$$

式中, f_v 为大气中 α-HCH 来自于海水蒸发部分的比例; er_{BL} 为大气和雨水边界层中 α-HCH 的对映体分数; er_{SW} 为表层海水中 α-HCH 的对映体分数。

作者用德国湾海水中 α-HCH 的 er 平均值 0.84 进行了计算, 结果发现, 夏天大气和雨水中分别有 29%~73%的 α-HCH 来自于海水蒸发。总体上, 该研究表明, 在水温较低的情况下, α-HCH 在海水中主要表现出吸附行为, 而在温度较高的时主要为挥发行为。

除此之外, Shen 等运用了较为不同的方法研究了北美地区海水蒸发对大气 α-HCH 的贡献[35], 公式如下:

$$f_w = (ef_a - ef_b) / (ef_w - ef_b) \tag{3-2}$$

式中，f_w 为 α-HCH 从海水到大气的比例分数；ef_w 和 ef_a 分别是海水和大气中 α-HCH 的 ef 值；ef_b 是 α-HCH 在背景大气中的 ef 值，为 0.5。

结果显示，在苏必利尔湖、休伦湖和安大略湖上空大气分别有 59%、25% 和 39% 的 α-HCH 来自于湖水的蒸发，α-HCH 在大气-水体之间仍没有达到平衡，而仍处在从水体蒸发到大气的过程。

手性污染物从海水向大气的挥发过程和挥发程度具有季节性差异，主要受温度的影响。在 Sundqvist 等[84]对卡特加特海峡海区域 α-HCH 的研究中，利用上述方法计算了 α-HCH 从海水向大气挥发的比例，并且发现了对映选择性特征季节性的差异：冬季大气中 α-HCH 近乎于外消旋体，而夏季则更倾向于与海水中 ef 值相似，为非外消旋体；另外，α-HCH 从海水向大气中挥发的比例也呈现了季节性差异，夏季比例明显高于冬季，说明海水蒸发是夏季大气中 α-HCH 的主要来源。

为了了解波罗的海南部 HCH 的海气界面净通量随季节的变化，Wiberg 等[96]于 1997 年夏天和 1998 年冬天，沿着波罗的海南部岸航行进行采样，分析了夏季和冬季大气和海水样品中 α-HCH 的手性特征，结果发现，海水中 α-HCH 的 ef 值在 0.439～0.455 之间，平均值为 0.445。虽然所有大气样品中 α-HCH 的 ef 值变化很小（RSD = 2.5%），但是夏季与冬季相差较大，夏季和冬季 α-HCH 的 ef 平均值分别为 0.464 和 0.481，夏季 α-HCH 的 ef 值显著小于冬季（$p = 0.016$）。同样，利用公式（3-2），作者评估了海水中蒸发进入大气中的污染物的比例。经计算，冬天和夏天大气中的 α-HCH 分别有 35% 和 66% 来自海洋，因此，相对于冬天来说，夏季水中手性化合物对大气中其对映选择性特征影响更大。芬兰北极帕拉斯站大气中的 α-HCH 表现出近外消旋体，其平均 ef 值为 0.495，而瑞典西海岸大气中的 α-HCH 显示出小于外消旋体的 ef 值，其平均 ef 值为 0.485，该结果的出现可能是因为该地区大气中 α-HCH 的对映体组成受到了斯卡格拉克和北海的海-气交换的影响，因此背景 ef 值可能不是 0.5。另外，所选背景 ef 值的不同，也会得到不同的海水蒸发比例结果，夏天和冬天水体向大气挥发的 α-HCH 占大气中的比例分别在 53%～66% 和 0%～35%。

参 考 文 献

[1] Garrison A W. Probing the enantioselectivity of chiral pesticides. Environmental Science & Technology, 2006, 40(1): 16-23.

[2] Kurt-Karakus P B, BidlemanT F, Jones K C. Chiral organochlorine pesticide signatures in global background soils. Environmental Science & Technology, 2005, 39(22): 8671-8677.

[3] Bidleman T F, Wong F, Backe C, Sodergren A, Brorstrom-Lunden E, Helm P A, Stern G A,

Chiral signatures of chlordanes indicate changing sources to the atmosphere over the past 30 years. Atmospheric Environment, 2004, 38(35): 5963-5970.

[4] Wiberg K, Harner T, Wideman J L, Bidleman T F. Chiral analysis of organochlorine pesticides in Alabama soils. Chemosphere, 2001, 45(6-7): 843-848.

[5] Aigner E J, Leone A D, Falconer R L. Concentrations and enantiomeric ratios of organochlorine pesticides in soil from the US Corn Belt. Environmental Science & Technology, 1998, 32(9): 1162-1168.

[6] Falconer R L, Bidleman T F, Szeto S Y. Chiral pesticides in soils of the Fraser Valley, British Columbia. Journal of Agricultural and Food Chemistry, 1997, 45(5): 1946-1951.

[7] Meijer S N, Halsall C J, Harner T, Peters A J, Ockenden W A, Johnston A E, Jones K C. Organochlorine pesticide residues in archived UK soil. Environmental Science & Technology, 2001, 35(10): 1989-1995.

[8] Carlsson P, Literak J, Dusek L, Hofman J, Bucheli T D, Klanova J. Temporal and spatial variability of enantiomeric fractions (EFs) of chiral organochlorines in relation to soil properties. Journal of Soils and Sediments, 2016, 16(6): 1718-1726.

[9] Munoz-Arnanz J, Jimenez B. New DDT inputs after 30 years of prohibition in Spain. A case study in agricultural soils from south-western Spain. Environmental Pollution, 2011, 159(12): 3640-3646.

[10] Wong F, Robson M, Diamond M L, Harrad S, Truong J. Concentrations and chiral signatures of POPs in soils and sediments: A comparative urban versus rural study in Canada and UK. Chemosphere, 2009, 74(3): 404-411.

[11] Müller M D, Schlabach M, Oehme M. Fast and precise determination of alpha-hexachlorocyclohexane enantiomers in environmental-samples using chiral high-resolution gas-chromatography. Environmental Science & Technology, 1992, 26(3): 566-569.

[12] Bosch C, Grimalt J O, Fernandez F. Enantiomeric fraction and isomeric composition to assess sources of DDT residues in soils. Chemosphere, 2015, 138: 40-46.

[13] Yuan G L, Yong S, Qin J X, Li J, Wang G H. Chiral signature of alpha-HCH and *o, p*'-DDT in the soil and grass of the Central Tibetan Plateau, China. Science of the Total Environment, 2014, 500: 147-154.

[14] Li J, Zhang G, Qi S H, Li X D, Peng X Z. Concentrations, enantiomeric compositions, and sources of HCH, DDT and chlordane in soils from the Pearl River Delta, South China. Science of the Total Environment, 2006, 372(1): 215-224.

[15] Zhang A P, Liu W P, Yuan H J, Zhou S S, Su Y S, Li Y F. Spatial distribution of hexachlorocyclohexanes in agricultural soils in Zhejiang Province, China, and correlations with elevation and temperature. Environmental Science & Technology, 2011, 45(15): 6303-6308.

[16] Zhang A P, Chen Z Y, Ahrens L, Liu W P, Li Y F. Concentrations of DDTs and enantiomeric fractions of chiral DDTs in agricultural soils from Zhejiang Province, China, and correlations with total organic carbon and pH. Journal of Agricultural and Food Chemistry, 2012, 60(34): 8294-8301.

[17] Niu L L, Xu C, Yao Y J, Liu K, Yang F X, Tang M L, Liu W P. Status, influences and risk assessment of hexachlorocyclohexanes in agricultural soils across China. Environmental Science & Technology, 2013, 47(21): 12140-12147.

[18] Niu L L, Xu C, Zhu S Y, Bao H M, Xu Y, Li H Y, Zhang Z J, Zhang X C, Qiu J G, Liu W P.

Enantiomer signature and carbon isotope evidence for the migration and transformation of DDTs in arable soils across China. Scientific Reports, 2016, 6: (38475).

[19] 张泉, 楚蕾, 曹军. 天津郊区土壤与作物中有机氯农药残留现状与来源初析. 农业环境科学学报, 2010, 29(12): 2346-2350.

[20] 李晋栋. 北京地区环境和食品中典型持久性有机污染物污染特征与手征性. 北京: 中国农业大学博士学位论文, 2015.

[21] Wang W, Li X H, Wang X F, Wang X Z, Lu H, Jiang X N, Xu X B. Levels and chiral signatures of organochlorine pesticides in urban soils of Yinchuan, China. Bulletin of Environmental Contamination and Toxicology, 2009, 82(4): 505-509.

[22] 杨洪达. 杭州西湖多介质环境中有机氯农药分布及迁移规律的研究. 哈尔滨: 东北农业大学硕士学位论文, 2012.

[23] 曲磊. 北京公园典型介质中有机氯农药残留研究. 郑州: 郑州大学硕士学位论文, 2010.

[24] Gao S T, Wang J Z, Yu Z Q, Guo Q R, Sheng G Y, Fu J M. Hexabromocyclododecanes in surface soils from E-waste recycling areas and industrial areas in South China: Concentrations, diastereoisomer- and enantiomer-specific profiles, and inventory. Environmental Science & Technology, 2011, 45(6): 2093-2099.

[25] Yuan G L, Sun Y, Li J, Han P, Wang G H. Polychlorinated biphenyls in surface soils of the Central Tibetan Plateau: Altitudinal and chiral signatures. Environmental Pollution, 2015, 196: 134-140.

[26] Cui Z J, Xu H Y, Wang X, Liu J. Spatial distribution and enantiomeric signature of chiral polychlorinated biphenyls in soils of Jinan, China. Environmental Engineering Science, 2012, 29(8): 758-764.

[27] Chen S J, Tian M, Zheng J, Zhu Z C, Luo Y, Luo X J, Mai B X. Elevated levels of polychlorinated biphenyls in plants, air, and soils at an E-waste site in Southern China and enantioselective biotransformation of chiral PCBs in plants. Environmental Science & Technology, 2014, 48(7): 3847-3855.

[28] Andersson S, Nilsson S I. Influence of pH and temperature on microbial activity, substrate availability of soil-solution bacteria and leaching of dissolved organic carbon in a mor humus. Soil Biology & Biochemistry, 2001, 33(9): 1181-1191.

[29] Grayston S J, Griffith G S, Mawdsley J L, Campbell C D, Bardgett R D. Accounting for variability in soil microbial communities of temperate upland grassland ecosystems. Soil Biology & Biochemistry, 2001, 33(4-5): 533-551.

[30] Lewis D L, Garrison A W, Wommack K E, Whittemore A, Steudler P, Melillo J. Influence of environmental changes on degradation of chiral pollutants in soils. Nature, 1999, 401(6756): 898-901.

[31] Covaci A, Gheorghe A, Meijer S, Jaward F, Jantunen L, Neels H, Jones K C. Investigation of source apportioning for alpha-HCH using enantioselective analysis. Environment International, 2010, 36(4): 316-322.

[32] Shen H Q, Henkelmann B, Levy W, Zsolnay A, Weiss P, Jakobi G, Kirchner M, Moche W, Braun K, Schramm K. Altitudinal and chiral signature of persistent organochlorine pesticides in air, soil, and spruce needles (*Picea abies*) of the Alps. Environmental Science & Technology, 2009, 43(7): 2450-2455.

[33] Rousk J, Brookes P C, Baath E. Contrasting soil pH effects on fungal and bacterial growth

suggest functional redundancy in carbon mineralization. Applied and Environmental Microbiology, 2009, 75(6): 1589-1596.

[34] Bucheli T D, Brandli R C. Two-dimensional gas chromatography coupled to triple quadrupole mass spectrometry for the unambiguous determination of atropisomeric polychlorinated biphenyls in environmental samples. Journal of Chromatography A, 2006, 1110(1-2): 156-164.

[35] Shen L, Wania F, Lei Y D, Teixeira C, Muir D C G, Bidleman T F. Atmospheric distribution and long-range transport behavior of organochlorine pesticides in north America. Environmental Science & Technology, 2005, 39(2): 409-420.

[36] Venier M, Hites R A. Chiral organochlorine pesticides in the atmosphere. Atmospheric Environment, 2007, 41(4): 768-775.

[37] Bidleman T F, Jantunen L, Helm P A, Brorstrom-Lunden E, Juntto S. Chlordane enantiomers and temporal trends of chlordane isomers in arctic air. Environmental Science & Technology, 2002, 36(4): 539-544.

[38] Gouin T, Jantunen L, Harner T, Blanchard P, Bidleman T. Spatial and temporal trends of chiral organochlorine signatures in great lakes air using passive air samplers. Environmental Science & Technology, 2007, 41(11): 3877-3883.

[39] 刘国卿, 张干, 李军, 彭先芝, 祁士华. 利用 SPMD 技术监测珠江三角洲大气有机氯农药. 环境科学研究, 2004, 17(6): 1-4, 11.

[40] Bidleman T F, Jantunen L, Wiberg K, Harner T, Brice K A, Su K, Falconer R L, Leone A D, Aigner E J, Parkhurst W J. Soil as a source of atmospheric heptachlor epoxide. Environmental Science & Technology, 1998, 32(10): 1546-1548.

[41] Genualdi S A, Simonich S L M, Primbs T K, Bidleman T F, Jantunen L M, Ryoo K, Zhu T. Enantiomeric signatures of organochlorine pesticides in Asian, Trans-Pacific, and Western US air masses. Environmental Science & Technology, 2009, 43(8): 2806-2811.

[42] Leone A D, Amato S, Falconer R L. Emission of chiral organochlorine pesticides from agricultural soils in the cornbelt region of the U.S. Environmental Science & Technology, 2001, 35(23): 4592-4596.

[43] Ulrich E M, Hites R A. Enantiomeric ratios of chlordane related compounds in air near the Great Lakes. Environmental Science & Technology, 1998, 32(13): 1870-1874.

[44] Wang W T, Wang Y H, Zhang R J, Wang S P, Wei C S, Chaemfa C, Li J, Zhang G, Yu K F. Seasonal characteristics and current sources of OCPs and PCBs and enantiomeric signatures of chiral OCPs in the atmosphere of Vietnam. Science of the Total Environment, 2016, 542(A): 777-786.

[45] Leone A D, Ulrich E M, Bodnar C E, Falconer R L, Hites R A. Organochlorine pesticide concentrations and enantiomer fractions for chlordane in indoor air from the US cornbelt. Atmospheric Environment, 2000, 34(24): 4131-4138.

[46] Wiberg K, Jantunen L, Harner T, Wideman J, Bidleman T, Brice K, Su K, Falconer R, Leone A, Parkhurst W. Chlordane enantiomers as source markers in ambient air. Organohalogen Compounds, 1997, 33: 209-213.

[47] Jantunen L, Bidleman T F, Harner T, Parkhurst W J. Toxaphene, chlordane, and other organochlorine pesticides in Alabama air. Environmental Science & Technology, 2000, 34(24): 5097-5105.

[48] Yu Z Q, Chen L G, Mai B X, Wu M H, Sheng G Y, Fu J M, Peng P A. Diastereoisomer- and

enantiomer-specific profiles of hexabromocyclododecane in the atmosphere of an urban city in South China. Environmental Science & Technology, 2008, 42(11): 3996-4001.

[49] Harrad S, Ren J Z, Hazrati S, Robson M. Chiral signatures of PCBs# 95 and 149 in indoor air, grass, duplicate diets and human faeces. Chemosphere, 2006, 63: 1368-1376.

[50] Robson M, Harrad S. Chiral PCB signatures in air and soil: Implications for atmospheric source apportionment. Environmental Science & Technology, 2004, 38(6): 1662-1666.

[51] Huang Y M, Xu Y, Li J, Xu W H, Zhang G, Cheng Z N, Liu J W, Wang Y, Tian C G. Organochlorine pesticides in the atmosphere and surface water from the equatorial Indian ocean: Enantiomeric signatures, sources, and fate. Environmental Science & Technology, 2013, 47(23): 13395-13403.

[52] Eitzer B D, Mattina M I, Iannucci-Berger W. Compositional and chiral profiles of weathered chlordane residues in soil. Environmental Toxicology and Chemistry, 2001, 20(10): 2198-2204.

[53] Faller J, Huhnerfuss H, Konig W A, Krebber R, Ludwig P. Do marine-bacteria degrade alpha-hexachlorocyclohexane stereoselectively. Environmental Science & Technology, 1991, 25(4): 676-678.

[54] Huhnerfuss H, Faller J, Konig W A, Ludwig P. Gas-chromatographic separation of the enantiomers of marine pollutants.4. fate of hexachlorocyclohexane isomers in the Baltic and North Sea. Environmental Science & Technology, 1992, 26(11): 2127-2133.

[55] Jantunen L, Bidleman T F. Organochlorine pesticides and enantiomers of chiral pesticides in Arctic Ocean water. Archives Of Environmental Contamination and Toxicology, 1998, 35(2): 218-228.

[56] Helm P A, Diamond M L, Semkin R, Bidleman T F. Degradation as a loss mechanism in the fate of alpha-hexachlorocyelohexane in Arctic watersheds. Environmental Science & Technology, 2000, 34(5): 812-818.

[57] Law S A, Diamond M L, Helm P A, Jantunen L M, Alaee M. Factors affecting the occurrence and enantiomeric degradation of hexachlorocyclohexane isomers in northern and temperate aquatic systems. Environmental Toxicology and Chemistry, 2001, 20(12): 2690-2698.

[58] Harner T, Kylin H, Bidleman T F, Strachan W. Removal of alpha- and gamma-hexachlorocyclohexane and enantiomers of alpha-hexachlorocyclohexane in the eastern Arctic Ocean. Environmental Science & Technology, 1999, 33(8): 1157-1164.

[59] Jantunen L M, Kylin H, Bidleman T F. Air-water gas exchange of alpha-hexachlorocyclohexane enantiomers in the South Atlantic Ocean and Antarctica. Deep-Sea Research Part II-Topical Studies in Oceanography, 2004, 51(22-24): 2661-2672.

[60] 张智超, 戴树桂, 朱昌寿, 吴胜恒. 海河河口水和新港港湾水中 α-六六六对映选择性降解及 α、β、γ、δ-六六六浓度. 中国环境科学, 1998, 18(3): 197.

[61] 罗慧. 九龙江流域-河口-近海系统有机氯农药的来源、时空分布与入海通量. 厦门: 厦门大学硕士学位论文, 2009.

[62] Liu W P, Gan J J. Determination of enantiomers of synthetic pyrethroids in water by solid phase microextraction—Enantioselective gas chromatography. Journal of Agricultural and Food Chemistry, 2004, 52(4): 736-741.

[63] Zipper C, Suter M, Haderlein S B, Gruhl M, Kohler H. Changes in the enantiomeric ratio of (R)- to (S)-mecoprop indicate in situ biodegradation of this chiral herbicide in a polluted aquifer. Environmental Science & Technology, 1998, 32(14): 2070-2076.

[64] Buser H R, Poiger T, Muller M D. Occurrence and environmental behavior of the chiral

pharmaceutical drug Ibuprofen in surface waters and in wastewater. Environmental Science & Technology, 1999, 33(15): 2529-2535.

[65] Vazquez-Roig P, Kasprzyk-Hordern B, Blasco C, Pico Y. Stereoisomeric profiling of drugs of abuse and pharmaceuticals in wastewaters of Valencia (Spain). Science of the Total Environment, 2014, 494: 49-57.

[66] Suzuki T, Kosugi Y, Hosaka M, Nishimura T, Nakae D. Occurrence and behavior of the chiral *anti*-inflammatory drug Naproxen in an aquatic environment. Environmental Toxicology and Chemistry, 2014, 33(12): 2671-2678.

[67] Huang Q X, Wang Z F, Wang C W, Peng X Z. Chiral profiling of azole antifungals in municipal wastewater and recipient rivers of the Pearl River Delta, China. Environmental Science and Pollution Research, 2013, 20(12): 8890-8899.

[68] Wang Z F, Huang Q X, Yu Y Y, Wang C W, Ou W H, Peng X Z. Stereoisomeric profiling of pharmaceuticals Ibuprofen and iopromide in wastewater and river water, China. Environmental Geochemistry and Health, 2013, 35(5SI): 683-691.

[69] Matamoros V, Hijosa M, Bayona J M. Assessment of the pharmaceutical active compounds removal in wastewater treatment systems at enantiomeric level. Ibuprofen and Naproxen. Chemosphere, 2009, 75(2): 200-205.

[70] Ma R X, Wang B, Lu S Y, Zhang Y Z, Yin L N, Huang J, Deng S B, Wang Y J, Yu G. Characterization of pharmaceutically active compounds in Dongting Lake, China: Occurrence, chiral profiling and environmental risk. Science of the Total Environment, 2016, 557: 268-275.

[71] Lopez-Serna R, Kasprzyk-Hordern B, Petrovic M, Barcelo D. Multi-residue enantiomeric analysis of pharmaceuticals and their active metabolites in the Guadalquivir River basin (South Spain) by chiral liquid chromatography coupled with tandem mass spectrometry. Analytical and Bioanalytical Chemistry, 2013, 405(18): 5859-5873.

[72] Fono L J, Sedlak D L. Use of the chiral pharmaceutical propranolol to identik sewage discharges into surface waters. Environmental Science & Technology, 2005, 39(23): 9244-9252.

[73] Falconer R L, Bidleman T F, Gregor D J, Semkin R, Teixeira C. Enantioselective breakdown of alpha-hexachlorocyclohexane in a small arctic lake and its watershed. Environmental Science & Technology, 1995, 29(5): 1297-1302.

[74] Li X Q, Yang L J, Jans U, Melcer M E, Zhang P F. Lack of enantioselective microbial degradation of chlordane in Long Island Sound sediment. Environmental Science & Technology, 2007, 41(5): 1635-1640.

[75] Eitzer B D, Iannucci-Berger W, Mattina M I. Volatilization of weathered chiral and achiral chlordane residues from soil. Environmental Science & Technology, 2003, 37(21): 4887-4893.

[76] 杨华云. 长江三角洲毗邻海域有机氯农药和多氯联苯的研究. 杭州: 浙江工业大学博士学位论文, 2011.

[77] 余鹏. 北极海域表层沉积物中有机氯农药的含量、分布及对映体特征. 杭州: 浙江工业大学硕士论文, 2011.

[78] Wu C W, Zhang A P, Liu W P. Risks from sediments contaminated with organochlorine pesticides in Hangzhou, China. Chemosphere, 2013, 90(9): 2341-2346.

[79] Zhang Y W, Ruan Y F, Sun H W, Zhao L J, Gan Z W. Hexabromocyclododecanes in surface sediments and a sediment core from Rivers and Harbor in the northern Chinese city of Tianjin. Chemosphere, 2013, 90(5): 1610-1616.

[80] Feng A H, Chen S J, Chen M J, He M J, Luo X J, Mai B X. Hexabromocyclododecane (HBCD) and tetrabromobisphenol A (TBBPA) in riverine and estuarine sediments of the Pearl River Delta in southern China, with emphasis on spatial variability in diastereoisomer- and enantiomer-specific distribution of HBCD. Marine Pollution Bulletin, 2012, 64(5): 919-925.

[81] Guerra P, De La Cal A, Marsh G, Eljarrat E, Barcelo D. Transfer of hexabromocyclododecane from industrial effluents to sediments and biota: Case study in Cinca river (Spain). Journal of Hydrology, 2009, 369(3-4SI): 360-367.

[82] Wong C S, Garrison A W, Smith P D, Foreman W T. Enantiomeric composition of chiral polychlorinated biphenyl atropisomers in aquatic and riparian biota. Environmental Science & Technology, 2001, 35(12): 2448-2454.

[83] Wong C S, Pakdeesusuk U, Morrissey J A, Lee C M, Coates J T, Garrison A W, Mabury S A, Marvin C H, Muir D C G. Enantiomeric composition of chiral polychlorinated biphenyl atropisomers in dated sediment cores. Environmental Toxicology and Chemistry, 2007, 26(2): 254-263.

[84] Sundqvist K L, Wingfors H, Brorstrom-Lundren E, Wiberg K. Air-sea gas exchange of HCHs and PCBs and enantiomers of alpha-HCH in the Kattegat Sea region. Environmental Pollution, 2004, 128(1-2): 73-83.

[85] Finizio A, Bidleman T F, Szeto S Y. Emission of chiral pesticides from an agricultural soil in the Fraser Valley, British Columbia. Chemosphere, 1998, 36(2): 345-355.

[86] Daly G L, Lei Y D, Teixeira C, Muir D C G, Castillo L E, Jantunen L M M, Wania F. Organochlorine pesticides in the soils and atmosphere of Costa Rica. Environmental Science & Technology, 2007, 41(4): 1124-1130.

[87] Bidleman T F, Falconer R L. Enantiomer ratios for apportioning two sources of chiral compounds. Environmental Science & Technology, 1999, 33(13): 2299-2301.

[88] Bidleman T F, Leone A D. Soil-air exchange of organochlorine pesticides in the Southern United States. Environmental Pollution, 2004, 128(1-2): 49-57.

[89] Wong F, Alegria H A, Jantunen L M, Bidleman T F, Salvador-Figueroae M, Gold-Bouchot G, Ceja-Moreno V, Waliszewski S M, Infanzon R. Organochlorine pesticides in soils and air of southern Mexico: Chemical profiles and potential for soil emissions. Atmospheric Environment, 2008, 42(33): 7737-7745.

[90] Asher B J, Ross M S, Wong C S. Tracking chiral polychlorinated biphenyl sources near a hazardous waste incinerator: Fresh emissions or weathered revolatilization? Environmental Toxicology and Chemistry, 2012, 31(7): 1453-1460.

[91] Buser H R, Muller M D. Enantioselective determination of chlordane components, metabolites, and photoconversion products in environmental-samples using chiral high-resolution gas-chromatography and mass-spectrometry. Environmental Science & Technology, 1993, 27(6): 1211-1220.

[92] Berding V, Matthies M. European scenarios for EUSES regional distribution model. Environmental Science and Pollution Research, 2002, 9(3): 193-198.

[93] Bidleman T F, Harner T, Wiberg K, Wideman J L, Brice K, Su K, Falconer R L, Aigner E J, Leone A D, Ridal J J, Kerman B, Finizio A, Alegria H, Parkhurst W J, Szeto S Y. Chiral pesticides as tracers of air-surface exchange. Environmental Pollution, 1998, 102(1): 43-49.

[94] Bethan B, Dannecker W, Gerwig H, Huhnerfuss H, Schulz M. Seasonal dependence of the chiral composition of alpha-HCH in coastal deposition at the North Sea. Chemosphere, 2001,

44(4): 591-597.

[95] Ridal J J, Bidleman T F, Kerman B R, Fox M E, Strachan W. Enantiomers of alpha-hexachlorocyclohexane as tracers of air-water gas exchange in Lake Ontario. Environmental Science & Technology, 1997, 31(7): 1940-1945.

[96] Wiberg K, Brorstrom-Lunden E, Wangberg I, Bidleman T F, Haglund P. Concentrations and fluxes of hexachlorocyclohexanes and chiral composition of alpha-HCH in environmental samples from the southern Baltic Sea. Environmental Science & Technology, 2001, 35(24): 4739-4746.

第 4 章　手性污染物生物富集与放大对映选择性

本章导读

- 介绍手性污染物在生物积累过程中的主要研究内容、特点及相关研究方法。
- 阐述典型手性污染物对映选择性的生物积累模式及可能机制。
- 介绍手性污染物在水生生物、陆生生物、植物以及人体中的生物积累研究现状，表明手性污染物在生物积累过程中表现出对映选择性。

4.1　手性污染物生物积累研究内容和方法

4.1.1　生物积累研究概述

生物积累（bioaccumulation）是指生物通过呼吸、吸附、吸收和吞食等作用，从周围环境中摄入污染物并滞留体内，当摄入量超过消除量时，污染物在体内的浓度会高于环境介质浓度的现象。生物积累的程度常用生物积累因子（bioaccumulation factor，BAF）来表示，生物积累包括生物富集（也称生物浓缩，bioconcentration）和生物放大（biomagnification）。生物富集是指生物机体通过对环境中元素或难分解化合物的浓缩，使这种物质在生物体内的浓度超过环境中浓度的现象；生物放大是指同一食物链上，高位营养级生物机体内来自环境的元素或难分解化合物的浓缩系数比低位营养级生物增加的现象。研究手性污染物的生物积累过程及生物富集和放大效应，对于鉴别手性污染物对生物产生的效应及确定手性污染物在环境中的安全浓度具有重要意义。

4.1.2　手性污染物的生物积累

手性是自然界的普遍属性，手性化合物组成原子虽然相同，但存在着一对或多对互为镜像不能重叠的对映异构体。1996 年，Williams 等报道了农用化学品中存在的手性化合物占了 25%，而这一比例随着更多化学产品的开发与生产，正在不断升高[1]。目前环境中存在的手性化合物包括已被禁用的持久性有机氯农药

（organochlorine pesticides，OCPs）如 α-六六六（α-HCH）、*o,p'*-DDT、*o,p'*-DDD、顺式氯丹（*cis*-chlordane，CC）和反式氯丹（*trans*-chlordane，TC）；正在被大量使用的有机磷农药（organophosphorus pesticides，OPs）、拟除虫菊酯类杀虫剂、苯氧羧酸（phenoxyalkanoic acid）类除草剂等农业化学品、人用或兽用药物以及环境中检出率高的新型手性有机污染物等[2]。这些手性污染物在非手性条件下具有高度相似的物理和化学性质，在非生命的环境过程，如挥发、沉降、吸附等，对映体差异表现出一致性。但在包括微生物、动植物等生物体内的生物过程中，如微生物的降解和生物体内源性结合与传导时，手性污染物会遵循对映匹配原则，表现出对映选择性，而且手性污染物生物富集或食物链或食物网的生物放大也存在对映体差异。因此，需要将手性污染物的不同对映体当成不同的化合物来研究其生物富集效应[3]。

长期以来，手性污染物一直在外消旋体水平上进行生物富集与放大的研究，而忽略了对映异构体在生物富集或放大过程中的差异，可能会高估或低估了手性污染物对生态环境的潜在危害。手性化合物分析和分离技术方法的快速发展，为全面准确地评估手性污染物的生态风险提供了技术支撑。在研究手性污染物的生物过程时，我们需要在对映体层面上重新考虑其不同对映体实际积累浓度，真实客观揭示手性化合物的环境行为。特别是生物体内手性污染物对映体富集放大差异的分析，对于了解手性污染物在不同生物积累有害物质的对映选择性，并为进一步探究不同对映体的环境安全有重要意义[4]。

4.1.3 手性污染物生物积累研究方法

1. 生物富集与生物放大因子

生物富集常用生物富集因子（bioconcentration factor，BCF）来表示[5]，生物富集因子是衡量环境污染物在生物体内富集趋势的参数，也是衡量污染物在环境中迁移转化的主要参数。其计算方法如下：

$$BCF = \frac{分配平衡时污染物质在机体中的浓度(C_b)}{分配平衡时污染物质在周围环境中的浓度(C_e)}$$

生物放大适用于具有食物链或食物网关系的生物，是高营养级生物体内的污染物浓度高于低营养级生物的现象。近年来，由于相关研究资料丰富，可以全面地获得食物网生物放大效应的信息。营养级放大因子（trophic magnification factor，TMF）也被广泛地用于评估化学物质的生物放大能力，通常环境污染物的 TMF>1 时，认为具有生物放大效应，反之则为营养级稀释效应。其计算过程如下：

$$TL_{consumer} = 2 + (\delta^{15}N_{consumer} - \delta^{15}N_{zooplankton}) / 2.5$$

式中，2.5 为同位素富集因子。

$$\ln C = A + (B \times \text{TL}_{\text{consumer}})$$

$$\text{TMF}_\text{s} = e^{B}$$

式中，浓度单位为 ng/g 脂重。

为了消除生物体之间脂质含量的差异或吸附基质的影响，目标化合物的浓度数据通常采用脂肪当量浓度，计算公式为

$$C_{\text{lipid}} = C_{\text{dry}} / L$$

式中，L 为冻干后样品脂质含量。

大型藻类脂肪含量低、有机碳含量高，其中有机碳是其主要的能源和碳源，脂质是化学物质积聚的重要部位，因此大型藻类的脂肪当量浓度需要结合脂质和非脂质有机碳含量，计算公式为

$$C_{\text{lipid}} = C_{\text{dry}} / [L + (\varphi_{\text{OC}} \times 0.35)]$$

式中，φ_{OC} 为冻干样品非脂质有机碳含量，0.35 是关联有机碳对辛醇吸附性能的比例常数[6]。

2. 手性污染物生物积累过程的评价指标

在生物富集与放大过程中，手性持久性有机污染物的对映选择性主要由对映体比例（enantiomeric ratio，er）或对映体分数（enantiomeric fraction，ef），对映体过量（enantiomeric excess，ee）的变化来表达。尽管手性污染物多以外消旋体的形式使用并排放到环境中，但是经历了一系列环境过程以后，其 er 和 ef 值会发生改变，因此，测定手性化合物在不同环境介质、不同生物体内的 er 和 ef 值是研究手性污染物生物降解的灵敏指标。也是研究它们在不同环境介质间的迁移过程、食物链和食物网间的生物富集和生物放大作用，追踪其来源的良好手段。尽管 er、ef、ee 三者在本质上是一致的，但在手性污染物环境行为的研究中，ef 是更容易让人理解与接受的一种指标。ef 值的变化范围在 0～1.0 之间，$ef=0.5$ 表示外消旋体，ef 值在大于 0.5 和小于 0.5 两个方向变化的单位值所对应的对映体浓度是相同的。鉴于此，环境中手性污染物偏离外消旋体的程度常以 ef 来描述[7]。

3. 影响生物积累的因素

1）营养级

很多研究表明手性污染物在生物体中的浓度与营养级成正相关关系，ef 偏离程度的总趋势为低营养级生物<高营养级生物。Fisk 等用稳定同位素 ^{15}N 对北极食物网（包括 6 种浮游生物、无脊椎动物、北极鳕、海鸟和环斑海豹等生物）进行

研究，发现 OCPs 的浓度和营养级存在很强的正相关关系[8]；而另一方面，TMF 在手性污染物的不同异构体间也存在着很大的差异。如张艳伟等调查了天津入海口和大黄堡湿地的 21 种海洋生物，测定了海洋生物体内六溴环十二烷（hexabromocyclododecane，HBCD）异构体和对映体的污染特征，发现仅 α-HBCD 和 ∑HBCD 随着营养级的增加浓度增大，TMF 约为 2，而大多数物种优先富集 (+)-α-、(−)-β-和(−)-γ-HBCD[9]。

2）生物个体大小

生物放大效应与生物个体的大小密切相关。Olsson 等研究了河鲈体内的 OCPs 生物积累效应，发现体长小于 20 cm 的小河鲈中虽然 δ15N 有所增加但是没有产生明显的生物放大效应，而体长大于 20 cm 的大河鲈随着营养级的增加其体内 OCPs 发生了生物放大现象，他们认为不能仅靠营养级来解释 OCPs 在食物链中发生的生物放大效应[10]。也有研究发现生物体的大小比营养级更能影响浮游动物 E. glacialis 体内 OCPs 的浓度，E. glacialis 的营养级比 C. hyperboreus 高，但是 2 种浮游生物的大小及它们体内的 OCPs 浓度相似[8]。

3）手性持久性有机污染物的化学性质

环境污染物的辛醇-空气分配系数 K_{OA} 和辛醇-水分配系数 K_{OW} 等都是会影响手性污染物在食物网中富集与放大的重要参数。在水生食物链中，当 $\log K_{OW}$ 小于 5 时，持久性有机污染物在食物链中只会发生生物富集但没有生物放大效应；在陆地食物网中，当持久性有机污染物 $\log K_{OW}$ 大于 2、$\log K_{OA}$ 大于 5 时，都存在生物放大效应。这是因为水生哺乳动物的脂肪储备器比陆生哺乳类动物大，且其解毒能力较低，因而容易导致持久性有机污染物的富集。手性污染物不同异构体由于在生物过程存在严格的对映选择性，虽然其化学性质高度相似但生物富集水平确有明显差异。

4）生物的生存环境

Kidd 等研究了马拉维湖浮游食物网和水底食物网中 DDT 的浓度与 15N 的关系，结果发现两种环境中 $\log \sum DDTs$ 浓度相对于 15N 的线性关系并不相同，表明生物积累与放大会受生物体所处环境的影响[11]。持久性有机污染物在水生食物网与陆生食物网中的生物积累也存在较大差异。

5）手性污染物的对映体差异

手性污染物的对映体结构差异的性质也能影响污染物的生物富集与放大。同种手性污染物的不同对映异构体在同一有机体的不同组织中残留量不同，其中手性污染物的 ef 值较高程度的偏离大都发生在生物体的特定器官中，例如植物根部[12]、肝脏[13]、肾脏[14]、脑组织[15]等，肝脏/肾<脑组织[16]，这与血液在各种组织中的分布程度有关。

6）其他因素

除此以外，生物种类、血液在组织中的分布、脂肪含量、性别也都会影响污染物在生物体中的富集与放大。同种手性污染物不同对映体在不同生物体内的积累情况不同，例如，恒温动物和变温动物的 TMF 存在显著差异。另外，油脂含量与生物体内污染物的残留量呈正相关关系。污染物在雌性动物中的生物积累因子往往比雄性小，原因可能是雌性生物通过产卵、母乳转移了一部分污染物。

4.2　手性污染物对映体差异富集过程与机制

目前关于手性污染物在人和动物体内的对映体富集过程已有研究，在血浆蛋白、脑组织、脑流质、肝组织、肾脏和尿中都发现了非外消旋体形式的手性污染物。但在分子水平上对诸如对映选择性主动跨膜运输、生物转化与代谢以及与生物大分子结合等过程的认识并不完全清楚。

4.2.1　对映选择性富集模式

1. 外消旋体的偏离

空气、水、土壤和生物体中由于手性污染物对映选择性富集过程，使其 ef 值发生了不同程度的偏离。手性污染物在非生物环境大气中的 ef 接近 0.5，水相中 ef 偏离程度非常微小，而土壤中偏离程度最高。在土壤中农药的对映选择性生物降解对 ef 的影响要比水体和大气中的大，因为其他来源的 ef 接近 0.5 的污染物很容易在大气和水体中发生交换。而且，在像海洋这样巨大的水体中，ef 接近 0.5 的污染受到其他不同来源且 ef 偏离的污染物的影响较小。生物体中存在较高程度的 ef 偏离趋势主要是立体专一性代谢和酶催化的结果。在生物体中，ef 偏离程度的一个总趋势是低营养级生物<高营养级生物<肝脏/肾<脑组织，这主要是生物体或其器官内立体选择性降解代谢、配位作用、吸收和排泄等过程的综合结果，但整个过程的分子机制还不太清楚[6]。

2. 恒定的对映体分数

环境中的手性污染物在生物体内发生反应后会在不同组织重新分布。一般来说，动力学过程控制了亲水性化合物的吸收和释放，憎水性化合物从低营养级到高营养级的过程中有生物放大作用。在生物体外 ef 接近 0.5 的憎水性手性化合物，它们的 ef 将保持一致；但是在不同组织和器官中的对映选择性过程都会使 ef 偏离。ef 代表了所有手性污染物对映选择性交换过程、代谢过程和非对映选择性交换过程的一个综合结果，因此，任何一个生物体和器官内的手性污染物都会达到一个

恒定的 *ef*。手性污染物生物富集的对映体差异可能是多过程的共同作用结果，如对映选择性传输、对映选择性代谢、动力学交换和食物网积累等[17]。

3. 模式设计

空气、水和土壤等环境介质中的手性污染物的 *ef* 值偏离程度较低，而在生物体（如软体动物、鱼、鸟和海洋哺乳动物）内 *ef* 值的偏离程度变大，这主要是低营养级生物的主动吸收和进一步对映选择性富集的结果。某个对映体单体在高营养级的生物体内高度富集使其在低营养级生物中的富集显得微不足道，甚至出现相反的对映体富集。不同生物体或者器官内的手性富集显示它们会优先富集 1 个对映体单体，*ef* 值不是高于就是低于 0.5。*ef* 值偏离最高的现象一般都出现在肝脏、肾和脑组织中，这是因为污染物在这些器官中往往会发生许多对映选择性分配的过程，比如酶促代谢和化合物立体选择性跨膜运输等。在分子水平上，一般认为 *ef* 值的高度偏离应该发生在与酶的活性中心相互作用中，因为手性化合物的化学识别基本发生于此。然而可以说明手性污染物对映选择性富集是来自酶的活性中心的相关数据很少。总之，亲水性化合物在高营养级生物体内的非对映选择性生物放大并不会改变 *ef* 值，只有对映选择性代谢和吸收才会改变 *ef* 值。虽然引起手性富集的过程并不是十分清楚，但是各种进入环境的手性化合物的 *ef* 值偏离一般都会遵循图 4-1 的规律[18]。

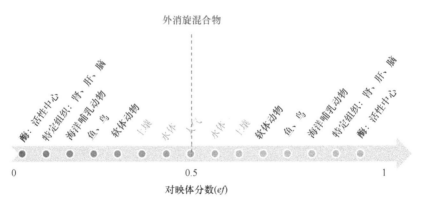

图 4-1　不同环境中手性化合物的 *ef* 假设模型

4. 外消旋体的屏蔽作用

手性污染物生物富集过程中 *ef* 值的偏离一般发生在以下两种情况下：①通过化学键形成的非对映异构体是依靠相对较弱的相互作用时，容易出现 *ef* 偏离；②不论是简单的还是复杂的生物体，整个生命体系是手性的，它不但有可能引起立体选择性代谢的酶，而且手性化合物还可以立体选择性地通过一些生物膜。任何情况下手性污染物在生物富集过程中都会发生 *ef* 偏离，其对映体一定会通过物理或者生物化学过程分离开，从而避免已发生 *ef* 偏离的部分手性污染物与没有对映体富集的部分产生选择性交换。这种"外消旋体的屏蔽作用"在生物体内可以通过生物膜实现；在半分离水体中可以通过地下水的渗透运动或者沉积作用实现。周围水体的生物体屏蔽作用（*ef* 约为 0.5）可能是由手性化合物的代谢及其选择性通过生物膜引起的。尽管机制还不是很清楚，但这种选择性地通过生物膜能够引起手性污染物的 *ef* 的变化，微生物的对映选择性降解过程也可能会极大地改变 *ef* 值。例如，苯氧羧酸类除草剂，如 2-甲-4-氯丙酸污染物堆放场地的渗滤液中，其 *ef* 高达 0.88。MCPP 渗滤液中的非外消旋化主要是微生物作用的结果。屏蔽效应的产生还应该与反应发生在沉积中心有关，因为每个沉积层都会被其上下层隔开[19]，从而产生层间的屏蔽效应。

5. 对映选择性富集过程

几乎所有的手性污染物高 *ef* 都出现在生物体的脑组织中，其主要原因可能是血脑屏障（blood brain barrier，BBB）。血脑屏障的微脉管包含大脑内皮细胞的单一连续层，它是通过细胞间的紧密接合形成的。这些连接部位排除了溶质由薄壁组织纤维素通过的可能，即在通过血脑屏障时几乎没有穿过细胞的溶质流。污染物通过血脑屏障主要有 3 条途径：①被动通过，双向饱和无需能量的运输；②特异媒介的运载；③代谢作用。后 2 种途径有可能引起手性污染物立体选择性地通过血脑屏障，从而使 *ef* 值发生变化。如果手性污染物在通过隔膜时发生了立体选择性，那么它必然会与主体膜形成非对映的联合体。而在被动运输过程中，由于手性化合物几乎没有和隔膜发生相互作用，因此无法将对映体区分开。在肝脏中也检测到了手性富集现象，这可能是由于肝脏是药物、杀虫剂和致癌物等异型生物质的解毒主要器官。一般认为手性富集包括了 2 个过程：①立体选择性降解过程导致了对映体富集差异，这主要是通过酶对手性化合物的识别和代谢；②立体选择性分离过程，这个过程是非破坏性的，主要是由内皮细胞的手性识别和手性化合物立体选择性地经由 P 糖蛋白流出。*ef* 高于或者低于 0.5 是 1 个或多个立体选择性过程的综合结果，例如，在肝脏中立体选择性降解是主要过程，而脑组织中的手性富集则是立体选择性降解和分离两种过程结合的结果[20,21]。

4.2.2　对映选择性富集机制

1. 手性污染物的对映选择性吸收

生物膜独特的磷脂双分子结构具有对手性化合物对映选择性地跨膜吸收的性

质。细胞对许多手性化合物的选择性吸收主要是基于磷脂膜本身的对映选择性，因为脂质双分子膜对手性有机污染物不同对映体有不同的透过率。

2. 手性污染物与酶、功能蛋白的对映选择性作用

大部分进入生物体的污染物都与血浆蛋白质有不同程度的结合。立体选择性结合会特异性地影响血浆中的手性化合物对映体间的比值。白蛋白是血浆中丰度最高的蛋白质，它主要起与酸性药物结合的作用；α_1 酸性糖蛋白（AGP）只占白蛋白总数的 3%，主要与碱性物质结合，对污染物结合的作用的影响也较小。但在一些急性炎症患者体内会观察到随着 AGP 含量的增加，与蛋白质结合的化合物数量也随之增加。有研究显示，血浆蛋白结合的立体选择性随着总结合率的增加而增加。手性化合物不同对映体与蛋白质结合的差异，会引起它们作用效果的变化[17]。

3. 手性污染物的亲脂性

手性持久性有机污染物具有高的 K_{OW}，是亲脂憎水性化合物，易溶于脂肪，因此极易在生物体脂质中蓄积。由于手性污染物在生物体单位脂肪中的蓄积量存在一个饱和度，因此，在生物体内，脂肪含量越高，能够蓄积的手性污染物则越多。

4.3 手性污染物的水生生物富集与放大

4.3.1 浮游类

浮游生物泛指生活于水中而缺乏有效移动能力的漂流生物，分为浮游植物及浮游动物。藻类是水环境的初级生产者，对很多有机污染物具有降解能力。藻类是否可以对映选择性地降解手性污染物对于不同对映体在水环境食物链中的分布至关重要。作为水生食物网中营养层次较低的有机体，浮游动物对于手性污染物的富集过程往往是通过被动扩散吸收进入体内的。

2001 年，Wong 等在美国多处河域开展了手性多氯联苯（polychlorinated biphenyls，PCBs）在藻类和浮游动物体内积累的研究，结果发现，PCB91、95、136 和 149 在 PCBs 污染严重的 Hartwell 湖的藻类中出现非外消旋体特征[22]。Kidd 等对东非马拉维湖浮游食物网（pelagic food web）中有机氯污染物浓度与 $\delta^{13}C$ 和 $\delta^{15}N$ 的关系进行了研究，发现手性 OCPs 中的 DDT 在浮游食物网的生物富集风险显著高于底栖食物网[11]。

张艳伟等研究了盐泽螺旋藻（*Spirulina subsalsa*）和斜生栅藻（*Scendesmus*

obliquus）对 HBCD 3 种异构体（α-、β-和 γ-HBCD）的富集过程，对比分析了异构体的富集、对映体比例、异构体的转化以及代谢产物的差异。研究发现，在盐泽螺旋藻体内 α-HBCD 的富集明显高于 β-和 γ-HBCD；但在斜生栅藻体内，β-HBCD 呈现出最高的生物富集能力，没有发现 β-和 γ-HBCD 转化为 α-HBCD。α-HBCD 具有对映选择性生物富集，而 β-和 γ-HBCD 没有呈现出对映选择性，同时盐泽螺旋藻和斜生栅藻对 α-HBCD 的对映异构体的选择性富集相反。两种藻类表面积、代谢能力、主要成分的差异可以解释它们对 HBCD 富集能力和特征的差异[23]。

4.3.2　贝类

由于很多鱼类有洄游等生活习性，且大量的鱼类生活在远离海岸的海域，所以大量关于手性污染物的环境调查更倾向于使用贝壳类生物作为反映近海海域环境质量的生物指示物。海洋贝类对有机污染物的吸收和富集主要经过 4 种途径：①水环境；②食物；③受污染的底泥；④直接对悬浮颗粒的滤食。Van der Oost 等[24]已经证实，软体动物摄食受污染的食物对有机物的积累效率影响最为重要和明显。贝类摄入胃中富集了有机污染物的藻类和有机碎屑经体内各种酶类转化、吸收，进一步地将其浓缩于脂组织内，即通过食物链富集和放大[25]。利用大量的文献数据对软体动物摄取污染物的速率进行模拟数据表明，其摄取碳氢化合物的速度都大大超过了其代谢速度，而 Bums 和 Smith 等将这个显著的生物富集作用归结于简单的脂质/水平衡模型[26]。对浙江省毗邻海域 5 种双壳类贝类中手性 OCPs 富集、分布及来源的研究发现，贝类对 OCPs 的积累能力明显高于其他海洋生物，这主要是由于贝壳类栖息于潮间带泥滩中，以碎屑为食，吸收并富集了沉积物有机质中大量的有机物。在检测的贝壳类中，僧帽牡蛎（*Saccostrea cucullata*）对于 DDT 的蓄积程度远大于厚壳贻贝（*Mytilus crassitesta*），其体内 DDT 含量是贝类总 DDT 的 63.14%。因此，牡蛎类常被认为比其他贝壳类对于海洋环境污染指示作用更为明显。*ef* 的测定结果表明，除了 *o,p'*-DDD 外，其他纳入研究的手性 OCPs 均存在明显对映体过量现象，其中(−)-α-HCH、(−)-TC、(+)-CC 被优先富集。双壳类生物体内对映体过量现象既可能是因为环境中非外消旋的直接摄入，又或可能是生物体选择性作用的参与，例如生物体内的酶对手性 OCPs 的对映选择性转化和代谢作用[27]。

杜晴等对于浙江毗邻海域海产品中的手性有机污染物研究发现，除了定海港和东极岛的厚壳贻贝（*Mytilus crassitesta*），其余样品中 TC/CC 均>1.17，表明研究海域可能有新的氯丹污染源，这可能与国内有些地区还在以氯丹灭杀白蚁有关[27]。

4.3.3 鱼类

鱼类作为水生生态系统中数量最多的生物体，存在于海洋、湖泊、河流中的各个位置，作为载体将能量从低营养级的生物转移到高营养级，在水生食物链及食物网中起到了非常重要的作用。

在鱼体内产生手性污染物对映选择性积累差异的原因是：①手性污染物发生了对映选择性生物转化；②直接从环境介质（水、悬浮颗粒物、食物）中摄取非外消旋体手性污染物，从而导致鱼类产生对映体过量。与哺乳动物相比，鱼类的细胞色素 P450 酶含量、活性均较低，所以其生物转化能力有限，同时鱼体吸收、消除手性污染物的主要途径（包括通过鳃吸收和排除、饮食摄入以及排泄）是以被动扩散过程为主，从而发生对映选择性积累的可能性较低[6]。2006 年，Wiberg 等发现在北极红点鲑（*Salvelinus alpinus*）的肝脏中手性组分 o,p'-DDT 的对映体构成稳定，在肌肉组织中 S-(+)-o,p'-DDT 对映体优先降解[28]。2009 年，Meng 等监测了我国某一南方城市食用鱼中各 DDT 异构体的残留情况，在 84%的鱼类样品中，o,p'-DDT 的 ef 值均高于 0.5，认为鱼体内优先积累了(+)-o,p'-DDT。而所有 o,p'-DDD 的 ef 值都在 0.005～0.389 之间，均小于 0.5，认为鱼类优先积累了(+)-o,p'-DDT[29]。

2015 年，Corcellas 等首次调查了西班牙伊比利亚河流鱼体中 12 种拟除虫菊酯的残留，结果发现，总拟除虫菊酯的浓度在 12～4938 ng/g 之间，对立体异构体的分析发现，拟除虫菊酯大多以 *cis*-型富集在鱼体中，对映选择性评价结果表明这一现象与河流中存在的特定鱼类物种有关[30]。

对于 α-HBCD 在鱼类体内的对映选择性富集，ef 呈现明显的物种差异性。对(−)-α-HBCD 具有明显富集作用的鱼类包括了比目鱼（*Solea solea*，*Pleuronectus platessa*）、鳕鱼（*Trisopterus luscus*）、鲭鱼（Scombridae）和鳐鱼（Batoidea）等，而明显富集(+)-α-HBCD 的鱼类有鲫鱼（Cypriniformes）、鲮鱼（Leuciscinae）、乌鳢（Channidae）、泥鳅（Cobitoidea）、牙鳕（*Merlangius merlangus*）和鳗鱼（*Anguilla anguilla*）等；在对斑马鱼（*Danio rerio*）的研究中发现，斑马鱼会优先富集(+)-α-HBCD[31]。对于 β-HBCD，研究发现在 7 种鱼类中，只有鳕鱼 ef 值为 0.55，其他 6 种鱼类 ef 值都小于 0.5，表明(−)-β-HBCD 被优先富集[23]；而斑马鱼研究中发现(+)-β-HBCD 被优先富集[31]。张艳伟等研究了 HBCD 对映异构体在鱼体摄食暴露过程中的污染特征，结果在罗非鱼（*Oreochromis niloticus*）体内存在着 β-HBCD 和 γ-HBCD 向 α-HBCD 转化的行为，摄食后，α-和 β-HBCD 没有对映选择性，而 γ-HBCD 的 ef 值上升，出现右旋优先富集结果[23]。

4.3.4　水生食物网研究

食物链是各种生物通过一系列吃与被吃的关系彼此联系起来的序列，错综复杂的海洋食物网由海洋食物链构成。海洋生物的摄食生态是海洋食物网的重要组成部分，它通过揭示海洋食物网的构成情况为海洋环境营养动力学的研究奠定基础。鱼类的摄食生态，包括了鱼类的食物、摄食方式、摄食量和摄入的食物、能量对生命活动的分配这 4 个方面，以及这 4 个方面与环境要素及鱼类形态结构、生理特性的关联性。目前国内外食物网研究主要采用碳、氮稳定同位素分析法。

稳定同位素比值法是根据消费者稳定同位素比值与其食物相应同位素比值相近的原则来判断此生物的食物来源进而确定食物贡献，此方法能比较准确地测定食物网营养层关系。稳定同位素 $^{15}N/^{14}N$ 和 $^{13}C/^{12}C$ 的比值，即 $\delta^{15}N$ 和 $\delta^{13}C$ 计算公式为

$$\delta^{15}N = (\frac{^{15}N/^{14}N_{样品}}{^{15}N/^{14}N_{大气}} - 1) \times 1000$$

$$\delta^{13}C = (\frac{^{13}C/^{12}C_{样品}}{^{13}C/^{12}C_{箭石}} - 1) \times 1000$$

生物营养级计算公式为

$$TL = 1 + \sum_{i=1}^{s}(T_i \times P_i)$$

$$TL = \frac{\delta^{15}N_{样品} - \delta^{15}N_0}{\delta^{15}N_c} + TL_{基线生物}$$

式中，$^{15}N/^{14}N_{大气}$ 为空气中氮同位素比值，$^{13}C/^{12}C_{箭石}$ 为箭石（Peedee Belemnitelime Stone）的碳同位素比值，TL 为营养级，T_i 为饵料的营养级，P_i 为饵料比例，s 为饵料种类，$\delta^{15}N_{样品}$ 为样品的 δ 值，$\delta^{15}N_0$ 为营养等级基线，$\delta^{15}N_c$ 为营养等级富集度。基线生物通常为浮游动物或底栖生物等。

海洋生物暴露于手性污染物的来源主要为海洋环境中的上覆水、间隙水和底泥沉积物，底泥沉积物中的有机物是一些底栖生物如贝壳类的食物主要来源，手性污染物由底泥沉积物经底栖生物进入了海洋生物食物链。长三角濒临东海，其大陆海岸线长，附近海域包含我国最大的渔场——舟山渔场，海产养殖面积巨大，其海产品质量对长三角社会经济的可持续发展以及人体健康都有重大影响。

刘维屏课题组采集了舟山渔场 20 种 5 类海洋生物，通过对这些生物体内 12 种 OCPs 的污染浓度测定和手性 OCPs 对映体过量的测定，系统地评估了典型手性污染物在我国舟山渔场海域的海洋食物网富集及放大作用。所有水生生物中 OCPs

的 *ef* 值如表 4-1 所示。19 种水生生物中有 6 种生物发生了对映选择性富集，其中甲壳动物体内 α-HCH 的 *ef* 值均大于 0.518，说明甲壳类动物选择性地富集了(+)-α-HCH 对映体；而 *o,p'*-DDD 的 *ef* 范围为 0.358～0.564，约 90%的水生生物的 *ef* 小于 0.5，说明这些生物选择性地富集了(–)-*o,p'*-DDD，舟山渔场所有采集生物的 *o,p'*-DDT 的 *ef* 值均小于 0.5，这表明所有研究生物体内都对映选择性地富集了(–)-*o,p'*-DDT[6]。

Warner 等研究了手性 PCBs 的 *ef* 值在北极海洋生物食物网中的分布情况，发现手性 PCBs 在不同营养级的生物体内存在不同的对映选择性。通过取样分析 Superior 湖中的浮游动物和浮游植物体内的 PCBs，发现绝大多数为外消旋体；通过采集北极圈内冰湖中的杂食性桡足类（*Calanus hyperboreus*）生物样品并进行检测，同样发现其体内 PCB91、95 和 149 也均呈外消旋状态，这说明处于食物链底端的这些低级生物对手性 PCBs 的吸收没有对映选择性，也不会对其进行选择性代谢作用；而在高营养级的海鸟（如 *Alle alle*，*Uria lomvia*，*Cepphus grille*，*Fulmarus glacialis*，*Pagophila eburnea*，*Rissa tridactyla*，*Larus hyperboreus*）和圆海豹（*Phoca hispida*）体内，这些 PCBs 则往往呈非外消旋性，表明手性 PCBs 在食物链不同物种间的传递过程中存在对映选择性作用[32]。

Wong 的实验小组测定了美国 Hartwell 湖及支流中一些水生动物体内几种手性 PCBs 的 *ef* 值，发现 PCB91、95、132、136、149、174、176 和 183 在小龙虾（*Procambarus*）、蓝鳃太阳鱼（*Lepomis macrochirus*）、大口黑鲈鱼（*Micropterus salmoides*）、海鸟（*Hirundo rustica*）和水蛇（*Nerodia sipedon sipedon*）等生物体内的 *ef* 值与湖底沉积物中的 *ef* 值之间也有明显的偏差，并且发现在这些生物体内手性 PCBs 的 *ef* 值存在明显的种间差异。这些生物体内检测到的 PCBs 的 *ef* 值偏差，可能与该湖沉积物中的 PCBs 本身的非外消旋存在状态有关，但对映选择性生物代谢的种间差异也在其中起到了很重要的作用[22]。此外，该研究者还报道了 PCB91、95、136、149、174、176 和 183 在苏必利尔湖贝类生物和糠虾（*Mysis relicta*）体内呈显著的非外消旋性。在随后的实验中，作者证实了糠虾排泄 PCB91、95 和 149 时具有对映选择性，这可能是它们对映选择性富集手性 PCBs 的一个重要原因[33]。

张艳伟等调查天津入海口和大黄堡湿地 21 种生物体内的 HBCD 后发现，栖息地和饮食习惯对 HBCD 异构体分布有很大影响，大部分物种优先富集(–)-α-、(–)-β-和(+)-γ-HBCD 对映体，且(–)-α-和总 HBCD 含量随着营养级增加而浓度增大，TMF 约为 2[23]。在北冰洋海洋食物链中，随着生物营养等级的增加，(–)-α-HBCD 的相对分数增加，这一结果表明在 HBCD 的整个食物链传递过程中伴随着(–)-α-HBCD 的优先选择性富集[34]。

表 4-1　舟山渔场水生生物体内手性有机氯农药的对映体分数（数据源自文献[6]）

类别	物种	α-HCH	o,p'-DDD	o,p'-DDT	CC	TC
浮游动物	浮游动物（混样）	0.503±0.003	0.402±0.012	0.389±0.003	ND	ND
大型藻类	坛紫菜	0.507±0.018	0.457±0.005	0.368±0.109	ND	ND
	海带	0.437±0.046	0.379±0.162	0.445±0.131	ND	ND
甲壳动物	鹰爪虾	0.594±0.045	0.455±0.011	0.348±0.023	ND	ND
	红点圆趾蟹	0.589±0.094	0.468±0.012	0.402±0.035	ND	ND
	红星梭子蟹	ND	0.451±0.007	0.272±0.045	ND	ND
	三疣梭子蟹	0.577±0.029	0.461±0.037	0.291±0.089	ND	ND
头足动物	金乌贼	0.495±0.004	0.564±0.079	0.453±0.030	0.484±0.001	0.508±0.039
鱼类	日本鳀鱼	0.496±0.002	0.365±0.016	0.257±0.014	ND	ND
	龙头鱼	0.624±0.067	0.377±0.034	0.248±0.053	ND	ND
	长蛇鲻	0.501±0.008	0.457±0.045	0.338±0.018	ND	ND
	小黄鱼	0.501±0.024	0.358±0.042	0.253±0.081	ND	ND
	绿鳍鱼	0.511±0.020	0.494±0.056	0.433±0.051	0.367±0.064	0.596±0.066
	棘头梅童鱼	0.502±0.026	0.383±0.013	0.335±0.023	ND	ND
	银鲳	0.494±0.013	0.456±0.078	0.265±0.069	ND	ND
	宽体舌鳎	ND	0.548±0.035	0.251±0.065	ND	ND
	鮸鱼	0.451±0.037	0.403±0.031	0.325±0.074	ND	ND
	大西洋带鱼	0.493±0.015	0.371±0.052	0.268±0.048	ND	ND
鲸类	宽吻海豚	0.497±0.008	0.437±0.053	0.198±0.047	ND	ND

注：ND 表示未检出。

4.4　手性污染物陆生生物富集与放大

　　手性污染物可以通过空气吸入、皮肤吸收及摄食低营养级生物的方式被动物吸收，其中一部分手性污染物随动物的新陈代谢活动在动物体内被代谢或排出，另一部分则在动物体各组织器官中富集。在动物体内迁移、代谢、转化及累积等一切涉及生命活动的过程中均可能存在对手性污染物的对映选择性。因此，动物体内对映体分数的变化可被用于评价潜在的生物转化途径和对映体水平的生物活性。目前，对于手性污染物对映异构体水平的陆生食物链（网）的生物富集及放大研究还很有限。

4.4.1　鸟、禽类

　　对 1991～1997 年间在挪威捕获的 8 种鸟类鸟蛋的研究表明，OCPs 虽经过了 30

多年禁用，但手性 o,p'-DDE 仍在捕食类鸟蛋中占 70%～90%，(–)-CC 在不同的鸟蛋中均会出现对映选择性生物积累现象，而氧化氯丹和氯硼烷 B9-1679 在鸟类中的残留对映异构体则没有显著差异。隼（*Falco peregrinus*）和灰背隼（*Falco columbarius*）蛋中(–)-TC 含量很高（*er*=0.01）；TC 在鹫（*Aquila chrysaetos*）、苍鹰（*Accipiter gentilis*）和雀鹰（*Accipiter nisus*）蛋的 *er* 值介于 0.1～0.22 之间 [35]。

Zheng 等研究了土壤、鸡饲料、鸡（*Gallus domesticus*）组织和鸡蛋中手性污染物 HBCD 及其异构体（α-、β-、γ-HBCD）的残留水平。从饲料到鸡肉中 α-HBCD 的累积比（accumulation ratio，AR）在不同组织中有所不同，肝脏中 AR 为 4.27，脂肪中为 11.2，而其他组织中 AR 范围为 7.46～12.9。从饲料到鸡蛋中，α-HBCD 的 AR 和携带污染率（carry-over rate，COR）分别为 22.4 和 0.226。在对映异构体水平上，鸡肉中 α-HBCD 的 *ef* 值显著低于土壤，而鸡肉中 γ-HBCD 的 *ef* 值显著高于土壤；鸡肝脏中 α-HBCD 的 *ef* 值也显著低于鸡蛋。这些结果表明鸡优先富集了(–)-α-HBCD 和(+)-γ-HBCD 对映异构体。对于鸟类的研究还发现 α-HBCD 的对映选择性生物富集存在物种差异，游隼（*Falco peregrinus*）等鸟类优先富集(–)-α-HBCD，而白尾海雕（*Haliaeetus albicilla*）、崖海鸦（*Uria aalge*）等则优先富集(+)-α-HBCD[36]。

4.4.2 蚯蚓、昆虫、大型溞

蚯蚓是食物链底端生物量最大的土著动物之一。由于其在土壤中通过摄食土壤颗粒和水分来富集有机污染物，导致体内有机污染物浓度比环境背景更高，因此，蚯蚓在陆地生态系统食物链传递过程中有着重要作用。2009 年徐冬梅等研究了甲霜灵在赤子爱胜蚓（*Eisenia fedtia*）和土壤中的残留，结果显示，加标土壤中 *ef* 值保持在 0.5，而蚯蚓体内的 *ef* 值大约稳定在 0.6，认为蚯蚓组织中甲霜灵的对映异构体发生了选择性的生物富集[37]。2011 年，该课题组再次研究甲霜灵在赤子爱胜蚓中的积累，发现蚯蚓体内优先富集 *S*-甲霜灵[38]。另一项对 α-氯氰菊酯在赤子爱胜蚓中的富集实验发现，蚯蚓可以选择性的吸收 α-氯氰菊酯（cypermethrin），优先积累(–)-(1*S*-*cis*-α*R*)-对映体[39]。熊康等研究了氰戊菊酯（fenvalerate）在赤子爱胜蚓中生物富集的对映选择性作用，结果发现，外消旋体和 *S*-对映体（顺式，有效活性成分）能够富集到蚯蚓体内，且 *S*-对映体在暴露末期生物富集因子更大[40]。

氟胺氰菊酯（tau-fluvalinate，TFLV）在养蜂业中常作为防治蜂螨的药物，贾琪等研究了 TFLV 不同对映异构体在蜜蜂（Anthophila）以及蜂产品中的立体选择性积累行为。结果发现，采用含 TFLV 混合体的"螨扑条"在蜂箱中挂条施药后，从 0 天开始到 820 天，蜜蜂中的 TFLV 总量基本维持在一个相对稳定的水平上，因为蜜蜂的生命周期较短，新老蜜蜂不断更替，使得 TFLV 在蜜蜂体内不能长期的积累。研究根据 *ef* 值发现蜜蜂中 *R*, *S*-TFLV 和 *R*, *R*-TFLV 2 个异构体含量接近，说明其在蜜蜂体内的积累没有对映选择性，蜂蜡和蜂蜜的检测结果与蜜蜂体内检测结果一致[41]。

Zhao 等以大型溞（*Daphnia magna*）为模式生物，研究了联苯菊酯（bifenthrin）的生物富集对映选择性，发现 1*R*-顺式联苯菊酯的浓度是 1*S*-顺式联苯菊酯的 14～40 倍，说明大型溞对联苯菊酯的生物富集具有明显的对映选择性特征[2]。

4.4.3　哺乳动物

手性农药进入哺乳动物体内后仍存在明显的对映选择性富集。Wiberg 等研究了北极熊（*Ursus maritimus*）食物链中手性污染物 α-HCH 和氯丹的生物富集和放大作用，北极附近的低等生物鳕鱼（*Boreogadus saida*）体内 α-HCH 的 *er* 值接近于 1，α-HCH 以外消旋混合物存于鳕鱼体内。但高等生物北极熊、圆海豹（*Phoca hispida*）体内 α-HCH 的 *er* 值明显高于 1，表明 (+)-α-HCH 更容易在高等生物体内富集；对于氯丹来说，随着营养级的升高，氯丹的 *or* 值变化没有一致的规律性。Klobes 等分析了北极狐（*Alopex Lagopus*）肝脏和北极熊肝脏、脂肪组织中 PCBs、氧化氯丹、DDT 和六氯苯（hexachlorobenzene，HCB）的残留情况。北极狐中残留水平最高的是氧化氯丹，除了残留水平最高的样本外，其他样本中氧化氯丹的 *er* 值都大于 1；北极熊的肝脏组织中氧化氯丹及 *p,p*'-DDD 水平显著高于脂肪组织，而其他有机氯污染物组分在脂肪组织中的浓度均高于肝脏，氧化氯丹、α-HCH、毒杀芬 B8-1413 和 B9-1679 在北极熊组织中的 *er* 值都大于 1[21]。

徐宏宇等分析测定了绵羊（*Ovis aries*）体主要组织器官中 4 种目标手性 PCBs（PCB95、132、149、174）同系物共 8 种对映异构体的浓度水平，发现具有手性结构的 PCB95、132、149 在 30 月龄已育母羊不同组织器官及羊奶中均有检出，3 种同系物的浓度均值大小排序为 PCB149>PCB95>PCB132，其中 PCB174 仅在母羊肝脏和脂肪组织检出，且含量水平显著低于其他 PCBs。各组织器官中手性 PCBs 的分布与累积差异显著，手性 PCBs 的浓度水平和累积作用与这 3 种 PCBs 的 K_{ow} 的大小关系相一致。较高的累积含量出现在脂肪组织和脑中，含量分别为（7.35±0.68）ng/g 干重和（6.17±0.45）ng/g 干重，其次分别为肺、肝脏、心脏、肾脏、肌肉组织及羊奶，最低的含量出现在羊的血液（0.30±0.13）ng/g 干重中。羊体中 PCB95、132 和 149 的 *ef* 均值分别为 0.547±0.060、0.564±0.070 和 0.386±0.081，在全部可检出目标 PCBs 的动物样品中，48% 的 PCB95、56% 的 PCB132 和 81% 的 PCB149 具有非外消旋特征，PCB95 第 1 流出峰、(+)-PCB132 和 (−)-PCB149 最终被对映选择性优先富集[42]。

Kallenborn 等的研究发现，α-HCH 在绒鸭（*Somateria mollissima*）肾脏、肝脏和肌肉组织中有明显的对映选择性积累，特别是肝脏中，几乎只富集(+)-α-HCH 单体。该课题组还分析了德国南部和北部不同地域的狍鹿（*Capreolus capreolus* L.）肝脏内顺式环氧七氯、α-HCH 和氧化氯丹的富集残留情况，并测定了其对映体组成，发现在狍鹿肝脏中(+)-顺式环氧七氯、(−)-α-HCH 及(+)-氧化氯丹被优先对映选择性富集[14,43]。

Ulrich 等通过对实验大鼠喂养含有 α-HCH 的饲料进行暴毒，然后测定α-HCH 在大鼠各个器官中的对映体组成，结果发现大鼠脑部的 *er* 值（2.8～13.5）明显要高于其他组织，这也证明自然样品和实验室模型中的结果有相似性[44]。

4.5 手性污染物的植物富集

植物在生态系统中是初级生产者，其中蔬菜是人类日常食物的重要组成部分，手性污染物在其组织中富集后随着食物链进入人体或植食动物体内，进而影响人类的健康。

手性污染物进入植物，随有机营养成分的迁移而在不同组织中富集，并可能随植物的新陈代谢活动而被代谢。影响手性污染物分布的特征包括：①不同蔬菜由于个体差异，对手性污染物的吸收也不尽相同，一般来说，蔬菜对手性污染物的吸收呈现根菜类>叶类>果实类的趋势；②在同一蔬菜中，由于根、茎、叶等不同组织间的结构和组成差异，对手性污染物的吸收也不同；③在植物的整个生长时期中，手性污染物的浓度也并非固定不变，而是不断变化的[45]。

4.5.1 蔬菜对手性污染物的富集

有研究对温室土壤，番茄、茄子、黄瓜、南瓜、辣椒 5 种蔬菜组织及其周围环境中的 α-HCH、TC、CC、*o,p'*-DDT 和 *p,p'*-DDT 5 种手性 OCPs 的 *ef* 值进行测定，并根据这些手性农药的对映体特性判断 OCPs 的源汇。研究发现，番茄组织中α-HCH 的 *ef* 值均大于 0.5，果实为 0.55，叶子为 0.98，茎为 0.85，根为 0.85，而土壤中 α-HCH 的 *ef* 值为 0.45，由此可见，番茄组织易富集(+)-α-HCH。番茄土壤和组织中 *o,p'*-DDT 的 *ef* 值分别为 0.49±0.01 和 0.68±0.12，土壤和番茄组织中 *o,p'*-DDD 的 *ef* 值分别为 0.655±0.025 和 0.56±0.08，说明番茄组织及土壤较易富集(+)-*o,p'*-DDT 和(+)-*o,p'*-DDD。番茄根、茎中 TC 和 CC 的 *ef* 值均小于 0.5，(−)-TC 和(−)-CC 更易富集在番茄的这两种组织中[46]。温室蔬菜样品有机氯农药的 *ef* 值如表 4-2 所示。

表 4-2　温室蔬菜样品有机氯农药的 *ef* 值（数据源自文献[46]）

	α-HCH	*o,p'*-DDD	TC	CC	*o,p'*-DDT
番茄果实	0.55	0.64	ND	ND	0.68
番茄叶子	0.98	0.48	0.74	0.22	0.69
番茄茎	0.85	0.58	0.31	0.27	0.80
番茄根	0.85	0.50	0.30	0.14	0.56
番茄根际土	0.45	0.68	0.49	0.47	0.48
番茄非根际土	0.45	0.63	0.49	0.47	0.50
茄子果实	ND	0.55	0.34	0.39	0.52
茄子叶子	0.77	0.47	0.68	0.30	0.43
茄子茎	0.56	0.58	0.45	0.44	0.34
茄子根	0.46	0.62	0.30	0.73	0.66
茄子根际土	0.27	0.79	0.49	0.50	0.46
茄子非根际土	0.35	0.76	0.50	0.49	0.55
黄瓜果皮	0.58	0.12	ND	0.42	ND
黄瓜果实	0.38	0.44	0.60	0.46	0.53
黄瓜叶子	0.94	a	0.29	0.36	0.44
黄瓜茎	0.59	a	0.74	0.67	0.62
黄瓜根	0.68	0.48	ND	0.30	0.92
黄瓜根际土	0.55	0.56	0.49	0.50	0.31
黄瓜非根际土	0.38	0.58	0.49	0.50	0.37
南瓜果皮	0.59	0.59	0.27	0.38	0.55
南瓜果肉	0.54	0.57	0.22	0.44	0.39
南瓜叶子	0.88	0.53	0.61	0.23	0.55
南瓜茎	0.51	0.45	0.51	0.54	0.52
南瓜根	0.66	0.43	0.44	0.51	0.49
南瓜根际土	0.39	0.64	0.49	0.52	0.68
南瓜非根际土	0.31	0.58	0.49	0.51	0.71
辣椒叶子	0.87	0.57	0.67	0.39	0.57
辣椒茎	0.51	ND	0.62	0.25	0.54
辣椒根	0.37	0.47	a	a	0.29
辣椒根际土	0.60	0.12	0.49	0.50	0.52
辣椒非根际土	0.45	0.26	0.54	0.48	0.60

注：ND 表示未检出；a 表示残留量为 0。

番茄叶子及其温室空气气态、颗粒态中 α-HCH 的 *ef* 值分别为 0.98、0.78 和 0.93，其值均大于 0.8，说明番茄叶子中 α-HCH 部分来源于大气沉降，且易富集

(+)-α-HCH；土壤和大气颗粒态中的 TC 和 CC 对映体比值为 0.49±0.02，TC 和 CC 的土壤-大气交换逸度商分别为 0.84±0.03 和 0.55±0.02，CC 在土壤和大气间存在交换平衡，而 TC 以土壤挥发为主。茄子土壤、根、茎、叶子中 α-HCH 的 ef 值依次递增，茄子根部 α-HCH 的 BCF 值为 1.09±0.87，可见茄子中 α-HCH 主要是通过根从土壤中吸收并迁移到其他组织中。黄瓜叶子及其温室大气颗粒态中 α-HCH 的 ef 值均大于 0.8，说明黄瓜叶子中的 α-HCH 可能主要来源于大气沉降，且易富集 (+)-α-HCH；土壤及大气颗粒态中 TC 的 ef 值相似，表明土壤和大气间的交换以土壤挥发为主。

戴守辉等分析测定了 PCB91、95、136、149、176 和 183 6 种手性 PCBs 在水生植物莲藕组织的对映选择性富集情况。结果发现，6 种手性 PCBs 的富集浓度在莲藕生长 60 天时达到最大，且富集总量在莲藕生长 120 天时趋于平稳。其中，PCB91、95 和 136 在池塘和盆栽实验中的荷茎、荷叶以及莲藕中都发生了对映选择性富集行为，对映选择性富集差异大小依次为 PCB136≈PCB91<PCB95，其中(−)-PCB136、(−)-PCB95 和(−)-PCB91 等对映体被选择性富集。同时，莲藕中 PCB149、176 和 183 也存在对映选择性降解行为，但其对映选择性差异不明显。6 种手性 PCBs 在水体和底泥环境中的对映选择性富集行为均不明显[47]。

4.5.2 树皮对手性污染物的富集

树皮由于其本身具有生物富集的优良特性，经常被用作大气中持久性有机污染物的被动采样器，其中持久性有机物的残留水平能很好地反映大气中该类物质的污染状况。刘维屏课题组[48]对我国农田土壤及周边树皮中的具有结构多样性的污染物残留和分布特征进行了调查，研究了不同环境中手性污染物的对映体差异，进一步解释了影响残留特征的关键因素。

结果发现我国农田树皮中 α-HCH 的 ef 值范围在 0.143～0.995 之间，全国平均值为 0.655（图 4-2）。大部分树皮样品 α-HCH 的 ef 值均偏离 0.5，表明这些样品中 HCH 是由历史使用造成的残留。另外，在 α-HCH 脂含量校正浓度较高的地区，研究发现(+)-对映体会优先富集，这可能是由于高浓度的 α-HCH 诱导了微生物的对映选择性降解。研究认为，相对于直接从土壤根部吸收或被树皮上微生物对映选择性降解等方式来说，长期从土壤中挥发、进而通过干湿沉降富集是影响树皮中 HCH 对映体特征的主要因素。我国大部分地区树皮中 o,p′-DDT 的 ef 值都偏离 0.5（图 4-3），说明除少数地区 DDT 可能有新的来源外，其他大部分地区农田树皮中 DDT 都是由历史使用造成的残留。68.1%样品中 o,p′-DDT 的 ef 值小于 0.5，即在大多数树皮中，(−)-o,p′-DDT 会选择性富集，而(+)-o,p′-DDT 则会优先被降解。这与研究采集的土壤样品中 o,p′-DDT 的对映体特征是相符的。说明大气中 o,p′-DDT

的对映体特征主要受土壤二次源挥发的影响，并通过大气沉降作用在树皮上进行富集。

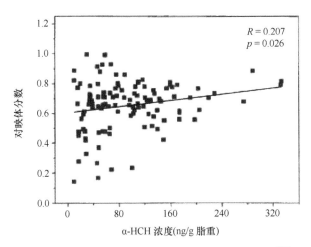

图 4-2　我国农田周边树皮中 α-HCH 对映体分数[47]

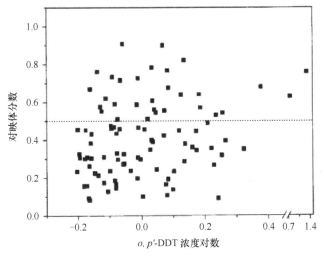

图 4-3　我国农田周边树皮中 o,p'-DDT 对映体分数[47]

4.6　手性污染物的人体富集

　　手性环境污染物暴露对人群的潜在健康风险是全球性的重要课题。不同污染物会在生产、流通及使用过程中释放到环境中，在环境介质、动植物以及人体中富集、转化及代谢，污染物低剂量长期的人体暴露会带来潜在的健康风险。持久性有机污染物具有高毒、持久、生物富集性、长距离迁移性，并具有内分泌干扰效应，在食物链（网）传递中会放大从而对高营养级的人类健康产生影响。由于水生食物链（网）对于持久性有机污染物的生物富集能力强，而人群对水产品的膳食依赖可能会使污染物在体内富集，美国食品药品监督管理局的报告中建议，孕期妇女应该食用特定数量和种类的鱼，以防止通过食用海产品而富集的环境污染物对下一代产生健康风险[49]。

刘维屏课题组对浙江舟山嵊泗群岛母婴人群进行了手性污染物的调查，采集了人群的脐带血及母初乳样本，并进行了 DDT 总量、代谢产物及对映异构体的检测分析。研究中对具有手性结构的 DDT 异构体进行了对映体检测，发现脐血中 o,p'-DDT 的 ef 值范围为 0.477～0.638，84%样品的 ef 值高于 0.5，表明脐血中优先富集(+)-o,p'-DDT；而对于 o,p'-DDD，92%的 ef 值小于 0.5，平均 ef 值为 0.465±0.031，表明脐血中优先富集(–)-o,p'-DDD[50]。母初乳中 o,p'-DDT 的 ef 平均值为 0.686±0.069，表明母乳中优先富集(+)-o,p'-DDT；对于初乳中 o,p'-DDD，93.7%的 ef 值小于 0.5，平均 ef 值为 0.289±0.086，表明母初乳中优先富集(–)-o,p'-DDD[51]。脐带血中和母初乳中 o,p'-DDT 和 o,p'-DDD 的 ef 值分布如图 4-4 和图 4-5 所示。

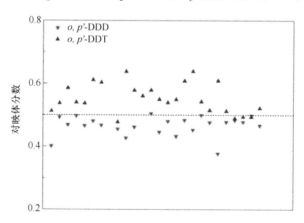

图 4-4　舟山嵊泗群岛母婴人群脐带血中 o,p'-DDT 和 o,p'-DDD 的对映体分数[50]

2003 年，Chu 等研究了手性 OCPs 和 PCBs 在人体肌肉、肝脏、脑、肾脏组织中的分布，结果发现，α-HCH 在肝脏中以外消旋混合物形式存在，PCB95、132 和 149 在肌肉、肾脏和脑中表现为外消旋和近似外消旋混合物，而其在肝脏中却具有显著的对映选择性富集偏差[52]。2008 年，西班牙一项孕期妇女研究分析了 10 种手性 PCBs 在母乳中的残留。结果发现，PCB91、95 和 149 在所有样本中均近似外消旋体，PCB84 和 174 在超过一半的样品中以近似外消旋体形态存在。然而，

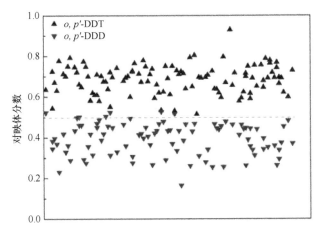

图 4-5　舟山嵊泗群岛母婴人群母初乳中 *o,p*'-DDT 和 *o,p*'-DDD 的对映体分数[51]

(+)-PCB132、(+)-PCB135、(+)-PCB171、(+)-PCB176 和(+)-PCB183 被优先富集，表现出了明显的对映选择性；这一结论在德国和瑞典的人群研究中也得以证实[53-55]。2015 年，Megson 等检测了 PCB95 和 149 在变压器拆解厂工人血清中的含量。这 2 种手性污染物在血清中的 *ef* 值在 0.41～0.91 和 0.21～0.48 之间，主成分分析认为工人的工龄是影响暴露差异的主要因素之一[56]。

参 考 文 献

[1] Williams A. Opportunities for chiral agrochemicals. Pesticide Science, 1996, 46(1): 3-9.

[2] Zhao M, Wang C, Liu K K, Sun L W, Liu W P. Enantioselectivity in chronic toxicology and accumulation of the synthetic pyrethroid insecticide bifenthrin in *Daphnia magna*. Environmental Toxicology and Chemistry, 2009, 28(7): 1475-1479.

[3] Ma Y, Gan J, Liu W. Chiral pesticides and environmental safety. ACS Symposium Series, 2011, 1085: 97-106.

[4] Huehnerfuss H, Shah M R. Enantioselective chromatography——A powerful tool for the discrimination of biotic and abiotic transformation processes of chiral environmental pollutants. Journal Chromatography A, 2009, 1216(3): 481-502.

[5] Mackintosh C E, Maldonado J, Jing H W, Natasha H, Audrey C, Michael G I, Frank A P C G. Distribution of phthalate esters in a marine aquatic food web: Comparison to polychlorinated biphenyls. Environmental Science & Technology, 2004, 38(7): 2011-2020.

[6] 童璐. 舟山渔场水生生物中有机氯农药的积累、放大及分配行为研究. 杭州: 浙江工业大学硕士学位论文, 2014.

[7] Ye J, Zhao M, Liu J, Liu W P. Enantioselectivity in environmental risk assessment of modern chiral pesticides. Environmental Pollution, 2010, 158(7): 2371-2383.

[8] Fisk A T, Hobson K A, Norstrom R J. Influence of chemical and biological factors on trophic transfer of persistent organic pollutants in the north water polynya marine food web.

Environmental Science & Technology, 2001, 35(8): 732-738.

[9] Zhang Y, Sun H, Liu F, Dai Y Y, Qin X B, Ruan Y F, Zhao L J, Gan Z W. Hexabromocyclododecanes in limnic and marine organisms and terrestrial plants from Tianjin, China: Diastereomer- and enantiomer-specific profiles, biomagnification, and human exposure. Chemosphere, 2013, 93(8): 1561-1568.

[10] Olsson A, Valters K, Burreau S. Concentrations of organochlorine substances in relation to fish size and trophic position: A study on perch (*Perca fluviatilis* L.). Environmental Science & Technology, 2000, 34(23): 4878-4886.

[11] Kidd K A, Bootsma H A, Hesslein R H, Muir D C G, Hecky R E. Biomagnification of DDT through the benthic and pelagic food webs of Lake Malawi, East Africa: Importance of trophic level and carbon source. Environmental Science & Technology, 2001, 35(1): 14-20.

[12] Lee W Y, Iannucci-Berger W A, Eitzer B D, White J C, Mattina M I. Plant uptake and translocation of air-borne chlordane and comparison with the soil-to-plant route. Chemosphere, 2003, 53(2): 111-121.

[13] Oehme M, Kallenborn R, Wiberg K, Rappe C. Simultaneous enantioselective separation of chlordanes, a nonachlor compound, and *o,p′*-DDT in environmental-samples using tandem capillary columns. Journal of High Resolution Chromatography, 1994, 17(8): 583-588.

[14] Kallenborn R K, Hunherfuss H, Konig W A. Enantioselective metabolism of (+/−)-α-hexachlorocyclohexane in organs of the Eider duck. Angewandte Chemie-International Edition in English, 1991, 30(3): 320-321.

[15] Yang D, Li X, Tao S, Wang Y Q, Cheng Y, Zhang D Y, Yu L C. Enantioselective behavior of alpha-HCH in mouse and quail tissues. Environmental Science & Technology, 2010, 44(5): 1854-1859.

[16] 刘维屏, 马云. 手性持久性有机污染物的对映选择性行为及健康风险. 杭州: 第二届环境污染防治应用技术交流会, 2010: 1-4.

[17] 刘维屏, 马云, 徐超, 甘剑英. 手性持久性污染物对映选择性环境化学与毒理学差异. 北京: 有机污染物环境化学前沿与环境可持续发展战略研讨会, 2006: 20-22.

[18] 马云. 典型手性除草剂 2,4-滴丙酸和异丙甲草胺的对映体拆分及选择性环境行为研究. 杭州: 浙江大学博士学位论文, 2005.

[19] 王春霞, 朱利中, 江桂斌. 环境化学学科前沿与展望. 北京: 科学出版社, 2011.

[20] Xue M, Shen G, Yu J, Zhang D Y, Lu Z J, Wang B, Lu Y, Cao J, Tao S. Dynamic changes of α-hexachlorocyclohexane and its enantiomers in various tissues of Japanese Rabbits (*Oyctolagus cuniculus*) after oral or dermal exposure. Chemosphere, 2010, 81(11): 1486-1491.

[21] Wiberg K, Letcher R J, Sandau C D, Norstrom R J, Tysklind M, Bidleman T F. The enantioselective bioaccumulation of chiral chlordane and alpha-HCH contaminants in the polar bear food chain. Environmental Science & Technology, 2000, 34(13): 2668-2674.

[22] Wong C S, Garrison A W, Smith P D, Foreman W T. Enantiomeric composition of chiral polychlorinated biphenyl atropisomers in aquatic and riparian biota. Environmental Science & Technology, 2001, 35(12): 2448-2454.

[23] 张艳伟. 六溴环十二烷异构体及其对映体的环境分布与生物富集. 天津: 南开大学博士学位论文, 2014.

[24] Van der Oost R, Heida H, Opperhuizen A. Polychlorinated biphenyl congeners in sediments, plankton, molluscs, crustaceans, and eel in a freshwater lake: Implications of using reference

chemicals and indicator organisms in bioaccumulation studies. Archives of Environmental Contamination and Toxicology, 1988, 17(6): 721-729.

[25] 沈新强, 李磊. 累积性环境污染因子在海洋贝类体内的生物累积研究进展. 海洋湖沼通报, 2011, 2: 27-34.

[26] US Department of Commerce National Oceanic and Atmospheric Administration. NOAA Technical memorandum NOS ORCA; 95. Maryland: Silver Spring, 1995.

[27] 杜晴. 浙江毗邻海域生物体内有机氯农药的残留及对映体特征分析. 杭州: 浙江工业大学硕士学位论文, 2012.

[28] Wiberg K, Andersson P L, Berg H, Olsson P, Haglund P. The fate of chiral organochlorine compounds and selected metabolites in intraperitoneally exposed arctic char (*Salvelinus alpinus*). Environmental Toxicology and Chemistry, 2006, 25(6): 1465-1473.

[29] Meng X, Guo Y, Mai B, Zeng E Y. Enantiomeric signatures of chiral organochlorine pesticides in consumer fish from South China. Journal of Agricultural and Food Chemistry, 2009, 57(10): 4299.

[30] Corcellas C, Eljarrat E, Barceló D. First report of pyrethroid bioaccumulation in wild river fish: A case study in Iberian river basins (Spain). Environment International, 2015, 75: 110-116.

[31] Du M, Lin L, Yan C, Zhang X. Diastereoisomer- and enantiomer-specific accumulation, depuration, and bioisomerization of hexabromocyclododecanes in zebrafish (*Danio rerio*). Environmental Science & Technology, 2012, 46(20): 11040-11046.

[32] Warner N A, Norstrom R J, Wong C S, Fisk A T. Enantiomeric fractions of chiral polychlorinated biphenyls provide insights on biotransformation capacity of arctic biota. Environmental Toxicology and Chemistry, 2005, 24(11): 2763-2767.

[33] Warner N A, Wong C S. The freshwater invertebrate *Mysis relicta* can eliminate chiral organochlorine compounds enantioselectively. Environmental Science & Technology, 2006, 40(13): 4158-4164.

[34] 罗孝俊, 吴江平, 陈社军, 麦碧娴. 多溴联苯醚、六溴环十二烷和得克隆的生物差异性富集及其机理研究进展. 中国科学: 化学, 2013: 291-304.

[35] Herzke D, Kallenborn R, Nygard T. Organochlorines in egg samples from Norwegian birds of prey: Congener-, isomer- and enantiomer specific considerations. Science of the Total Environment, 2002, 291(1-3): 59-71.

[36] Zheng X, Qiao L, Sun R, Luo X J, Zheng J, Xie Q L, Sun Y X, Mai B X. Alteration of diastereoisomeric and enantiomeric profiles of hexabromocyclododecanes (HBCDs) in adult chicken tissues, eggs, and hatchling chickens. Environmental Science & Technology, 2017, 51(10): 5492-5499.

[37] Xu P, Liu D, Diao J, Lu D, Zhou Z Q. Enantioselective acute toxicity and bioaccumulation of benalaxyl in earthworm (*Eisenia fedtia*). Journal of Agricultural and Food Chemistry, 2009, 57(18): 8545-8549.

[38] Xu P, Diao J, Liu D, Zhou Z Q. Enantioselective bioaccumulation and toxic effects of metalaxyl in earthworm *Eisenia foetida*. Chemosphere, 2011, 83(8): 1074-1079.

[39] Diao J, Xu P, Liu D, Lu Y L. Enantiomer-specific toxicity and bioaccumulation of alpha-cypermethrin to earthworm *Eisenia fetida*. Journal of Hazardous Materials, 2011, 192(3): 1072-1078.

[40] 熊康. 溴敌隆、氰戊菊酯和哌虫啶三种农药对蚯蚓的毒性和生物富集研究. 杭州: 浙江大学硕士学位论文, 2015.

[41] 贾琪. 氟胺氰菊酯的立体选择性毒性及蓄积行为研究. 北京: 中国农业科学院硕士学位论文, 2015.

[42] 许宏宇. 典型手性多氯联苯 (PCBs) 分析方法及其在环境介质中的分布和对映体特征. 济南: 山东大学博士学位论文, 2011.

[43] Pfaffenberger B, Hardt I, Huhnerfuss H, Konig W A, Rimkus G, Glausch A, Schurig V, Hahn J. Enantioselective degradation of alpha-hexachlorocyclohexane and cyclodiene insecticides in roe-deer liver samples from different regions of Germany. Chemosphere, 1994, 29(7): 1543-1554.

[44] Ulrich E M, Willett K L, Caperell-Grant A, Bigsby R M, Hites R A. Understanding enantioselective processes: A laboratory rat model for alpha-hexachlorocyclohexane accumulation. Environmental Science & Technology, 2001, 35(8): 1604-1609.

[45] 陈周银. 传统种植和温室种植条件下蔬菜中有机氯农药的分布特征研究. 杭州: 浙江工业大学硕士学位论文, 2013.

[46] 尹文华. 典型温室蔬菜中有机氯农药的分布特征研究. 杭州: 浙江工业大学硕士学位论文, 2011.

[47] 戴守辉. 手性多氯联苯在莲藕体内的对映选择性富集行为研究. 北京: 中国农业科学院硕士学位论文, 2012.

[48] 牛丽丽. 我国农田土壤和周边树皮中持久性有毒物质的残留特征及健康风险. 杭州: 浙江大学博士学位论文, 2015.

[49] U.S. Food and Drug Administration and Environmental Protection Agency. Fish: What Pregnant Women and Parents Should Know. 2018-6-28. https://www.epa.gov/sites/production/files/2017-01/documents/draft-fish-advice-june-2014.pdf.

[50] Xu C, Yin S, Tang M, Liu K, Yang F X, Liu W P. Environmental exposure to DDT and its metabolites in cord serum: Distribution, enantiomeric patterns, and effects on infant birth outcomes. Science of Total Environment, 2017, 580: 491-498.

[51] Xu C, Tang M, Zhang H, Zhang C L, Liu W P. Levels and patterns of DDTs in maternal colostrum from an island population and exposure of neonates. Environmental Pollution, 2016, 209: 132-139.

[52] Chu S, Covaci A, Schepens P. Levels and chiral signatures of persistent organochlorine pollutants in human tissues from Belgium. Environmental Research, 2003, 93(2): 167-176.

[53] Bordajandi L R, Abad E, Jose Gonzalez M. Occurrence of PCBs, PCDD/Fs, PBDEs and DDTs in Spanish breast milk: Enantiomeric fraction of chiral PCBs. Chemosphere, 2008, 70(4): 567-575.

[54] Glausch A, Hahn J, Schurig V. Enantioselective determination of chiral 2,2',3,3',4,6'-hexachlorobiphenyl (PCB 132)in human milk samples by multidimensional gas chromatography/electron capture detection and by mass spectrometry. Chemosphere, 1995, 30(11): 2079-2085.

[55] Blanch G P, Glausch A, Schurig V. Determination of the enantiomeric ratios of chiral PCB 95 and 149 in human milk samples by multidimensional gas chromatography with ECD and MS (SIM) detection. European Food Research and Technology, 1999, 209(3-4): 294-296.

[56] Megson D, Focant J F, Patterson D G, Robson M, Lohan M C, Worsfold P J, Comber S, Kalin R, Reiner E, O'Sullivan G. Can polychlorinated biphenyl (PCB) signatures and enantiomer fractions be used for source identification and to age date occupational exposure? Environment International, 2015, 81: 56-63.

第 5 章　微生物降解手性污染物的对映选择性

本章导读

- 介绍微生物对手性污染物对映选择性降解动力学的研究方法。
- 针对几类典型手性农药和工业品,介绍国内外学者在土壤微生物对手性污染物的对映选择性降解上的研究进展。
- 介绍水体微生物对几类典型手性污染物的对映选择性降解。
- 集中讨论土壤和水体中影响微生物对手性污染物对映选择性降解的关键因素。

微生物降解和代谢是有机污染物在环境中消散的最重要环节之一。目前,已证实对有机物有降解作用的微生物种群包括细菌、真菌、藻类等。在污染修复领域内,微生物降解与其他方法相比具有成本低、效率高、无二次污染、生态恢复性好等优点,是当前国内外的热点研究领域,已成为国际上正在发展的一项新型环保产业。手性污染物由于立体结构不同,存在 2 个或多个对映异构体。微生物及其酶是典型的手性环境,因此手性污染物的微生物代谢有明显的对映选择性。本章在简要介绍微生物转化基本过程的基础上,综合分析了近年来国内外学者关于手性污染物在环境中被微生物降解过程的选择性研究进展,为明确这类化合物的环境安全提供参考。

5.1　手性污染物的对映选择性降解机理及动力学研究方法

近年来,国内外关于微生物对手性污染物的立体选择性降解研究日益受到人们的关注,特别是农药类化合物。手性农药在环境中降解一般包括非酶促过程(如光解、水解等,通常没有对映选择性)和酶促过程(通常具有手性对映选择性)。目前研究发现,水解、光解等非生物作用不会使手性农药产生立体选择性行为,手性对映异构体的选择性通常只发生在生命进程中。因此只有生物的降解代谢过程才能影响手性农药不同对映体在环境中残留与组成。天然水体、土壤和污泥等环境中的微生物是手性农药进行对映选择性降解的主力军。大量研究已证实手性药物的微生物降解具有对映选择性。手性农药的对映体差异性会导致不同对映体的微生物降解速率不同，这也意味着手性农药的一个光学异构体可能比另一个异构体的环境持久性更强。

微生物降解手性污染物过程中所发生的对映选择性并不是偶然而是必然的，就对映选择性代谢而言，吸收以及降解过程中的生物转运与生物转化过程都可使手性化合物产生对映选择性。微生物对手性农药的对映选择性代谢可能是多种原因的结果：①有多种对映选择性酶共同起作用，每种酶只特异性转化手性农药的一种光学异构体；②不同对映异构体能够被同一种酶转化，但是每种异构体的转化速率不同；③一种酶能够降解不同的手性对映异构体，但是会优先降解其中一个对映体，当这个对映体完全降解后才开始降解其他对映体；④一个手性对映异构体被一种酶选择性降解的同时，另一个异构体被异构酶异构化。

手性农药在生态环境中的降解动力学过程是非常复杂的。研究表明，手性污染物的生物降解速率与其浓度有关，降解速率与时间的关系可用下述方程来表示：

$$-dC/dt = k \cdot C^n \tag{5-1}$$

式中，n 为反应级数；C 为浓度；k 为降解速率常数。

当式（5-1）n 为 1 时，降解为一级反应，即降解速率等于降解速率的常数和基质浓度的乘积，可表示为公式（5-2）。

$$C = C_0 \cdot e^{-kt} \tag{5-2}$$

式中，C 为降解过程中农药的浓度；C_0 为初始浓度；k 为降解速率常数；t 为降解时间。

公式（5-2）经过推导可得出公式（5-3），表明农药的浓度对数与农药降解的时间呈线性关系，进而可得到农药降解的半衰期公式（5-4）。

$$\ln(C/C_0) = -kt \tag{5-3}$$

$$t_{1/2} = \ln(2/k) \tag{5-4}$$

两个异构体的浓度总和即手性农药的浓度，因此得出手性农药模拟降解的一般动力学方程如下：

$$er = C_1/C_2 = e^{-(k_1-k_2)t} \tag{5-5}$$

另外，通过对映体分析方法，也可评估手性污染物的生物降解程度。手性化合物生物降解中的浓度变化与对映体组成之间可通过富集因子 ε_{er} 建立起相关关系：

$$\ln\left(\frac{er_t}{er_0}\right) = \varepsilon_{er} \cdot \ln\left[\frac{C_t}{C_0} \cdot \frac{(1+er_0)}{(1+er_t)}\right] \tag{5-6}$$

式中，er_0、er_t 分别表示降解开始以及降解至 t 时化合物的 er 值；C_0、C_t 分别表示降解开始以及降解至 t 时化合物的浓度。通过做线性相关关系，即可得到 ε_{er} 的值。

er 值对映选择性（es）计算公式为

$$es = \varepsilon_{er} / (\varepsilon_{er} + 2) \tag{5-7}$$

通过手性农药的 ef 值的变化，也可估算微生物对其的降解率。生物降解率（B）可由以下公式计算：

$$B(\%) = \left\{ 1 - \left\{ \frac{ef_0}{ef_t} \times \left[\frac{ef_0(1-ef_t)}{ef_t(1-ef_0)} \right]^{-1/2\left(\frac{1+es}{es}\right)} \right\} \right\} \times 100 \tag{5-8}$$

根据以上阐述的关于手性化合物微生物降解的基本观点和动力学研究方法，国内外学者针对手性农药在土壤和水体中的微生物降解过程和机理开展了大量研究。相比于有机氯杀虫剂较长的半衰期，一些手性农药如除草剂、杀菌剂以及菊酯类和有机磷杀虫剂具有容易降解代谢的特点，是国内外在研究微生物对手性污染物对映选择性降解中较好的模式化合物。为了区别于第 3 章的内容，本章重点介绍实验室内土壤和水体微生物对上述手性化合物的对映选择性降解研究。

5.2　手性除草剂在土壤微生物降解过程中的对映选择性

5.2.1　苯氧羧酸类除草剂

苯氧羧酸类除草剂是一类典型的手性化合物，它们是在 α 碳位上带有取代基的羧酸类除草剂，主要代表化合物有 2,4-滴丙酸（dichlorprop）和 2-甲-4-氯丙酸（mecoprop）。它们具有水溶性和强酸性的特点，因此大多游离于环境之外，不容易被土壤吸附，且有轻微的积累倾向。苯氧羧酸类除草剂在环境中的半衰期比较长，存在迁移性，虽然这类化合物在土壤中也可被光解，但其消解仍以微生物降解为主。

关于手性苯氧羧酸类除草剂在微生物降解过程中的对映选择性研究较多，最经典的应为 Lewis 等[1]于 1999 年在 *Nature* 上发表的研究。他们在巴西农场土壤、挪威高原土地和美国森林土壤中多次进行了实验室模拟和自然环境降解实验，发现在所有土壤基质中甲基丙酸（methylpropanoic acid）均能快速脱甲基而生成 2,4-滴丙酸，且 S-对映体的消解比 R-对映体更迅速、半衰期更短。随后，Garrison[2]也同样发现了 2,4-滴丙酸在土壤中的立体选择性降解，S-对映体在正常土壤中降解速率快于 R-对映体，但将实验土壤灭菌后，则观察不到明显的对映选择性降解，说明 2,4-滴丙酸在土壤中的立体选择性降解是由土壤微生物造成的。Messina 等[3]为了研究 2,4-滴丙酸在土壤中的立体选择性降解过程，建立了利用毛细管电泳法对

2,4-滴丙酸外消旋体及其对映体进行分离和分析的方法。之后将外消旋 2,4-滴丙酸在室温下于土壤中培养一段时间,利用上述方法对 2,4-滴丙酸在土壤中的对映选择性降解进行分析检测,发现 S-对映体降解速率更大,而 R-2,4-滴丙酸在土壤中的持久性更强。与 Lewis 等、Garrison 和 Messina 等的研究结果相似,Schneiderheinze 等[4]同样也发现 S-2,4-滴丙酸和 S-2-甲-4-氯丙酸在土壤中更容易被降解。与上述发现略有不同的是,Romero 等[5]将 2,4-滴丙酸和 2-甲-4-氯丙酸的外消旋体及其对映体加入 3 种不同土壤中培养一段时间,发现不同性质的土壤对 2,4-滴丙酸和 2-甲-4-氯丙酸的对映体降解存在显著差异,在盐土和沙土中,2 种化合物的 S-对映体降解速率慢于 R-对映体,然而在黏土中 S-2,4-滴丙酸、S-2-甲-4-氯丙酸的降解则快于各自的 R-对映体,单一 R-对映体在土壤中的降解速率为外消旋体混合消解中 R-对映体降解速率的 1/3。Harrison 等的研究发现在反硝化条件下,2-甲-4-氯丙酸的 R-对映体可快速降解,而 S-对映体含量则保持不变,只有当 R-对映体彻底降解后,S-对映体才开始降解;而在有氧条件下,S- 和 R-对映体的降解速率分别为 1.90 mg/(L·d) 和 1.32 mg/(L·d)。同样,张冬冬[6]的研究发现,不同土壤对 2,4-滴丙酸的对映选择性降解方向和程度均有所不同:在非灭菌条件下,森林土和菜地土中 2,4-滴丙酸的 R-对映体被优先降解,而水稻土中则是 S-对映体被优先降解,试验田土中该化合物则没有表现出明显的对映选择性;然而在灭菌条件下,2,4-滴丙酸在 4 种类型土壤中均没有表现出对映选择性,验证了 2,4-滴丙酸的非生物降解过程不会产生对映体分馏(图 5-1)。

土壤环境较为复杂,为了进一步摸清和了解手性农药环境降解过程中起关键作用的微生物种类,近年来,科学工作者们一直致力于高效降解菌株的筛选和鉴定。在降解原理方面,Kohler 提出[7],微生物对 2,4-滴丙酸的对映选择性降解主要可通过两种途径实现,一是由微生物对不同对映选择性吸收引起,另外一种是由细胞内相关降解酶有选择性地代谢引起(图 5-2)。到目前为止,已经筛选出可降解苯氧羧酸类除草剂的微生物有数种,实验表明这些菌类对苯氧羧酸类除草剂均有较好的降解效果。

Park 等[8]从土壤中分离了 9 种可降解 2,4-滴丙酸的细菌菌株,这些菌群都能以 2,4-滴丙酸为唯一碳源生长。其中 DP522 菌株可对 2,4-滴丙酸表现出明显的选择性降解,S-2,4-滴丙酸被优先降解。德国的 Zipper 小组[9]从土壤中分离出了以 2-甲-4-氯丙酸为唯一碳源的 Sphingomonas herbicidovorans MH 细菌,并利用该细菌对 2-甲-4 氯丙酸进行对映选择性降解研究。在该微生物的作用下,S-对映体被迅速降解,而 R-对映体降解速率较慢,研究者们推测是 Sphingomonas herbicidovorans MH 细菌中催化不同对映体降解的特定的酶活力不同造成的。这一结论被进一步证实;

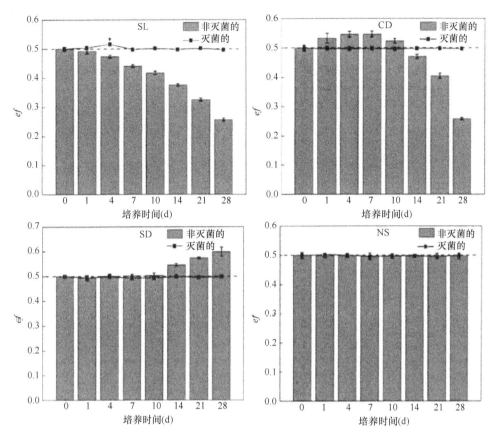

图 5-1　2,4-滴丙酸降解过程中的对映体分数（*ef*）的变化

SL：森林土；CD：菜地土；SD：水稻土；NS：试验田土

以 *S*-2-甲-4 氯丙酸为碳源培养的 MH 细菌的静息细胞可选择性降解 *S*-对映体而不是 *R*-对映体，而以 *R*-2-甲-4-氯丙酸为碳源培养的 MH 细菌的静息细胞则可选择性代谢 *R*-对映体，但也可低速转化 *S*-对映体。在随后 Nickel 等[10]的研究中也证实了上述研究结果，他们发现，此类化合物的降解是由两种 α-酮戊二酸盐依赖型加双氧酶催化的，特异性催化 *S*-对映体的加双氧酶催化 *S*-2-甲-4-氯丙酸活性较高，而特异性催化 *R*-对映体的加双氧酶在有 *S*-对映体存在时不表现出活性。Tett 等[11]从土壤中分离筛选出可将 2-甲-4-氯丙酸作为唯一生长基质的降解菌，为 *Alcaligenes denitrificans*、*Pseudomonas glycinea* 和 *Pseudomonas marginalis* 3 株菌组成的混合体。与上述研究不同的是，该混合菌在降解 2-甲-4-氯丙酸时具有高度对映选择性，几乎只对 *R*-对映体有作用，而对 *S*-对映体无降解效果，3 株混菌对 2,4-二氯苯氧乙酸（2,4-dichlorophenoxyacetic acid）、2-甲基-4-氯苯氧乙酸（2-methyl-4-chlorophenoxyacetic acid）以及苯氧基丙酸（phenoxy propionic acid）也具有同样的

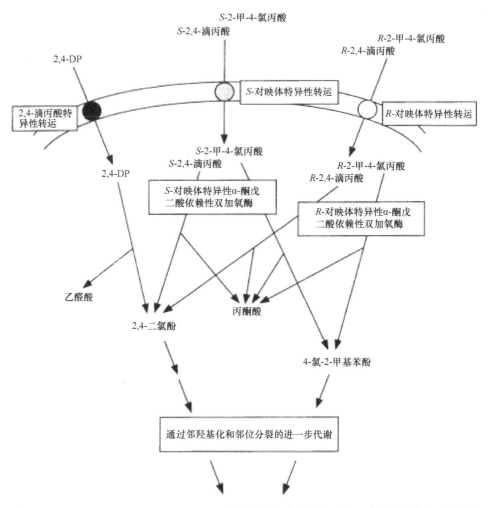

图 5-2 *Sphingomonas herbicidovorans* MH 对手性苯氧羧酸类除草剂的对映选择性吸收和代谢

降解作用，但这 3 株单一菌对 2-甲-4-氯丙酸均没有降解效果。另外，Zipper 等[12]还研究了与 2,4-滴丙酸和 2-甲-4-氯丙酸结构类似的 5 个苯氧羧酸类除草剂在活性污泥中好氧条件下的降解，其中 4 个化合物的降解迟滞，呈现出明显的对映选择性，2-(3-氯苯氧基)丙酸［2-(3-chlorophenoxy)propanoic acid］的 *S*-对映体优先被降解，而 2-苯氧基丙酸（2-phenoxy propanoic acid）、2-(2-氯苯氧基)丙酸［2-(2-chlorophenoxy) propanoic acid］、2-(2,4,5-三氯苯氧基)丙酸［2-(2,4,5-trichlorophenoxy)propanoic acid］则是 *R*-对映体被优先降解，这些结果意味着何种手性构型优先降解与苯环上氯原子取代基的数量和位置有关。

类似的，国内学者 Qiu 等[13]研究了 6 株苯氧乙酸降解菌和 3 株苯氧基丙酸降解菌在好氧条件下对 2,4-滴丙酸、2-甲-4-氯丙酸和 2-(4-氯苯氧基)丙酸［2-(4-chlorophenoxy)propionic acid］的降解情况，结果表明 *Sphingomonas* sp. PM2 和 *Sphingomonas herbicidovorans* MH 以及 *Delftia acidovorans* MC1 菌株对 2-甲-4-氯丙酸、2,4-滴丙酸和 2-(4-氯苯氧基)丙酸的对映选择性降解差异显著，前两种菌株可优先降解 *S*-对映体，后一种菌株可优先降解 *R*-对映体。马云[14]对 2,4-滴丙酸进行酯化处理，得到 2,4-滴丙酸甲酯后，利用污泥驯化培养分离了一株以 2,4-滴丙酸甲酯为唯一碳源的菌株 DP，并通过其 2 个对映异构体组分的改变来描述其生物降解过程中的对映选择性。在菌株 DP 接种过的介质中，2 个对映异构体均被迅速降解，*R*-2,4-滴丙酸甲酯的逸散速度明显快于相对应的 *S* 型，*ef* 值从 0.5 逐渐变化至 1.0，而在没有接种菌株 DP 的介质中则基本上没有发生降解。一般认为这是由于在 *R*-2,4-滴丙酸甲酯和 *S*-2,4-滴丙酸甲酯的降解过程中分别存在着特定的分解代谢酶，从而引起了它们降解速率的差异。在不同的 pH 条件下 2,4-滴丙酸甲酯的外消旋体和 *R*-对映体都发生了较快的降解，且 *R*-对映体的降解快于 *S*-对映体。以上结果表明，手性农药在微生物降解和代谢过程中确实存在对映选择性。

5.2.2　酰胺类除草剂

酰胺类除草剂是目前应用较为广泛的一类除草剂，可用于玉米、花生、大豆、棉花等多种作物，防除一年生禾本科杂草和部分阔叶杂草。主要代表性酰胺类除草剂有甲草胺（alachlor）、乙草胺（acetochlor）、异丙甲草胺（metolachlor）和甲霜灵（metalaxyl）等。其中甲草胺、乙草胺和甲霜灵各有 2 个对映体，而异丙甲草胺同时具有碳手性和轴手性，具有 4 个对映体。

1995 年，瑞士的 Buser 和 Muller[15,16]首次用手性气相色谱和高效液相色谱对 5 种酰胺类农药［甲草胺、乙草胺、异丙甲草胺、甲霜灵和二甲酚草胺（dimethenamid）］进行了对映体分离，利用该方法，他们研究了土壤和污泥对这 5 种酰胺类农药的对映选择性降解，降解过程分别在厌氧、好氧以及不同微生物群的条件下进行。研究发现，在土壤和污泥的降解过程中，这几种手性除草剂均出现不同程度的对映选择性。异丙甲草胺在污泥中降解 168 h 后，第 1 个和第 3 个峰面积比值由最初的 1 变为 1.6，在土壤中降解一段时间后，与第 1 个流出峰相比，第 2 和 3 个峰对应的对映体降解速率较快，土壤中这 3 个峰的峰面积比值由最初的 1∶1∶1 变为 1∶0.5∶0.56；对于二甲酚草胺来说，在污泥中降解 72 h 后，其 *er* 值由最初的 1 变为 1.33，而在土壤中降解 64 d 后，二甲酚草胺的 *er* 值为 1.28。

国内 Cai 等[17]通过在土壤中加入不同含量的沼渣，用以对乙草胺和异丙甲草胺进行降解研究。结果表明，乙草胺和异丙甲草胺均出现了不同程度的对映选择性降解，其对映体降解速率和半衰期大小与土壤中沼渣浓度有关。土壤中不添加沼渣时，乙草胺的 αR 和 αS 的半衰期接近，当沼渣含量为 1%和 2%时，土壤中 αR-乙草胺的降解明显快于 αS-乙草胺，但当沼渣含量达到 5%时，乙草胺的对映选择性降解出现了反转，αR-对映体的降解速率快于 αS-乙草胺。对于异丙甲草胺来说，当土壤中不存在沼渣时，αR,CS-对映体的降解速率最快，而当沼渣含量为 1%、2%和 5%时，土壤中 αS,CR-异丙甲草胺的降解速率最快（表 5-1）。另外，马云[14]在 42 d 的土壤培养过程中也发现了异丙甲草胺的对映选择性降解行为。异丙甲草胺及其有效 S-构型在新鲜土壤中的散逸率分别为 73.4%和 90.0%，而它们在灭菌土中的散逸则分别为 40.6%和 35.1%。在灭菌土中 S-异丙甲草胺和其外消旋体的降解速度接近，而新鲜土壤中 S-对映体的消失明显快于外消旋体，rac-异丙甲草胺的半衰期为 20.5 d，S-对映体的半衰期为 14.5 d，说明这个过程具有对映选择性。由于灭菌土基本上不存在活体微生物，因此，验证了手性化合物的对映选择性降解一般情况下都是由生物降解引起的。S-异丙甲草胺在土壤中的降解要更快一些，可能是由于 rac-异丙甲草胺对土壤微生物或是土壤酶的毒性比 S-异丙甲草胺大。由于异丙甲草胺中只有 S-对映体具除草活性，且 S-对映体在土壤中的消失要快于 rac-异丙甲草胺，因此，用 S-异丙甲草胺来代替外消旋体的使用可大大削减它们在环境中的量，不论是从经济角度还是环境保护角度，这都非常有利。

表 5-1　酰胺类除草剂降解动力学

沼渣	除草剂	速率常数 (k, d^{-1})	半衰期 ($t_{1/2}$, d)	R^2	沼渣	除草剂	速率常数 (k, d^{-1})	半衰期 ($t_{1/2}$, d)	R^2
0%	rac-乙草胺	0.10±0.05	7.0	0.98	2%	rac-乙草胺	0.18±0.00	4.0	0.99
	αR-乙草胺	0.14±0.01	4.8	0.97		αR-乙草胺	0.23±0.01	3.0	1.00
	αS-乙草胺	0.15±0.01	4.7	0.96		αS-乙草胺	0.18±0.00	3.8	0.93
	rac-异丙甲草胺	0.06±0.00	12.4	0.99		rac-异丙甲草胺	0.06±0.00	11.9	0.99
	αR, CR-异丙甲草胺	0.02±0.01	34.6	0.99		αR, CR-异丙甲草胺	0.09±0.01	7.4	1.00
	αR, CS-异丙甲草胺	0.06±0.02	11.7	0.96		αR, CS-异丙甲草胺	0.05±0.01	13.8	0.99
	αS, CR-异丙甲草胺	0.06±0.01	12.1	0.94		αS, CR-异丙甲草胺	0.10±0.01	6.7	0.97
	αS, CS-异丙甲草胺	0.03±0.01	24.1	0.91		αS, CS-异丙甲草胺	0.04±0.01	15.7	0.98
1%	rac-乙草胺	0.15±0.01	4.6	0.99	5%	rac-乙草胺	0.22±0.00	3.1	0.99
	αR-乙草胺	0.18±0.01	3.9	1.00		αR-乙草胺	0.23±0.01	3.1	0.97
	αS-乙草胺	0.17±0.00	4.1	1.00		αS-乙草胺	0.25±0.00	2.8	0.99
	rac-异丙甲草胺	0.05±0.01	13.3	0.99		rac-异丙甲草胺	0.08±0.01	8.5	0.99
	αR, CR-异丙甲草胺	0.05±0.01	12.9	0.96		αR, CR-异丙甲草胺	0.11±0.01	6.4	0.99
	αR, CS-异丙甲草胺	0.04±0.01	17.8	0.98		αR, CS-异丙甲草胺	0.05±0.01	13.2	0.96
	αS, CR-异丙甲草胺	0.06±0.01	12.0	0.99		αS, CR-异丙甲草胺	0.11±0.03	6.2	0.98
	αS, CS-异丙甲草胺	0.04±0.01	18.5	0.99		αS, CS-异丙甲草胺	0.11±0.01	6.6	1.00

除此之外，Buerge 等[18]利用配备手性柱的 GC-MS 在实验室条件下研究了新型除草剂氟丁酰草胺（Beflubutamid）及其 2 个手性代谢物在碱性和酸性 2 种土壤中的形成和手性降解过程。结果表明，在碱性土壤中，具有除草活性的(−)-氟丁酰草胺的降解速率要略低于(+)-氟丁酰草胺；而在酸性土壤中，2 个对映体的降解速率基本相同。同时还发现，其代谢物苯氧基丁酰胺的降解也存在较高的对映选择性。此外，他们还研究了在相同土壤条件下氟丁酰草胺及其 2 种代谢物的单一对映体的手性稳定性，发现(−)-氟丁酰草胺与(+)-氟丁酰草胺对映体之间不会发生相互转化，然而，其主要代谢产物苯氧丁酸的对映体之间却存在明显的相互转化趋势。

5.2.3 芳氧苯氧羧酸类除草剂

喹禾灵（quizalofop-ethyl）是目前国内外广泛使用的一种芳氧苯氧羧酸类除草剂，属于内吸性高效选择性苗后除草剂，具有 1 个手性中心，2 个对映异构体，对映体 S-喹禾灵没有除草活性，仅 R-对映体有除草活性。现在不对称合成基础上，喹禾灵由原来的外消旋农药转变成以精喹禾灵为主的高效除草剂农药，已作为工业品使用。程凤宁[19]通过考察喹禾灵在土壤中的对映体降解研究中发现，喹禾灵在保定碱性黄土和湖北酸性红土中的降解具有对映选择性，实验前段 S-对映体的降解速率明显快于 R-对映体，而后期逐渐趋于一致。2 种土壤中，喹禾灵均快速水解成喹禾灵酸，喹禾灵酸在第 2 天达到最大生成量后逐步消解，在酸性土壤中的降解速率快于碱性土壤，S-对映体喹禾灵酸的降解速率明显快于 R-对映体的降解速率。

噁唑禾草灵（fenoxaprop-p-ethyl）含有 1 个手性碳，除草活性基本只来自于 R-对映体。主要代谢物噁唑禾草灵酸也是除草的活性成分，同样也是手性化合物，并且 R-对映体的除草活性大于 S-对映体活性。Zhang 等[20]曾在 3 种土壤中研究了噁唑禾草灵的对映选择性降解过程，发现在这些土壤中 S-噁唑禾草灵的降解均快于 R-对映体。单独培养了 R-对映体和 S-对映体的噁唑禾草灵，未发现其对映体之间的转化。噁唑禾草灵降解的主要代谢物是噁唑禾草灵酸和 6-氯苯并噁唑酮（CDHB），噁唑禾草灵酸的降解同样出现了对映选择性，S-噁唑禾草灵酸的降解快于 R-对映体，S-对映体在 3 种土壤中的半衰期在 2.03～5.17 d 之间，R-对映体的半衰期在 2.42～2.39 d 之间。灭菌土壤降解实验证明，噁唑禾草灵和噁唑禾草灵酸的对映选择性降解均来自于微生物。

刘东晖[21]利用（R, R) Whelk-O1 型手性色谱柱建立了手性化合物对映体分析方法，并考察了噁唑禾草灵、吡氟氯禾灵（2-[4-[3-chloro-5-(trifluoromethyl) pyridin-2-yl]oxyphenoxy]propanoic acid）在不同土壤中灭菌和非灭菌条件下的选择性降解行为。

结果表明，在非灭菌条件下，噁唑禾草灵对映体仅在其中一种土壤中表现出了明显的选择性差异，S-对映体降解速度大于 R-对映体，导致 R-对映体相对过量。吡氟氯禾灵对映体在供试土壤中的降解都具有一定的选择性差异。在降解前一阶段，S-对映体降解速率快于 R-对映体，而在后一阶段，情况相反，R-对映体降解速度快于 S-对映体。而在灭菌条件下，噁唑禾草灵及吡氟氯禾灵在土壤中的 ef 值均在 0.5 上下浮动，没有发生明显的变化。与其他手性农药的对映选择性降解结果类似，以上实验结果表明噁唑禾草灵及吡氟氯禾灵对映体产生选择性降解的原因主要是土壤微生物的作用。

氟吡甲禾灵（haloxyfop）是一种芳氧苯氧羧酸类苗后选择性除草剂，脂肪酸合成抑制剂，具有内吸传导作用，茎叶处理后很快被杂草吸收并传输到整个植株，水解成酸，抑制根和茎的分生组织生长，导致死亡。目前高效氟吡甲禾灵，即 R-氟吡甲禾灵已市场化，去除了氟吡甲禾灵中非活性的 S 光学异构体，其除草活性要高，药效更稳定。Poiger 等[22]曾研究了氟吡甲禾灵在土壤中的降解，发现在 3 种土壤中氟吡甲禾灵很快降解为氟吡甲禾灵酸，降解过程呈现微弱的对映选择性。而氟吡甲禾灵酸的进一步降解较慢，半衰期持续几天，S-氟吡甲禾灵酸可快速转化为 R-对映体。在非灭菌土壤中则没有观察到降解和对映体转化现象。类似的，国内齐艳丽[23]考察了氟吡甲禾灵在来自 3 个不同地区的土壤中的对映选择性降解，不同土壤中氟吡甲禾灵的对映选择性降解情况不同。结果表明，氟吡甲禾灵在北京土壤中存在明显的对映选择性降解，ef 值由 0.52 下降为 0.36，表明 R-对映体的降解较快，S-对映体降解相对较慢。而氟吡甲禾灵在安徽土壤中对映选择性降解趋势与北京土壤中情况恰恰相反，在安徽土壤中，ef 值由 0.51 上升为 0.70，S-对映体优先降解，R-对映体被逐渐富集。但氟吡甲禾灵在黑龙江土壤中的降解却没有出现明显的对映选择性。

禾草灵（diclofop-methyl）是一种苗后处理剂，主要供叶面喷雾，可被杂草根、茎、叶吸收。其 R-对映体除草活性较高，而 S-对映体则活性很低。Diao 等[24]对禾草灵及禾草灵酸在土壤中的立体选择性降解情况进行了系统研究。结果显示，在试验所用的 2 种不同类型的农田中，禾草灵在碱性土壤中降解较快，但降解无对映选择性，单体试验同样发现禾草灵在此过程中保持构型稳定。与母体化合物不同的是，禾草灵的代谢产物禾草灵酸在有氧和无氧条件下均发生立体选择性降解，S-对映体优先被降解，且在无氧的土壤中选择性降解趋势更加明显（图 5-3）。另外，在禾草灵酸的单体试验中发现，其在 2 种有氧土壤中均发生转化，但 R-对映体的转化率明显低于 S-对映体。Wink 等[25]的研究也发现了禾草灵和噁唑禾草灵的快速降解，它们在 2 种土壤有氧情况下的降解均生成了过量的 S-构型的禾草灵酸和噁唑禾草灵酸。王鹏[26]在土壤中加入浓度为 5.0 mg/kg 的禾草灵进行培养，分别在不同时间进行提取、检测，发现禾草灵对映体降解迅速，且具有显著的对映选择性降解差别，16 h *er* 值为 0.63，52 h 先流出的对映体是后流出的浓度的 3 倍以上。Gu 等[27]通过对禾草灵在农用土壤中的对映选择性研究发现，培养一段时间后，部分土壤中的(−)-禾草灵的降解速度要快于(+)-禾草灵，其值分别为 0.4668 和 0.3615，证明不同土壤中的微生物将会产生不同的降解行为。

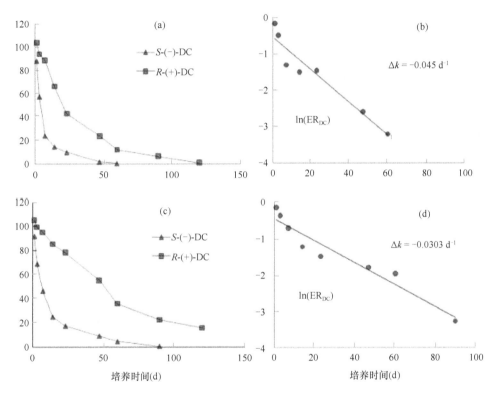

图 5-3　禾草灵酸对映体 [*S*-(−)-DC 和 *R*-(+)-DC] 在有氧（a，b）
和无氧（c，d）土中的对映选择性降解

5.2.4　咪唑啉酮类除草剂

咪唑啉酮类（imidazolinones）除草剂是 20 世纪 80 年代由原美国氰胺公司（现归并为德国 BASF 公司）成功开发的一类高效乙酰乳酸合成酶（ALS）抑制剂类除草剂，以其除草活性高、用量低、杀草广谱、选择性强且使用方便而著称。目前商品化的咪唑啉酮类除草剂主要有咪唑乙烟酸（imazethapyr，也称咪草烟、普杀特）、灭草烟（imazapyr）、甲氧咪草烟（imazamox，也称金豆）、咪唑喹啉酸（imazaquin，也称灭草喹）、咪草酯（imazamethabenz）和甲基咪草烟（imazapic）。

这 6 个品种在我国均有生产，其中咪唑乙烟酸是开发最早、应用最广泛的咪唑啉酮类除草剂，销售量与施用量最大，是咪唑啉酮类除草剂中最具有代表性的农药。该类除草剂都具有手性结构，但目前市场上均以外消旋体形式出售。

大量研究表明，手性咪唑啉酮类除草剂在土壤中会出现对映选择性降解。Ramezani 等[28]对咪唑喹啉酸、咪唑乙烟酸、灭草烟 3 种咪唑啉酮类除草剂在土壤中的消解进行研究，发现 3 种除草剂中均为具有高除草活性的 R-(+)-对映体消解更快，并进一步证明了微生物是导致降解差异性的主要原因。董慧芬[29]在对咪唑乙烟酸土壤降解的研究中发现，R-咪唑乙烟酸在 2 种供试土壤中的半衰期相对于 S-咪唑乙烟酸要短。灭菌条件下，在土壤培养后期 S-咪唑乙烟酸、R-咪唑乙烟酸的对映体分数 ef 微大于 0.5，表明灭菌条件下咪唑乙烟酸对映体可能存在手性差异，加之供试土壤是在黑暗条件下培养的，则推测其他化学消解行为或者对映体之间的相互转化也可能是其中的原因之一。韩莉[30]对狗尾草地中的咪唑乙烟酸对映选择性降解行为进行了为期 30 天的实时监测，发现咪唑乙烟酸对映体比例 er 值由最初的 0.97 变为 0.58，表明咪唑乙烟酸对映体在狗尾草的土壤环境中有选择性降解差异，存在生物活性差异，且咪唑乙烟酸对映体 I -型比 II -型的降解速率快，在土壤中的降解半衰期分别为 6.8 d 和 7.4 d。

5.2.5 其他除草剂

乳氟禾草灵（lactofen）为二苯醚类除草剂，自 1960 年除草醚（nitrofen）的开发成功发展起来的。最初开发的除草醚、草枯醚（4-cyanotetrahydropyran）、甲羧除草醚（bifenox）等都是稻田除草剂。随后开发了用于旱地除草、高活性的含氟新品种，如乙氧氟草醚（oxyfluorfen）、氟磺胺草醚（fomesafen）、三氟羧草醚（acifluorfen）等。Diao 等[24]研究了外消旋乳氟禾草灵在 8 种不同类型的农田土壤中，有氧/无氧条件下的降解动态和选择性降解情况，结果表明，无论在有氧或无氧条件下都是 S-乳氟禾草灵被优先降解，说明该物质的土壤降解具有立体选择性，但是在灭菌条件下，乳氟禾草灵在土壤中降解并且没有出现选择性降解行为，说明微生物作用在乳氟禾草灵的选择性降解行为过程中起决定性作用。

乙氧呋草黄（ethofumesate），又名苯醚菌酯，是国家"九五"期间由浙江化工科技集团有限公司创制合成研究所在新农药创制过程中发现的具有高效杀菌活性的甲氧基丙烯酸甲酯类化合物，是我国具有自主知识产权的新农药。Wang 等[31]为了研究除草剂乙氧呋草黄对映异构体在土壤中的选择性降解情况，选用 2 种草坪草分别种植在 4 种不同的耕作土壤上，但仅有 1 种土壤表现出对乙氧呋草黄的对映选择性降解现象，表现为(+)-对映体的相对积累，其 er 值为 1.65。

5.3　手性杀虫剂在土壤微生物降解过程中的对映选择性

5.3.1　有机磷杀虫剂

目前有机磷农药品种在世界范围内已达数百种，常用的有 100 种，产量 70 余万吨/年，占农药总量的三分之一，我国的有机磷杀虫剂产量占整个杀虫剂总量的 70% 以上。在使用量方面，我国农药总使用量 25 万吨/年，涉及 30 多种有机磷农药，占全国总药量的 50% 以上。当前中国注册登记并广泛使用的有机磷杀虫剂品种主要有：对硫磷（parathion）、甲基对硫磷（parathion-methyl）、甲胺磷（methamidophos）、乙酰甲胺磷（orthene）、水胺硫磷（isocarbophos）、乐果（dimethoate）、氧化乐果（O, O-dimethyl S-methylcarbamoylmethyl phosphorothioate）、敌敌畏（dichlorvos）、马拉硫磷（Malathion）、辛硫磷（phoxim）、久效磷（monocrotophos）、甲拌磷（phorate）、毒死蜱（chlorpyrifos）、三唑磷（triazophos）、甲基异柳磷（isofenphos-methyl）、敌百虫（chlorophos）、杀扑磷（methidathion）、丙溴磷（profenofos）等。有机磷农药是目前最主要的杀虫剂品种之一，其结构中通常含有 1 个手性中心，并且有碳手性和磷手性之分。

Wang 等[32]利用手性色谱柱建立的 GC-MS/MS 法对 3 种不同来源地的土壤中乙酰甲胺磷及其降解产物甲胺磷对映体间的转化和降解过程进行了相关研究，结果发现，未经消毒的土壤中 2 种农药的降解过程存在对映选择性，而灭菌土壤中则不存在，证明此 2 种手性杀虫剂在土壤中的对映选择性降解存在微生物关联性；同时，2 种农药的对映体间转化和降解在不同土壤中也存在差异，如 R-(+)-甲胺磷容易富集在郑州土壤中，但在长春和南昌土壤中其降解速率则相对更快；而 R-(+)-乙酰甲胺磷容易在南昌土壤中富集，但 S-(–)-乙酰甲胺磷则在其他 2 种土壤中则更易富集。

苯线磷（fenamiphos）是一种高毒手性杀虫剂。Wang 等[33]建立了利用 HPLC 拆分苯线磷对映体的方法，并利用该方法研究了苯线磷在土壤中的对映选择性降解行为。实验表明土壤中活性较高的(+)-苯线磷优先降解，而(–)-对映体的降解速率偏慢，会形成一定程度的富集。Itoh[34]曾对有机磷杀虫剂蔬果磷（salithion）进行了一系列的研究，结果发现，蔬果磷对映体在 2 种不同性质的土壤中的降解均具有对映选择性，在土壤好氧降解过程中，S-蔬果磷的降解速率较快，土壤中 R-对映体富集较多；而灭菌土壤中则没有出现对映选择性富集和降解现象，说明蔬果磷的降解是土壤中微生物的作用。将蔬果磷的不同对映体分别加入土壤中进行培养降解，发现 S-对映体的降解速率比 R-对映体快 1.5～1.7 倍，但未发现两者之间的转化；而在灭菌土壤中，蔬果磷的 S-和 R-对映体的降解速率没有差别。另外，Xu 等[35]研究了吡唑硫磷在 3 种土壤中灭菌和不灭菌条件下的降解情况，发现吡唑硫磷在 3 种土壤中是构型稳定的，未观察到对映体之间的转化。自然条件下，吡唑硫磷在这 3 种土壤中的选择性降解状况截然不同，其 S-对映体在南昌、杭州、郑州土壤中的降解半衰期分别为 2.6 d、13.4 d、7.8 d，而 R-对映体的半衰期分别为 9.2 d、9.3 d、8.2 d。

丙溴磷（profenofos）和马拉硫磷是 2 种常用的有机磷杀虫剂，广泛应用于各种农作物害虫的防治。丙溴磷具有 1 个磷手性中心，马拉硫磷具有 1 个碳手性中心，它们均存在 2 个对映体。张二琴[36]对丙溴磷及其对映体在 2 种不同土壤（A 和 B）中的降解情况进行了研究，结果表明，在灭菌条件下，丙溴磷在 2 种土壤中几乎不降解；非灭菌条件下 B 土壤中丙溴磷的 er 值从 1.0 增加到 1.31，而灭菌条件下其 er 值未发生变化，说明丙溴磷的对映选择性降解主要是微生物的作用。马拉硫磷对映体在土壤中降解同样具有立体选择性，其杀虫活性强的 S-对映体的降解明显快于无活性的 R-对映体，造成 R-马拉硫磷的选择性富集；单独培养光旋活性单体后发现，S-和 R-对映体之间存在互相转化[37]。李朝阳等[38]也研究了马拉硫磷和丙溴磷在土壤中的消解，结果表明，两种农药在土壤中的降解均较快，马拉硫磷和丙溴磷的降解半衰期分别为：黄土中 3.5 h 和 21.5 h，红土中 4.3 h 和 29.4 h。进一步的手性分析表明，2 种农药的降解均存在一定的对映体差异，丙溴磷对映体的选择性明显高于马拉硫磷，且在 2 种土壤中马拉硫磷的左旋对映体降解快于右旋对映体，而丙溴磷的右旋体降解快于左旋体。

在降解菌株对有机磷杀虫剂对映选择性降解的研究上，Itoh[34]从实验土壤中筛选出了 4 株高效降解菌，并用以降解蔬果磷，发现高效降解菌对蔬果磷的降解情况与在土壤中的降解结果基本一致，S-对映体的降解速率大于 R-对映体，其中 B-7 和 B-17 菌株对 S-对映体的降解速度分别比 R-对映体快 3.1 倍和 3.5 倍，这两株降解菌对 S-对映体酯键断裂的速度明显快于 R-对映体可能是导致这种对映选择性的主要原因。

稻丰散（phenthoate）是一种非内吸性杀虫剂，具有中毒、低残留、杀虫广谱的优点，能保护水稻、棉花、蔬菜、油料、果树和其他作物不受鳞翅目、叶蝉科、蚜类和软甲虫类的危害，可用于替代甲胺磷等农药，是国家"十·五"期间鼓励发展的农药品种。Li 等[39]通过实验室培养的方法研究了不同类型土壤对手性稻丰散对映体的选择性降解，结果表明稻丰散对映体在酸性土壤中有微弱的立体选择性，在 2 种碱性土壤中，(+)-稻丰散的降解速度更快。

5.3.2　拟除虫菊酯类杀虫剂

20 世纪 80 年代以来，拟除虫菊酯的研究和开发已形成热潮，商品化品种达 40 多种，使用面积占整个杀虫剂使用面积的 25%，成为防治卫生和农业害虫的主要药剂类型之一。目前，拟除虫菊酯类杀虫剂的残留已成为我国农产品中主要残留的农药，严重影响了食品安全和我国农产品的出口。拟除虫菊酯分子结构中具有 1~3 个手性中心，存在多个非对映异构体和对映异构体。目前，拟除虫菊酯类农药在土壤中的降解途径以及降解机制已得到了全面的解释，究其根本，其降解主要是依靠微生物进行。在对映选择性降解研究方面，Lee 等[40]利用 HPLC，在 Pirkle-1A 手性柱上分离了氰戊菊酯（fenvalerate）的 4 个立体异构体，利用该分离方法，研究了氰戊菊酯在土壤中的立体选择性降解。研究表明，氰戊菊酯的 4 个立体异构体消解速度有很大的不同，顺序为：$2R,\alpha S > 2S,\alpha S > 2S,\alpha R > 2R,\alpha R$。其中，$2R,\alpha S$ 体的降解速率约为 $2R,\alpha R$ 体的 2 倍。国内朱美娜等[41]研究了甲氰菊酯（fenpropathrin）在石家庄大田中的对映选择性降解，结果表明，甲氰菊酯在土壤中的降解表现出一定的对映选择性，高杀虫活性的 S-甲氰菊酯降解速度快于 R 甲氰菊酯，同时按一级动力学模型计算出甲氰菊酯的降解半衰期为 13.15 d，施加单一高活性的 S-甲氰菊酯时，在降解过程中存在向 R-甲氰菊酯转化的现象，转化率为 13.88%，S-甲氰菊酯的降解半衰期为 11.79 d。类似的，李劭彤[42]选择了代表性的甲氰菊酯和高效氟氯氰菊酯（beta-cyfluthrin）2 种拟除虫菊酯类杀虫剂作为研究对象，研究了几种筛选自土壤的微生物对 2 种农药的对映选择性降解情况。研究表明，在黄土和红土土壤中，各个异构体均存在选择性降解，降解速度为：$1R$-trans-$\alpha S > 1S$-trans-$\alpha R > 1R$-cis-$\alpha S > 1S$-cis-αR，且酸性红土的环境条件更加有利于高效氟氯氰菊酯降解选择性的发生。Li 等[43]通过实验室培养的方法也研究了不同类型土壤对手性甲氰菊酯和氰戊菊酯对映体的选择性降解。在碱性土壤中，S-甲氰菊酯和 $\alpha S,2S$-氰戊菊酯的降解要快于其相应的对映体；另外，甲氰菊酯和氰戊菊酯对映异构体的 α-C 手性位置在碱性土壤降解过程中有显著的消旋化作用，并且无论是在消毒与未消毒的土壤中均发生此现象，推测这种消旋化作用是由化学反应导致的，但在酸性土壤中却没有出现此现象。他们还进一步在不同 pH 的甲醇缓冲液中培养 S-甲氰菊酯和 $\alpha S,2R$-氰戊菊酯，发现了同样的消旋化结果，进一步证明土壤 pH 是引起对映体消旋化作用的关键因素。

另外，姚国君[44]选择了 5 种自然土壤研究了顺式氯氰菊酯（alpha-cypermethrin）及其代谢产物的降解行为，研究发现，顺式氯氰菊酯的(+)-$1R$-cis-αS 对映体要比(−)-$1R$-cis-αS 对映体降解速度快。相关文献研究显示，对一些非靶标生物而言，顺式氯氰菊酯的(+)-$1R$-cis-αS 对映体要比(−)-$1R$-cis-αS 对映体的毒性要大，所以

(+)-1*R*-*cis*-α*S*-氯氰菊酯的优先降解会减小顺式氯氰菊酯对环境的压力。Qin 等[45]使用 ¹⁴C-标记技术研究了氯菊酯（permethrin）在 2 种土壤和一种沉积物中对映体的降解行为差异性，结果显示，氯菊酯的所有异构体都被快速地水解，且水解产物也快速降解，顺式和反式氯菊酯的 *R*-对映体都比 *S*-对映体降解速度快，顺式氯菊酯的降解产物比反式氯菊酯的代谢产物更稳定。为了进一步验证菊酯类农药在真实环境下的对映选择性降解行为，Qin 等[46]又分别在春季和夏季采集了大量南加州土壤沉积物，发现顺式联苯菊酯（*cis*-bifenthrin）、氯菊酯（permethrin）和氟氯氰菊酯（cyfluthrin）在大田条件下均发生了立体选择性降解，其中 *R*-顺式和 *S*-顺式联苯菊酯在不同取样点的沉积物样品中选择性降解不同。同时，他们在实验室条件下进行了单一对映体在土壤中的降解实验，发现顺式联苯菊酯的半衰期为277~770 d，顺式氯菊酯为 99~141 d，氟氯氰菊酯对映体的半衰期为 52~135 d，并提出立体选择性的偏向及程度取决于样本本身的性质和实验条件。由于在灭菌样本中未发现立体选择性，*ef* = 0.5，因此可以证明立体选择性的产生是由生物降解引起的。另外，顺式氯菊酯在有氧、无氧条件下均没有发生选择性降解；而对于顺式联苯菊酯来说，在有氧条件下 2 个对映异构体没有发生选择性降解，但在无氧条件下，*S*-顺式联苯菊酯被优先降解。此外，李朝阳等[47]采用室内培养法对高效氯氰菊酯的研究发现，它在土壤中的降解也存在明显的对映选择性。高效氟氯氰菊酯的 4 个对映体中，顺式体和反式体的 *er* 值分别从开始的 0.99 和 1.03 减小为试验结束的 0.64 和 0.48，反式体对映体的选择性高于顺式体。高效氯氰菊酯的4 个对映体的降解半衰期分别为 17.16 d、28.41 d、8.74 d 和 12.67 d。

在高效降解菌株对手性拟除虫菊酯类杀虫剂的对映选择性降解研究方面，Sakata 等[48]发现氰戊菊酯和氯氰菊酯的降解均具有高度的选择性，在这些菌的降解作用下，氯氰菊酯的 1*R*-*trans*-α*S*、1*S*-*cis*-α*S* 和 1*S*-*trans*-α*S* 异构体降解速率较快，然而其余 5 种异构体在这些菌的作用下则几乎不发生降解；氰戊菊酯其他 3 个异构体的降解速率明显慢于其（2*R*, α*S*）对映异构体。他们还进一步提取了细菌中的降解酶片段，发现一些酶片段优先降解 α*S* 异构体，另外 2 种酶片段优先降解反式异构体，说明土壤细菌中存在高度选择性的降解酶，是氰戊菊酯对映体差异降解的主要原因。刘维屏等[49]从受过联苯菊酯和氯菊酯污染的淤泥中筛选了 3 株能够降解氯氰菊酯菌种 CF-3、CF-17 和 CF-28，研究了在实验控制条件下筛选菌种和污泥生物降解过程中氯氰菊酯的对映选择性，发现它们对氯氰菊酯的降解存在对映选择性特征，CF-3 对顺式氯氰菊酯降解的速率大小为：1*S*-*cis*-α*S*>1*S*-*cis*-α*R*>1*R*-*cis*-α*R*>1*R*-*cis*-α*S*，CF-17 对其降解速率大小为：1*S*-*cis*-α*R*>1*S*-*cis*-α*S*>1*R*-*cis*-α*S*>1*R*-*cis*-α*R*，CF-28 对其降解速率大小为：1*S*-*cis*-α*S* >1*S*-*cis*-α*R*>1*R*-*cis*-α*S*>1*R*-*cis*-α*R*（图 5-4），而对反式氯氰菊酯的降解速率均为：1*S*-*trans*-α*R*+1*R*-*trans*-α*S*>1*S*-*trans*-α*S*+

1R-cis-αR。通过从土壤中筛选出 11 株混合菌种，李劭彤[42]系统地研究了从石家庄黄土和武汉红土中筛选出来的高效降解菌株 z-2 对甲氰菊酯和高效氟氯氰菊酯的对映选择性降解，证明该菌株对这 2 种菊酯类农药都具有良好的降解效果，且出现了对映选择性，反式体 er 值呈单调减少趋势。

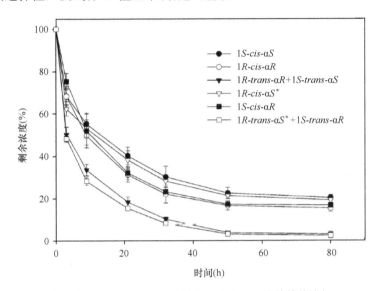

图 5-4　CF28 对氯氰菊酯外消旋体或对映体单体的降解

5.3.3　新烟碱类杀虫剂

新烟碱类农药是一类高效、安全、高选择性的新型杀虫剂，在国内外市场中发展很快。新型碱类杀虫剂按其结构可以分成三类：第一代氯代烟碱类，包括吡虫啉（imidacloprid）、噻虫啉（thiacloprid）、烯啶虫胺（nitenpyram）和啶虫脒（acetamiprid）4 个品种；第二代硫代烟碱类，包括噻虫胺（clothianidin）和噻虫嗪（thiamethoxam）2 个品种；第三代呋喃烟碱类，目前只有呋虫胺（dinotefuran）1 个品种。陈秀[50]研究了呋虫胺对映体在土壤中的降解行为，发现手性呋虫胺的降解存在对映选择性，(–)-呋虫胺优先被降解，(+)-呋虫胺持留期强，(+)-呋虫胺的半衰期大于(–)-呋虫胺。

环氧虫啶（cycloxaprid）是我国自主创制的一类顺硝烯氧桥杂环新烟碱类杀虫剂，它杀虫广谱、药效高、无交互抗性，对作物无药害、低毒、低残留，对抗性害虫的活性优于吡虫啉。Liu 等[51]将用同位素标记的环氧虫啶的 2 个光学异构体和消旋体分别于淹水胁迫土壤中培养，5 天后，3 种环氧虫啶样品在 4 种土壤中几乎全部被降解，但 2 个对映异构体的降解却未表现出手性对映选择性。

5.3.4　其他

氟虫腈（fipronil）是苯基吡唑类杀虫剂，杀虫广谱，对害虫以胃毒作用为主，兼有触杀和一定的内吸作用。具有 1 个手性中心，2 个对映体。Tan 等[52]研究了氟虫腈在稻田土壤中的选择性降解和途径，在有氧及水淹条件下分别将 R-、S-、rac-氟虫腈培养在我国三地的稻田土壤中，发现氟虫腈各对映体在有氧和水淹情况下半衰期分别为 21～34 d 和 8～19 d；但在两种情况下均没有发现氟虫腈消旋体的对映选择性降解，ef 接近 0.5，同时也没有发现对映体相互转化的现象。

茚虫威（indoxacarb）是美国杜邦公司研制开发的新型噁二嗪类杀虫剂。李晓刚[53]用实验室培养土壤的方法研究了茚虫威在 4 种不同类型农田土壤中的立体选择性降解，结果表明，茚虫威对映体在偏碱性土壤中的降解速率快于酸性土壤，且存在明显的立体选择性降解，对映体 E_1 在 4 种土壤中的半衰期分别为 15.33 d、19.09 d、10.61 d、11.40 d，对映体 E_2 的半衰期分别为 15.44 d、15.61 d、8.58 d、11.13 d，对映体半衰期的差异随着土壤有机质含量的增加而表现更明显。Sun 等[54]也对茚虫威在土壤中的对映选择性残留进行了研究，研究表明茚虫威在土壤中的半衰期为 23～35 d，在两地土壤中均为(+)-对映体优先降解，(−)-茚虫威则被逐渐富集。另外，该作者[55]还在实验室培养条件下，研究了 2 种土壤中茚虫威对映体的选择性降解情况，结果显示，无论是在消毒还是未消毒的土壤中，茚虫威均进行了对映选择性降解。在酸性土壤中，R-和 S-对映体的半衰期分别为 10.43 d 和 14 d，即 R-对映体被优先降解，而在碱性土壤中，R-和 S-对映体的半衰期则分别为 12.14 d 和 4.88 d，S-(+)-对映体被优先降解。

5.4　手性杀菌剂在土壤微生物降解过程中的对映选择性

5.4.1　三唑类杀菌剂

中国是世界上最大的水稻生产和消费国，水稻的稻瘟病、稻纹枯病、稻曲病是我国水稻生产中危害最严重的病害，严重时可导致水稻减产 50%以上[55]。三唑类杀菌剂是防治水稻稻瘟病、稻纹枯病、稻曲病使用最为广泛的一类杀菌剂。从全世界农药的市场情况看，三唑类杀菌剂的使用量仅次于氨基甲酸酯除草剂［草甘膦（glyphosate）、草铵膦（glufosinate-ammonium）等］，位居第二位，在各类杀菌剂中更是独具鳌头。目前有多种三唑类杀菌剂上市，大多数具有手性结构。然而除烯唑醇（diniconazole）和烯效唑（uniconazole）是以光学异构体形式出售的商品外，其余手性三唑类农药仍以外消旋体形式销售和使用。

关于三唑类手性杀菌剂在土壤环境中的立体环境行为研究，国外最早 Clark

等[56]发现三唑醇（triadimenol）在根区土壤中有构型转化现象，(1R, 2S)-三唑醇会转化为(1R, 2R)-三唑醇，而(1S, 2R)-三唑醇会转化为 17%的(1S, 2S)-三唑醇和 7%的(1R, 2R)-三唑醇；三唑醇的另外 2 个对映体（1R, 2R）和（1S, 2S）却不会发生构型变化，他们提出这种转化是基于酶参与的氧化还原反应机理。随后 Garrison 等[57]研究了三唑酮（triadimefon）在 3 种不同类型土壤中的对映选择性降解及其代谢产物的选择性生成。结果表明，在有氧条件下，三唑酮 2 个对映体在 3 种供试土壤中均表现为(+)-S-三唑酮降解速率快于(−)-R-三唑酮，同时发现三唑酮在供试土壤中转化为三唑醇的过程中存在立体选择性生成，3 种土壤中三唑醇生成量的大小顺序为三唑醇 B₂>三唑醇 B₁>三唑醇 A₁>三唑醇 A₂，并且这一转化过程是微生物介导的生物转化。另外，国内 Li 等[58]也验证了三唑酮在土壤中的对映选择性降解行为，并进一步分析了三唑醇的生成情况。结果表明，在保定碱性黄土和武汉酸性红土 2 种土壤中，三唑酮的 R-对映体均优先被降解。对转化产生的三唑醇进行进一步的对映选择性分析的结果表明：不管初始处理是用三唑酮外消旋体还是对映体单体，三唑醇立体异构体的浓度在保定土壤中总是遵循 1R, 2R>1S, 2S>1S, 2R>1R, 2S 的顺序。梁宏武等[59]利用大田茎叶喷雾施药方式，也进行了三唑酮在土壤中的立体选择性降解代谢研究。发现三唑酮 2 个对映体在土壤中的降解趋势同样也符合一级反应动力学规律，且它们的降解半衰期具有显著性差异，R-(−)-三唑酮的降解速度快于 S-(+)-三唑酮。

戊唑醇（tebuconazole）在土壤中也存在立体选择性降解。Wang 等[60]研究了戊唑醇在土壤中的对映选择性降解行为，发现其与植物体内的对映选择性富集方向相反，在土壤中(−)-R-戊唑醇对映体被优先降解，(−)-S-戊唑醇降解速率较慢。然而孙明婧[61]在对戊唑醇土壤立体选择性降解的研究中却并没有观察到对映体的选择性降解差异。此外，李远播[62]对己唑醇（hexaconazole）的土壤降解研究发现，己唑醇在土壤降解过程中具有对映选择性，(+)-己唑醇降解速率较快，造成了相应(−)-对映体的累积。由于(+)-己唑醇具有相对较小的毒性，因此有利于环境安全。

另外，Buerge 等[63]通过实验室培养土壤的方法，研究了杀菌剂氟环唑（epoxiconazol）和环唑醇（cyproconazole）在不同类型及性质土壤中的立体选择性降解。结果显示，在碱性和弱酸性土壤中，氟环唑的降解具有明显的对映选择性，其对映选择性评价参数值为 0<es<0.4，土壤中的微生物优先降解峰 2；而在酸性土壤中，2 个对映体的降解速度却基本相同，es 值为 0，说明不存在对映选择性。另外，环唑醇的 4 个对映体在供试土壤中的降解速度也存在差异，说明也具有立体选择性。梁宏武等[59]以大田条件下葡萄与土壤为研究对象，通过蓬叶喷雾处理后，定期采样、测定，对手性三唑类杀菌剂氟环唑对映体在葡萄和土壤中不同的降解

趋势及立体选择性行为进行研究。实验结果表明，氟环唑对映体在土壤中降解不符合一级动力学方程，但通过对映体值的计算得出，在土壤降解过程中氟环唑存在明显立体选择性，(−)-氟环唑降解快于(+)-氟环唑，随着施药后时间的推移，造成土壤中(+)-氟环唑的富集。但多效唑（paclobutrazol）在稻田土壤中没有发生对映选择性降解[64]。

对于苯醚甲环唑（difenoconazole）外消旋体而言，它是由 4 个不同空间结构的手性异构体组成的混合物，其中有 2 对对映体，4 对非对映体，即(2R, 4S)-(+)-苯醚甲环唑 B、(2R, 4R)-(+)-苯醚甲环唑 A、(2S, 4S)-(−)-苯醚甲环唑 A、(2S, 4R)-(−)-苯醚甲环唑 B。李品[65]通过向 6 种不同类型的农田土壤中添加外消旋苯醚甲环唑，进行一段时间培养后，研究了苯醚甲环唑在不同条件土壤中的降解动态和对映选择性降解情况。结果表明，在有氧或无氧土壤中，苯醚甲环唑的降解均符合一级动力学降解规律。苯醚甲环唑 4 个对映体在无氧条件下降解速度显著小于其在有氧条件下土壤中的降解速度。在有氧和无氧两种条件下，苯醚甲环唑对映体在供试土壤中均存在不同程度的对映选择性代谢，(+)-苯醚甲环唑 A 和(+)-苯醚甲环唑 B 均被优先降解，但 2 种条件下苯醚甲环唑对映体降解的立体选择性强度没有显著差异。苯醚甲环唑对映体的降解速率在不同土壤中差别较大，碱性和酸性土壤中苯醚甲环唑对映体的立体选择性降解比在中性土壤中更加明显。通过进一步的光学纯对映体实验，发现苯醚甲环唑对映体在土壤降解过程中保持手性稳定，4 个对映体之间没有发生构型转变。He 等[66]采用田间喷雾施药法，探讨了苯醚甲环唑手性异构体在水稻种植体系的立体环境行为。苯醚甲环唑手性异构体在土壤中的降解符合一级动力学方程，土壤中苯醚甲环唑对映体的立体选择趋势为 $ef_A \approx 0.5$，$ef_B > 0.5$，(2S,4R)-对映体降解最快。此外，Li 等[64]对四氟醚唑（tetraconazole）在土壤中的选择性降解实验结果发现，高活性的(+)-R-四氟醚唑对映体在北京土壤中被优先降解，而在黑龙江土壤中四氟醚唑的 2 个对映体没有表现出降解差异。

腈苯唑（fenbuconazole）对映体在不同类型土壤中也均存在立体选择性降解，但李远播[62]发现，与苯醚甲环唑不同，(−)-腈苯唑的降解速率要快于(+)-腈苯唑，导致(+)-腈苯唑在土壤中被累积。从腈苯唑 ef 值的变化规律可以看出，有氧条件下腈苯唑降解的立体选择性要大于其在无氧条件下的选择程度。此外，无论有氧还是无氧条件下，腈苯唑在长沙酸性土壤中降解的立体选择都大于在廊坊碱性土壤中的立体选择性，且都伴随着代谢产物 RH-9129 和 RH-9130 对映体的生成。腈苯唑在土壤中转化成代谢产物的过程中也同样存在着明显的立体选择性，且在不同的土壤中有着不同的转化规律。在廊坊碱性土中，4 个对映体生成浓度的大小顺序依次为(−)-RH-9129 >(+)-RH-9129 >(−)-RH-9130 >(+)-RH-9130；但是在长沙酸性土中，其大小顺序则为(-)-RH-9129 >(+)-RH-9129 >(+)-RH-9130 >(-)-RH-9130。此外，无氧条件下代谢产物 RH-9129 和 RH-9130 对映体的生成量要明显小于其在有氧条件下的生成量。在有氧或无氧条件下，RH-9129 和 RH-9130 的对映体在两种不同性质土壤中也存在着明显的立体选择性降解规律，4 个对映体降解速率的快慢顺序依次为(+)-RH-9130 >(+)-RH-9129 >(-)-RH-9130 >(-)-RH-9129；(+)-RH-9130 和 (+)-RH-9129 被优先降解，造成(-)-RH-9130 和(-)-RH-9129 在土壤中被累积。

丙环唑（propiconazole）是一种广谱内吸性三唑类杀菌剂，具有很好的抗病防腐功效。和许多手性三唑类农药一样，丙环唑分子结构中有 2 个不对称碳原子，因此丙环唑有 2 对对映异构体和 2 对非对映异构体。程有普[67]在室内条件下考察了 3 种水稻土中丙环唑对映体的立体选择性降解行为，发现有氧条件下，土壤中丙环唑(-)-A 和(-)-B 优先降解，在海南水稻土中，这种情形最为明显，而浙江水稻土丙环唑对映体的选择性降解较弱。无氧条件下，丙环唑对映体间降解速率差异很小，整个降解过程没有显现或仅显现出微弱的对映选择性，而丙环唑(+)-A 和 (+)-B 优先降解，这与有氧条件下的降解相反。而灭菌条件下的降解过程则不存在对映选择性。

5.4.2　其他杀菌剂

甲霜灵（metalaxyl）是一种具有代表性的手性酰胺类杀菌剂，具有高效、低毒、低残留的特征，被广泛应用于蔬菜的霜霉病、烟草黑胫病等的防治，是检出率最高的杀菌剂。Muller 和 Buser[16]研究发现甲霜灵在土壤和污泥中均存在立体选择性降解行为，与其他手性化合物相比，尽管甲霜灵降解最慢，但它却表现出最强的对映选择性。在污泥中 S-甲霜灵降解较快，168 h 后，er 值为 0.37，然而在土壤中甲霜灵的对映选择性降解出现了反转，培养 64 d 后甲霜灵的 er 值为 2.8，具有杀菌活性的 R-对映体在土壤中降解较快，表明了土壤中残留甲霜灵的 73%为不具杀菌活性的 S-甲霜灵。假设在田地条件下发生相似的行为，那么使用纯 R-甲霜灵将大大降低该农药的残留。同样，Marucchini 等[68]也发现在土壤中 R-甲霜灵的降解要快于 S-甲霜灵，R-甲霜灵的半衰期为 23 d，S-对映体为 61 d，且它们之间没有发生对映体转化。Monkiedje 等[18]利用温带和热带两种类型土壤研究了甲霜灵的立体选择性降解行为，发现甲霜灵对映体在这 2 个区域的土壤中表现出了截然相反的对映选择性，在温带土壤中，R-构型优先降解，生成甲霜灵酸代谢物的量较多；而热带土壤中，S-构型却优先降解，产生这种差异的原因很可能是不同土壤中不同的微生物种群引起不同的选择性降解。

琥珀酸脱氢酶抑制剂（succinate dehydrogenase inhibitor，SDHI）型酰胺类杀菌剂吡噻菌胺（penthiopyrad）是日本三井化学公司所研发的，由 2 个对映体组成，美国杜邦公司在美国、加拿大和欧盟申请批准广谱杀菌剂吡噻菌胺用于水果、蔬菜和耕地作物。对 6 种不同土壤中对吡噻菌胺的对映选择性降解研究结果显示[67]，在未灭菌条件下吡噻菌胺对映体在 6 种土壤中的降解趋势符合一级动力学规律，存在立体选择性行为；在酸性、近中性和碱性土壤中均优先降解峰 1-吡噻菌胺；但在灭菌条件下没有选择性降解发生。

5.5 其他手性污染物在土壤微生物降解过程中的对映选择性

PCBs 的微生物降解如图 5-5 所示，主要有两个步骤：①厌氧脱氯：高氯代 PCBs 在缺氧或厌氧的条件下，作为电子受体被转化为低氯代的 PCBs，是一个产能反应[69]，可促进后续的好氧降解[70]；②好氧开环：一般是五氯代以下的 PCBs 经过氧化反应生成氯代-HOPDA（2-hydroxy-6-oxo-6-phenylhexa-2,4-dienoate）和氯代苯甲酸，从而完成开环和彻底降解[71]。

相关研究表明，微生物在厌氧和好氧条件下均能够选择性降解手性 POPs 的对映体，并且可能是由不同类型的酶促降解反应参与[73]。García-Ruiz 等观察到手性 PCB45、88、91、95、136、144、149 和 176 在土壤微生物作用下并没有发生对映体的选择性降解[74]。Pakdeesusuk 等[75]对 PCB132 和 PCB149 厌氧降解的研究同样发现，在用美国南卡罗来纳州 Hartwell 湖的底泥构建的微宇宙中，PCB132 和 PCB149 的还原去氯过程没有对映选择性，但 PCB91 和 PCB5 的还原去氯过程有对映选择性，这说明联苯环上氯原子的取代情况可能影响还原去氯过程的对映选择性。另外，张晓琳[76]研究了在植物次生产物作用下土壤微生物对 PCBs 的对映选择性降解情况（图 5-6），研究发现，水杨酸作用下，PCB45、95、149 的对映体组成发生显著偏移。联苯、左旋香芹酮与水杨酸钠均能促进 PCB95 的选择性降解。柚皮苷作用下，PCB149 的选择性降解发生逆转，由(+)-PCB149 被优先降解变为(−)-PCB149 被优先降解。PCB45、95、149 的残留浓度与 ef 值呈极显著负相关关系。他们又进一步利用 PCBs 降解菌 T29 和 W5 对不同添加物添加土壤中的 PCBs 降解进行了研究，结果显示，联苯和水杨酸增强了 T29 对 PCB45、95、136、149 的对映选择性转化。W5 在水杨酸、联苯、香芹酮和蒎烯作用下均能够优先降解 PCB95 的第二流出组分，香芹酮的对映体之间没有显著性差异，但 PCB95 在 $1R$-(+)-α-蒎烯作用下 ef 值偏移程度更高，T29 和 W5 作用下，5 种手性 PCBs 的 ef 值及其去除率均呈极显著正相关。

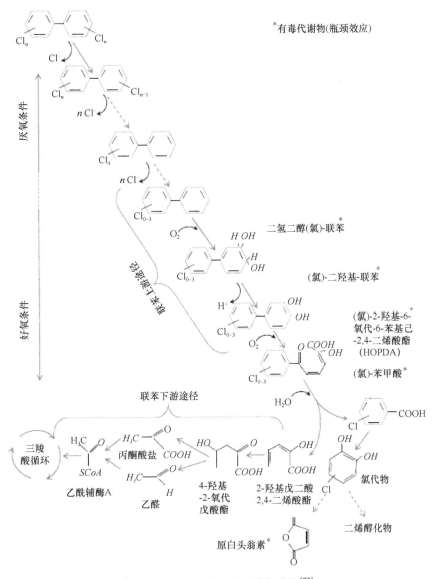

图 5-5　PCBs 的主要生物降解途径[72]

在高效降解菌株对手性 PCBs 的对映选择性降解研究方面，Singer 等[77]研究了 5 种 PCBs 降解菌 *Ralstonia eutrophus* H850、*Burkholderia cepacia* LB400、*Rhodococcusgloberulus* P6、*Rhodococcus* sp. *strain* ACS 以及 *Arthrobacter* sp. *strain* B1B 在不同诱导物作用下对手性 PCB45、84、91、95 的好氧生物降解能力，结果表明 4 种手性 PCBs 有不同程度的降解，降解程度由高到低依次为 PCB45、84、91、95；对同一菌种不同诱导物作用下手性 PCBs 的对映选择性转化的研究发现，

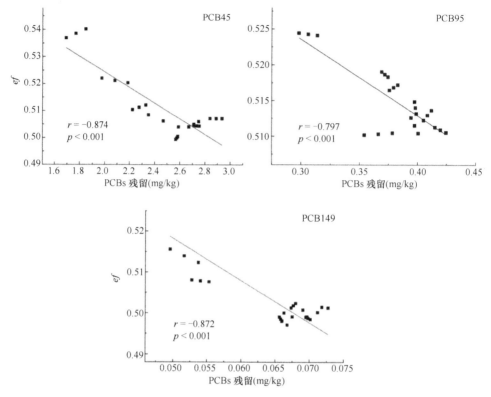

图 5-6   土壤中 PCB45、95、149 的残留与对映体分数（*ef*）的相关性

可能有多种 PCBs 生物转化途径的存在；研究还发现不同的革兰氏阴性菌对 PCBs 对映选择性转化有相似的规律，但不同的革兰氏阳性菌则相互之间有所差异。

5.6   手性污染物在水体微生物降解过程中的对映选择性

5.6.1   除草剂

关于手性污染物在环境中的对映选择性降解行为多集中于土壤微生物的降解，而在实验室条件下对水体中手性污染物的对映选择性降解行为关注较少，总体上相关研究不多。

苯氧羧酸类除草剂由于水溶性高，极易造成水体污染，在地表和地下水中经常能检测到这类化合物的存在，且多与微生物降解有关。Ludwig 等[78]发现在实验室条件下用海水培养 2,4-滴丙酸后，只有 *R*-对映体被降解，*S*-对映体的浓度几乎不变。Heron 和 Christensen[79]则发现，在需氧的水环境中，2-甲-4-氯丙酸的 2 个对映体被同时降解，而在地下水中，2-甲-4-氯丙酸的对映体比率增加，*S*-对映体的降解速率大于 R-对映体，R-对映体被过量富集。Rügge 等[80]在丹麦地区的地下蓄水层中注射了一定浓度的 2-甲-4-氯丙酸和 2,4-滴丙酸，120 d 后在注射点附近采集地下水样品并对其进行检测，结果发现 2 种农药在水体样品中几乎同时降解，但没有对映选择性。而 Zipper 等[81]调查了一个垃圾站的沥出液及所处位置地下水中 2-甲-4-氯丙酸的对映体含量，发现未进入地水体之前，沥出液体中 2-甲-4-氯丙酸为外消旋体形式，而地下水中的 2-甲-4-氯丙酸的 R-对映体明显过量，表明产生选择性降解的原因可能是微生物降解。

陈易晖[82]对酰胺类农药在污水中的对映选择性降解进行了研究，敌草胺（napropamide）的微生物降解表现出一定的对映选择性，在添加 3 个浓度的敌草胺样品的试验中，微生物对第一个色谱峰的降解要快，但异丙甲草胺和金都尔的微生物降解选择性不是很明显。

荆旭[83]研究了噁唑禾草灵及其代谢物在水、沉积物、水沉积物微宇宙中的对映选择性降解，研究发现噁唑禾草灵、噁唑禾草灵酸、2-(4-羟基苯氧基)丙酸乙酯（EHPP）和 2-(4-羟基苯氧基)丙酸（HPPA，炔草酯中间体）在水、沉积物和水沉积物微宇宙中的降解过程中都出现了选择性，S-对映体噁唑禾草灵、噁唑禾草灵酸、EHPP 和 HPPA 的降解均快于 R-对映体，噁唑禾草灵、噁唑禾草灵酸、EHPP 和 HPPA 的 ef 值均大于 0.5。在灭菌实验中，噁唑禾草灵、噁唑禾草灵酸、EHPP 和 HPPA 在水和沉积物的降解没有选择性，ef 值在始终保持在 0.5，表明水和沉积物中的微生物是噁唑禾草灵、噁唑禾草灵酸、EHPP 和 HPPA 出现对映选择性降解的原因。

此外，齐艳丽[23]考察了吡氟禾草灵（fluazifop-butyl）及精吡氟禾草灵在自来水溶液及 2 种自然水体中的选择性降解。结果表明，吡氟禾草灵在不同的自来水溶液中均不具有对映选择性降解。吡氟禾草灵在上庄水库水中的降解具有选择性，S-(−)-吡氟禾草灵降解较快，但在小清河河水中不具有选择性。

5.6.2　杀虫剂

手性杀虫剂在水体中的选择性降解研究较少，刘维屏等[84]曾对水中顺式联苯菊酯和顺式氯菊酯的对映选择性降解进行实验室模拟，发现两种农药在地表径流中都是 1S, 3S-对映体比 1R, 3R-对映体被优先降解。另外，Sun 等[37]通过建立的利用配备 CDMPC 手性柱的正向液相色谱对马拉硫磷对映体的拆分方法，研究了马拉硫磷在水体中的对映选择性降解行为，S-(−)-对映体的降解速率明显快于 R-(+)-对映体，且二者之间有相互转化行为的发生。

5.6.3　杀菌剂

关于三唑类手性杀菌剂手性异构体在水体中的选择性降解研究也比较有限，

Li 等[85]考察了烯唑醇、三唑醇、三唑酮杀菌剂在缓冲溶液中的手性稳定性研究，结果发现，三唑酮在水中存在明显的对映体转化行为，而烯唑醇和三唑醇对映体不转化，而且温度升高和碱性条件会加快三唑酮的对映体转化[85]。刘明珂[86]通过微宇宙的建立，研究了苯霜灵在水体-底泥体系中的降解行为，发现苯霜灵污染水体后，在水体和底泥中均存较小程度的选择性降解，(–)-苯霜灵优先降解；不论水体和底泥中，均优先生成(–)-苯霜灵酸。因此，苯霜灵和苯霜灵酸不同对映体分别对水生环境的污染应受到重视。底泥中的微生物是苯霜灵在水生环境中选择性降解的主要因素，(–)-苯霜灵优先被降解，(–)-苯霜灵酸优先被生成，光解对苯霜灵在水生环境中的降解也起到一定作用，但影响不如微生物降解大，且不会使苯霜灵的降解产生选择性。

5.7 影响手性污染物在环境微生物降解过程中对映选择性的关键因素

从上述研究结果可以看出，对映体能否发生立体选择性降解行为往往与介质类型及微生物群落的结构和数量密切相关，且一般情况下手性异构体都存在立体选择性降解，但是最终残留的是左旋体还是右旋体，没有形成一定的规律性。不同地区的土壤或水体，其微生物群落（包括各种真菌、细菌及放线菌）不同，每种微生物体中都可能含有其特有的专一性酶系，进入土壤中的手性农药，在各种微生物的作用下很可能产生立体选择性。同时，土壤或水体的一些理化性质，包括土壤质地、温度、湿度、酸碱度、有机质含量等都会影响微生物的种类、数量及活性。

5.7.1 土壤

手性污染物在环境中的选择性降解具有一定的普遍性，但不是一成不变的，其情况十分复杂。除农药本身的结构外，土壤质地、温度、有机质含量和含水量等环境因素的变化可通过改变微生物的种类和活性进而影响药物的生物降解，从而使手性污染物在降解过程中产生对映选择性，影响农药对映体的手性稳定性，最终导致农药对映体 *ef* 值发生变化。这主要体现在以下几个方面。

土壤类型对手性化合物及其对映体的散逸速度有影响。Romero 等[5]对 2-甲-4-氯丙酸和 2,4-滴丙酸在西班牙地区的黏壤土、砂壤土和粉砂壤土中进行降解实验发现，这两种手性除草剂在黏壤土中的降解速率要比在砂壤土和粉砂壤土中慢，并且无除草活性的 *S*-对映体在砂壤土和粉砂壤土中滞留的时间比相对应的 *R* 型长，但在黏壤土则是 *R* 型除草剂的持留时间较长。2-甲-4-氯丙酸和 2,4-滴丙酸的 *R*-对映体在土壤中均可部分转化成相应的 S-对映体。另外，在添加了外源有机物泥炭后，2-甲-4-氯丙酸和 2,4-滴丙酸在砂壤土和粉砂壤土中的残留时间变长，但是在黏壤土中的滞留期却缩短，而且在黏壤土中对映体比例 er 值发生了变化，由原来的优先降解 S 型变成了优先降解 R 型除草剂。因此，2-甲-4-氯丙酸和 2,4-滴丙酸的对映选择性在不同的土壤中不同，并且对映选择性随着有机肥料的加入会产生较大的变化。Diao 等[24]的研究也发现了相似的土壤性质对手性除草剂对映选择性降解情况的影响，对于粉质壤土来说，粉粒含量越少，乳氟禾草灵的 es 值越小，而对于砂质壤土来说，粉粒含量越少，es 值越大。此外，董慧芬[29]对咪唑乙烟酸在不同类型土壤中的降解做了系统研究，发现 S-(+)-和 R-(−)-对映体在青紫泥土壤中的消解速率均比小粉土中快；同时，低温、高温都不同程度地影响了咪唑乙烟酸对映体的消解速率，小粉土中低温环境下更不容易消解，而青紫泥土壤中则相反，高温下对映体消解更慢。

另外，土壤上是否种植植物也会对手性污染物的对映选择性降解产生一定影响。Gardner 等[87]通过实验证实，乙氧呋草黄在长有草的土壤中比在裸露土壤中降解得更快，左右旋对映体在土壤中的降解速率有明显差异，二者半衰期相差 0.095周；添加外消旋体培养 6 周后值达到 1.65，表明左旋体被优先降解，同时在该土壤中存在左旋体向右旋体的转化现象；在其他几个土壤中均未有明显的选择性降解或对映体转化现象。

土壤理化性质也会对手性农药的对映选择性降解产生影响。Buerge 等[88]发现甲霜灵的对映选择性与土壤 pH 之间密切相关，在碱性和微酸性土壤中，甲霜灵的降解有明显的对映选择性，但在酸性土壤中，其对映体的降解速率基本一致。具体表现为：在实验条件下的好氧土壤中，当 pH>5 时具有杀菌活性的 R-甲霜灵降解得要比 S-甲霜灵快，即 $k_R>k_S$，从而导致 S-甲霜灵的残留要大于 R 型的；当 pH为 4~5 时，2 种对映体的降解速度基本上相同，即 $k_R≈k_S$；而当 pH<4 时甲霜灵的对映选择性降解方向发生了翻转，S-甲霜灵降解得要比 R-甲霜灵快，即 $k_R<k_S$；而在绝大多数厌氧性土壤中，情况与在 pH<4 的好氧土壤中相似，即 S-甲霜灵降解的比 R-甲霜灵快，$k_R<k_S$。苯霜灵在不同 pH 的土壤中也出现了相似的对映选择性降解。Wang 等[89]通过将苯霜灵加入到土壤中培养发现，在 pH 高的土壤中（pH=8.6），苯霜灵的对映选择性降解程度最高，而在土壤 pH 较低的环境中（pH=4.8），其对映选择性则较低。Buerge 等[63]研究了氟环唑和环唑醇在 6 种土壤中的降解后，发现氟环唑的对映选择性降解特征与甲霜灵相似，在碱性和微酸性土壤中的降解具有明显的对映选择性，而在酸性土壤中，氟环唑对映体间的降解速率基本相同，没有表现出明显的对映选择性。Diao 等[24]研究了外消旋乳氟禾草灵在 8 种不同类型的农田土壤中有氧无氧条件下的降解动态和选择性降解情况，

同样发现乳氟禾草灵的立体选择性值 *es* 与土壤质地和土壤 pH 相关，而与土壤有机质无明显的线性关系；在 8 种供试有氧土壤和 4 种供试无氧土壤中，均存在 pH 越大，乳氟禾草灵 *es* 值越小的现象。对于杀虫剂，李劭彤[42]深入研究了高效氟氯氰菊酯在设定 pH 下的对映选择性降解情况以及在与土壤菌群在驯化过程中共培养时的手性降解特征。通过调节培养液 pH 进行测定，结果进一步验证了碱性环境更有利于菊酯农药的降解，且更利于对映体降解选择性的产生。Li 等[43]也对菊酯类杀虫剂——甲氰菊酯和氰戊菊酯在酸性及碱性土壤中的选择性降解及手性稳定性进行了研究。结果表明，甲氰菊酯及氰戊菊酯消旋体在碱性土壤中降解非常缓慢，而 *S*-甲氰菊酯和 α*S*,2*R*-氰戊菊酯却降解迅速；然而在酸性土壤中这两种菊酯类杀虫剂均没有发生消旋作用，而且通过在无菌的甲醇缓冲溶液中培养 *S*-甲氰菊酯和 α*S*,2*R*-氰戊菊酯，进一步证实土壤的 pH 对手性化合物的对映选择性降解可产生较大的影响。

除了土壤 pH 外，土壤有机质含量也是影响手性化合物在土壤中对映选择性降解的关键因素。Lewis 等[1]系统地研究了环境条件对手性农药对映选择性降解的影响，发现添加有机肥料后，土壤中 *R*-(+)-2,4-滴丙酸可显著转变为 *S*-(−)-对映体。张冬冬[6]的研究中也发现，土壤中 2,4-滴丙酸的对映选择性与土壤有机质含量呈显著负相关，说明土壤中有机质的含量增加会促进 *R*-2,4-滴丙酸的降解，或者抑制 *S* 型的降解。Cai 等[17]在对酰胺类除草剂的研究也发现，土壤中沼渣浓度较低时，α*R*-乙草胺被优先降解，而当沼渣浓度较高时，发生了对映选择性方向反转现象，α*S*-乙草胺被优先降解。对于异丙甲草胺来说，沼渣的添加加速了 α*R*, *CR*-、α*S*, *CR*-和 α*S*, *CS*-对映体的降解速率，而对 α*R*, *CS*-对映体无影响（参见表 5-1）。王萍[90]通过向不同类型的土壤中添加外消旋及单一光学纯对映体进行培养，研究了乙氧呋草黄在土壤中的降解动态和选择性降解情况。实验表明乙氧呋草黄在土壤中的降解速度受土壤有机质含量和质地等特性的影响，而黑暗和光照两种培养方式不影响对映体降解趋势以及选择性。Sun 等[37]通过研究马拉硫磷在 5 种土壤中的降解，发现马拉硫磷的对映选择性降解和土壤的 pH 无关，而与土壤中的有机质含量有关。然而与上述所有研究不同的是，Wang 等[33]在对克线磷（fenamiphos）外消旋体和 2 个对映体在土壤中降解的研究中发现，它们的降解和土壤性质、pH 以及土壤中有机碳的含量均没有显著相关性。

5.7.2　水体

水体的基本性质在手性化合物的对映选择性降解中也发挥了具大的影响。齐艳丽[23]考察了吡氟禾草灵及精吡氟禾草灵在不同 pH 的水中的选择性降解。结果表明，pH 是影响吡氟禾草灵在水中降解的因素，吡氟禾草灵在不同 pH 的自来水溶液中均不具有的选择性降解。Williams 等[91]的研究发现，在有石灰石的水体中，2-甲-4-氯丙酸的降解取决于环境的氧化条件：在非氧化的条件下，2-甲-4-氯丙酸的降解效果比较差，而在含有氧化剂的条件下，R-对映体被降解，S-对映体降解比较缓慢；在有还原剂的条件下，情况刚好相反。另外，许多的试验表明，苯氧羧酸类除草剂的消解是需氧环境。Zipper 发现[81]，在有氧条件下，7 d 内 10～40 mg/L 的 2-甲-4-氯丙酸和 2,4-滴丙酸的 S-对映体降解比较完全，而在无氧条件下，40 d S-对映体仍无降解。

参 考 文 献

[1] Lewis D L, Garrison A W, Wommack K E, Whittemore A, Steudler P, Melillo J. Influence of environmental changes on degradation of chiral pollutants in soils. Nature, 1999, 401(6756): 898-901.

[2] Garrison A W. Probing the enantioselectivity of chiral pesticides. Environmental Science & Technology, 2006, 40(1): 16-23.

[3] Messina A, Sinibaldi M. CEC enantioseparations on chiral monolithic columns. A study of the stereoselective degradation of (R/S)-dichlorprop [2-(2, 4-dichlorophenoxy) propionic acid] in soil. Electrophoresis, 2007, 28(15): 2613-2618.

[4] Schneiderheinze J M, Armstrong D W, Berthod A. Plant and soil enantioselective biodegradation of racemic phenoxyalkanoic herbicides. Chirality, 1999, 11(4): 330-337.

[5] Romero E, Matallo M B, Pena A, Sanchez-Rasero F, Schmitt-Kopplin P, Dios G. Dissipation of racemic mecoprop and dichlorprop and their pure R-enantiomers in three calcareous soils with and without peat addition. Environmental Pollution, 2001, 111(2): 209-15.

[6] 张冬冬. 土壤中手性除草剂 2,4-滴丙酸对映选择性降解和对映体转化研究. 杭州: 浙江大学硕士学位论文, 2017.

[7] Kohler H. Sphingomonas herbicidovorans MH: A versatile phenoxyalkanoic acid herbicide degrader. Journal of Industrial Microbiology & Biotechnology, 1999, (23): 336-340.

[8] Park H, Ka J. Genetic and phenotypic diversity of dichlorprop-degrading bacteria isolated from soils. The Journal of Microbiology, 2003, 41(1): 7-15.

[9] Zipper C, Nickel K, Angst W, Kohler H P. Complete microbial degradation of both enantiomers of the chiral herbicide mecoprop [(RS)-2-(4-chloro-2-methylphenoxy) propionic acid] in an enantioselective manner by Sphingomonas herbicidovorans sp. nov. Applied and Environmental Microbiology, 1996, 62(12): 4318-4322.

[10] Nickel K, Suter M J, Kohler H. P. Involvement of two alpha-ketoglutarate-dependent dioxygenases in enantioselective degradation of (R)-and (S)-mecoprop by Sphingomonas herbicidovorans MH. Journal of Bacteriology, 1997, 179(21): 6674-6679.

[11] Tett V A, Willetts A, Lappin-Scott H. Enantioselective degradation of the herbicide mecoprop [2-(2-methyl-4-chlorophenoxy) propionic acid] by mixed and pure bacterial cultures. FEMS Microbiology Ecology, 1994, 14(3): 191-199.

[12] Zipper C, Fleischmann T, Kohler H E. Aerobic biodegradation of chiral phenoxyalkanoic acid derivatives during incubations with activated sludge. FEMS Microbiology Ecology, 1999, 29(2):

197-204.

[13] Qiu S, Gozdereliler E, Weyrauch P, Lopez E C, Kohler H P, Sorensen S R, Meckenstock R U, Elsner M. Small $^{13}C/^{12}C$ fractionation contrasts with large enantiomer fractionation in aerobic biodegradation of phenoxy acids. Environmental Science & Technology, 2014, 48(10): 5501-5511.

[14] 马云. 典型手性除草剂 2,4-滴丙酸和异丙甲草胺的对映体拆分及选择性环境行为研究. 杭州: 浙江大学博士学位论文, 2005.

[15] Buser H R, Mueller M D. Environmental behavior of acetamide pesticide stereoisomers. 1. Stereo- and enantioselective determination using chiral high-resolution gas chromatography and chiral HPLC. Environmental Science & Technology, 1995, 29(8): 2023-2030.

[16] Mueller M D, Buser H R. Environmental behavior of acetamide pesticide stereoisomers. 2. Stereo- and enantioselective degradation in sewage sludge and soil. Environmental Science & Technology, 1995, 29(8): 2031-2037.

[17] Cai X Y, Niu L L, Zhang Y, Lang X M, Yu Y L, Chen J W. Discriminating multiple impacts of biogas residues amendment in selectively decontaminating chloroacetanilide herbicides. Journal of Agricultural and Food Chemistry, 2011, 59(20): 11177-11185.

[18] Monkiedje A, Spiteller M, Bester K. Degradation of racemic and enantiopure metalaxyl in tropical and temperate soils. Environmental Science & Technology, 2003, 37(4): 707-712.

[19] 程凤宁. 典型手性农药的光解及土壤降解中的手性稳定性. 石家庄: 河北科技大学硕士学位论文, 2011.

[20] Zhang Y F, Liu D H, Diao J L, He Z Y, Zhou Z Q, Wang P, Li X F. Enantioselective environmental behavior of the chiral herbicide fenoxaprop-ethyl and its chiral metabolite fenoxaprop in soil. Journal of Agricultural and Food Chemistry, 2010, 58(24): 12878-12884.

[21] 刘东晖. 手性农药在 (R, R) Whelk-O1 手性柱上的分离分析及其环境行为研究. 北京: 中国农业大学博士学位论文, 2008.

[22] Poiger T, Muller M D, Buser H R, Buerge I J. Environmental behavior of the chiral herbicide haloxyfop. 1. Rapid and preferential interconversion of the enantiomers in soil. Journal of Agricultural and Food Chemistry, 2015, 63(10): 2583-2590.

[23] 齐艳丽. 几种手性农药对映体环境行为及污染特征研究. 北京: 中国农业大学博士学位论文, 2016.

[24] Diao J L, Xu P, Wang P, Lu Y L, Lu D H, Zhou Z Q. Environmental behavior of the chiral aryloxyphenoxypropionate herbicide diclofop-methyl and diclofop: Enantiomerization and enantioselective degradation in soil. Environmental Science & Technology, 2010, 44(6): 2042-2047.

[25] Wink O, Luley U. Enantioselective transformation of the herbicides diclofop-methyl and fenoxaprop-ethyl in soil. Pest Management Science, 2010, 22(1): 31-40.

[26] 王鹏. 手性农药对映体分析及土壤中选择性降解行为研究. 北京: 中国农业大学博士学位论文, 2006.

[27] Gu X, Wang P, Liu D H, Lu Y L, Zhou Z Q. Stereoselective degradation of diclofop-methyl in soil and Chinese cabbage. Pesticide Biochemistry and Physiology, 2008, 92: 1-7.

[28] Ramezani M, Simpson N, Oliver D, Kookana R, Gill G, Preston C. Improved extraction and clean-up of imidazolinone herbicides from soil solutions using different solid-phase sorbents. Journal of Chromatography A, 2009, 1216(26): 5092-5100.

[29] 董慧芬. 除草剂咪唑乙烟酸对映体在土壤中归趋规律的选择性差异研究. 杭州: 浙江大学硕士学位论文, 2013.

[30] 韩莉. 土壤中手性环境污染物的分离及其对映选择性降解研究. 北京: 首都师范大学硕士学位论文, 2009.

[31] Wang P, Jiang S R, Qiu J, Wang Q X, Wang P, Zhou Z Q. Stereoselective degradation of ethofumesate in turfgrass and soil. Pesticide Biochemistry & Physiology, 2005, 82(3): 197-204.

[32] Wang X Y, Li Z, Zhang H, Xu J F, Qi P P, Xu H, Wang Q, Wang X Q. Environmental behavior of the chiral organophosphorus insecticide acephate and its chiral metabolite methamidophos: Enantioselective transformation and degradation in soils. Environmental Science & Technology, 2013, 47(16): 9233-9240.

[33] Wang Y S, Tai K T, Yen J H. Separation, bioactivity, and dissipation of enantiomers of the organophosphorus insecticide fenamiphos. Ecotoxicology and Environmental Safety, 2004, 57(3): 346-353.

[34] Itoh K. Stereoselective degradation of organophosphorus insecticide salithion in upland soils. Journal of Pesticide Science, 1991, 16: 35-40.

[35] Xu Y X, Zhang H, Zhuang S L, Yu M, Xiao H, Qian M R. Different enantioselective degradation of pyraclofos in soils. Journal of Agricultural and Food Chemistry, 2012, 60(17): 4173-4178.

[36] 张二琴. 有机磷农药微生物手性降解的研究. 石家庄: 河北科技大学硕士学位论文, 2015.

[37] Sun M J, Liu D H, Zhou G X, Li J D, Qiu X X, Zhou Z Q, Wang P. Enantioselective degradation and chiral stability of malathion in environmental samples. Journal of Agricultural and Food Chemistry, 2012, 60(1): 372-379.

[38] 李朝阳, 张烨, 罗湘南, 国洁, 王末肖. 手性有机磷农药在土壤中对映体选择性降解特征. 生态环境学报, 2009, 18, (4), 1247-1250.

[39] Li Z Y, Zhang Z C, Zhang L, Leng L. Enantioselective degradation and chiral stability of phenthoate in soil. Bulletin of Environmental Contamination and Toxicology, 2007, 79(2): 153-157.

[40] Lee P, Powell W, Stearns S, McConnell O. Comparative aerobic soil metabolism of fenvalerate isomers. Journal of Agricultural and Food Chemistry, 1987, 35(3): 384-387.

[41] 朱美娜, 李朝阳, 李巧玲, 曾雅虹, 程凤宁. 土壤中甲氰菊酯对映选择性降解的研究. 江苏农业科学, 2011, 39, (6), 481-483.

[42] 李劭彤. 拟除虫菊酯类农药的微生物手性降解特征. 石家庄: 河北科技大学硕士学位论文, 2016.

[43] Li Z Y, Zhang Z C, Zhang L, Leng L. Isomer- and enantioselective degradation and chiral stability of fenpropathrin and fenvalerate in soils. Chemosphere, 2009, 76(4): 509-516.

[44] 姚国君. 顺式氯氰菊酯及代谢物的环境行为、生物毒性及其污染修复. 北京: 中国农业大学博士学位论文, 2017.

[45] Qin S J, Gan J. Enantiomeric differences in permethrin degradation pathways in soil and sediment. Journal of Agricultural and Food Chemistry, 2006, 54(24): 9145-9151.

[46] Qin S J, Budd R, Bondarenko S, Liu W P, Gan J. Enantioselective degradation and chiral stability of pyrethroids in soil and sediment. Journal of Agricultural and Food Chemistry, 2006, 54(14): 5040-5045.

[47] 李朝阳, 张智超, 张玲, 冷连. 土壤中高效氟氯氰菊酯对映选择性降解的研究. 农业环境科

学学报, 2006, 25, (6), 1640-1643.

[48] Sakata S, Mikami N, Yamada H. Degradation of pyrethroid optical isomers by soil microorganisms. Journal of Pesticide Science, 1992, 17(3): 181-189.

[49] Liu W P, Gan J J, Lee S, Werner I. Isomer selectivity in aquatic toxicity and biodegradation of cypermethrin. Journal of Agricultural and Food Chemistry, 2004, 52(20): 6233-6238.

[50] 陈秀. 呋虫胺对映体对蜜蜂选择毒性及其在黄瓜和土壤中降解行为. 北京: 中国农业科学院硕士学位论文, 2013.

[51] Liu X Q, Xu X Y, Li C, Zhang H X, Fu Q G, Shao X S, Ye Q F, Li Z. Degradation of chiral neonicotinoid insecticide cycloxaprid in flooded and anoxic soil. Chemosphere, 2015, 119: 334-341.

[52] Tan H H, Cao Y S, Tang T, Qian K, Chen W L, Li J Q. Biodegradation and chiral stability of fipronil in aerobic and flooded paddy soils. Science of the Total Environment, 2008, 407(1): 428-437.

[53] 李晓刚, 刘一平, 刘双清, 胡昌弟, 柏连阳, 高必达, 姜辉. 茚虫威对映体在土壤中的选择性降解. 环境化学, 2012, 31, (8), 1262-1267.

[54] Sun D L, Qiu J, Wu Y J, Liang H W, Liu C L, Li L. Enantioselective degradation of indoxacarb in cabbage and soil under field conditions. Chirality, 2012, 24(8): 628-633.

[55] Sun D L, Pang J X, Qiu J, Li L, Liu C L, Jiao B N. Enantioselective degradation and enantiomerization of indoxacarb in soil. Journal of Agricultural and Food Chemistry, 2013, 61(47): 11273-11277.

[56] Clark T, Wong W, Vogeler K. Comparative fate in soil of the enantiomers of triadimenol when applied individually to barley seed. Pesticide science, 1991, 33(4): 447-453.

[57] Garrison A W, Avants J K, Jones W J. Microbial transformation of triadimefon to triadimenol in soils: Selective production rates of triadimenol stereoisomers affect exposure and risk. Environmental Science & Technology, 2011, 45(6): 2186-2193.

[58] Li Z Y, Zhang Y C, Li Q L, Wang W X, Li J Y. Enantioselective degradation, abiotic racemization, and chiral transformation of triadimefon in soils. Environmental Science & Technology, 2011, 45(7): 2797-2803.

[59] 梁宏武. 几种典型手性农药对映体的环境行为及水生生物毒性研究. 北京: 中国农业大学博士学位论文, 2014.

[60] Wang X Q, Wang X S, Zhang H, Wu C X, Wang X Y, Xu H, Wang X F, Li Z. Enantioselective degradation of tebuconazole in cabbage, cucumber, and soils. Chirality, 2012, 24(2): 104-111.

[61] 孙明婧. 四种三唑类手性农药的环境行为研究. 北京: 中国农业大学博士学位论文, 2014.

[62] 李远播. 几种典型手性三唑类杀菌剂对映体的分析、环境行为及其生物毒性研究. 北京: 中国农业科学院博士学位论文, 2013.

[63] Buerge I J, Poiger T, Muller M D, Buser H R. Influence of pH on the stereoselective degradation of the fungicides epoxiconazole and cyproconazole in soils. Environmental Science & Technology, 2006, 40(17): 5443-5450.

[64] Li J, Dong F S, Xu J, Liu X G, Li Y B, Shan W L, Zheng Y Q. Enantioselective determination of triazole fungice tetraconazole by chiral high-performance liquid chromatography and its application to pharmacokinetic study in cucumber, muskmelon, and soils. Chirality, 2012, 24(4): 294-302.

[65] 李晶. 三唑类手性杀菌剂苯醚甲环唑的立体选择性生物活性与环境行为研究. 北京: 中国

农业科学院博士学位论文, 2012.

[66] He M, Song D, Jia H C, Zheng Y. Concentration and dissipation of chlorantraniliprole and thiamethoxam residues in maize straw, maize, and soil. Journal of Environmental Science Health B, 2016, 51(9): 594-601.

[67] 程有普. 手性农药丙环唑立体异构体稻田环境行为及其生物活性、毒性研究. 沈阳: 沈阳农业大学博士学位论文, 2014.

[68] Marucchini C, Zadra C. Stereoselective degradation of metalaxyl and metalaxyl-M in soil and sunflower plants. Chirality, 2002, 14(1): 32-38.

[69] Aken B V, Correa P A, Schnoor J L. Phytoremediation of polychlorinated biphenyls: New trends and promises. Environmental Science & Technology, 2010, 44(8): 2767-2776.

[70] Quensen J R, Tiedje J M, Boyd S A. Reductive dechlorination of polychlorinated biphenyls by anaerobic microorganisms from sediments. Science, 1988, 242(4879): 752-754.

[71] Pieper D H. Aerobic degradation of polychlorinated biphenyls. Applied Microbiology and Biotechnology, 2005, 67(2): 170-191.

[72] Passatore L, Rossetti S, Juwarkar A A, Massacci A. Phytoremediation and bioremediation of polychlorinated biphenyls (PCBs): State of knowledge and research perspectives. Journal of Hazardous Materials, 2014, 278: 189-202.

[73] Lehmler H J, Harrad S J, Huhnerfuss H, Kania-Korwel I, Lee C M, Lu Z, Wong C S. Chiral polychlorinated biphenyl transport, metabolism, and distribution: A review. Environmental Science & Technology, 2010, 44(8): 2757-2766.

[74] Ruiz C G, Andrés R, Valera J, Laborda F, Marina M. Monitoring the stereoselectivity of biodegradation of chiral polychlorinated biphenyls using electrokinetic chromatography. Journal of Separation Science, 2015, 25(1-2): 17-22.

[75] Pakdeesusuk U, Jones W J, Lee C M, Garrison A W, O'Niell W L, Freedman D L, Coates J T, Wong C S. Changes in enantiomeric fractions during microbial reductive dechlorination of PCB132, PCB149, and Aroclor 1254 in Lake Hartwell sediment microcosms. Environmental Science & Technology, 2003, 37(6): 1100-1107.

[76] 张晓琳. 植物次生代谢产物对多氯联苯生物降解的影响. 杭州: 浙江大学硕士学位论文, 2016.

[77] Singer A C, Wong C S, Crowley D E. Differential enantioselective transformation of atropisomeric polychlorinated biphenyls by multiple bacterial strains with different inducing compounds. Applied and Environmental Microbiology, 2002, 68(11): 5756-5759.

[78] Ludwig P, Gunkel W, Hühnerfuss H. Chromatographic separation of the enantiomers of marine pollutants. Part 5: Enantioselective degradation of phenoxycarboxylic acid herbicides by marine microorganisms. Chemosphere, 1992, 24(10): 1423-1429.

[79] Heron G, Christensen T H. Degradation of the herbicide mecoprop in an aerobic aquifer determined by laboratory batch studies. Chemosphere, 1992, 24(5): 547-557.

[80] Rügge K, Juhler R, Broholm M, Bjerg P. Degradation of the (R)- and (S)-enantiomers of the herbicides MCPP and dichlorprop in a continuous field-injection experiment. Water Research, 2002, 26(16): 4160-4164.

[81] Zipper C, Suter M J F, Haderlein S B, Gruhl M, Kohler H E. Changes in the enantiomeric ratio of (R)- to (S)-mecoprop indicate in situ biodegradation of this chiral herbicide in a polluted aquifer. Environmental Science & Technology, 1998, 32(14): 2070-2076.

[82] 陈易晖. 手性农药敌草胺和异丙甲草胺及其高效体金都尔的微生物降解研究. 杭州: 浙江

工业大学硕士学位论文, 2004.

[83] 荆旭. 唑禾草灵及其代谢物在水环境中的立体选择性行为. 北京: 中国农业大学硕士学位论文, 2017.

[84] Liu W P, Gan J J. Determination of enantiomers of synthetic pyrethroids in water by solid phase microextraction-enantioselective gas chromatography. Journal of Agricultural and Food Chemistry, 2004, 52(4): 736-741.

[85] Li Z Y, Wu T, Li Q L, Zhang B Z, Wang W X, Li J Y. Characterization of racemization of chiral pesticides in organic solvents and water. Journal of Chromatography A, 2010, 1217(36): 5718-5723.

[86] 刘明珂. 苯霜灵对映体在水生环境中的代谢行为. 北京: 中国农业大学硕士学位论文, 2015.

[87] Gardner D S, Branham B E. Mobility and dissipation of ethofumesate and halofenozide in turfgrass and bare soil. Journal of Agricultural and Food Chemistry, 2001, 49(6): 2894-2898.

[88] Buerge I I, Poiger T, Muller M D, Buser H R. Enantioselective degradation of metalaxyl in soils: Chiral preference changes with soil pH. Environmental Science & Technology, 2003, 37(12): 2668-2674.

[89] Wang X Q, Jia G F, Qiu J, Diao J L, Zhu W T, Lv C G, Zhou Z Q. Stereoselective degradation of fungicide benalaxyl in soils and cucumber plants. Chirality 2007, 19(4): 300-306.

[90] 王萍. 手性农药乙氧呋草黄对映体在生物体和环境中的活性及立体选择性行为的研究. 北京: 中国农业大学博士学位论文, 2005.

[91] Williams G M, Harrisona I, Carlick C A, Crowley O. Changes in enantiomeric fraction as evidence of natural attenuation of mecoprop in a limestone aquifer. Journal of Contaminant Hydrology, 2003, 64(3-4): 253-267.

第6章 手性污染物生物转化的对映选择性

本章导读

- 介绍生物转化的基本概念、研究模型以及影响生物转化的因素，提出手性污染物在生物转化和代谢的过程中会表现出对映选择性。
- 列举典型手性污染物在动物和植物体内的生物转化过程、规律及研究现状。
- 手性污染物的生物转化和代谢机制主要是由生物体内酶的立体选择性决定的，着重介绍 CYP 酶及脂肪酶在手性污染物生物转化过程中的作用。

6.1 手性污染物生物转化

6.1.1 生物转化和代谢的基本概念

存在于多种环境介质中的各种化合物，通过不同的接触途径进入机体后，在生物体内经过吸收、分布、代谢和排泄等过程，完成有机化合物的生物转运和生物转化。其中，生物转化（biotransformation）是指化合物在不同生物体的不同组织中，经过酶催化或非酶系统的作用，转化形成代谢产物的过程。生物转化是机体对外源化学物消解的重要环节，也是机体维持稳态的主要机制之一。而代谢（metabolism）是生物体内所发生的用于维持生命的一系列有序的化学反应的总称，这些反应进程使得生物体能够生长和繁殖、保持它们的结构以及对外界环境做出反应。代谢通常被分为两类：分解代谢可以对大的分子进行分解以获得能量（如细胞呼吸）；合成代谢则可以利用能量来合成细胞中的各个组分，如蛋白质和核酸等。

化合物进入生物体后的生物转化过程包括 I 相和 II 相代谢过程（图 6-1），其中，I 相代谢包括氧化和还原反应，而 II 相代谢是指 I 相代谢产物结合糖类、多肽、氨基酸等小分子后通过一些转运蛋白排出体外。在过程 I 中，化合物在有关酶系统的催化下经由氧化、还原或水解反应改变其化学结构，形成某些活性基团（如—OH、—SH、—COOH、—NH$_2$ 等）或进一步使这些活性基团暴露。在过程

Ⅱ中，化合物的一级代谢物在另外一些酶系统催化下通过上述活性基团与细胞内的某些化合物结合，生成结合产物（二级代谢物）。结合产物的极性（亲水性）一般有所增强，利于排出。化合物的生物转化一般都要经历这两个连续过程，但也有一些化合物由于本身已含有相应的活性基团，因而不必经由过程Ⅰ即可直接与细胞内的物质结合而完成其生物转化。

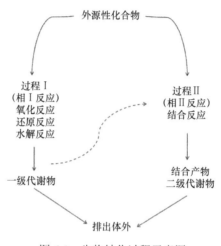

图 6-1　生物转化过程示意图

化合物经过生物体生物转化后的转归结果差异较大，大部分化合物经过生物转化可毒性降低或者消失，即失活（biodetoxication）；还有一部分化合物在机体内形成新的化合物后毒性并未降低甚至增强，这一过程称为代谢活化（bioactivation）。但是不论代谢失活还是活化，化合物经过生物转化后都会发生分子结构的变化，进而影响污染物在生物体的代谢速率和毒性作用。

生物转化的研究模型早期主要以实验动物为主，采用活体暴露或离体实验方法。随着体外实验模型和计算机辅助技术的推广，目前污染物生物转化的研究方法也越来越多样化。研究已发现，肝脏是大部分生物体生物转化作用的主要完成器官，在肝细胞微粒体、胞液、线粒体等部位均含生物转化的相关酶类。其他组织如肾、胃肠道、肺、皮肤及胎盘等也可进行一定程度的生物转化。

化合物经过多种形式的生物转化，可以形成不同的代谢产物和结合物，这一过程非常复杂，主要表现为：①多样性，化合物在不同生物体的不同组织进行生物转化，由于化合物的理化性质和接触剂量差异，生物转化方式也千差万别；②连续性，大部分化合物在机体内的生物转化过程是多个反应连续进行的，而非单一反应；③双重性，化合物经过生物转化后毒性可能减弱也可能增强，即失活与活化过程；④代谢饱和状态，单位时间内化合物浓度较高，超出了机体所需代谢基质的总和，进而正常的代谢途径会发生变化。

影响化合物生物转化的主要因素包括：①不同物种、不同个体的年龄和性别差异，以及肝脏疾病及药物作用等体内外因素影响；②某些化合物可诱导转化酶的合成，使肝脏的生物转化能力增强，称为药物代谢酶的诱导；③多种物质在体内转化代谢常由同一酶系催化，同时接触多种污染物时，可出现竞争同一酶系而相互抑制或影响其生物转化作用的现象[1]。

6.1.2　手性污染物的生物转化和代谢

对于手性污染物而言，接触的生物体及自然环境皆具有手性特征。例如，土壤和天然水体是一种复杂而特殊的手性环境，外来手性污染物进入这一环境后，不同生物可能选择性摄取、代谢同一手性化合物的不同对映体；其不同对映体在环境中的代谢、毒性会存在差异。研究者通常把手性污染物的对映体生物学效应差异归因于对映体在生物体内选择性的吸收、排泄差异，特异酶对手性污染物对映体催化降解效率的差异，以及对映体在生物体内的转化速率差异等。无疑，手性污染物在生物体内对映选择性生物转化效率的不同是其对映选择性环境行为和生物学效应的一个非常重要的原因。

虽然关于环境污染物在生物体内的生物转化过程和机制已经有大量研究，但在 20 世纪 90 年代以前，对于手性污染物生物转化的对映选择性及其意义还鲜有研究。另外，手性污染物经过生物转化后形成的代谢产物通常也是手性的；而某些非手性有机污染物通过生物转化也会形成手性的中间代谢产物，例如，甲磺基多氯联苯（$MeSO_2$-PCBs）、氯氧化物和五氯环己烯等。这些含有手性结构的环境有机污染物广泛存在，如《斯德哥尔摩公约》中的持久性有机污染物中有 16 种化合物是具有手性结构的，包括艾氏剂、氯丹、滴滴涕、狄氏剂、异狄氏剂、七氯、灭蚁灵、多氯联苯、毒杀芬、α-六六六、十氯酮、六溴联苯、七溴二苯醚、四溴二苯醚、五溴二苯醚、硫丹和六溴环十二烷。生物体内许多关键的生物大分子，包括 DNA、RNA、酶、受体和转运蛋白都具有手性结构；大多数手性的生物大分子在生物体中也是以单一对映异构体存在。

手性污染物的不同对映异构体的物化性质相同，在吸附、气-水交换等非生物的环境过程中表现出相同的特性。然而，在吸收、转运、蛋白结合、酶反应、代谢、受体反应、DNA 结合和排泄等生物过程中，由于与生物系统中的手性分子相互作用，不同对映异构体生物转化速率在不同物种或者同一物种的不同器官中表现出了差异。因此，手性有机污染物在生物转化、积累、生态毒性和健康风险中表现出对映选择性差异。随着手性污染物及其代谢产物在环境中分布越来越广泛，需要重视不同对映异构体的生物转化的差异，以免它们产生的环境风险被错误评估[2]。

6.2 典型手性污染物的生物转化

6.2.1 动物体内典型手性污染物的生物转化

1. 多氯联苯（PCBs）及其代谢产物

PCBs 是典型的持久性有机污染物，其多种同系物含有手性轴或手性中心，是手性污染物生物转化中研究最多的化合物。多篇以实验动物为模型的研究分析了五氯和七氯 PCBs 组分在实验条件下的啮齿动物和鱼类模型中的对映选择性生物转化，包括手性 PCBs 的转运、代谢以及分布[3]。在对啮齿类动物暴露的研究中发现，在经过了 3 天和 6 天的腹腔注射并且保持注射期间 PCB84 的对映体分数（enantiomeric fraction，*ef*）不变后，(+)-PCB84 显著富集在脑、肺和心脏组织中；在对虹鳟鱼（*Oncorhynchus mykiss*）幼鱼的研究中，(+)-PCB84 也有类似的对映选择性生物转化[4,5]。在对 3 种不同的啮齿类动物进行灌胃实验后发现，在各种组织器官及排泄物中，PCB91 的色谱第一流出组分对应的阻转异构体具有较高的富集因子，表明 PCB91 在 3 种鼠类中具有同样的生物转化趋势，这个实验结果与其在鱼体内的结果相一致[6-8]；而相反的，大鼠肝脏中优先富集第二流出组分对应的阻转异构体，在脂肪组织和皮肤中，PCB91 接近外消旋[9]。在大鼠和小鼠模型中进行 PCB95 暴露实验，均检测到显著的对映体生物转化差异；在虹鳟鱼和红点鲑（*Salvelinus leucomaenis*）体内实验中，PCB95 则以外消旋形式存在，表明这两种鱼类体内对 PCB95 的代谢是非对映选择性的[6-12]。手性的 PCB132 对映异构体也存在生物转化差异，小鼠体内(–)-PCB132 的半衰期显著长于(+)-PCB132；虹鳟鱼和红点鲑鱼肉中 PCB132 的检测结果也表现出优先生物转化为(–)-PCB132；但也有一些不同的发现，PCB132 在成年虹鳟鱼体内始终是外消旋体，这可能是由鱼的大小和 PCB132 起始暴露浓度存在较大差异所致[5,7,8,12]。PCB136 是研究最多的 PCBs 手性异构体，大多数实验结果都发现，无论何种暴露途径，小鼠的不同组织和排泄物中都发现对映选择性地富集(+)-PCB136；在鱼类体内，PCB136 的生物转化与鱼的种类有关，在虹鳟鱼体内(+)-PCB136 对映体被优先降解，而红点鲑鱼肉和肝脏组织中(–)-PCB136 被优先代谢[8,11,13]；兔子肝脏中优先富集(+)-PCB139[14]。在小鼠的各类组织、血液和尿液中都发现显著富集的(+)-PCB149，这与 PCB149 对映异构体在生物体内的半衰期相一致；但也有研究发现 PCB149 在虹鳟鱼和红点鲑鱼体内生物转化过程是非对映选择性的[6-8,12]。对于 PCB174，不同生物体内存在不同的生物转化形式，在野生和多药耐药的小鼠组织以及土壤萃取物处理的大鼠中，

PCB174 对映异构体有选择性富集；在对小鼠和鱼的研究中，PCB174 的生物转化是非对映选择性的，2 个对映体的毒代动力学参数没有差异[6,8,9,12,15]。PCB176 也表现出类似的对映体特异性，小鼠体内(–)-PCB176 有较短的半衰期和高代谢性，表明其具有对映选择性生物转化；不同的是，研究发现小鼠脾脏中 PCB176 是外消旋的[7,9]。PCB183 在鱼体内的生物转化也是非对映选择性的[8]。

OH-PCBs 和 MeSO$_2$-PCBs 是最常检测到的 PCBs 代谢产物，也可形成阻转对映异构体。对于手性 OH-PCBs，有研究发现小鼠进行亚慢性口服 PCBs 后，血液和肝脏中优先富集 E$_2$-4-95 对映异构体，这个结果与母体化合物的优先富集顺序相一致；E$_1$-5-95 在高剂量处理组的肝脏样品中优先富集，但在中等剂量处理组中，对映选择性的富集与前面的结果不同；E$_2$-4, 5-95 在肝脏中没有发现有对映选择性富集[10]。在大鼠的实验中，大鼠可以对映选择性地生物转化 MeSO$_2$-PCBs，无论对大鼠用外消旋的还是单一纯对映体的 PCB132 处理，都发现了同样的生物转化过程，即手性的 5′-MeSO$_2$-CB-132 和 4′-MeSO$_2$-CB-132 优先转化为 R-阻转异构体[16]；在对其他种类大鼠的实验中也发现了类似的结果[17]，各组织中优先富集的是 E$_1$-4-MeSO$_2$-CB-91 和 E$_2$-5-MeSO$_2$-CB-149 阻转异构体；另外，在实验中没有发现随着时间变化这些代谢产物的 ef 值在任何组织中有显著变化，表明对映选择性分布发生在实验初始阶段。

2. α-六六六（α-hexachlorocyclohexane，α-HCH）

α-HCH 是 HCH 同分异构体中唯一具有手性的组分，但是其他组分也会通过生物转化作用形成具有手性的 α-HCH。已经有研究揭示了 HCH 在哺乳动物、鱼类、鸟和昆虫模型中的对映选择性的生物转化过程。

在小鼠和大鼠模型中都发现，α-HCH 组织特异性的对映选择性富集。所有小鼠中除大脑外其他组织中都发现持续的对映选择性的代谢(+)-α-HCH 对映体，而在大脑组织中发现(+)-α-HCH 被优先富集。大鼠实验中也发现了(+)-α-HCH 类似的优先富集在脑和脂肪组织中的现象，但在大鼠血液和肝脏中(–)-α-HCH 却被优先富集。另外，研究发现(+)-α-HCH 可以优先通过啮齿类生物的血脑屏障，同时在脑细胞中(+)-α-HCH 的富集优于其代谢和排泄[18,19]。在日本大耳白兔体内，(+)-α-HCH 在所有组织中被优先富集，脑组织中最为明显，由此推断在小型啮齿类生物不同组织中，α-HCH 的对映异构体的代谢速率不同[20]。但在虹鳟鱼实验中，α-HCH 的生物转化过程是非对映选择性的；而在红点鲑鱼肉组织中，(+)-α-HCH 被优先降解[5,11,12,15]。鹌鹑中也发现 α-HCH 的生物富集具有组织特异性，(+)-α-HCH 在脑组织中优先富集，而与其他组织中的 α-HCH 的 ef 值不同[18]。类似的效应在蚯蚓的体内也得到验证，(+)-α-HCH 被优先富集。说明在不同生物体中

(+)-α-HCH 被优先富集具有一定的普遍性[21]。

对于(+)-α-HCH 在脑组织对映选择性富集的原因,有研究发现小鼠除了脑组织外其他器官中 α-HCH 的 *ef* 值均有显著的降低,表明(+)-α-HCH 在小鼠体内有持续减少;而在鹌鹑体内则发现,α-HCH 的 *ef* 变化具有器官特异性,并且在其肝脏中检测到(−)-α-HCH 的对映选择性降解。这些发现说明在这两种动物体内的相同器官中,α-HCH 的 *ef* 动态变化与 α-HCH 的起始浓度变化无关。在脑组织中,(+)-α-HCH 被有限富集,而这与其在血液中的浓度基本无关。通过研究 α-HCH 在小鼠和鹌鹑初级神经细胞的代谢,发现 α-HCH 在神经细胞中的代谢微乎其微。*ef* 的微小变化表明,脑细胞的代谢、吸收和排泄不是导致(+)-α-HCH 在脑组织发生动态对映体富集的原因,而 α-HCH 对映选择性地穿越血脑屏障才是导致(+)-α-HCH 在脑组织中发生富集的主要原因[18,22]。

3. 氯丹(chlordane)、七氯(heptachlor)及其代谢产物

氯丹是 20 世纪 80 年前广泛使用的有机氯农药,共有超过 140 个组分,其中含量最多的异构体是顺式氯丹(*cis*-chlordane,CC)和反式氯丹(*trans*-chlordane,TC)。氯丹和七氯具有类似的分子结构。另外,氯丹和七氯能够通过环氧化作用和羟基化作用降解为手性代谢物——氧氯丹(oxy-chlodane,OXY)和环氧七氯(heptachlor epoxide,HEPX)。氯丹的生物转化作用具有种属特异性,Lu 等通过对公鸡喂食工业氯丹后发现,所有的公鸡组织样品中都出现了对映选择性积累(−)-CC 和(+)-TC,在脂肪、皮肤和肝脏中表现的尤为明显[23]。鲤鱼体内未发现 CC 的残留具有对映选择性;而红点鲑的肌肉和肝脏中对映选择性优先降解(+)-CC[12,23,24],在公鸡体内也发现一致的现象,即(+)-CC 被优先降解、(−)-CC 被富集。另外,在雌雄大鼠的各种组织中都发现(+)-TC 优先被降解[25],而(−)-TC 在鱼和公鸡体内被优先降解[11]。Karlsson 等报道了在巴伦支海鲟鱼(*Acipenser sinensis*)中(−)-CC 和(−)-TC 更易在雌性鲟体内累积,而在雄性鲟体内对映体含量则相反[26]。(−)-OXY 是雌性大鼠及雄性大鼠肝脏、肾脏和脂肪组织中残留的主要对映体,也有研究发现大鼠体内 TC 和 OXY 的对映选择性生物转化具有性别差异[27]。对于 HEPX 对映异构体的研究,鱼体内并未发现其具有对映选择性生物转化;而在公鸡体内,HEPX 在组织中的残留具有手性差异[5]。

4. 滴滴涕及其代谢产物

尽管 DDT 在农业上的使用已经在《斯德哥尔摩公约》中被禁止了,但由于其持久性的特性,在环境中仍可以检出,同时在疟疾的媒介控制区和船舶的防污涂料中,DDT 还在继续使用,因此各种环境介质中 DDT 残留对生态安全和人群健康

的潜在风险依然存在。DDT 的同分异构体中 *o,p'*-DDT 及其代谢产物 *o,p'*-DDD 都具有手性结构。*o,p'*-DDT 及 *o,p'*-DDD 的对映选择性累积和毒性效应已经在许多动物模型中得到验证，但对于其生物转化的手性差异的研究还很有限。在对中国南部多种食用鱼体内有机氯农药残留分析后发现，(+)-*o,p'*-DDT 在所有的鱼体内优先富集，而 *o,p'*-DDD、*o,p'*-DDT 代谢产物则以(−)-对映体形式富集。虹鳟鱼体内的 *o,p'*-DDT 及 *o,p'*-DDD 并未发现有对映选择性的生物转化[5]；在红点鲑的肝脏组织中，*o,p'*-DDT 的对映异构体组成比较稳定，而在鱼肉中，*S*-(+)-*o,p'*-DDT 对映体被优先降解[12]；在小型猪研究中，*o,p'*-DDT 对映异构体的生物转化具有个体差异，*S*-(−)-*o,p'*-DDD 在 2 只实验小型猪中是主要残留的对映体，而在另外 3 只小型实验猪体内，*R*-(+)-*o,p'*-DDD 则是主要残留的对映体[27]。

5. 六溴环十二烷（HBCD）

作为广泛使用的溴代阻燃剂，HBCD 由于具有持久性、内分泌干扰性等典型的持久性有机污染物性质，因而其健康风险备受关注。HBCD 的异构体中有 3 个具有手性中心，即 α-HBCD、β-HBCD 和 γ-HBCD。在对斑马鱼的模型中，研究者发现相较于(−)-对映异构体，鱼体内对映选择性富集(+)-α-HBCD 和(+)-γ-HBCD；但在斑马鱼体内，未发现 β-HBCD 的生物转化过程具有对映选择性。中国南部电子垃圾区鸟类肌肉组织中 α-HBCD 检测表明：(−)-α-HBCD 对映体主要在陆生鸟类中富集，而(+)-α-HBCD 对映体主要在水生鸟类中富集[28,29]。

6. 毒杀芬（toxaphene）

毒杀芬是一种广谱性的有机氯杀虫剂，于 20 世纪 80 年代禁止生产，但因其具有持久性，在环境中仍有检出。其组分由 670 多种包含 6～10 个氯原子的化合物组成，大多数组分具有手性。在大鼠体内，E_1-B8-1413、E_1-B9-1679 和 E_2-B9-1015 随着时间变化被优先降解，最显著的对映选择性生物转化差异出现在大鼠肝脏组织中，肝脏是代谢毒杀芬的最主要器官；B7-515 组分代谢最快，但其生物转化过程中未发现具有对映选择性[30]。不同的毒杀芬组分在底鳉（*Fundulus heteroclitus*）中的对映体组成具有较大差异：B7-515 和 Penta-2 的降解速率快，没有对映选择性；B6-923 降解快速但具有对映选择性；B9-1679 降解速率较慢，没有对映选择性；B8-1414 和 B8-1945 降解较慢但具有对映选择性。对 B6-923 在底鳉体内的降解速度的对映体差异研究中发现，E_2-B6-923 较 E_1-对映体快速，且这一现象与实验温度相关[31]。

7. 其他手性污染物的生物转化

甲霜灵（metalaxyl）属于低毒性的光谱杀菌剂，其中甲霜灵的 *R* 型异构体又称精甲霜灵，是第一个上市的具有立体旋光活性的杀菌剂，比外消旋甲霜灵的药效高 2～10 倍。对甲霜灵的 2 个对映体在大鼠和家兔体内对映选择性降解的药物代谢动力学研究中发现，甲霜灵的对映选择性代谢情况存在差异[21]。通过给家兔耳后静脉注射外消旋的甲霜灵后，测得家兔血浆中甲霜灵 *ef* 值最低为 0.274，且在血浆中 *R*-甲霜灵的浓度始终大于 *S*-甲霜灵，在家兔的肺部、肝脏、心脏、肾脏、脾脏等器官中也均发现甲霜灵有明显的对映选择性降解，且 *S*-甲霜灵降解速度更快；但在家兔肌肉组织和脑部则没有发现甲霜灵生物转化有立体选择性；另外，甲霜灵的 2 个对映体都是在脾脏中降解速度最慢的，在肺部组织中降解最快的。而在大鼠模型中，只有脑部、脂肪、脾脏和肝脏组织中甲霜灵有立体选择性生物转化发生，在其他组织中没有发现立体选择性，而且甲霜灵对映体在大鼠脂肪中的残留浓度比其他组织中明显要高；在大鼠脂肪组织和肺脏中 *R*-甲霜灵的降解要比 *S*-甲霜灵快，导致 *S*-甲霜灵在这两个器官被选择性富集，而在其他几种组织中正好相反。Zadra 等[32]研究了甲霜灵在向日葵植株体内的生物转化，结果表明，*S*-甲霜灵在叶片中降解快于 *R*-对映体；喷洒甲霜灵后测定其不同对映体在叶片中的含量，发现 *S*-对映体在叶片中前 25 天的含量远高于 *R*-对映体，甲霜灵的对映体过量（enantiomeric excess，*ee*）值保持在 0.14～0.02 之间，随着时间推移，25 天后 *ee* 值会逐渐上升，并在第 85 天达到 0.65，说明此时叶片中 *R*-对映体含量远大于 *S*-对映体，这可能是由于向日葵体内的生物转化酶系随着时间变化会优先转化 *S*-对映体。另外，该研究组还探究了甲霜灵和精甲霜灵对映体之间选择性降解的机制，他们发现这两种杀菌剂在向日葵体内产生酸的方式都是通过酯水解，但它们产生酸的时间不同，*R,S*-甲霜灵酸比 *R*-甲霜灵酸出现早，且 *R,S*-甲霜灵的 2 个对映体的水解速率也存在差异；*S*-对映体比 *R*-对映体的生物降解速率要快；同时，无论是甲霜灵还是精甲霜灵，在它们转化为代谢产物酸的过程中构型是保持不变的，即 *R,S*-甲霜灵转化成 *R,S*-甲霜灵酸，精甲霜灵代谢生成为 *R*-甲霜灵酸。不同生物细胞对甲霜灵的代谢也具有立体选择性差异，例如人肝癌细胞（HepG 2）、大鼠肝癌细胞（H4IIE）和鸡肝癌细胞（LMH）能选择性代谢 *S*-甲霜灵，经这些细胞代谢富集后，甲霜灵的对映体比例（enantiomeric ratio，*er*）值<1；而草鱼肝脏细胞系（L8824）选择性代谢 *R*-甲霜灵，导致甲霜灵的富集结果是 *er*>1。

Zhang 等[33]研究了离体条件下的兔和鼠肝微粒体对于苯霜灵（benalaxyl）的代谢作用，发现(–)-*S*-benalaxyl 在兔肝微粒体中被选择性优先降解，而在鼠肝微粒体中则是(+)-S-benalaxyl 降解较快,并且两种动物的肝微粒体中都没有发现苯霜灵异构体间的构型转化发生。苯霜灵在烟草、葡萄、辣椒、番茄、甜菜和种植土壤中也具有对映选择性降解,苯霜灵在葡萄中是 R-苯霜灵被优先降解,而在烟草等其余几种植物中却是 S-对映体被优先降解,在土壤中也是 R-苯霜灵被选择性降解,R-对映体的半衰期是 8.2 d,S-对映体的半衰期是 16.2 d,约为前者的 2 倍[34]。

Wang 等[35]研究了反式氯氰菊酯(trans-cypermethrin,TCYM)的不同对映体在家兔及大鼠体内各组织中的对映选择性代谢和残留。将 rac-TCYM 在家兔耳后静脉注射后,发现(–)-TCYM 在肌肉组织、脾脏、肝脏、肾脏、心脏和血浆中选择性优先富集;通过比较 ef 值发现 TCYM 在血浆中对映体的选择性降解作用最强,但在 TCYM 残留量最大的肺脏组织中没有发现明显的对映选择性生物转化;在脑组织中,由于血脑屏障的存在,2 个对映体的浓度都低于分析方法的检测限。同样,将 TCYM 外消旋体及纯对映异构体采用尾静脉注射给大鼠,结果显示 TCYM 在大鼠与家兔体内的对映选择性代谢行为相似;另外,静脉注射(+)-TCYM 后,大鼠血浆中的 TCYM 对映体会发生构型转化,即注射(+)-TCYM 后,可以检测到其反向对映体(–)-TCYM,并且没有发现(–)-TCYM 向(+)-TCYM 的转化,说明这种构型转化是单向的。因此,构型转化可能是动物体内 TCYM 的对映选择性行为的主要原因之一。

王秋霞[36]报道了在家兔体内己唑醇(hexaconazole)对映体的代谢动力学及其在家兔各组织中的残留,发现了在家兔的脑组织、肾脏、心脏、脾脏及肝脏中都是优先选择性降解(+)-己唑醇,其中肝脏中的对映选择性降解最明显,该组织中 ef 值变化最大;但是,在肺中己唑醇的对映选择性降解差异并不明显。

手性 POPs 及其代谢产物在生物体内对映选择性生物转化如表 6-1 所示。

6.2.2　植物体内典型手性污染物的生物转化

手性污染物在植物生理生化过程中会表现出对映体差异,如人工合成的手性植物激素对植物的生长调节会表现出对映选择性,手性农药对非靶标植物毒性以及植物对手性农药的代谢也往往表现出对映选择性[37]。

除了植物激素的研究外,人们对植物与手性农药对映选择性也作了广泛研究。对植物生长产生抑制作用的手性农药主要是除草剂,因此,植物与手性农药对映体的选择性相互作用主要集中于除草剂的研究,当然也有一部分手性杀虫剂以及环境污染物对植物生长产生抑制作用,并能被植物体选择性代谢。

表 6-1　手性持久性有机污染物及其代谢产物在生物体内对映选择性生物转化（内容源自文献[2]）

持久性有机污染物	手性组分	动物模型	对映选择性差异（优先富集对映异构体）
PCBs	84	小鼠（mouse）	(+)
		大鼠（rat）	无（外消旋）
		虹鳟鱼（rainbow trout）	(+)
	91	小鼠（mouse）	E_1
		大鼠（rat）	E_2
		虹鳟鱼（rainbow trout）	E_1
	95	大鼠（rat）	E_1
		虹鳟鱼（rainbow trout）	无（外消旋）
		红点鲑（arctic char）	无（外消旋）
	132	小鼠（mouse）	(−)
		红点鲑（arctic char）	(+)
	136	小鼠（mouse）	(+)
		虹鳟鱼（rainbow trout）	(−)
		红点鲑（arctic char）	(+)
	139	大鼠（rat）	(+)
	149	小鼠（mouse）	(+)
		大鼠（rat）	存在组织特异性差异
		虹鳟鱼（rainbow trout）	无（外消旋）
		红点鲑（arctic char）	无（外消旋）
	174	大鼠（rat）	(−)
		虹鳟鱼（rainbow trout）	无（外消旋）
		红点鲑（arctic char）	无（外消旋）
	176	小鼠（mouse）	(+)
		大鼠（rat）	无（外消旋）
	183	虹鳟鱼（rainbow trout）	无（外消旋）
OH-PCB	4-95	小鼠（mouse）	E_2
	5-95	小鼠（mouse）	与暴露初始浓度相关
	4,5-95	小鼠（mouse）	存在组织特异性差异
MeSO$_2$-PCB	4-91	大鼠（rat）	E_1
	4'-132	大鼠（rat）	R
	5'-132	大鼠（rat）	R
	4-149	大鼠（rat）	存在组织特异性差异
	5-149	大鼠（rat）	E_2

续表

持久性有机污染物	手性组分	动物模型	对映选择性差异（优先富集对映异构体）
α-HCH		小鼠（mouse）	存在组织特异性差异
		大鼠（rat）	存在组织特异性差异
		家兔（rabbit）	(+)
		虹鳟鱼（rainbow trout）	无（外消旋）
		红点鲑（arctic char）	(−)
		泥鳅（loach）	(+)
		鹌鹑（quail）	存在组织特异性差异
		蚯蚓（earthworm）	(−)
氯丹	CC	红点鲑（arctic char）	(−)
		鲤鱼（carp）	无（外消旋）
		小公鸡（cockerel）	(−)
	TC	大鼠（rat）	(−)
		虹鳟鱼（rainbow trout）	(+)
		鲤鱼（carp）	(+)
		小公鸡（cockerel）	存在组织特异性差异
OXY		大鼠（rat）	(−)
HEPX		虹鳟鱼（rainbow trout）	无（外消旋）
		红点鲑（arctic char）	无（外消旋）
		小公鸡（cockerel）	存在组织特异性差异
DDT	o,p'	虹鳟鱼（rainbow trout）	无（外消旋）
		红点鲑（arctic char）	存在组织特异性差异
DDD	o,p'	小型猪（minipig）	存在个体差异
		虹鳟鱼（rainbow trout）	无（外消旋）
HBCD	α	斑马鱼（zebrafish）	(+)
	β	斑马鱼（zebrafish）	无（外消旋）
	γ	斑马鱼（zebrafish）	(+)
毒杀芬	B6-923	底鳉（mummichog）	E_1
	B7-515	大鼠（rat）	无（外消旋）
		底鳉（mummichog）	无（外消旋）
	B8-1413	大鼠（rat）	E_2
	B8-1414	底鳉（mummichog）	E_1
	B8-1945	底鳉（mummichog）	E_1
	B9-1015	大鼠（rat）	E_1
	B9-1679	大鼠（rat）	E_2
		底鳉（mummichog）	无（外消旋）
	Penta-2	底鳉（mummichog）	无（外消旋）

禾草灵（diclofop 或 diclofop-methyl，DM）又称伊洛克桑，是 1 种典型的芳香基丙酸类手性农药，属内吸性禾本科杂草除草剂，通过根和叶表皮被吸收。禾草灵分子结构中含有 1 个手性中心，包含 R-(+)-DM 和 S-(−)-DM 这 2 个对映异构体。在植物体内禾草灵可以迅速水解生成禾草灵酸，而禾草灵酸在不同植物体内发生降解的过程不同。在对禾草灵和禾草灵酸的不同对映体淡水藻类培养体系分析中，这两种除草剂的对映异构体之间并没有发生构型转化，藻液中的禾草灵和禾草灵酸可发生选择性降解，而对藻细胞进行透性和热处理后，禾草灵酸的降解则不再具有选择性，因此，藻细胞对除草剂的主动吸收和转运差异影响禾草灵酸在藻液中的选择性降解[38]。禾草灵及其主要代谢产物禾草灵酸在常见的蔬菜，如白菜和油菜中降解具有对映选择性，在白菜和油菜中都是禾草灵的 S-对映体降解速率比 R-对映体快[34]。

Schneiderheinze 等[39]运用高效液相色谱法拆分并考察了 2-(2,4-二氯苯氧基)丙酸 [2-(2,4-dichlorophenoxy)propionic acid, 2,4-DP，又称 2,4-滴丙酸] 和 2-(4-氯-2-甲基苯)丙酸 [2-(4-chloro-2-methylphenoxy)propanoic acid, MCPP，又称 2-甲-4-氯丙酸] 在草类中的选择性降解，通过在 3 种草坪草、4 种阔叶杂草和土壤中喷洒 MCPP 和 2,4-DP 后，采样分析这两种农药的残留，发现在土壤和大多数阔叶杂草中，都是 S-对映体降解较快，而在草坪草中却没有发现这种现象，说明不同植物的种属会影响手性农药的对映选择性降解。

Zhang 等[40]拆分了手性除草剂喹禾灵及其降解产物喹禾灵酸各自的对映体，并测定了喹禾灵在小球藻（*Chlorella vulgaris*）和栅藻（*Scenedesmus obliquus*）培养液中的代谢情况。发现藻液可以将喹禾灵转化为喹禾灵酸，后者再发生进一步的代谢。但如果藻液中初始状态只添加喹禾灵酸，则喹禾灵酸保持稳定状态，不被藻液降解。喹禾灵及喹禾灵酸在藻液中的转化未发现对映异构体差异。

氟虫腈（fipronil）又称锐劲特（Regent），是一种高效广谱的苯基吡唑类杀虫剂。氟虫腈对映体在栅藻中的富集不存在对映选择性；氟虫腈在非食藻蝌蚪体内的富集具有对映选择性，优先富集 R-对映体；Lu 等[41]报道了氟虫腈在水葫芦体内的手性选择性行为，他们发现水葫芦对氟虫腈吸收没有选择性，但是测定结果发现水葫芦体内会迅速地选择性富集 R-氟虫腈。进一步降解实验发现，S-氟虫腈的半衰期为 5.28 d，R-氟虫腈的降解半衰期 7.55 d，这表明氟虫腈的选择性代谢是其不同对映体在水葫芦体内富集存在差异的原因。Liu 等[34]报道了田间条件下甘蓝对氟虫腈的对映选择性降解，结果表明 R-对映体在甘蓝中的降解速度明显快于另一个对映体。Zhou 等[42]在蚯蚓实验中发现，氟虫腈经水和经土两种方式暴露都在颤蚓体内发生了立体选择性富集，并且选择性相同，均是 R-氟虫腈被优先富集。氟虫腈在河蚌体内 11 天达到富集平衡，S-氟虫腈高于 R-氟虫腈，但富集因子只有 0.2

左右，富集能力有限。蝌蚪经水暴露于氟虫腈，在富集过程中，蝌蚪体内 R-氟虫腈的浓度一直显著高于 S-氟虫腈，即蝌蚪选择性富集 R-氟虫腈。S-氟虫腈和 R-氟虫腈的生物富集因子分别为 12.06 和 24.12。

Wang 等[43]也开展了关于酰胺类杀菌剂苯霜灵（benalaxyl）在小白菜、白菜、黄瓜和菠菜中的选择性降解的研究，发现温室种植的黄瓜中 R-苯霜灵降解更快；而在温室种植的小白菜和农田种植的菠菜中，被优先降解的是 S-苯霜灵，但在白菜中则没有对映选择性降解发生。

除草剂草胺膦（phosphinothricin）在抗草胺膦转基因和非转基因植物细胞培养液如甜菜根（Beta vulgaris）、胡萝卜（Daucus carota）、紫色毛地黄（Digitalis purpure）和荆棘苹果（Daturas tramounium）中的代谢都表现出对映选择性[45]。实验通过 ^{14}C 标记外消旋草胺膦、L-草胺膦、D-草胺膦、代谢产物 N-乙酰基-L-草胺膦和 3-(甲基磷酸亚基)丙酸处理植物细胞，发现细胞吸收的对映选择性很大程度上取决于植物的种类和除草剂种类。在非转基因植物细胞培养液中，由外消旋草胺膦或 L-草胺膦产生可溶性的代谢产物在 0~26.7%之间，转基因甜菜根中产生的代谢产物在 28.2%~59.9%之间，而 D-草胺膦基本上稳定。Ruhland 等[45]比较了转基因油菜（Brassica napu）、玉米（Zea flays）与非转基因植物对草胺磷的降解差异，发现草胺膦在油菜和玉米细胞培养液中的降解也表现出手性差异。上述研究表明，草胺膦在代谢过程中具有对映选择性，其中 L-草胺膦转化的代谢产物与外消旋的相同，而 D-草胺膦没有发生代谢。

6.3 手性污染物的生物转化和代谢机制

研究手性污染物在生物体内的立体选择性代谢过程对手性污染物的毒性作用机制解释非常重要，也是进一步了解手性污染物选择性毒性的必要途径。但关于这方面的研究还非常有限，仅仅限于零散的研究和报道。外源化合物的转化代谢过程牵涉机体内复杂的酶系统，酶不但帮助生成新细胞构造物，而且能降解与消除体内废物和有毒物质。手性化合物在生物转化代谢过程中的对映选择性通常有 3 种产生机制：①不同对映体与机体代谢物形成的非对映体复合物，具有不同的代谢速率，被称为"底物立体选择性"；②非手性分子代谢为 1 个新的含手性中心的化合物，以不同的代谢速率形成对映异构体，被称为"产物立体选择性"；③手性化合物以不同的代谢速率形成非对映异构体，被称为"底物-产物立体选择性"。一般情况下，手性化合物代谢过程非常复杂，往往几条代谢途径同时以不同的立体选择性代谢手性化合物对映体。代谢过程中手性化合物不同对映体与酶蛋白结合或者作为酶蛋白底物的能力存在差异，导致类似受体-配体的相互作用，手性化合物代谢的立体选择性和不同对映体代谢有限性方面存在种属、个体及组织特异性。手性化合物在生物转化过程中还可能发生手性中心转化等现象，导致手性化合物生物转化研究更为复杂[46]。

手性化合物对映选择性代谢的酶反应都是立体选择性的，通常用三点模型来解释这种现象。模型要求活性对映体与酶催化的活性部位牢固结合，围绕手性碳原子的 3 个基团以 ABC 的排列顺序形成了四面体的 1 个三角形平面，这与酶活性部位上的 3 个手性结合位置 A'B'C' 正好相匹配；而低活性对映体 3 个基团的排列顺序为 CBA，这与酶活性部位上的结合位置顺序互为镜像，这种无效的结合导致了错配。在某些情况下，这个模型需要扩展为所谓的四点模型。例如，晶体结构显示在异柠檬酸 C_2-原子的 4 个基团中有 3 个基团与 3 个相同的残基相结合，而第 4 个基团却不是。也就是说蛋白质活性部位上需要 4 个点来区分 2 个对映体。一般在假设只能从一个方向到达结合位置的情况下使用三点模型，但是如果活性位置处于一个凹口或是凸起的残基上，那么蛋白质只能通过第 4 个基团的结合和定向才能区分 2 个对映体。

手性化合物的降解可能按照以下 4 种途径进行：①有两种对映选择性酶存在，每一种只转化底物的一个对映体；②对映体同时被一种酶转化，但是速率不同；③一种酶依次转化底物的两个对映体，即优先降解一个对映体，另一个对映体最终也被降解，但是只能是在前一个已经被（完全）降解以后；④一个对映体被一种酶降解，而另一个则被异构酶异构化。

在许多芳烃污染物的降解过程中，环状羟基双加氧酶起了非常重要的作用。在大多数情况下，它们可以将非手性底物转化为手性产物（顺式二氢二醇），而这个过程是区域选择性和对映选择性的，许多转化过程都能生成对映体纯的产物。萘双加氧酶（naphthalene dioxygenase，NDO）就属于这一类酶，由于 NDO 的结构是可溶的，因此其常被用作模型酶来研究这类反应在分子水平上的对映选择性。NDO 是一种多组分酶，能够催化多种反应如 cis-羟基化作用、单氧化作用和去饱和作用；它含有铁硫黄素蛋白还原酶、铁硫铁氧化还原蛋白和加氧酶 3 个组分，而这 3 个组分通过 1 个小 α-、1 个大 β-亚基和 $\alpha_3\beta_3$ 整体结构组合而成。NDO 是以 NAD(P)H 为基础的，即其还原酶和铁氧化还原蛋白组分需要将 NAD(P)H 的电子转移到加氧酶上。加氧酶组分中的每 1 个亚基都包含 1 个 Rieske [2Fe-2S]中心和 1 个单核非亚铁红素铁，电子从 Rieske 中心转移到邻近 α-亚基的单核铁上，即氧活化和催化的位置。苯基丙氨酸残基 253（F253）决定了菲、联苯和萘氧化过程的区域和对映选择性。通过定位突变形成，F352 转突为不同的氨基酸。NDO 的苯基丙氨酸被色氨酸取代后变异为 F352W，其立体化学性质也随之发生了极显著的变化。含有联苯和菲的 F352 的其他变异体的区域选择性也都发生了变化。

消旋酶（异构酶）由于对其底物有催化外消旋作用而成为对映选择性降解的另一条途径。扁桃酸消旋酶（mandelate racemase，MR）就是其中研究的较为深入的例子。MR 能够将 D-扁桃酸转化为相对应的 L 型，反之亦然。单个氨基酸残基对手性反应有显著作用，它能够使酶区分对映体。如果改变区域和对映选择性底物识别的一些氨基酸残基，那么酶反应的立体选择性就会发生很大的变化甚至相反。

趋同进化是代谢手性化合物的另一种途径。许多酶对都与手性化合物中的 1 个对映体单独进化，相互之间互不关联。比如 D-和 L-乳酸脱氢酶（D-LDH，L-LDH），它们分别属于 D-和 L-酮酸脱氢酶族，但是序列比较表明，这 2 个酶族与相互的进化互不相关。L-和 D-LDH 在丙酮酸盐还原为乳酸盐的过程中起催化作用，在 NADH 消耗的同时还得到对映体纯的产品。通过晶体结构分析发现，D-LDH 与 L-LDH 的所有折叠完全不相同，由此可以假设除了折叠不同，活性部位互为镜像[47]。根据底物结合和催化中所包含的氨基酸残基相同这一点可以知道它们在结构上处于等效位置，但是它们在结合和催化中所起的具体作用可能并不相同。在 D-氨基酸转移酶（D-AAT）和 L-天冬氨酸转氨酶（L-Asp-AT）中也发现了趋同进化的现象，D-AAT 和 L-Asp-AT 在序列水平上完全不一致而且所有的折叠也不相同，但是它们的酶性机制却是相似的。这 2 个酶都含有吡哆醛磷酸盐（pyridoxal phosphate，PLP），各自催化氨基酸对映体的转氨作用。Sugio 等[48]的研究发现在这 2 个酶的活性部位之间存在着惊人的相似，尤其是在 PLP 和它的中间体的结合处。底物氨基酸的 α-氨基和 α-羧基相对于环状吡哆醛磷酸盐和蛋白以相同的方向结合，由此侧链朝向相反的方向从而导致相反的手性特征。

折叠完全保持不变的酶，它们的氨基酸残基仅有一部分是明确有立体特异性的；还有具有相反立体特异性的酶，它们的折叠完全不同而且所包含的活性部位极为相似且互为镜像。从理论上说，两种序列相同但是来源于互为镜像氨基酸单体的酶，即分别来源于 L-和 D-氨基酸，对于手性底物一般会显示出相反的立体特异性。这些都暗示了 L-和 D-型酶互为镜像，从而才会引起相反的底物特异性[49]。

6.3.1　CYP 酶

1.CYP 酶的特点

在生物转化相关的酶中，CYP 酶是主要的代谢酶并且在对外源污染物的生物转化过程中起到非常重要的作用。CYP 酶几乎存在于所有生物体内，在生物体内的分布也非常广泛，在哺乳动物肝脏中的表达水平最高。细胞色素 P450 酶（cytochrome P450），作为自然界中最万能的生物酶之一，广泛存在于多种生物体内（涵盖动物、植物、微生物）。P450 酶是一类以血红素为辅基的 b 族细胞色素超家族蛋白酶，参与生物体内的 I 相反应，在内源物质的合成、外源化合物生物转化（代谢解毒/活化）过程中均起着极为重要的作用。由 CYP450 介导的亚细胞系体外代谢模型被较广泛地应用于研究环境污染物的生物转化机制。它主要利用生物体内的氧分子和还原型辅酶 NAD(P)H 来实现对底物分子的单加氧化，所涉及的反应包括 C—H 键的羟基化（hydroxylation），C═C 键的环氧化（epoxidation），N、S 等杂原子的氧化（oxidation of heteroatoms）和脱烷基化作用（dealkylation）。除氧化机制外，当其所处的生物体内环境发生变化时，P450 酶能够参与其他不同类型的催化反应，如 C—X（X 为卤素原子）键的还原脱卤，氮氧化物、醛、酮的还原反应等[50]。细胞色素 P450 酶种类有很多，不同的外源化合物一般是由特定的 CYP450 酶催化代谢的，比如二噁英是由 CYP1A1 催化代谢，PCB136 是由 CYP2B1 催化代谢。通过测定相关的 CYP450 酶的诱导或抑制情况对外源化合物代谢的影响，就可以知道在外源化合物代谢中起主要作用的 CYP450 酶的种类。

2. CYP 酶在对映选择性生物转化中的作用

CYP 酶具有广泛的底物并呈现出极大的立体化学敏感性。就手性化合物而言，其代谢或生物转化类型可以大致分底物立体选择性和底物-产物立体选择性。有关手性分子代谢的研究资料主要来源于手性药物。研究结果显示，对映体在代谢和转化过程中，由于与生物大分子形成非对映体复合物并导致底物立体选择性，对映体间代谢速率不同，引起两者相对浓度的差异，从而导致手性药物不同对映体之间药效的差异。如巴比妥类药物海索比妥（hexobarbital），(+)-*S*-对映体在人体的半衰期是(−)-*R*-对映体的 3 倍，这是由于海索比妥不同对映体与 CYP 亚基发生相互作用与酶分子的亲和力有差异，使得代谢转化速率不同。除此以外，CYP 是一类同工酶的超家族，不同的同工酶可以选择性地转化特定的对映体，使手性化合物的转化可以通过不同的生物转化途径的选择性而体现出来。CYP 酶在手性化合物不同对映异构体的选择性降解过程中也有重要作用。在对甲霜灵、禾草灵和氟虫腈 3 种除草剂的代谢研究中发现[51]，手性农药在不同物种细胞内代谢时存在明显的对映选择性种间代谢差异，经过不同物种细胞代谢后，手性农药会呈现不同的 *er* 值；并且种间代谢差异的产生与特定的 CYP450 酶被诱导有关，抑制相应的 CYP450 酶活后，这些对映选择性种间代谢差异情况也会得到抑制，说明这些手性农药在不同物种体内可能是由不同的 CYP450 酶来进行对映选择性代谢的。

Lu 等[52]证实了 CYP2B1 对手性污染物 PCB45、95 和 132 的对映选择性降解作用最终导致 PCBs 的对映体组成发生改变。研究人员推测，PCBs 两个对映体之间被 CYP2B1 催化代谢时存在相互竞争的抑制作用；此外，不同对映体与 CYP2B1 结合能力及结合位点的不同是影响手性物质对映体的转化和代谢过程的重要因素。该课题组还发现，CYP2B1 催化手性 PCBs 的代谢产物也是非外消旋体，即代谢产物形成也具有对映选择性[53]。

Kania-Korwel 等[54]也报道了鼠肝微粒体中特定的 CYP450 酶对手性有机氯农药氯丹和七氯选择性降解作用，作者发现通过诱导特定的 CYP450 酶，可以加速手性农药的降解和代谢产物的生成；并且，分别诱导 CYP2B 和 CYP3A，对手性农药的 2 个对映异构体的代谢产生的作用不一致，导致其 *ef* 值发生相应的变化。

6.3.2　脂肪酶

1. 脂肪酶的特点

脂肪酶（lipase，甘油三酯水解酶），主要功能是分解生物产生的各种天然的油和脂肪。脂肪酶的一个重要特征是它们只能在异相系统即在油（或脂）-水的界面上起作用，对均匀分散的或水溶性底物不起作用，即使有作用也极其缓慢，这也是脂肪酶区别于酯酶的一个重要特征。脂肪酶在动物、植物各种组织及许多微生物中都有存在。它是最早研究的酶类之一。

脂肪酶之所以在手性污染物生物转化研究中受到关注，主要原因是：①具有底物特异性、立体选择性和区域选择性，可以特异性地转化和代谢手性污染物；②许多微生物脂肪酶产量都很高，在污染物的代谢转化中非常重要；③许多脂肪酶的晶体结构已经解析清楚，可以作为蛋白质工程的依据；④脂肪酶的催化作用一般不需要辅助因子，并且不产生副反应，生产成本比较低。

脂肪酶的底物特异性是由下列因素决定的：①酶分子的结构，特别是酶活性中心的结构；②底物的结构；③影响酶结合到底物上的因素；④其他影响酶活性的因素。因此，脂肪酶的来源不同，其结构的差异使它们对不同底物的特异性也不同，脂肪酶的特异性包括以下几个方面：

（1）脂肪酸特异性。脂肪酸特异性是指脂肪酶对碳链长度以及饱和度不同的脂肪酸所表现出来的不同反应性，不同来源的脂肪酶水解不同的甘油三酯时所表现出的脂肪酸特异性极大。圆弧青霉脂肪酶对短链脂肪酸，黑曲霉脂肪酶、德列马根霉脂肪酶对中等链长脂肪酸，白地霉脂肪酶对油酸甘油酯表现出强的特异性。另外，这些脂肪酶对底物中不饱和脂肪酸的双键位置也呈现不同反应性，如猪胰脂肪酶对甘油三酯中 *cis*-C18∶1 酸异构体的特异性水解的研究表明，羧基酯键附近的双键（Δ2～Δ7，特别是 Δ5 异构体）不利于酶对酯键的水解，而白地霉脂肪酶对 *cis*-9-C18∶1 酸和 *cis*-9-C18∶2、*cis*-12-C18∶2 不饱和脂肪酸表现出特异水解活性。

（2）位置特异性。位置特异性是脂肪酶另一个重要特征，指的是酶对底物甘油三酯中 Sn-1（或 Sn-3）和 Sn-2 位酯键的识别和水解能力不同。目前已知有两种不同类型的位置特异性的脂肪酶，一种是水解 Sn-1 和 Sn-3 位脂肪酸的脂肪酶（称

为 α 型），另一种是水解所有位置的脂肪酸（称为 αβ 型）。有研究比较了 4 种微生物脂肪酶的位置特异性，发现黑曲霉和根霉脂肪酶属于 α 型，而白地霉和圆弧青霉以及柱状假丝酵母的脂肪酶属于 αβ 型，也就是对甘油三酯没有位置特异性。也有研究反应条件对于柱状假丝酵母、白地霉、德列马根霉、色杆菌、假单胞菌和一种未鉴定的微生物脂肪酶的位置特异性的影响，结果表明，温度和 pH 对其影响很微弱，但反应混合物中的有机溶剂却强烈地影响了柱状假丝酵母脂肪酶的位置特异性。研究发现不同来源的脂肪酶对蓖麻油的位置特异性完全相同，但至今尚未发现一种微生物脂肪酶能够从甘油酯的 2 位切开酯键。

（3）立体特异性。立体特异性也就是对映选择性，是指酶对底物甘油三酯中立体对映结构的 1 位和 3 位酯键的识别与选择性水解，在有机相中催化酯的合成、醇解、酸解和进行酯交换时，酶对底物的不同立体结构也表现出特异性。有研究者发现来源于荧光假单胞菌的脂肪酶能够区分 Sn-1 和 Sn-3 位的二酰基甘油，但是水解 Sn-2,3-二酰基甘油酯比水解它的对映体（Sn-1,2-二酰基甘油酯）的速度快得多，另外还有一种脂肪酶对 Sn-1,2-二酰基甘油酯具有明显的立体专一性，然而，Sn-1 位碳仍然要先于 Sn-2 位上去酰基化。

2. 脂肪酶的对映选择性影响

脂肪酶催化手性化合物的对映选择性生物转化主要途径是立体选择性水解、酯化和转酯反应。其原理是在脂肪酶的催化下，外消旋的醇或酰胺与非手性的羧酸或酯分别进行立体选择性的酯化反应或转酯反应，从而产生手性酯或酰胺，同样外消旋的羧酸可以通过脂肪酶催化立体选择性地与非手性的醇或胺反应形成手性的酯或酰胺。

近几年，人们对手性污染物与脂肪酶的相互作用进行了一些研究和尝试，并取得了一定的进展，但利用脂肪酶对手性农药的选择性降解研究的报道还很少。刘维屏研究组进行了水相中青霉扩展菌脂肪酶对 R,S-2,4-DPM 的手性水解作用[55]。研究结果表明，2,4-DPM 的化学水解比较缓慢，但在加入脂肪酶后，2,4-DPM 的水解速率明显增大，保温 8 h 的水解率由对照的 11%上升到了 32%。通过手性气相色谱对酶促反应残留的 2,4-DPM 对映异构体的测定和对酶促反应过程中两种对映异构体的残留率随时间变化情况的监测，证实了脂肪酶对 2,4-DPM 的手性水解。脂肪酶优先催化水解 S-2,4-DPM，从而在反应体系中选择性地富集了 R-2,4-DPM。2,4-DPM/PAL 的比例对水解反应的对映选择性有一定的影响，当底物与酶的比例较小时，er 值随着 2,4-DPM 浓度的增大逐渐增大，当 2,4-DPM/PAL 达到一定比例时，酶的对映选择性表现最佳，随着 2,4-DPM 浓度的继续增大，对映选择性又逐渐下降，但总地来说，反应的 er 值波动比较小。

参 考 文 献

[1] 于秉治. 医用生物化学. 北京: 中国协和医科大学出版社, 2004.

[2] Zhang Y, Ye J, Liu M. Enantioselective biotransformation of chiral persistent organic pollutants. Current Protein & Peptide Science, 2017, 18(1): 48-56.

[3] Lehmler H J, Harrad S J, Huhnerfuss H, Kania-Korwel I, Lee C M, Lu Z, Wong C S. Chiral polychlorinated biphenyl transport, metabolism, and distribution: A review. Environmental Science & Technology, 2010, 44(8): 2757-2766.

[4] Lehmler H J, Price D J, Garrison A W, Birge W J, Robertson L W. Distribution of PCB 84 enantiomers in C 57 BL/6 mice. Fresenius Environmental Bulletin, 2003, 12(2): 254-260.

[5] Konwick B J, Garrison A W, Black M C, Avants J K, Fisk A T. Bioaccumulation, biotransformation, and metabolite formation of fipronil and chiral legacy pesticides in rainbow trout. Environment Science & Technology, 2006, 40(9): 2930-2936.

[6] Milanowski B, Lulek J, Lehmler H J, Kaniakorwel I, Ludewig G. Assessment of the disposition of chiral polychlorinated biphenyls in female MDR 1a/b knockout versus wild-type mice using multivariate analyses. Environment International, 2010, 36(8): 884.

[7] Kania-Korwel I, El-Komy M H, Veng-Pedersen P, Lehmler H. Clearance of polychlorinated biphenyl atropisomers is enantioselective in female C57Bl/6 mice. Environment Science & Technology, 2010, 44(8): 2828-2835.

[8] Buckman A H, Wong C S, Chow E A, Brown S B, Solomon K R, Fisk A T. Biotransformation of polychlorinated biphenyls (PCBs) and bioformation of hydroxylated PCBs in fish. Aquatic Toxicology, 2006, 78(2): 176-185.

[9] Kania-Korwel I, Garrison A W, Avants J K, Hornbuckle K C, Robertson L W, Sulkowski W W, Lehmler H. Distribution of chiral PCBs in selected tissues in the laboratory rat. Environment Science & Technology, 2006, 40(12): 3704-3710.

[10] Kania-Korwel I, Barnhart C D, Stamou M, Truong K M, El-Komy M H M E, Lein P J, Veng-Pedersen P, Lehmler H. 2,2′,3,5′,6-Pentachlorobiphenyl (PCB 95) and its hydroxylated metabolites are enantiomerically enriched in female mice. Environment Science & Technology, 2012, 46(20): 11393-11401.

[11] Wong C S, Lau F, Clark M, Mabury S A, Muir D C G. Rainbow trout (*Oncorhynchus mykiss*) can eliminate chiral organochlorine compounds enantioselectively. Environment Science & Technology, 2002, 36(6): 1257-1262.

[12] Wiberg K, Andersson P L, Berg H, Olsson P, Haglund P. The fate of chiral organochlorine compounds and selected metabolites in intraperitoneally exposed arctic char (*Salvelinus alpinus*). Environmental Toxicology and Chemistry, 2006, 25(6): 1465-1473.

[13] Kania-Korwel I, Hornbuckle K C, Robertson L W, Lehmler H J. Influence of dietary fat on the enantioselective disposition of 2,2′,3,3′,6,6′-hexachlorobiphenyl (PCB 136) in female mice. Food and Chemical Toxicology, 2008, 46(2): 637-644.

[14] Puttmann M, Mannschreck A, Oesch F, Robertson L. Chiral effects in the induction of drug-metabolizing enzymes using synthetic atropisomers of polychlorinated biphenyls (PCBs). Biochemical Pharmacology, 1989, 38(8): 1345-1352.

[15] Konwick B J, Garrison A W, Avants J K, Fisk A T. Bioaccumulation and biotransformation of chiral triazole fungicides in rainbow trout (*Oncorhynchus mykiss*). Aquatic Toxicology, 2006,

80(4): 372-381.

[16] Norstrom K, Eriksson J, Haglund J, Silvari V, Bergman A. Enantioselective formation of methyl sulfone metabolites of 2,2′,3,3′,4,6′-hexachlorobiphenyl in rat. Environment Science & Technology, 2006, 40(24): 7649-7655.

[17] Larsson C, Ellerichmann T, Huhnerfuss H, Bergman A. Chiral PCB methyl sulfones in rat tissues after exposure to technical PCBs. Environment Science & Technology, 2002, 36(13): 2833-2838.

[18] Yang D, Li X, Tao S, Wang Y, Cheng Y, Zhang D, Yu L. Enantioselective behavior of alpha-HCH in mouse and quail tissues. Environment Science & Technology, 2010, 44(5): 1854-1859.

[19] Ulrich E M, Willett K L, Caperell-Grant A, Bigsby R M, Hites R A. Understanding enantioselective processes: A laboratory rat model for alpha-hexachlorocyclohexane accumulation. Environment Science & Technology, 2001, 35(8): 1604-1609.

[20] Xue M, Shen G, Yu J, Lu Z, Wang B, Lu Y, Cao J, Tao S. Dynamic changes of α-hexachlorocyclohexane and its enantiomers in various tissues of Japanese Rabbits (*Oryctolagus cuniculus*) after oral or dermal exposure. Chemosphere, 2010, 81(11): 1486-1491.

[21] Qiu J, Wang Q X, Wang P, Jia G F, Li J L, Zhou Z Q. Enantioselective degradation kinetics of metalaxyl in rabbits. Pesticide Biochemistry and Physiology, 2005, 83(1): 1-8.

[22] 刘维屏, 马云. 手性持久性有机污染物的对映选择性行为及健康风险. 杭州: 第二届环境污染防治应用技术交流会, 2010: 1-4.

[23] Lu Z, Xue M, Shen G, Li K, Wang X, Tao S. Accumulation dynamics of chlordanes and their enantiomers in cockerels (*Gallus gallus*) after oral exposure. Environment Science & Technology, 2011, 45(18): 7928-7935.

[24] Seemamahannop R, Berthod A, Maples M, Kapila S, Armstrong D W. Uptake and enantioselective elimination of chlordane compounds by common carp (*Cyprinus carpio* L.). Chemosphere, 2005, 59(4): 493-500.

[25] Bondy G S, Coady L, Doucet J, Armstrong C, Kriz R, Liston V, Robertson P, Norstrom R, Moisey J. Enantioselective and gender-dependent depletion of chlordane compounds from rat tissues. Journal of Toxicology and Environmental Health-Part A-Current Issues, 2005, 68(22): 1917-1938.

[26] Karlsson H, Oehme M, Skopp S, Burkow I C. Enantiomer ratios of chlordane congeners are gender specific in cod (*Gadus morhua*) from the Barents Sea. Environment Science & Technology, 2000, 34(11): 2126-2130.

[27] Cantillana T, Lindstrom V, Eriksson L, Brandt I, Bergman A. Interindividual differences in *o,p′*-DDD enantiomer kinetics examined in Gottingen minipigs. Chemosphere, 2009, 76(2): 167-172.

[28] Du M, Lin L, Yan C, Zhang X. Diastereoisomer- and enantiomer-specific accumulation, depuration, and bioisomerization of hexabromocyclododecanes in zebrafish (*Danio rerio*). Environment Science & Technology, 2012, 46(20): 11040-11046.

[29] Du M, Lin L, Yan C, Wang C, Zhang X. Enantiomer-specific bioaccumulation and depuration of hexabromocyclododecanes in zebrafish (*Danio rerio*). Journal of Hazardous Materials, 2013, 248-249: 167-171.

[30] Skopp S, Oehme M, Drenth H. Study of the enantioselective elimination of four toxaphene congeners in rat after intravenous administration by high resolution gas chromatography

negative ion mass spectrometry. Chemosphere, 2002, 46(7): 1083-1090.

[31] Maruya K A, Smalling K L, Vetter W. Temperature and congener structure affect the enantioselectivity of toxaphene elimination by fish. Environment Science & Technology, 2005, 39(11): 3999-4004.

[32] Zadra C, Marucchini C, Zazzerini A. Behavior of metalaxyl and its pure *R*-enantiomer in sunflower plants (*Helianthus annus*). Journal of Agricultural and Food Chemistry, 2002, 50(19): 5373-5377.

[33] Zhang P, Shen Z, Xu X, Zhu W, Dang Z, Wang X, Liu D, Zhou Z. Stereoselective degradation of metalaxyl and its enantiomers in rat and rabbit hepatic microsomes *in vitro*. Xenobiotica, 2012, 42(6): 580-586.

[34] Liu D, Wang P, Zhu W, Gu X, Zhou W, Zhou Z. Enantioselective degradation of fipronil in Chinese cabbage (*Brassica pekinensis*). Food Chemistry, 2008, 110(2): 399-405.

[35] Wang Q, Qiu J, Zhu W, Jia G, Li J, Bi C, Zhou Z. Stereoselective degradation kinetics of theta-cypermethrin in rats. Environment Science & Technology, 2006, 40(3): 721-726.

[36] 王秋霞. 手性农药对映体在动物体内立体选择性行为的研究. 北京: 中国农业大学博士学位论文, 2006.

[37] 叶璟. 除草剂禾草灵对水稻与蓝藻的对映选择性毒理研究. 杭州: 浙江大学博士学位论文, 2010.

[38] Cai X, Liu W, Sheng G. Enantioselective degradation and ecotoxicity of the chiral herbicide diclofop in three freshwater alga cultures. Journal of Agricultural and Food Chemistry, 2008, 56(6): 2139-2146.

[39] Schneiderheinze J M, Armstrong D W, Berthod A. Plant and soil enantioselective biodegradation of racemic phenoxyalkanoic herbicides. Chirality, 1999, 11(4): 330-337.

[40] Zhang X, Wang S, Wang Y, Xia T, Chen J, Cai X. Differential enantioselectivity of quizalofop ethyl and its acidic metabolite: Direct enantiomeric separation and assessment of multiple toxicological endpoints. Journal of Hazardous Materials, 2011, 186(1): 876-882.

[41] Lu D H, Liu D H, Gu X, Diao J L, Zhou Z Q. Stereoselective metabolism of fipronil in water hyacinth (*Eichhornia crassipes*). Pesticide Biochemistry and Physiology, 2010, 97(3): 289-293.

[42] Qu H, Wang P, Ma R X, Qiu X, Xu P, Zhou Z, Liu D. Enantioselective toxicity, bioaccumulation and degradation of the chiral insecticide fipronil in earthworms (*Eisenia foetida*). Science of Total Environment, 2014, 485-486: 415-420.

[43] Wang M, Zhang Q, Cong L, Yin W, Wang M. Enantioselective degradation of metalaxyl in cucumber, cabbage, spinach and pakchoi. Chemosphere, 2014, 95: 241-246.

[44] Muller B P, Zumdick A, Schuphan I, Schmidt B. Metabolism of the herbicide glufosinate-ammonium in plant cell cultures of transgenic (rhizomania-resistant) and non-transgenic sugarbeet (*Beta vulgaris*), carrot (*Daucus carota*), purple foxglove (*Digitalis purpurea*) and thorn apple (*Datura stramonium*). Pest Management Science.

[45] Ruhland M, Engelhardt G, Pawlizki K. A comparative investigation of the metabolism of the herbicide glufosinate in cell cultures of transgenic glufosinate-resistant and non-transgenic oilseed rape (*Brassica napus*) and corn (*Zea mays*). Environmental Biosafety Research, 2002, 1(1): 29-37.

[46] 刘维屏, 马云, 徐超, 甘剑英. 手性持久性污染物对映体选择性环境化学与毒理学差异. 有机污染环境化学前沿与环境可持续发展战略论文集, 2006: 3.

[47] Goldberg J D, Yoshida T, Brick P. Crystal structure of a NAD-dependent D-glycerate

dehydrogenase at 2.4 A resolution. Journal of Molecular Biology, 1994, 236(4): 1123-1140.

[48] Sugio S, Petsko G A, Manning J M, Soda K, Ringe D. Crystal structure of a D-amino acid aminotransferase: How the protein controls stereoselectivity. Biochemistry, 1995, 34(30): 9661-9669.

[49] 马云. 典型手性除草剂 2,4-滴丙酸和异丙甲草胺的对映体拆分及选择性环境行为研究. 杭州: 浙江大学博士学位论文, 2005.

[50] 张靖. 几类典型环境污染物细胞色素 P450 酶代谢及 DNA 损伤机制的理论研究. 杭州: 浙江大学博士学位论文, 2016.

[51] 谢维. 三种手性农药对映选择性种间 CYP450 代谢差异研究. 杭州: 浙江大学硕士学位论文, 2015.

[52] Lu Z, Wong C S. Factors affecting phase I stereoselective biotransformation of chiral polychlorinated biphenyls by rat cytochrome P-450 2B1 isozyme. Environment Science & Technology, 2011, 45(19): 8298-8305.

[53] Lu Z, Kania-Korwel I, Lehmler H J, Wong C S. Stereoselective formation of mono- and dihydroxylated polychlorinated biphenyls by rat cytochrome P450 2B1. Environment Science & Technology, 2013, 47(21): 12184-12192.

[54] Kania-Korwel I, Lehmler H J. Chlordane and heptachlor are metabolized enantioselectively by rat liver microsomes. Environment Science & Technology, 2013, 47(15): 8913-8922.

[55] 方兆华. 脂肪酶与手性苯氧丙酸类除草剂的对映选择性相互作用. 杭州: 浙江大学博士学位论文, 2005.

第7章 手性污染物毒性的对映选择性

本章导读

- 介绍手性化合物对映选择性毒理学研究现状。
- 列举使用量大的典型手性农药的对映选择性毒性效应，主要包括酰基苯胺类、苯氧基丙酸类等除草剂，有机磷类和拟除虫菊酯类杀虫剂，三唑类杀菌剂。
- 介绍重金属和气候等其他因素对手性农药对映选择性毒性的影响。
- 阐述手性新型有机污染物和药物与个人护理用品等的毒理学研究现状及对映体选择毒性效应。

从宏观角度看，手性是自然界普遍存在的一种形态特征，对映选择性在生命过程中是必然的规律。虽然手性化合物的物理化性质类似，但由于立体结构不同，其生理效应往往存在巨大的差异。对手性化合物生物效应的差异研究起源于手性药物药效和毒性差异的评价，而手性污染物环境化学与毒理学的对映选择性研究历史却只有几十年。长期以来，在评估手性化合物环境行为及生态效应时，往往把它们视为单一化合物进行分析。而且，绝大部分的环境法规也把其当成单一化合物进行管理，可能导致高估或者低估这类化合物的生态风险和健康安全。随着手性污染物进入环境的数量逐年递增，以及环境科学向更微观方向纵深发展，在结构特异性层面评价其生态安全与健康风险对于精准评估此类化合物的环境风险具有重要的意义。因此，手性污染物在环境中的对映选择性行为及其生物效应已愈来愈引起人们的关注。手性污染物种类繁多，在各种环境介质中广泛存在。目前手性化合物研究主要集中在手性农药、手性持久性有机污染物、手性药物、手性新型工业污染物等。由于环境介质的复杂性，手性化合物进入环境会与多种生物发生复杂的相互作用，可能会产生多种毒性效应。本章总结了近年来国内外关于不同种类手性污染物对不同生物毒性效应的差异，为准确描述手性化合物的环境安全提供参考。

7.1 手性持久性有机污染物

7.1.1 多氯联苯

多氯联苯（polychlorinated biphenyls，PCBs）是手性持久性有机污染物中较为重要的一类。PCBs 209 种同类物中有 78 种具有手性结构，而且 PCBs 主要代谢产物甲磺基多氯联苯最多可以形成 400 多种对映体。虽然多数国家已在 1970 年对 PCBs 实行了禁用，然而由于其具有环境持久性、易生物富集及毒性效应显著的特点，依然成为当今环境领域优先研究及控制的有机污染物之一[1]。PCBs 对不同生物物种的毒性效应具有多样性，包括致畸性、卟啉症、内分泌干扰效应、生殖发育毒性等。各异构体的毒性大小顺序为：非邻位取代共面 PCBs>单邻位取代共面 PCBs>二邻位取代共面 PCBs。在 PCBs 对映选择性环境安全研究中，环境行为和生物转化效应研究较为深入。例如，PCBs 各异构体在对代谢酶系，如细胞色素单加氧酶 450（CYP450）、N-脱甲基酶和一些环氧化物酶的诱导中具有对映选择性生物转化。其中(+)-PCB139 对相关酶系酶活性诱导显著大于(−)-PCB139、PCB197 及其 2 个对映异构体对代谢酶类活性诱导较弱。(+)-PCB88 和 PCB197 对 7-乙氧基-3-异吩噁唑酮-脱乙基酶（ethoxyresorufin O-deethylase，EROD）的活性诱导最大，而(−)-对映异构体对其诱导能力几乎为零[2]。

有关手性 PCBs 毒性效应对映选择性差异的研究非常有限。PCBs 诱导生物体卟啉的过多蓄积致生物体卟啉病是研究较为透彻的毒性效应。已有研究显示，PCBs 中各异构体的对映体间对生物体内卟啉蓄积的影响也表现出立体异构选择性。在鸡胚干细胞实验中发现，PCB88 和 PCB197 在较高浓度下诱导尿卟啉蓄积，而 PCB139 在低浓度下对卟啉蓄积有明显诱导，并且(+)-PCB139 对其蓄积所需浓度比(−)-PCB139 低。高浓度 PCB139 对尿卟啉蓄积最为明显，其中(+)-PCB139 对其蓄积诱导率为 64%，而(−)-PCB139 仅 47%，表现了出明显的对映选择性差异[2]。

对斑马鱼不同生命周期暴露研究显示，手性 PCB149 在对斑马鱼胚胎-仔鱼阶段基因毒性中存在立体选择性（表 7-1），(+)-PCB149 能显著干扰 *cyp19a1b*、*cyp2aa4*、*cyp2k6* 的表达，而 *rac*-PCB149、(−)-PCB149 对这些基因表达没有显著影响；在斑马鱼成鱼阶段，随着 *rac*-PCB149、(+)-PCB149、(−)-PCB49 暴露浓度的增加及暴露时间的延长，对同一基因的表达影响趋势呈现不一致性；另外，不同形式的 PCB149 对斑马鱼成鱼不同组织的毒性呈现出对映体差异。*rac*-PCB149 暴露可引起成鱼脑组织炎症反应，这主要是由(−)-PCB149 可能会引起成鱼脑组织代谢紊乱造成的。而(+)-PCB149 暴露可能对斑马鱼成鱼肝脏组织造成氧化胁迫。

研究发现(+)-PCB136、(−)-PCB136 和 *rac*-PCB136 对斑马鱼胚胎发育毒性的立体选择性差异较小。(−)-PCB95 和 *rac*-PCB95 的斑马鱼胚胎发育毒性效应较为相似，而(+)-PCB95 与前两者的毒性作用远远大于(−)-PCB95 和 *rac*-PCB95，说明 PCB95 对斑马鱼发育毒性具有明显的对映选择性[3]。因此，对于手性 PCBs 在明确其环境残留对映选择性的基础上，手性 PCBs 的生态安全和健康风险的对映选择性的研究也亟待加强。

表 7-1　手性持久性有机污染物的对映选择性毒性效应

名称	测试生物	毒性	参考文献
PCB149	斑马鱼	(+)>(−)（*cyp* 基因毒性）	[3]
		(+)>(−)（氧化损伤）	[3]
		(−)>(+)（脑组织代谢紊乱）	[3]
PCB95	斑马鱼	(+)>(−)	[3]
PCB139	斑马鱼	(+)>(−)	[2]
PCB88	斑马鱼	(+)>( )	[2]
BaP-7,8-氧化物	小鼠	(+)>(−)	[7]
BaP-7,8-二氢二醇	小鼠	(−)>(+)	[7]
anti-BPDE	小鼠	(+)>(−)	[4]
	中仓鼠卵巢细胞	(+)>(−)	[4]
BaP-4,5-氧化物	沙门氏菌	(−)>(+)	[6]
	中国仓鼠 V79 细胞	(−)>(+)	[6]

7.1.2　多环芳烃

多环芳烃（polycyclic aromatic hydrocarbons，PAHs）是一类分子中含有 2 个以上苯环的碳氢化合物，包含萘、蒽、菲、芘等 150 余种化合物，其中苯并芘（benzopyrene，BaP）是一个确认的环境化学致癌物。另外，属萘黄酮、蒽及其衍生物的 PAHs 毒性效应最大。在 PAHs 中有多种化合物具有手性结构，其母本化合物经过代谢转化又可能形成具有手性结构的中间代谢产物，如 BaP 在选择性代谢过程中所生成的手性代谢产物 BaP-7,8-氧化物（*trans*-BaP-7,8-二氢二醇，BPDE）。虽然关于 PAHs 毒性的研究报道已非常多，但手性 PAHs 不同对映体在毒性上差异的研究至今只有几例报道。关于 PAHs 毒性研究较为清晰的主要是细胞毒性、致突变及致癌作用等。

细胞毒性结果显示，(+)-*anti*-BPDE 对中国仓鼠卵巢细胞（Chinese hamster ovary cells，CHO）的毒性是(–)-*anti*-BPDE 的 4 倍[4]；(–)-*anti*-苊-1,2-二醇-3,4-环氧化物对 TA98 沙门氏菌（*Salmonella ryphimurium*）的毒性为其他 3 个异构体的 5~10 倍[5]。在 PAHs 致癌性研究中，发现多种 PAHs 致癌性具有明显的对映选择性。Wood 等对苊-1,2-二醇-3,4-环氧化物的 4 个异构体致肿瘤性的研究表明，(+)-*anti*-苊-1,2-二醇-3,4-环氧化物对 TA100 *S. ryphimurium* 及中国仓鼠 V79 细胞的诱变性是其他 3 个异构体的 5~40 倍[6]。同时，(–)-苊-1,2-二氢二醇对小鼠皮肤癌和肝癌的诱导效应都远远高于(+)-异构体。其中(–)-苊-1,2-二氢二醇对小鼠肝癌的诱导是(+)-苊-1,2-二氢二醇的近 10 倍。有关 BaP 的主要代谢产物 BaP-7,8-二氢二醇致癌性研究始于 1977 年，在 BaP 对小鼠皮肤致癌作用中也表现出明显的对映选择性，(–)-对映异构体的致癌作用是(+)-异构体的 5~10 倍[7]。Chang 等对 BaP-4,5-氧化物研究发现，(–)-对映体对 *S. ryphimurium* 及中国仓鼠 V79 细胞的诱变性是(+)-异构体的 1.5~5.5 倍[6]。苯并[*a*]蒽（BA）及 BA-3,4-二氢二醇致癌实验结果表明：(–)-BA-3,4-二氢二醇对 Swiss-Webster 新生小鼠的肺癌诱导率达 71%，(+)-对映异构体几乎没有致癌效应。Slaga 也证实了(+)-*anti*-BPDE 对小鼠皮肤癌的诱导率达 60%，而其对映异构体仅诱导了 2%，两者相差了 30 倍左右[4]。以上研究说明手性 PAHs 不同对映体在致癌性方面往往表现出明显的对映体差异（参见表 7-1），而目前在 PAHs 致癌性评估中我们依然还是按照单一化合物评价其致癌性，因此后续在对 PAHs "三致"效应的评价中要充分考虑手性 PAHs 的对映选择性作用。

7.2 手 性 农 药

7.2.1 手性杀虫剂

1. 拟除虫菊酯

拟除虫菊酯（synthetic pyrethroids，SPs）是天然除虫菊花中除虫菊素的人工合成结构类似物，是依据天然除虫菊素的结构改变而发展来的，并在 20 世纪 80 年代初迅速发展成为一种新型的农药。SPs 因高效、对哺乳动物低毒、易降解而被广泛用于控制农业和家庭养护中的虫害。SPs 包含的手性中心数量最高，大部分拟除虫菊酯类杀虫剂包含 2 个或 3 个手性中心，因此存在 2 对或多对对映异构体或非对映异构体。常见手性 SPs 的化学结构式见图 7-1。近年来的研究也证实 SPs 在毒理学效应中具有对映选择性，如联苯菊酯、氯菊酯、高效氯氟氰菊酯、氰戊菊酯、氯氰菊酯、氟氯氰菊酯。

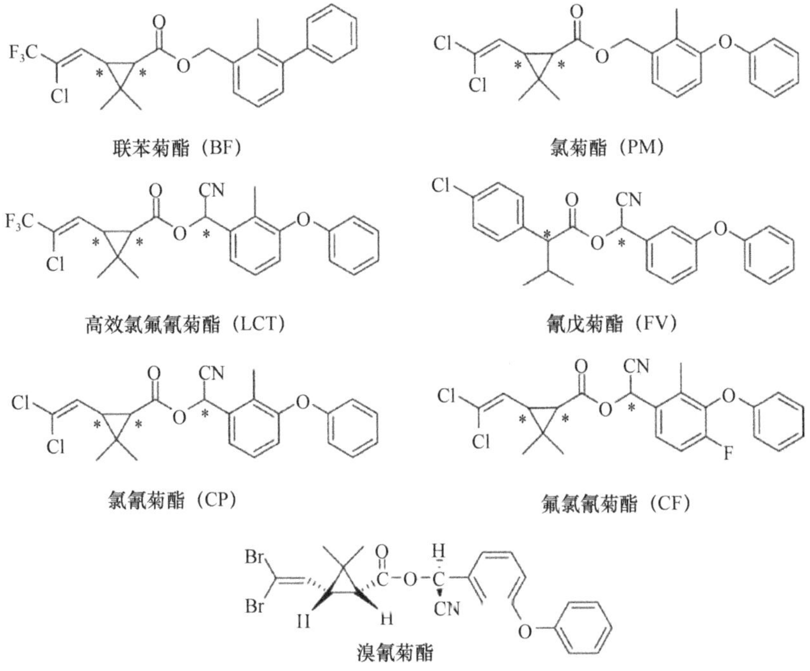

图 7-1 常见手性 SPs 的化学结构（*为手性中心）

1）联苯菊酯（bifenthrin，BF）

（1）水生生物急性毒性。由于 BF 有 2 个不对称的中心，因此具有 2 对对映异构体。目前商业化的 BF 对映体制剂是 cis-BF，这其中包含了 1S-cis-BF 和 1R-cis-BF 2 对对映异构体。用不同对映体的 cis-BF 对模式生物大型溞（Daphnia magna）和网纹水溞（Ceriodaphnia dubia）进行急性暴露。结果显示，外消旋体对 2 种水生甲壳类动物均有明显毒性，而且存在显著的对映体差异，1S-cis-BF 和 1R-cis-BF 的半数致死浓度（lethal concentration 50%，LC$_{50}$）值之间具有显著的不同（$p<0.05$），1R-cis-BF 对大型溞和网纹水溞的毒性是 1S-cis-BF 的 17 倍和 22 倍，cis-BF 对甲壳类水生生物毒性主要来源于 1R-cis-BF[8]。

（2）水生生物慢性毒性。在对大型溞的 21 天慢性毒性效应中，cis-BF 也明显地表现出和急性毒性效应相一致的对映选择性，即 1R-cis-BF 的慢性毒性比 1S-cis-BF 更强。在暴毒 7 天和 14 天后的存活率统计中，1R-cis-BF 的毒性要远远地大于 1S-cis-BF。1S-cis-BF 的最低观察效应浓度（lowest observed effective concentration，LOEC）大概是 1R-cis-BF 的 40 倍；以繁殖率作为靶点来分析，1R-cis-BF 在第 7 天的 LOEC 为 0.02 μg/L，第 14 天的 LOEC 为 0.01 μg/L，分别为 1S-cis-BF（第 7 及第 14 天的 LOEC 均大于 0.8 μg/L）的 40 倍和 80 倍（表 7-2）。这一结果显示，在典型慢性毒理学检测终点中，1R-cis-BF 的毒性明显大于 1S-cis-BF。同位素标记进行 cis-BF 生物蓄积实验的结果显示，1S-cis-BF 在大型溞和网纹水溞中的累积水平比 1R-cis-BF 低。提示 cis-BF 对水生生物慢性毒性的对映选择性主要归因于 cis-BF 不同对映体的特异性生物蓄积过程[9]。

表 7-2　联苯菊酯对映体对大型溞的最低观察效应浓度（μg/L）

处理组	7 天		14 天		21 天	
	存活率	产卵率	存活率	产卵率	存活率	产卵率
1R-cis-BF	0.04	0.02	0.01	0.01	0.02	0.02
1S-cis-BF	>0.8	0.8	>0.8	0.8	<0.05	<0.05

（3）细胞毒性。BF 可以诱导多种哺乳动物细胞产生毒性效应，如 BF 能诱导人羊膜上皮细胞（human amnion epithelial cell，HAEC）的遗传毒性和细胞毒性。MTT 法和流式细胞分析结果显示，1S-cis-BF 的细胞毒性远远大于 1R-cis-BF。对 HAEC 细胞内活性氧（reactive oxygen species，ROS）水平检测表明，1S-cis-BF 暴毒后，HAEC 细胞内 ROS 的含量和暴毒剂量之间呈现一定的剂量-效应关系，20 mg/L 的 1S-cis-BF 诱导 HAEC 细胞内 ROS 的产量是 1R-cis-BF 的 1.47 倍。彗星试验结果也表现出同样的趋势，即 1S-cis-BF 诱导的 DNA 损伤比 1R-cis-BF 更严重[10]。在人肝癌细胞（human hepatocellular liver carcinoma，HepG2）中，1S-cis-BF 细胞毒性远远高于 1R-cis-BF，这种效应可能与 1S-cis-BF 特异性激活细胞内与细胞增殖紧密相关的 JNK 信号通路有关。在免疫细胞小鼠巨噬细胞 RAW264.7 毒性中，1S-cis-BF 细胞毒性显著大于 1R-cis-BF[11]。以上结果说明，在哺乳动物细胞中 1S-cis-BF 的细胞毒性比 1R-cis-BF 大是一种较常见的现象，与 cis-BF 对靶标生物活性对映选择性正好相反。

（4）内分泌干扰效应。cis-BF 对映体在雌激素干扰效应中也存在对映选择性。在经典的人乳腺癌（human breast carcinoma，MCF-7）细胞增殖实验中，1R-cis-BF 和 1S-cis-BF 诱导的相对细胞增殖率分别是 20.9%和 74.2%。由 1R-cis-BF 和 1S-cis-BF 诱导的 MCF-7 细胞增殖效应可能是通过经典的雌激素受体（estrogen receptor，ER）信号通路引起的。此外，卵黄蛋白原（vitellogenin，Vtg）可以在雄鱼中作为分子标记物来评价某一种化合物是否为雌激素的环境内分泌干扰物（endocrine disruptive chemicals，EDCs）[12]。日本青鳉（Oryzias latipes）的暴露实验显示，10 ng/mL 的暴露浓度下，1S-cis-BF 诱导 Vtg 产量的能力比 1R-cis-BF 高 123 倍[13]。同样，王萃等的研究表明 cis-BF 在酵母双杂交模型中表现出潜在的雌激素活性主要也是 1S-cis-BF 异构体引起的[14]。在其他内分泌干扰研究的细胞模型，如在人绒毛膜癌细胞 JEG-3、卵巢颗粒细胞中，1S-cis-BF 对激素平衡扰动能力均远远大于 1R-cis-BF。

　　将 *cis*-BF 及对映体对不同发育阶段的小鼠进行暴露。在青春发育期暴露 *cis*-BF、1*R*-*cis*-BF 和 1*S*-*cis*-BF 都对小鼠有内分泌干扰效应，且 1*S*-*cis*-BF 比 1*R*-*cis*-BF 的内分泌干扰毒性要大。另外，母鼠口服 *cis*-BF 怀孕期暴露会造成其雄性子鼠的内分泌干扰效应，1*S*-*cis*-BF 比 1*R*-*cis*-BF 扰动效应要大。这些结果有助于我们在对映体水平上理解 *cis*-BF 对哺乳动物的内分泌干扰效应[15]。

　　（5）发育毒性。由于斑马鱼与人类同源基因的高度保守性（相似度达 85%），发育早期生命活动与人相似，胚胎透明易于观察，常常作为研究发育毒性的典型生物模型。*cis*-BF 不论是在对斑马鱼胚胎-仔鱼的发育还是对仔鱼的运动活性的影响上，2 个对映异构体都存在着极其显著的差异性（图 7-2）。以存活率、畸形率及平均运动活性为观察终点，1*R*-*cis*-BF 的毒性都明显要大于 1*S*-*cis*-BF。同时，1*R*-*cis*-BF 还能导致斑马鱼躯干血管特别是节间血管出现分支交叉甚至是断裂或缺失的现象，而 1*S*-*cis*-BF 对于斑马鱼的心血管发育没有明显毒害效应。1*R*-*cis*-BF 引起的心血管发育异常，有可能是导致心包水肿、身体歪曲等畸形现象的发生以及运动行为异常的一个原因。斑马鱼胚胎自主运动和幼鱼行为分析结果显示，

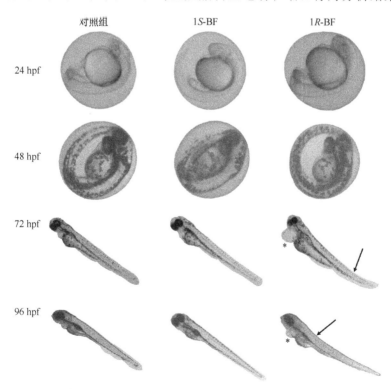

图 7-2　不同时期，联苯菊酯（300.0 μg/L）2 个不同对映异构体对斑马鱼的致畸效应
（*代表心包水肿，箭头代表身体弯曲）

1*R-cis*-BF 加速了斑马鱼胚胎的自主刺激和幼鱼的运动速度，导致斑马鱼胚胎和幼鱼行为发生异常[16]。以上结果说明，1*R-cis*-BF 对斑马鱼早期生命发育重要窗口期的扰动远大于 1*S-cis*-BF。

（6）免疫毒性。*cis*-BF 对小鼠氧化应激系统和免疫系统的影响存在明显对映体差异。在体内实验中，暴露浓度为 15 mg/(kg·d)的 1*S-cis*-BF 3 周后，小鼠脾脏中主要免疫相关因子 *tnfα*、*il-1α*、*il-2*、*il-4* 基因表达量显著地增加，且与 1*R-cis*-BF 有对映选择性差异。同时，在体外实验中，10^{-5} mol/L 的 1*S-cis*-BF 能够导致 RAW264.7 细胞活力的降低，并引起 NO 合成量显著降低及诱导乳酸脱氢酶（lactic dehydrogenase，LDH）活力的显著上升，由此可见，*cis*-BF 对小鼠免疫系统的影响存在对映选择性差异，且 1*S-cis*-BF 比 1*R-cis*-BF 诱导的免疫毒性更大。5 mg/(kg·d) 的 *cis*-BF 及 1*S-cis*-BF 和 1*R-cis*-BF 暴露青春期小鼠 2 周、4 周和 6 周，发现 1*S-cis*-BF 诱导肝脏中 ROS 水平、丙二醛（malondialdehyde，MDA）及谷胱甘肽（glutathione，GSH）含量显著上升，并且血清中 MDA 和 GSH 含量也显著升高，作用强于 1*R-cis*-BF。此外，*Sod1*、*Cat*、*Ho-1* 等氧化应激相关基因在 1*S-cis*-BF 处理组小鼠肝脏中的表达也显著高于 1*R-cis*-BF 处理组小鼠。表明 *cis*-BF 在青春期小鼠氧化应激介导的免疫毒性中具有对映选择性差异[17]。

2）氯菊酯（permethrin，PM）

（1）急性毒性。1976 年 Miyamoto 等[18]研究了 PM 不同对映异构体在小鼠中的急性经口毒性，结果表明 1*R-cis*-PM 毒性最强，其次是 1*R-trans*-PM，另外 2 个对映体（1*S-cis*-PM 和 1*S-trans*-PM）毒性最弱。在模式生物大型溞和网纹水溞的急性毒性评价中，以半数致死浓度（LC$_{50}$）值作为检测指标，其结果与小鼠实验结果相类似，即 *S* 构型的对映体对上述 2 种动物均无毒性，*R* 构型的毒性贡献率是 95%～97%；在对大型溞的急性毒性评价中，*R* 构型的毒性贡献率是 94%～96%，1*R-trans*-PM 对大型溞和网纹水溞毒性比 1*S-trans*-PM 强[19]。

（2）内分泌干扰毒性。PM 外消旋体及其异构体暴毒雄性斑马鱼 48 h 后，*Vtg* 基因转录水平明显升高，(−)-*trans*-PM 对斑马鱼体内 *Vtg 1* 和 *Vtg 2* 基因表达的诱导比(+)-*trans*-PM 高 2.6 倍和 1.8 倍。在斑马鱼雄鱼模型中，PM 的 4 个对映异构体 [(−)-*trans*-PM、(+)-*trans*-PM、(+)-*cis*-PM、(−)-*cis*-PM] 中，(−)-*trans*-PM 的类雌激素活性最强，表明 PM 在内分泌干扰效应中具有明显的对映选择性。来自斑马鱼和酵母双杂交模型中的 PM 雌激素活性评价实验也得到了相似的对映选择性效应[20]。

PM 及其对映异构体对斑马鱼胚胎-幼鱼 7 天连续暴露后，发现 PM 及其对映异构体均诱导了 *Vtg1*、*esrα* 和 *cyp19b* 基因的表达，PM 对映异构体之间也存在显著差异。在 *trans*-PM 对映异构体暴露中，1000 ng/L 暴露水平下，(−)-*trans*-PM 诱

导 *Vtg1*、*esrα* 和 *cyp19b* 的表达变化的倍数分别是(+)-*trans*-PM 的 3.2 倍、1.8 倍、1.5 倍。对于 *cis*-PM 异构体，(+)-*cis*-PM 诱导 *cyp19b* 的表达倍数是(–)-*cis*-PM 的 1.5 倍。在 PM 的 4 个对映异构体中，(–)-*trans*-PM 的雌激素活性也是最强的[21]。

陆颖冲等以 JEG-3 细胞为模型，发现 PM 的外消旋体及其对映体对内分泌干扰相关基因［促性腺释放激素（*GnRH I*，*GnRH II*）］及其受体基因（*GnRHR*）、胆固醇来源的雌激素合成以及胎儿在怀孕期间母体免疫的相关基因（*HLA-G*）的干扰影响的大小分别为：1*R*-*cis*-PM、1*S*-*trans*-PM>1*S*-*cis*-PM、1*R*-*trans*-PM[22]。

（3）生殖毒性。PM 的生殖发育毒性最重要的结果来源于雄性青春期啮齿类动物的暴露实验。将 3 周断奶后的 ICR 雄小鼠暴露到(+)-*cis*-PM、(–)-*cis*-PM、(+)-*trans*-PM 和(–)-*trans*-PM 中，灌胃剂量设为 0 g/(kg·d)、0.025 g/(kg·d)、0.05 g/(kg·d)、0.1 g/(kg·d)，连续灌胃 3 周。结果表明，0.1 g/(kg·d)的(+)-*cis*-PM、(–)-*cis*-PM 和(–)-*trans*-PM 能诱发雄性小鼠睾丸组织病理学损害、降低血清睾酮浓度及睾丸重量。此外，(+)-*cis*-PM 还能影响睾酮的合成和关键基因的转录，降低 17β-羟类固醇脱氢酶（17 β-hydroxysteroid dehydrogenase，*17β-hsd*）基因的转录水平，而(+)-*cts*-PM 和( )-*trans*-PM 能明显下调激素合成重要调控基因类固醇合成急性调节蛋白基因（steroidogenio acute regulatory protein，*star*）的水平。说明 4 种对映异构体在雄性幼鼠中的内分泌干扰活性大小顺序为：(+)-*cis*-PM >(–)-*trans*-PM 和(–)-*cis*-PM >(+)-*trans*-PM。以上结果充分表明，在青春期小鼠暴露实验中，PM 的生殖毒性存在显著的对映选择性[23]。

3）高效氯氟氰菊酯（lambda-cyhalothrin，LCT）

（1）急性毒性。LCT 是目前发现的水生毒性最强的 SPs，*cis*-LCT 不同对映体在斑马鱼成鱼及斑马鱼胚胎的急性毒性实验中均呈现出对映选择性差异。(–)-*cis*-LCT 对斑马鱼的急性毒性是(+)-*cis*-LCT 的 162 倍。LCT 能引起胚胎死亡、卵黄囊肿、心包水肿、躯干弯曲等多种发育毒性效应。其中，(–)-LCT 的 96 h 斑马鱼胚胎致死率是(+)-LCT 的 7.2 倍，(–)-LCT 和外消旋体 LCT 的最低有效应致畸浓度更低，能在 50 μg/L 浓度下诱导斑马鱼胚胎发育畸形，而(+)-LCT 在≥100 μg/L 浓度时才能诱导斑马鱼胚胎畸形，说明 LCT 水生急性毒性致死和致畸效应主要来源于(–)-*cis*-LCT[24]。

（2）内分泌干扰毒性。宋琴等[25]首次报道了 9 种手性农药在甲状腺激素内分泌干扰效应中的对映选择性，结果显示 LCT 具有对映选择性的甲状腺激素拮抗效应。在双荧光报告基因实验中，1*R*,3*R*-*cis*-α*S*-LCT 能在 $5×10^{-7}\sim10^{-5}$ mol/L 浓度范围内诱导甲状腺激素拮抗效应，其外消旋体能在 $10^{-6}\sim10^{-5}$ mol/L 浓度范围内诱导甲状腺激素拮抗效应，而 1*S*,3*S*-*cis*-α*R*-LCT 在 $10^{-7}\sim10^{-5}$ mol/L 浓度范围内无甲状腺激素拮抗效应。大鼠垂体肿瘤细胞（GH$_3$）增殖实验结果和双荧光报告基因实验结果基本一致，即 1R,3R-cis-αS-LCT 和 rac-LCT 诱导的甲状腺激素拮抗效应比 1S,3S-cis-αR-LCT 强，充分说明 LCT 在甲状腺激素拮抗效应中也存在对映选择性差异。

4）氰戊菊酯（fenvalerate，FV）

（1）急性毒性。FV 有 2 个手性中心，可以形成 2 对对映体。利用斑马鱼成鱼、斑马鱼胚胎-幼鱼和大型溞等作为模式生物，评价了 FV 急性毒性的对映选择性差异。在大型溞的毒性实验中，αR-2R-FV 暴毒 24 h 后的半数效应浓度（median effect concentration，EC_{50}）值是 αS-2S-FV 的 51 倍，αR-2R-FV 暴毒 48 h 后的半数致死浓度比 αS-2S-FV 高 99 倍，随着暴露时间的延长，大型溞暴露于 FV 的不同对映体 1 天、2 天、3 天、4 天后，αR-2R-FV 的 LC_{50} 值比 αS-2S-FV 分别高 17 倍、22 倍、39 倍、56 倍。在暴毒 96 h 的斑马鱼胚胎-幼鱼实验中，FV 诱导的卵黄囊肿、心包水肿、躯干弯曲症状也表现出了对映选择性差异，αS-2S-FV 的 96 h 致死率比其他异构体高 3.8 倍，表明 αS-2S-FV 比 αR-2R-FV 毒性更强[26]。

（2）慢性毒性。FV 在哺乳动物的慢性毒性中也表现出对映选择性差异。如在非靶标生物小鼠和大鼠暴露中，2S-αS-FV 能诱导肝、脾、肾上腺和/或肠系膜淋巴结的微小肉芽肿，其他对映异构体几乎没有这类效应，这种对映选择性差异也可能归因于 FV 立体异构的脂代谢产物形成差异[27]。

5）氯氰菊酯（cypermethrin，CP）

（1）急性毒性。对于 CP 而言，只有 1R-cis-αS-CP 和 1R-$trans$-αS-CP 这 2 个异构体对网纹水溞具有明显的毒性。其他 6 个对映异构体的网纹水溞 LC_{50} 值比上述 2 个对映体高 10 倍以上，显示出 1R-cis-αS-CP 和 1R-$trans$-αS-CP 是甲壳类生物急性毒性主要的贡献者[28]。

（2）内分泌干扰效应。双荧光报告基因和人乳腺癌细胞增殖实验结果均显示，CP 在雌激素拮抗效应中表现出明显的对映选择性差异。外消旋体和对映异构体 1R-cis-αS-β-CP 均表现出明显的雌激素拮抗效应，其相对荧光值分别为 55% 和 48%。其余对映异构体均无雌激素拮抗效应[25]。

2. 有机磷农药

有机磷农药（OPs）是世界上使用最广泛、用量最大的杀虫剂之一，我国更是 OPs 生产和使用的大国。OPs 中有相当一部分含有手性中心，大部分手性 OPs 的杀虫活性主要是由于某一个对映异构体（图 7-3）。研究也表明 OPs 在各种毒理学效应中具有明显的对映选择性差异。但目前，几乎所有的手性 OPs 都是以外消旋体形式被使用和管理。

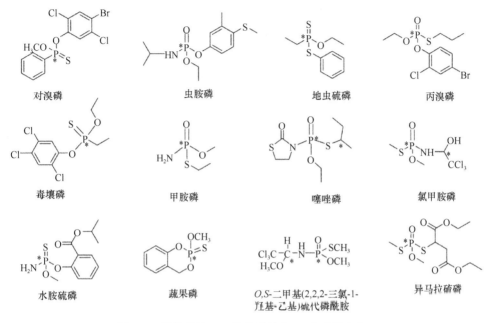

图 7-3　常见手性 OPs 的化学结构（*为手性中心）

1）丙溴磷（profenofos）和地虫硫磷（fonofos）

急性毒性：丙溴磷和地虫硫磷对大型溞和网纹水溞有相似的急性毒性，都是(−)-对映体的毒性比(+)-对映体的大。2 种杀虫剂的外消旋体对大型溞和网纹水溞的急性毒性中，(−)-对映体的毒性贡献率分别是 87%～94%和 92%～94%[19]。

2）毒壤磷（trichloronate）

急性毒性：毒壤磷只有 1 对对映体，其在大型溞和网纹水溞的 4 天静态暴露实验结果表明，(−)-毒壤磷的 LC_{50} 值为(+)-毒壤磷的 1/11～1/8。在对大型溞的毒性实验中，(−)-毒壤磷的毒性贡献率大约占到了 72%；在对网纹水溞的毒性实验中，(−)-毒壤磷的毒性贡献率大约占到了 68%，说明(−)-毒壤磷是急性毒性效应较强的对映异构体[29]。

3）甲胺磷（methamidophos）

（1）急性毒性。在对非靶标大型溞的 48 h 急性毒性评价中，S-甲胺磷的毒性约为 R-甲胺磷毒性的 1/7。对非靶标家蝇的体内实验结果也显示 S-甲胺磷的急性毒性更大，说明 S-甲胺磷是毒性效应主要贡献者[30]。

（2）胆碱酯酶抑制作用。OPs 对哺乳动物及人类的高毒性主要是通过对神经乙酰胆碱酯酶（acetyl cholinesterase，AChE）活性抑制而导致呼吸衰竭。AChE 是有机磷农药重要的靶标酶类，它通过代谢水解神经递质乙酰胆碱来终止神经递质的信号传递。甲胺磷在胎牛红血球（bovine erythrocytes，BE）和电鳗（*Electrophorus electricus*，EE）的 AChE 抑制实验中表现出了对映选择性差异。 *S*-甲胺磷对牛红血球 AChE（BE-AChE）和电鳗 AChE（EE-AChE）的抑制活性比 *R*-甲胺磷更强。从半数抑制浓度（half maximal inhibitory concentration，IC_{50}）可以看出，*S*-甲胺磷对 BE-AChE 和 EE-AChE 的抑制活性是 *R*-甲胺磷的 8.0～12.4 倍。因此，甲胺磷对 BE-AChE 和 EE-AChE 的抑制活性主要来源于 *S*-甲胺磷[30]。研究人员通过 24 h 滤纸接触法进行蚯蚓的暴露试验，观察甲胺磷外消旋体与对映体对蚯蚓体内乙酰胆碱酶的毒性效应关系。*rac*-甲胺磷对 AChE 的抑制作用最强，*R*-甲胺磷的抑制作用最弱，两者相差了 3.1 倍，*S*-甲胺磷的毒性介于 *rac*-甲胺磷和 *R*-甲胺磷之间。将蚯蚓体内的 AChE 提炼出来，研究甲胺磷对蚯蚓乙酰胆碱酶的选择性毒性效应关系。结果显示，*S*-甲胺磷对蚯蚓 AChE 的抑制作用要比 *R*-甲胺磷和 *rac*-甲胺磷都弱，抑制效果最强的和最弱的 IC_{50} 值相差了 5 倍多[31]。

（3）α-醋酸萘酯酶的抑制作用。α-醋酸萘酯酶在植物的生长过程中具有重要的作用，可通过调节植物激素的浓度来帮助植物抵御外界环境的压力，而有机磷农药则能抑制这种酶的活性。Zhang 等研究了甲胺磷的对映异构体对 α-醋酸萘酯酶的抑制动力学和可逆的自发激活能力。从双分子反应速率常数可以看出，*S*-甲胺磷的抑制活性比 *R*-甲胺磷强，这和甲胺磷在乙酰胆碱酯酶抑制实验中的对映选择性方向一致[32]。

4）虫胺磷（fenamiphos）

（1）急性毒性。*rac*-虫胺磷、(+)-虫胺磷、(−)-虫胺磷对美女溞（*Daphnia pulex*）的 LC_{50} 值分别为 1.9 μg/mL、1.6 μg/mL、6.1 μg/mL，其中(+)-虫胺磷的毒性最大[33]。在大型溞急性暴露实验中也发现了相似的结果，(+)-虫胺磷与(−)-虫胺磷对大型溞 48 h 的 EC_{50} 值存在显著差异，毒性大小顺序为：(+)-虫胺磷>*rac*-虫胺磷 >(−)-虫胺磷，且(+)-虫胺磷毒性比(−)-虫胺磷大 2.4 倍，因此推断(+)-虫胺磷对大型溞的毒性贡献率最大[33]。

（2）胆碱酯酶抑制作用。大鼠肾上腺嗜铬细胞瘤（pheochromocytoma 12，PC12）细胞系经常被用作评价 OPs 诱导的神经毒性。王萃等测定了虫胺磷对 PC12 细胞内 AChE 抑制活性[34]。由 IC_{50} 结果可知，虫胺磷对 AChE 酶活性抑制程度顺序为：*R*-(+)-虫胺磷 >*rac*-虫胺磷 >*S*-(−)-虫胺磷，*R*-(+)-虫胺磷的抑制活性比 *S*-(−)-虫胺磷高 3 倍。分子对接结果显示，AChE 主要通过氢键结合及疏水作用来识别 *R*-(+)-虫胺磷和 AChE 的结合。酶活测定也表明虫胺磷及其对映异构体对 AChE 的抑制作用表现出了显著的不同，虫胺磷、(+)-虫胺磷、(−)-虫胺磷对胆碱酯酶的 IC_{50} 值分别为 0.46 μg/mL、0.008 μg/mL、0.15 μg/mL，其中(+)-虫胺磷对 AChE 酶活性的抑制效应最强[34]。

5）噻唑磷（fosthiazate）

胆碱酯酶抑制作用：噻唑磷有 2 个手性中心，即包含了 2 对对映体。噻唑磷的 4 个对映体被成功分离出来，pk_1（第一个）和 pk_3（第三个）洗脱峰是 1 对对映体，pk_2（第二个）和 pk_4（第四个）洗脱峰是 1 对对映体。利用大型溞来评价噻唑磷在急性毒性中的对映选择性差异，暴毒 1 天、2 天、3 天、4 天的毒性大小顺序分别为：外消旋体<pk_3<pk_2<pk_4<pk_1、pk_3≈外消旋体<pk_4<pk_2<pk_1、pk_3<pk_4≈外消旋体<pk_2<pk_1、pk_3<pk_4≈外消旋体<pk_2≈pk_1[35]。噻唑磷的上述 4 个对映异构体对 EE-AChE 活性抑制实验结果显示，pk_2 对 EE-AChE 活性的抑制最强，pk_4 对 EE-AChE 活性的抑制最弱，pk_2 对 EE-AChE 抑制效率是 pk_4 的 1.4 倍[36]。

6）水胺硫磷（isocarbophos）

（1）急性毒性。在大型溞的 48 h 暴露实验中，rac-水胺硫磷、(+)-水胺硫磷和 (−)-水胺硫磷的 LC_{50} 值分别是 13.9 μg/L、7.08 μg/L、353 μg/L，(+)-水胺硫磷的急性毒性比(−)-水胺硫磷高 50 倍[35]。

（2）细胞毒性。为了检测水胺硫磷及其对映体的细胞毒性，刘慧刚等在 HepG2 细胞中利用 MTS 方法和流式细胞技术分析了水胺硫磷细胞毒性的对映选择性。结果显示，水胺硫磷对肝细胞毒性具有明显的对映选择性差异：(−)-水胺硫磷的细胞毒性是(+)-水胺硫磷的 2 倍。(−)-水胺硫磷通过有效地调节诱导细胞凋亡相关分子和氧化应激引起细胞毒性。该研究提供了水胺硫磷在细胞毒性中的对映异构体选择性差异产生的可能机制和途径，这些机制和途径也可以用来区分对映异构体在分子水平上的活性[37]。刘甜甜等利用颤蚓匀浆液制备了颤蚓的粗酶液，利用水培养染毒，研究了水胺硫磷及其对映体对颤蚓过氧化氢酶（catalase，CAT）活性和谷胱甘肽还原酶（glutathione reductase，GR）活性及 MDA 含量的影响，发现在同一浓度下，水胺硫磷对映体之间对抗氧化酶活性影响存在显著差异，顺序为(+)-水胺硫磷>rac-水胺硫磷≥(−)-水胺硫磷，但对 MDA 含量变化影响不显著[38]。

7）蔬果磷（salithion）

（1）急性毒性。在大型溞的 96 h 暴露实验中，蔬果磷、R-蔬果磷和 S-蔬果磷的 LC_{50} 值分别是 3.54 μg/L、1.10 μg/L、0.36 μg/L，S-蔬果磷的急性毒性比 R-蔬果磷高 3 倍，rac-蔬果磷外消旋体的毒性比 S-蔬果磷和 R-蔬果磷均要低，说明 R-蔬果磷和 S-蔬果磷混合在一起时，可能表现出了对映体之间相互的拮抗效应[39]。

（2）胆碱酯酶抑制作用。与大型溞急性毒性的结果不同，rac-蔬果磷、R-蔬果磷和 S-蔬果磷对 AChE 的 IC_{50} 值分别为 33.09 mg/L、2.92 mg/L、15.60 mg/L，R-蔬果磷对 AChE 的抑制活性是 S-蔬果磷的 7 倍左右。这种现象产生的原因可能与体内、外模型中化合物作用的模式不同有关，在体内化合物要通过复杂的生物转运与转化过程，还可能发生对映体之间的构型转化[39]。

8）对溴磷（leptophos）

（1）急性毒性。在对大型溞急性毒性实验中，*rac*-对溴磷、(+)-对溴磷和(−)-对溴磷的 LC_{50} 值分别为 0.0409 g/L、0.0387 g/L、0.802 g/L。外消旋对溴磷和(+)-对溴磷之间的毒性没有显著差异，均远远低于(−)-对溴磷的 LC_{50} 值，结果表明大型溞毒性主要来源于(+)-对溴磷[40]。

（2）胆碱酯酶抑制作用。对溴磷能抑制苍蝇头的 AChE 和马血清的丁酰胆碱酯酶的活性，在对马血清丁酰胆碱酯酶的活性抑制实验中，*rac*-对溴磷、(+)-对溴磷和(−)-对溴磷的 IC_{50} 值分别为 1.05 μg/mL、0.241 μg/mL、1.17 μg/mL，(+)-对溴磷的 IC_{50} 值显著低于其他 2 个化合物，说明(+)-对溴磷抑制活性最大。在对苍蝇头的 AChE 的活性抑制实验中，*rac*-对溴磷、(+)-对溴磷和(−)-对溴磷的 IC_{50} 值分别为 13.22 μg/mL、14.01 μg/mL、24.32 g/mL，(−)-对溴磷和(+)-对溴磷的 IC_{50} 值差异不大，均远低于其外消旋体。上述结果也表明对溴磷及其对映异构体对哺乳动物的神经毒性要大于其靶标昆虫的神经毒性，并且在哺乳动物靶标酶中表现出更强的对映选择性毒性[40]。

（3）内分泌干扰毒性。陆颖冲等以 JEG-3 细胞为模型，发现 *rac*-对溴磷及其对映体对 *GnRH* I、*GnRH* II 及 *GnRHR* 和 *HLA-G* 表达都有不同程度的影响，结果显示对溴磷及其对映体对这些内分泌干扰相关基因影响的大小分别为：(−)-对溴磷>(+)-对溴磷[22]。

9）*O,S*-二甲基-*N*-(2,2,2-三氯-1-甲氧乙基)硫代磷酰胺酯（MCP）

（1）急性毒性。在大型溞的急性毒性实验中，MCP 具有明显的对映选择性差异，其毒性大小顺序为：pk_3<pk_2<pair 2（pk_2 和 pk_4 的混合）<*rac*-MCP≈pk_4<pair 1（pk_1 和 pk_3 的混合）≈pk_1，这些对映异构体之间的毒性倍数差距在 1～6.3 倍之间[41]。

（2）胆碱酯酶抑制作用。在人神经母细胞瘤 SH-SY5Y 细胞中，MCP 及其对映体对 AChE 活性的抑制效应比较低，并表现出了轻微的对映选择性差异。MCP 及其对映体对 SH-SY5Y 轴突细胞的生长也表现出了抑制效应，其抑制活性顺序为：pk_2>pair 2>pk_4>*rac*-MCP>pk_3>pair 1≈pk_1，抑制效应最强和最弱的 2 个对映异构体之间的差距达到了 60 倍[41]。

3. 有机氯农药

1）六六六（hexachlorocyclohexane，HCH）

工业用 HCH 由 6 个异构体组成，主要成分为 α-HCH 和 β-HCH，其中仅 α-HCH 具有手性。研究表明 HCH 能穿过血脑屏障，对生物体多个器官及神经系统具有毒性[42]。然而，有关 HCH 对非靶标生物的毒性对映选择性作用的报道较少。Möller 等报道显示，α-HCH 对大鼠原代肝脏细胞的致癌性及生长刺激上具有明显的对映选择性。浓度为 $3×10^{-4}$ mol/L 的(+)-α-HCH 能诱导 100%肝细胞死亡，而在同浓度下(−)-对映体只能诱导 75%细胞死亡。同时，$5×10^{-4}$ mol/L 处理组肝细胞有丝分裂数增加了 2.4 倍，远大于(−)-对映体[43]。此外，α-HCH 为雄激素受体（AR）的抑制剂，近期研究发现，2 对映异构体虽然在与 AR 结合时的结合能量有所不同，但对映选择性效应较弱。

HCH 对非靶标的植物拟南芥具有明显的毒性，能使根长变短，副根减少，根长大小依次为 β>α>γ>δ，HCH 的 4 种同分异构体对拟南芥微观形态的结构也产生了一定的影响，能使拟南芥叶肉细胞的形状呈不规则形、叶绿体淀粉颗粒累积、类囊体片层结构变薄，其中活性最大的均为 δ-HCH。另外，HCH 还能增加拟南芥 CAT 和过氧化物酶（peroxidase，POD）的活性，减少超氧化物歧化酶（superoxide dismutase，SOD）的活性，下调 PSI 系统和 PSII 系统的光合效率，其中 δ-HCH 异构体对拟南芥的毒性最大，α-HCH 毒性最低，说明 HCH 的植物毒性存在显著的立体选择性差异[44]。

2）滴滴涕（DDT）

早在 2008 年，在乳腺癌细胞模型中的研究发现，o,p'-DDT 具有雌激素受体介导的雌激素干扰效应的对映体差异，R-(−)-o,p'-DDT 的类雌激素效应远大于 S-(+)-o,p'-DDT，这种差异和 o,p'-DDT 不同异构体与雌激素受体相互作用的差异有关。o,p'-DDT 在体内经过生物转化脱掉一个氯原子，形成了它的主要中间代谢产物 o,p'-DDD[45]。宋琴等[25]最新研究结果显示，o,p'-DDT/DDD 同时具有雌激素激动和拮抗效应。在双荧光报告基因实验中，R-(−)-o,p'-DDT 和 R-(+)-o,p'-DDD 显示出了雌激素激动效应，S-(+)-o,p'-DDT 和 S-(−)-o,p'-DDD 没表现出雌激素激动效应；然而在雌激素拮抗效应中，S-(+)-o,p'-DDT 和 S-(−)-o,p'-DDD 表现出了显著的雌激素拮抗效应，R-(+)-o,p'-DDT 和 R-(+)-o,p'-DDD 没有雌激素拮抗效应。MCF-7 细胞增殖实验结果和双荧光报告基因实验结果基本一致，充分说明 o,p'-DDT（DDD）在雌激素干扰效应中存在对映选择性差异，均表现为 R 构型的 DDT/DDD 雌激素活性比 S 构型强。

在 PC12 细胞模型中，o,p'-DDT 也表现出了对映选择性毒性，R-(+)-o,p'-DDT 对映体比 S-(+)-o,p'-DDT 能引起更多的神经细胞凋亡。o,p'-DDT 的主要代谢产物 o,p'-DDD 对 PC12 细胞活性抑制呈现出良好的剂量-效应关系和对映选择性差异，R-(+)-o,p'-DDD 的毒性效应高于其另一对映体，而且代谢产物 o,p'-DDD 对神经细胞的毒性当量水平和 o,p'-DDT 相似[45]。这一结果表明，手性 POPs 在生物转化过程中形成的主要手性中间代谢产物，其毒性并未明显降低，同时对映选择性生物效应也没有发生方向性改变。因此在手性 POPs 评价中，除了要关注母本化合物本身的毒性，还要特别关注其手性代谢产物的风险。

3）三氯杀虫酯（acetofenate，AF）

AF 作为 DDT 的替代农药，是目前国内唯一允许生产的有机氯类杀虫剂。通过对映体的毒性研究发现，AF 对映体之间的斑马鱼急性毒性差异不明显，但在发育毒性中的一些毒理学终点中表现出了显著的对映体差异，且这些对映体差异在各指标上有很好的一致性。(+)-AF 比(–)-AF 能更强烈地诱导 *ERα* 基因的表达，导致卵黄囊肿、心包水肿以及胚胎心率的变化。该结果说明即便手性污染物在急性毒性上的对映体差异不明显，但在亚致死水平上也可以表现出明显的对映选择性[46]。AF 具有与 DDT 相类似的生物化学性质，其内分泌干扰及免疫毒性研究主要以 MCF-7、JEG-3 及 RAW264.7 等细胞的体外模型为主[47,48]。结果表明，在同等浓度下，(+)-AF 对 MCF-7 的细胞增殖诱导效应是(–)-AF 的 1.7 倍；并且(+)-AF 对雌激素相关基因 *pS2*、*ERα* 的上调作用分别为(–)-AF 的 3 倍和 2.6 倍。(+)-AF 能显著诱导 JEG-3 细胞中孕酮分泌，而(–)-AF 对其诱导不明显。在对孕酮受体、*HLA-G* 及甾类激素合成路径的关键基因表达影响方面，(–)-AF 的作用均远远大于(+)-AF。对巨噬细胞 RAW264.7 的暴露实验结果显示，AF 免疫毒性存在显著的对映选择性。(+)-AF 细胞毒性明显高于(–)-AF 和外消旋体。进一步研究发现(+)-AF 具有更强的诱导细胞内 ROS，DNA 损伤和 *p53* 基因表达上调的能力[48]。在 JEG-3 细胞中，结果显示，AF 的对映体对甾体类激素合成等内分泌干扰相关基因的干扰影响的大小为：(+)-AF>(–)-AF[22]。

4）氯丹（chlordane）

氯丹对非靶标生物的对映选择性毒性效应的研究一直没有报道。其生物效应的研究结果主要集中在对昆虫的急性毒性作用方面。Miyazaki 等发现环戊二烯类杀虫剂如氯丹、环氧氯丹及环氧七氯等对德国小蠊（*Blattella germanica*）的毒性具有对映选择性。结果表明，(+)-氯丹、(–)-环氧氯丹和(+)-环氧七氯对德国小蠊 24 h 的致死率远远大于它们相对应的其他异构体，同时也表明手性农药代谢产物及母本化合物的对映选择性的不一致性及毒性大小存在明显差异[49]。

4. 其他手性杀虫剂

1）氟虫腈（fipronil）

氟虫腈对多种靶标生物和非靶标生物的急性毒性的对映选择性差异具有物种特异性。氟虫腈的 2 个对映体（图 7-4）对靶标生物（如污棉虫、水稻象鼻虫、家蝇）和非靶标生物蜜蜂的急性毒性的差异很小。而对大型溞、淡水螯虾等物种来说，*S*-(+)-氟虫腈急性毒性较大，是 *R*-(–)-氟虫腈的 2～4 倍；对草虾则是 *R*-(–)-氟虫腈毒性较大，但是 2 个对映体的差异比较小。斑马鱼胚胎经氟虫腈外消旋体和 2 个不同对映体处理后，产生了身体弯曲、体长变短、游囊关闭等畸形现象，氟虫腈外消旋体和 2 个不同对映体对斑马鱼胚胎发育的致畸和致死效应都具有显著的对映选择性，其急性毒性从大到小顺序为：rac-氟虫腈≥S-(+)-氟虫腈>R-(−)-氟虫腈，2 个对映体表现的可能是协同或者相加作用[50]。宋琴等[25]报道了氟虫腈在雌激素拮抗效应中的对映选择性差异。在双荧光报告基因实验中，将 5×10^{-11} mol/L 浓度的雌二醇暴毒后获得的相对荧光设为 100%，当该浓度的雌二醇分别与 R-(−)-氟虫腈、S-(+)-氟虫腈、rac-氟虫腈共同暴毒后，R-(−)-氟虫腈、S-(+)-氟虫腈获得的相对荧光值分别为 68%和 78%，S-(+)-氟虫腈的相对荧光值与雌二醇相似，没有显著性差异。该结果显示，R-(−)-氟虫腈具有雌激素拮抗效应，而 S-(+)-氟虫腈没有雌激素拮抗效应。MCF-7 细胞增殖结果验证了双荧光报告基因的结果，当雌二醇与 R-(−)-氟虫腈共同暴露时，R-(−)-氟虫腈能显著抑制雌激素诱导的 MCF-7 细胞增殖，而 S-(+)-氟虫腈对雌激素诱导的 MCF-7 细胞增殖无明显影响。

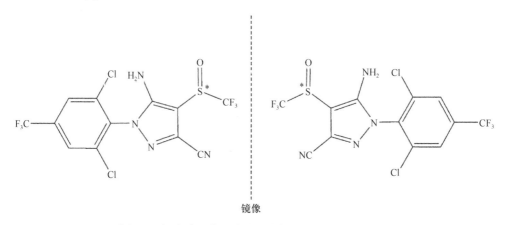

镜像

图 7-4　氟虫腈 2 个对映体的结构图（*为手性中心）

2）七氯（heptachlor，HEPT）

研究发现 HEPT 在雌激素拮抗效应中存在对映选择性差异。在双荧光报告基因实验中，当雌二醇分别与 rac-HEPT、(+)-HEPT、(−)-HEPT 共同暴露时，rac-HEPT、(+)-HEPT 获得的相对荧光值分别为 63%和 39%，(−)-HEPT 的相对荧光值与雌二醇相似。该结果显示，(+)-HEPT 具有雌激素拮抗效应，而(−)-HEPT 没有雌激素拮抗效应。MCF-7 细胞增殖实验也获得了相同的对映选择性方向[25]。以德国小蠊为靶标生物对 HEPT 及其异构体进行了毒性分析。结果显示，HEPT 和 2-氯代七氯对德国小蠊具有明显毒性，而 3-氯代七氯对德国小蠊作用不明显。而且，(−)-HEPT、(+)-HEPT 及 rac-HEPT 对德国小蠊的 LD_{50} 值分别为 5.32、3.38 和 2.64。而(−)-2-氯代七氯、(+)-2-氯代七氯及其外消旋体对德国小蠊的 LD_{50} 值分别为 100、50、20，说明 HEPT 及 2-氯代七氯的(+)-异构体对德国小蠊的作用要远大于(−)-异构体，HEPT 及 2-氯代七氯 2 对对映异构体联合作用时还表现出了对映体之间的协同作用[49]。

7.2.2 手性除草剂

1. 酰基苯胺类除草剂

酰基苯胺类除草剂（acylanilides herbicides）是一类重要的除草剂，其主要代表农药有异丙甲草胺（metolachlor）（图 7-5）。异丙甲草胺多用于控制玉米和其他作物田中的多种阔叶杂草。异丙甲草胺除草活性主要是由 1S-异丙甲草胺（αSS 和 αRS）引起的，它们比外消旋体表现出了更高的除草活性。目前，生厂商已经能提供大量的富集了高效除草活性的 S-异丙甲草胺（86%）制剂，从而可以大大提高除草效果，并节约农药的投放量[51]。

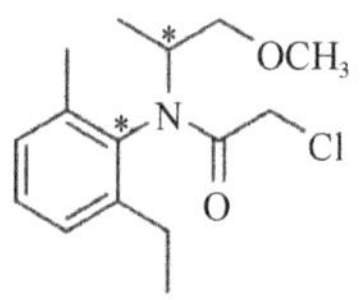

图 7-5 异丙甲草胺的化学结构（*为手性中心）

- 异丙甲草胺

（1）急性毒性。异丙甲草胺和 S-异丙甲草胺对大型溞的 24 h 毒性 LC_{50} 值分别 69.4 mg/L 和 51.2 mg/L，说明 S-异丙甲草胺的急性毒性比外消旋体大。S-异丙甲草胺和外消旋体也能影响第五龄家蚕幼虫的酶活性。结果显示，外消旋体处理组对家蚕酶活的影响比 S-异丙甲草胺要低，表明 rac-异丙甲草对重要经济蚕的毒性比 S-异丙甲草胺大（参见表 7-3）[52]。

（2）慢性毒性。rac-异丙甲草胺对大型溞 21 天暴露慢性毒性的 LOEC、NOEC 分别为 0.01 mg/L 和 0.001 mg/L，而 S-异丙甲草胺对大型溞的 LOEC、NOEC 值分别为 0.5 mg/L 和 0.1 mg/L。外消旋体和 S-异丙甲草胺不影响大型溞的育雏日，但是浓度为 1.0 mg/L 的 rac-异丙甲草胺能显著影响母体繁殖后代的数量和寿命。rac-异丙甲草胺和 S-异丙甲草胺在相同浓度下能母体繁殖，当外消旋体浓度大于 0.01 mg/L 时，母体繁殖后代的数量明显降低，而当 S-异丙甲草胺浓度小于 0.5 mg/L 时，母体繁殖后代的数量没有变化。这些观测表明，rac-异丙甲草胺对大型溞的慢性毒性比 S-异丙甲草胺大，结合除草活性的对映选择性，说明 S-异丙甲草胺是除草高效、环境安全的构型[53]。

（3）植物毒性。rac-异丙甲草胺和 S-异丙甲草胺对蛋白核小球藻（*Chlorella*

pyrenoidosa）的毒性作用显著不同。异丙甲草胺暴毒蛋白核小球藻 1 天、2 天、3 天、4 天后的 EC_{50} 值比 *S*-异丙甲草胺大，分别为 196 μg/L、241 μg/L、177 μg/L、152 μg/L，*S*-异丙甲草胺的 EC_{50} 值分别为 116 μg/L、106 μg/L、81 μg/L、68 μg/L。表明 *S*-异丙甲草胺对植物单细胞藻类毒性比外消旋异丙甲草胺大，叶绿素含量分析实验也证实了这一结果。同时还发现，蛋白核小球藻的 CAT 活性在 *S*-异丙甲草胺暴露下要高于 *rac*-异丙甲草胺暴毒组。用透射电镜观察发现异丙甲草胺及其对映体能引起藻类代谢和脂类合成异常，且 *S*-异丙甲草胺的毒性大于 *rac*-异丙甲草胺（参见表 7-3）[54]。

2. 苯氧基丙酸类除草剂

苯氧基丙酸类除草剂是 19 世纪四五十年代开始使用的苗后除草剂。在农业生产、工业设施、牧场和草坪上，这些除草剂被用来控制阔叶杂草。禾草灵（diclofop-methyl，DM）、2,4-滴丙酸（dichlorprop，DCPP）是这一类除草剂的典型代表（图 7-6）。

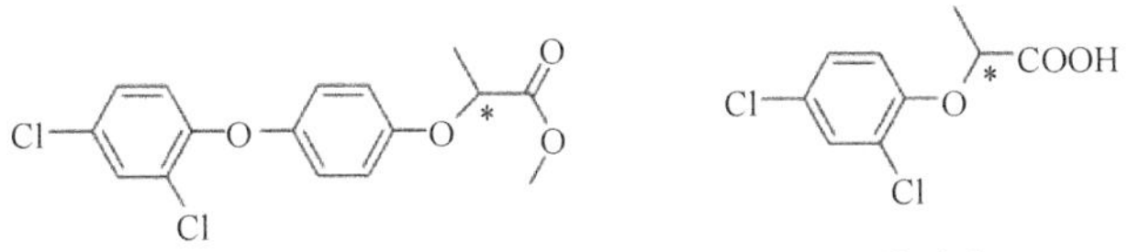

图 7-6　禾草灵和 2,4-滴丙酸的结构图（*为手性中心）

1）禾草酸

禾草酸（diclofop acid，DC）由 DM 酯键断裂水解形成，是 DM 的有效除草形式。在单细胞藻类的毒性评价中发现，无除草活性的 *S*-DM 和 *S*-DC 对单细胞藻类的毒性是相似的，均比其 *R*-对映体的毒性大。在其他高等植物中，*R*-DC 能显著抑制燕麦的生长。DC 不同的对映体在不同植物系统中毒性效应对映体差异方向不同，表明不同剂量的禾草灵在生物系统中的相互作用模式可能是不同的。在相同的条件下，2 个不同的异构体能对细胞渗透产生不同的效应。对于蛋白核小球藻和小球藻，低浓度下的 *S*-DC 能增强细胞的通透性。另外，随着 DC 暴毒时间的增加，藻细胞的通透性也会随着增加，而且 *S*-DC 引起的藻细胞的通透性增加速度比 *R*-DC 快。*R*-DC 和 *rac*-DC 可降低藻类细胞的渗透性，且 *R*-DC 的毒性比 *rac*-DC 大[55]。

在水稻幼苗的对映体毒性中，72 h EC_{50} 值和叶绿体的希尔反应活性实验结果均显示了 2 个异构体之间的显著差异：对根，*R*-DC 比 *S*-DC 毒性更大；而对叶，

S-DC 比 R-DC 毒性更大。根部比叶更敏感，希尔反应活性同样说明了 2 个对映体对叶绿体产生了不同的影响[56]。

DC 与 DM 在铜绿微囊藻（*Microcystis aeruginosa*）中毒性表现出了对映选择性生理效应。藻类生物数量、蛋白质含量、藻类亚细胞超微结构的变化、脂质代谢等指标都表明 *rac*-DM、*R*-DC、*S*-DC、*rac*-DC 之间存在不同的毒性作用模式。*R*-DC 最有可能作为一个质子载体穿过质膜，而 *S*-禾草酸并没有表现出这样的效应。这些分子的毒性大小顺序如下：*S*-DC<*R*-DC<*rac*-DM<*rac*-DC[57]。DC 也会在微囊藻氧化应激中产生对映选择性。*R*-DC 能诱导微囊藻细胞中不同程度的 ROS 的产生、MDA 浓度的增加以及 SOD 活性的增强和铜绿微囊藻毒素的释放，而 *S*-DC 的上述效应并不显著（参见表 7-3）[58]。

在模式生物拟南芥（*Arabidopsis thaliana*）中，*R*-DC 要比 *S*-DC 更加敏感，植物中 POD 活性的增加是一个组织老化的生理指标，DC 及其对映体处理拟南芥后，POD 活性从 3 周起显著提升，*R*-DC 处理组的 POD 活性均要高于 *S*-DC 处理组。在 MDA 的诱导实验中，同样显示了 *R*-DC 要比 *S*-DC 毒性强。同时，*R*-DC 对拟南芥细胞内异质型 ACCase 相关基因的影响也比 *S*-DC 要大（参见表 7-3）[59]。

2）2,4-滴丙酸

扩展青霉碱性脂肪酶和 2,4-滴丙酸对映体之间的相互作用研究表明，*R*-2,4-滴丙酸与脂肪酶作用最强烈，其次是外消旋 2,4-滴丙酸，相互作用最弱的是 *S*-2,4-滴丙酸。疏水相互作用在其中起着重要作用。在吸热反应中，也有相似的趋势。此外，荧光素二乙酸酯（FDA）催化水解脂肪酶和 2,4-滴丙酸与脂肪酶之间的结合常数表明 *R*-2,4-滴丙酸是抑制脂肪酶的最有效构型[60]。

邹玉琴[61]研究了 DCPP 对拟南芥体内微量元素行为扰动的对映体差异。实验结果表明，*R*-DCPP 对拟南芥的毒性大于 *S*-DCPP，*S* 型几乎无毒，且未对微量元素的行为产生显著性的影响。*R*-DCPP 处理后，拟南芥叶片和根部的 ROS 含量明显大于 *S* 型处理组和对照组。*R*-DCPP 处理后，拟南芥地上部分的 P、K、Mg、Mn、Zn、Fe 的含量显著性降低，Na、Ca、Cu 的含量没有显著性的改变。此外，*R*-DCPP 扰乱了拟南芥体内转运蛋白对微量元素的转运过程。其中，叶片中的 *FRO2*、*FRO3*、*ZIP2*、*ZIP4*、*NRAMP4* 和 *COPT2* 这 6 种基因的表达显著性上调，*IRT1*、*IRT2*、*ZIP5*、*ZIP9*、*NRAMP1*、*NRAMP3* 和 *ECA3* 这 7 种基因的表达显著性下调，而 *COPT1* 和 *MTP11* 这两种基因的表达不存在显著的对映体差异。根部中的 *ZIP2*、*ZIP4*、*ZIP9*、*NRAMP1*、*NRAMP3* 和 *COPT2* 这 6 种基因的表达下调，*FRO2*、*FRO3*、*IRT1*、*IRT2*、*ZIP5*、*NRAMP4*、*COPT1*、*ECA3* 和 *MTP11* 这 9 种基因的表达不存在显著的对映体差异。说明 DCPP 对拟南芥体内微量元素行为扰动存在显著的对映选择性[61]。DCPP 在拟南芥体内乙酰辅酶 A 羧化酶（acetyl-CoA carboxylase，ACCase）的损伤中表现出对映选择性趋势。R-DCPP 比 S-DCPP 对 ACCase 的损伤更大；当加入 P450 酶抑制剂 1-氨基苯并三唑（1-aminobenzotriazole，ABT）后，随着 ABT 浓度的增加，R-DCPP 的毒性效应逐渐减小，S-DCPP 的毒性效应开始增大。在气孔行为方面，低浓度的 DCPP 基本不影响拟南芥体内气孔的开闭行为，随着浓度的增加，具有除草活性的 R-DCPP 显著提高了植物气孔的开放程度，而 S-DCPP 没有表现出明显的调节作用，即 DCPP 对拟南芥气孔行为的影响存在对映选择性；拟南芥体内 ROS 的产量与气孔的开放程度呈现显著的正相关，即 ROS 的产量越多，气孔的开放程度越大；鉴于 ROS 的累积是 DCPP 的作用机制之一，研究结果为解释 DCPP 对映选择性效应提供了全新的角度和方法[62]。

3. 其他手性除草剂

1）咪唑乙烟酸

咪唑乙烟酸（imazethapyr，IM）对玉米（*Zea mays* L.）幼苗的根能产生对映选择性毒性。R-IM 比 S-IM 更能干扰玉米的生长。在相同暴露浓度下，R-IM 能引起更明显的黄化，降低植株干重，抑制根系发育。超微结构分析显示，R-IM 能造成玉米多个细胞器明显的损伤。利用分子对接研究探索 IM 对映体和乙酰乳酸合成酶（acetolactate synthase，ALS）的亲和力之间的关系，结果显示，R-IM 比 S-IM 更能抑制玉米叶片 ALS 的活性[63]。

IM 对映体对水稻（秀水 63）幼苗的抗氧化酶、形态、基因转录、氧化标志物能产生明显不同的影响。在浓度为 0.5 mg/L 时，IM、R-IM、S-IM 对根的最大生长抑制率分别为 73.5%、80.4%、67%。同时氧化应激相关因子 SOD、POD、CAT 活性和 MDA 含量显著升高，R-IM 比 S-IM 处理组分别高 1.8 倍、3.3 倍、1.4 倍和 2.2 倍。这些结果表明，R-IM 对水稻生长的毒性比 S-IM 大[64]。

陆涛等[65]以拟南芥作为受试植物，研究 IM 对映体的选择性差异毒性效应。结果显示，R-IM 比 S-IM 植物毒性更强，如以 2.5 μg/L 浓度的 IM 对映体处理拟南芥 3 周后，R-IM、S-IM 处理组鲜重分别下降 73.7%、16.7%，根长抑制率则达 69.5%、27.3%。ALS 的体外活性分别为对照的 45.2%和 86.5%。另外，R-IM 处理后大部分氨基酸的含量下降。透射电子显微镜观察发现，R-IM 处理可导致拟南芥细胞体积减小、叶绿体数量减少、叶绿体内淀粉粒膨大且数量增多，这可能与 IM 对映体诱导 ROS 的积累、SOD 和 CAT 等抗氧化酶活性及其基因表达的选择性调控有关。上述结果表明，R-IM 对拟南芥生长抑制明显强于 S-IM，其差异不仅体现在对 ALS 酶活性的抑制，还包括对拟南芥抗氧化系统的破坏和对碳水化合物代谢阻遏的选择性[65]。

钱海丰等[66]进一步报道了 IM 能促进拟南芥开花，发现光周期途径可能在 IM 胁迫信号的转导中起重要作用。IM 对映体可以选择性地减弱生物钟核心振荡器的振幅，进而诱导 GI-(CO)-FT 途径上基因的表达上调，最终使 AP1 内源性地过量表达，花期提前。这些发现为我们提供了新的认知，即植物可以通过控制繁殖时间来应对除草剂的胁迫。作物开花时间是影响传粉者生活周期的重要因素。除草剂在生物圈中的持续存在改变了植物的生命周期和多样性[66]，并证明了 *R*-IM 较 *S*-IM 有着更强的生物学毒性，能通过影响光合作用、叶绿素合成及生物钟节律，对植物的生长生殖有着更强的抑制效果[67]。

2）乙氧呋草黄（ethofumesate）

徐欣媛等利用 MTT 细胞毒性测试方法，测试了手性除草剂乙氧呋草黄及 2 对对映体对大鼠和鸡肝细胞的毒性，研究结果显示，在大鼠肝细胞中细胞毒性(+)-乙氧呋草黄>*rac*-乙氧呋草黄>(–)-乙氧呋草黄，而在鸡肝细胞中(–)-乙氧呋草黄>*rac*-乙氧呋草黄>(+)-乙氧呋草黄[68]。

7.2.3 手性杀菌剂

1. 三唑类杀菌剂

1）己唑醇（hexaconazole）

目前有关手性杀菌剂的对映体毒性研究还十分有限，主要集中在三唑类的对映选择性毒性差异上（参见表 7-3）。梁宏武[69]研究了己唑醇外消旋体及 2 个光学纯对映体对大型溞、斑马鱼（胚胎、仔鱼、成鱼）2 种非靶标水生生物的急性毒性差异。结果显示，己唑醇外消旋体及其 2 个光学纯对映体对 2 种水生生物的急性毒性以及对斑马鱼胚胎的发育毒性都存在对映选择性，其急性毒性及致畸效应大小顺序是：(–)-己唑醇>*rac*-己唑醇 >(+)-己唑醇。另外，不同发育阶段的斑马鱼对己唑醇及其对映体的敏感性不同，且有较明显的差异，总体上的大小顺序为胚胎>仔鱼（3 天）>成鱼，成鱼对己唑醇及其对映体的暴露更敏感，而胚胎的敏感性最低[69]。王瑶等[70]利用基于核磁的代谢组学考察了己唑醇对映体和氟环唑对映体分别暴露处理对于斑马鱼代谢轮廓的影响。结果显示，己唑醇对映体和氟环唑对映体的暴露能扰动斑马鱼的能量代谢、氨基酸代谢和脂质代谢，且 2 对对映体(+)-己唑醇和(–)-己唑醇、(+)-氟环唑和(–)-氟环唑的暴露引起斑马鱼代谢轮廓改变的机制存在显著差异[70]。己唑醇的外消旋体和对映体对斜生栅藻的急性毒性也不同，(–)-己唑醇毒性最强，外消旋次之，(+)-己唑醇毒性最小。(+)-己唑醇和(–)-己唑醇对栅藻蛋白质含量有显著性差异，当浓度低于 1 mg/L 时，(+)-己唑醇的蛋白质含量显著高于(–)-己唑醇。(+)-己唑醇作用的酶活性也显著高于(–)-己唑醇，但是在浓度低于 1mg/L 时，(–)-己唑醇作用的酶活性显著高于(+)-己唑醇[71]。

2）粉唑醇（flutriafol）

陶燕[72]开展了粉唑醇及其对映体对非靶标大型溞生物的急性毒性差异研究及对靶标小麦条锈病菌的活性差异研究。研究结果显示，*rac*-粉唑醇、*R*-(–)-粉唑醇和 *S*-(+)-粉唑醇对大型溞 48 h 的 EC_{50} 值分别为 2.87 mg/L、1.84 mg/L、8.56 mg/L，毒性大小顺序为：*R*-(–)-粉唑醇>*rac*-粉唑醇>*S*-(+)-粉唑醇，毒性最高 *R*-(–)-粉唑醇是 *rac*-粉唑醇毒性的 1.56 倍，是 *S*-(+)-粉唑醇的 4.65 倍。粉唑醇及其对映体对小麦条锈病的活性大小顺序为 *S*-(+)-粉唑醇>*R*-(–)-粉唑醇>*rac*-粉唑醇，活性倍数相差不大，三者均对小麦条锈病表现出较好的杀菌活性[72]。

2. 其他手性杀菌剂

1）苯霜灵（benalaxyl）

苯霜灵对映体在栅藻的毒性、叶绿素含量、酸活性、丙二酸含量以及降解速度方面都表现出了一定的对映选择性。在低浓度（1 mg/L）下，*R*-苯霜灵导致叶绿素含量减少，而 *S*-苯霜灵会促进叶绿素含量增加。在高浓度（5 mg/L）下，*R*-苯霜灵作用的酶活性显著高于 *S*-苯霜灵，而 *S*-苯霜灵作用的酶活性显著高于 *R*-苯霜灵。栅藻的丙二酸含量随着 *R*-苯霜灵浓度的增加而降低，随着 *S*-苯霜灵浓度的增加而缓慢增加，*R*-苯霜灵和 *S*-苯霜灵的 2 个对映体对丙二酸含量趋势的影响截然相反[71]。

2）甲霜灵（metalaxyl）

（1）急性毒性。*R*-甲霜灵和 *rac*-甲霜灵对大型溞的 48 h LC_{50} 值分别 41.9 mg/L 和 51.5 mg/L，说明 *R*-甲霜灵对水生低等生物的急性毒性比 *rac*-甲霜灵大[73]。章银军等[74]研究也表明 *rac*-甲霜灵和 *R*-甲霜灵对斑马鱼胚胎的发育毒性存在对映选择性，*rac*-甲霜灵和 *R*-甲霜灵的 96h LC_{50} 值分别为 416.41 mg /L 和 320.650 mg/L。诱导的毒性症状包括：心包水肿、卵黄囊肿、弯曲体、短尾等。下丘脑-垂体-性腺（HPG）轴相关基因（*Vtg1*、*Vtg2*、*cyp17*、*cyp19a*、*cyp19b*）表达分析显示，*rac*-甲霜灵对 *Vtg1*、*Vtg2*、*cyp17*、*cyp19a*、*cyp19b* 基因的表达无影响，*R*-甲霜灵下调 *Vtg1*、*cyp19a* 和 *cyp19b* 基因的表达，甲霜灵对斑马鱼胚胎 HPG 轴系相关分子的影响对映体差异可能是其斑马鱼毒性对映体差异的潜在原因[74]。

（2）慢性毒性。*rac*-甲霜灵对大型溞暴毒 14 天后的 LOEC、NOEC 值分别为 2 mg/L 和 1 mg/L，*R*-甲霜灵对大型溞的 LOEC、NOEC 值分别为 1 mg/L 和 0.1 mg/ L。在浓度大于 1.0 mg/L 时，*R*-甲霜灵显著影响母体繁殖后代的数量、开始繁殖后代的时间、体重，*rac*-甲霜灵和 *R*-甲霜灵之间存在显著差异；当浓度大于 2.0 mg/L 时，两者之间对大型溞慢性毒性效应没有显著区别[73]。

综上所述，手性农药的对映体毒性总结见表 7-3。

表 7-3　手性农药的对映体毒性

名称	测试生物	毒性	参考文献
联苯菊酯	大型溞	1R-cis>1S-cis	[8,9]
	网纹水溞	1R-cis>1S-cis	[8]
	斑马鱼	1R-cis>1S-cis	[16]
	人羊膜上皮细胞	1R-cis>1S-cis	[10]
	人肝癌细胞	1R-cis>1S-cis	[11]
	日本青鳉	1R-cis>1S-cis	[14]
	人乳腺癌细胞	1R-cis>1S-cis	[12]
	免疫细胞	1S-cis>1R-cis	[11]
	大鼠卵巢颗粒细胞	1S-cis>1R-cis	[14]
	人绒毛膜癌细胞	1S-cis>1R-cis	[14]
	小鼠	1S-cis>1R-cis	[14,17]
氯菊酯	小鼠	1R-cis>1R-trans>1S-cis,1S-trans	[18]
	大型溞	1R-trans>1S-trans	[19]
	网纹水溞	1R-trans>1S-trans	[19]
	斑马鱼	(−)-trans>(+)-trans,(+)-cis,(−)-cis	[20,21]
	人类绒毛膜癌细胞	1R-cis,1S-trans>1S-cis,1R-trans	[22]
	小鼠	(+)-cis>(−)-trans,（−）-cis>(+)-trans	[23]
高效氯氟氰菊酯	斑马鱼	(−)-cis>(+)-cis	[24]
	中国仓鼠卵巢细胞	1R,3R-cis-αS>1R,3R-cis-αS	[25]
	大鼠垂体肿瘤细胞	1R,3R-cis-αS>1R,3R-cis-αS	[25]
氰戊菊酯	斑马鱼	αS-2S>αR-2R	[26]
	大型溞	αS-2S>αR-2R	[26]
	小鼠	2S-αS>其他对映体	[27]
	大鼠	2S-αS>其他对映体	[27]
氯氰菊酯	网纹水溞	1R-cis-αS,1R-trans-αS>其他对映体	[28]
	中国仓鼠卵巢细胞	1R-cis-αS-β>其他 3 个对映体	[25]
	人乳腺癌细胞	1R-cis-αS-β>其他 3 个对映体	[25]
丙溴磷	大型溞	(−)>(+)	[19]
	网纹水溞	(−)>(+)	[19]
毒壤磷	大型溞	(−)>(+)	[29]
	网纹水溞	(−)>(+)	[29]
地虫硫磷	大型溞	(−)>(+)	[19]
	网纹水溞	(−)>(+)	[19]

续表

名称	测试生物	毒性	参考文献
甲胺磷	大型溞	$R>S$	[30]
	家蝇	$(+)>(-)$	[30]
	胎牛红血球 AChE	$S>R$	[30]
	电鳗 AChE	$S>R$	[30]
	蚯蚓 AChE	$(+)>(-)$	[31]
虫胺磷	美女溞	$(+)>rac>(-)$	[33]
	大型溞	$(+)>rac>(-)$	[33]
	大鼠肾上腺嗜铬细胞瘤细胞	$R-(+)>rac>S-(-)$	[34]
水胺硫磷	大型溞	$(+)>(-)$	[36]
	人肝癌细胞	$(-)>(+)$	[37]
	颤蚓	$(+)>rac>(-)$	[38]
蔬果磷	大型溞	$S-(-)>R-(+)$	[39]
对溴磷	大型溞	$(+)>rac>(-)$	[40]
	苍蝇 AChE	$(+)>(-)$	[40]
	马血清丁酰胆碱酯	$(+)>(-)$	[40]
	人类绒毛膜癌细胞	$(-)>(+)$	[22]
α-HCH	大鼠肝细胞	$(+)>(-)$	[43]
o,p'-DDT	中国仓鼠卵巢细胞	$R-(-)>S-(+)$	[25]
	人乳腺癌细胞	$R-(-)>S-(+)$	[25]
	大鼠肾上腺嗜铬细胞瘤	$R-(-)>S-(+)$	[45]
三氯杀虫酯	斑马鱼	$(+)>(-)$	[46]
	人乳腺癌细胞	$(+)>(-)$	[47,48]
	小鼠巨噬细胞 RAW247.6	$(+)>(-)$	[47,48]
	人绒毛膜癌细胞	$(+)>(-)$	[47,48]
氟虫腈	斑马鱼	$rac-\geqslant S-(+)>R-(-)$	[50]
	中国仓鼠卵巢细胞	$R-(-)>S-(+)$	[25]
	人乳腺癌细胞	$R-(-)>S-(+)$	[25]
七氯	人乳腺癌细胞	$(+)>(-)$	[25]
异丙甲草胺	大型溞	$S>rac$	[53]
	家蚕	$rac>S$	[52]
	蛋白核小球藻	$S>rac$	[54]
甲霜灵	大型溞	$R>rac$	[73]
	斑马鱼	$R>rac$	[74]
禾草灵	微囊藻	$R>S$	[58]
	水稻秀水 63	$S>R$	[56]
	拟南芥	$R>S$	[59]

续表

名称	测试生物	毒性	参考文献
咪唑乙烟酸	玉米	$R>S$	[63]
	水稻秀水 63	$R>S$	[64]
	拟南芥	$R>S$	[65]
	大鼠肝细胞	$(+)>rac>(-)$	[68]
	鸡肝细胞	$(-)>rac>(+)$	[68]
己唑醇	大型溞	$(-)>(+)$	[68]
	斑马鱼	$(-)>(+)$	[69]
	斜生栅藻	$(-)>(+)$	[71]
粉唑醇	大型溞	$R-(-)>rac>S-(+)$	[72]
苯霜灵	斜生栅藻	$R>S$	[71]

7.2.4 其他因素对手性农药的对映体毒性的影响

1. 重金属（铜、银）

有机污染物和重金属共存时，有机污染物与重金属之间的交互作用会影响到彼此在环境中的存在形态，进而影响到其生物可利用性和生态毒性的大小。文岳中等[75]研究了铜对 DCPP 在斜生栅藻（*Scenedesmus obliquus*）中对映选择性毒性，发现无论是 DCPP 与铜共同存在时，还是 DCPP 单独暴毒时，均能诱导 ROS 的产生。这增强了抗氧化防御系统的反应，并能修复亚细胞结构和生理功能，最终导致细胞生长的抑制。没有铜时，S-DCPP 诱导的活性氧的产生比 R 构型的要低。当铜和 DCPP 同时加入到斜生栅藻中时，R-DCPP 诱导 ROS 产量更多。然而，当铜和 DCPP 先混合 24 h 后再加入斜生栅藻中时，DCPP 诱导的 ROS 效应的对映选择性被逆转了。海藻 ROS 的产生，细胞生长抑制率，抗氧化反应实验结果都显示了 R-DCPP 更敏感。当 R-DCPP 和 S-DCPP 分别与铜共同加入藻类培养液时，R-DCPP+铜能引起藻细胞 GSH 产量的降低，而 S-DCPP+铜能引起藻细胞 GSH 产量的升高[75]。

盛晓琳[76]研究了 Ag^+ 对手性 IM 对映体毒性的影响。AgNPs 能在拟南芥培养中析出 Ag^+，Ag^+ 能与 IM 形成螯合物，而 Ag^+ 和 IM 均能对植物产生毒性。因此，为了分析出 Ag^+ 对 AgNPs 和 IM 复合污染的毒性影响，用两种方式添加 Ag^+ 和 IM 来评价对拟南芥生长抑制实验。Ag^+ 在拟南芥中的析出量在 1～12 ppb 之间，相当于 0.009～0.112 μmol/L。当 Ag^+ 浓度在 0.01～2 μmol/L 之间时，两种添加方式对拟南芥的生长没有生长抑制效应差异。当添加 IM 后，Ag^+ 和 IM 的复合毒性大于 2 种物质单独作用，且随着 Ag^+ 浓度的增加生长抑制越显著。Ag^+ 在 0.01～0.8 μmol/L

之间时，IM 和 Ag$^+$的复合呈现出对映体差异，当 Ag$^+$升高至 2 μmol/L 时，Ag$^+$和 S-IM 增加，与其他 2 种构型的 IM 复合效果一致，无对映体差异。此外，两种添加方式没有对拟南芥的生长抑制效果产生差异。因此，无论 Ag$^+$和 IM 以何种方式添加，Ag$^+$和 IM 的复合毒性均大于单独作用，Ag$^+$处于低浓度时，复合毒性呈现对映体差异，Ag$^+$处于高浓度时，复合毒性对映体差异消除，并且可以推测，Ag$^+$和 IM 的复合毒性对 AgNPs 和 IM 的复合污染毒性有贡献，但不能确定其贡献率。通过将 Ag$^+$和 IM 的复合毒性与 AgNPs 和 IM 的复合毒性比较后发现，当 Ag$^+$浓度为 0.01 μmol/L、0.1 μmol/L、0.2 μmol/L 和 AgNPs 50 μmol/L 时，Ag$^+$和 rac-IM 的复合处理组没有表现出与 AgNPs 和 IM 的复合处理组对 Ag$^+$的解毒作用，但 Ag$^+$和 R,S-IM 的复合处理组与 AgNPs 和 IM 的复合处理组对拟南芥的毒性影响趋势相同；当 Ag$^+$浓度为 0.4 μmol/L、0.8 μmol/L、2 μmol/L 和 AgNPs 100 μmol/L 时，复合毒性大于 2 种物质单独作用。因此在评价有机物和金属纳米颗粒的复合毒性效应时，需考虑释放出的金属离子与有机物的相互作用及其毒性效应，从而更全面地评估复合污染的毒性机制[77]。

2. 温度和盐度

近年来，气候变化已影响到人类生产、生活的各个方面，然而其在污染物环境归趋和毒性中也扮演着重要的角色。气候变化主要通过改变温度、盐度、离子浓度等环境因素，影响化学污染物的环境分布和毒性效应。陆彬等围绕气候变化背景下水环境的 2 个关键因素：温度、盐度，以Ⅰ型拟除虫菊酯-联苯菊酯和Ⅱ型拟除虫菊酯-功夫菊酯为目标化合物，以斑马鱼胚胎为模型，研究了手性农药在生物富集和水生毒性的对映选择性变化特征以及毒理学机制。研究结果表明，随着暴露溶液温度上升，cis-BF 和 LCT 对胚胎的急性毒性和发育毒性均逐渐增强。从对映体毒性分析表明，它们的毒性效应分别主要来自 1R-cis-BF 和(+)-LCT。随暴露溶液盐度（0‰、5‰、10‰和 15‰）的上升，cis-BF 对胚胎的急性毒性和发育毒性均显著增强。通过对代谢和甲状腺相关基因表达量的测定分析发现，温度或盐度的升高可能通过影响 cis-BF 或 rac-LCT 对相关基因的表达，干扰了代谢和甲状腺的正常生理功能，进而增强了 cis-BF 或 rac-LCT 对斑马鱼胚胎的毒性效应。由实验结果可以推测，在温度对 cis-BF 的毒性影响中，温度对其作用显著，而在温度对 LCT 的毒性影响中，LCT 受到影响相对较小；高盐度增强了 cis-BF 的毒性，表现出协同效应。此外，温度变化对 cis-BF 和 LCT 在斑马鱼胚胎中的富集没有显著影响，盐度升高则增加了斑马鱼胚胎对 cis-BF 的富集作用[77]。

3. 壳聚糖

环境中其他因素可能影响手性农药生物效应对映选择性。文岳中等[78]通过壳聚糖的存在与否来研究 DCPP 对蛋白核小球藻的生物利用度的变化。*R*-DCPP 在不含壳聚糖的蛋白核小球藻培养液中的降解速率比 *S*-DCPP 的慢，当壳聚糖加入到蛋白核小球藻培养液中时，*R*-DCPP 的降解速率比 *S*-DCPP 快。在无壳聚糖存在的情况下，*S*-DCPP 对蛋白核小球藻的毒性比 *R*-DCPP 低。相反地，在有壳聚糖存在的情况下，*S*-DCPP 对蛋白核小球藻的毒性比 *R*-DCPP 强，研究结果显示壳聚糖能逆转 DCPP 生物利用度的对映选择性，壳聚糖的增加改变了 DCPP 在蛋白核小球藻中的选择性降解。该研究也表明，当手性化合物和其他手性受体共同存在时，手性化学物的对映选择性生物效应可能发生改变[78]。

7.3 手性新型有机污染物

新型环境有机污染物是指那些广泛使用但对生态环境有潜在危害的受到广泛关注的新出现的有机污染物。目前研究的热点主要集中在溴代阻燃剂（brominated flame retardants，BFRs）、全氟类化合物（perfluorinated compounds，PFCs）上，而有关新型有机污染物在毒性方面的对映选择性效应关注才刚刚起步，仅有几例有关手性 BFRs 的对映体毒性报道[79]。由于 BFRs 阻燃效果好，使用非常广泛，种类丰富。目前，在环境生物体内检测到的 BFRs 包括多溴二苯醚（polybrominated diphenyl ethers，PBDEs）、四溴双酚 A（tetrabromobisphenol A，TBBPA）及其衍生物、六溴环十二烷（hexabromocyclododecane，HBCD）、多溴联苯（polybrominated biphenyls，PBBs）等。越来越多的研究已经证明 BFRs 具有胚胎发育毒性、内分泌干扰毒性和致畸性等多种毒理学效应。研究发现 HBCD 的 3 个立体异构体（α-HBCD、β-HBCD、γ-HBCD）具有对映体毒性选择性效应。利用 MTT 和 LDH 释放实验来检测 HBCD 异构体的 HepG2 细胞毒性选择性，3 种实验获得的结果是一致的，即 3 种非对映体的细胞毒性大小顺序为 γ-HBCD>β-HBCD>α-HBCD。在这 3 种手性对映异构体中，右旋异构体 [(+)-α-HBCD、(+)-β-HBCD、(+)-γ-HBCD] 大于其相应的左旋异构体 [(−)-α-HBCD、(−)-β-HBCD、(−)-γ-HBCD]。研究还发现，HBCD 异构体诱导的胞内 ROS 水平和 LDH 释放之间具有良好的线性关系，这预示着 HBCD 异构体的致毒机制可能是由氧化损伤介导的。该研究为 HBCD 异构体的生物毒性及其生态风险评价提供了重要的科学依据[80]。研究还发现 HBCD 在植物组织中的累积和毒性具有异构体选择性，在玉米根部的累积能力为 β-HBCD>α-HBCD>γ-HBCD，而在茎叶部的富集浓度则为 β-HBCD>γ-HBCD>α-HBCD。2 μg/mL 的 HBCD 暴露后，3 种异构体对玉米早期生长的抑制、羟基自由基（·OH）的产生和蛋白 H2AX 磷酸化（γ-H2AX）水平的增加均为 α-HBCD>β-HBCD>γ-HBCD，表明 HBCD 的 3 个异构体均对玉米产生了异构体特异性氧化胁迫和 DNA 双链断裂的损伤[80]。

7.4　手性药物与个人护理用品

药物与个人护理品（pharmaceuticals and personal care products，PPCPs）中大部分是手性物质，并以外消旋体形式或单一对映体形式使用。其经过一系列生物转化过程后对映体组分会发生改变。复杂环境介质中手性 PPCPs 分离分析难度大从而限制了相关研究，手性 PPCPs 生物降解的立体选择性和毒理效应的立体选择性使潜在的环境行为和风险更加复杂。欧美和日本等发达国家和地区已逐渐关注环境中手性 PPCPs 的立体选择性，并开展了一系列手性药物环境行为和效应的对映选择性研究。相比之下，我国环境中手性 PPCPs 研究尚欠缺，亟待开展广泛深入的研究[81]。

手性 PPCPs 的对映体不仅在人体内的药理活性、代谢过程以及毒理学方面存在显著差异，而且它们进入环境后对生态系统中生物体的效应也可能存在差异，使得其潜在的环境风险更加复杂。现在越来越多的证据表明残留在环境中的这些手性物质正以各种各样的方式影响着非目标生物体[80]。Stanley 等对大型溞和呆鲦鱼进行急性和慢性毒性研究，发现普萘洛尔（Propranolol，PRO）的对映选择性行为，2 种生物体的急性毒性反应中 48 h 的 LC$_{50}$ 是相似的，但是呆鲦鱼的生长实验表明，S-PRO 比 R-PRO 的慢性毒性（暴毒 7 天的 LOEC）更明显[82]。Stanley 等的研究也表明，呆鲦鱼在(R, S)-PRO 浓度为 128.2 μg/L 的水中，经过 7 天的暴露生长受到明显抑制，日本青鳉鱼在(R, S)-PRO 浓度为 500 μg/L 的水中，经过 14 天的暴露生长才明显受到抑制，得出呆鲦鱼比日本青鳉鱼对 PRO 更敏感，可将其作为水体污染早期的生物指示物[82]。

Stanley 等[82]还观察了氟西汀（fluoxetine，FLX）对呆鲦鱼和大型溞生长繁殖的影响，发现 S-FLX 对呆鲦鱼毒性比 R-FLX 的毒性更大，两者 LOEC 比值达 3 倍多。此外，De Andrés 等发现 FLX 和阿替洛尔（atenolol，ATN）毒性的对映选择性差异，S-FLX 和 R-ATN 对原生动物毒性分别比 R-FLX 和 S-ATN 更高，但是对于甲壳动物大型溞和月牙藻，ATN 的 S 体比 R 体毒性更大[83]。

参 考 文 献

[1] Gonzalez M J, Fernandez M A, Hernandez L M. Levels of chlorinated insecticides, total PCBs and PCB congeners in Spanish gull eggs. Archives of Environmental Contamination and Toxicology, 1991, 20(3): 343-348.

[2] 徐娜娜. 基于代谢组学的手性 PCBs 对斑马鱼胚胎选择性毒性研究. 北京: 中国农业科学院

硕士学位论文, 2016.

[3] 柴婷婷. 手性多氯联苯在斑马鱼中的选择性蓄积及毒性差异研究. 北京: 中国农业大学博士学位论文, 2017.

[4] Slaga T J, Bracken W J, Gleason G, Levin W, Yagi H, Jerina D M, Conney A H. Marked differences in the skin tumor-initiating activities of the optical enantiomers of the diastereomeric benzo[*a*]pyrene 7, 8-diol-9, 10-epoxides. Cancer Research, 1979, 39(1): 67-71.

[5] Wood A W, Chang R L, Levin W, Yagi H, Tada M, Vyas K P, Jerina D M, Conney A H. Mutagenicity of the optical isomers of the diastereomeric bay-region chrysene 1,3-diol-3,4-epoxides in bacterial and mammalian cells. Cancer Research, 1982, 42(8): 2972-2976.

[6] Chang R L, Wood A W, Levin W, Mah H D, Thakker D R, Jerina D M, Conney A H. Differences in mutagenicity and cytotoxicity of (+)- and (−)-benzo[*a*]pyrene 4,5-oxide: A synergistic interaction of enantiomers. Proceedings of the National Academy of Sciences of the United States of America, 1979, 76(9): 4280-4284.

[7] Levin W, Wood A W, Chang R L, Slaga T J, Yagi H, Jerina D M, Conney A H. Marked differences in the tumor-initiating activity of optically pure (+)- and (−)-*trans*-7,8-dihydroxy-7,8-dihydrobenzo[*a*]pyrene on mouse skin. Cancer Research, 1977, 37(1): 2721-2725.

[8] Liu W, Gan J J, Qin S. Separation and aquatic toxicity of enantiomers of synthetic pyrethroid insecticides. Chirality, 2005, 17: 127-133.

[9] Zhao M R, Wang C, Liu K K, Sun L W, Li L, Liu W P. Enantioselectivity in chronic toxicology and accumulation of the synthetic pyrethroid insecticide bifenthrin in *Daphnia magna*. Environmental Toxicology & Chemistry, 2009, 28: 1475-1479.

[10] Liu H, Zhao M, Zhang C, Ma Y, Liu W. Enantioselective cytotoxicity of the insecticide bifenthrin on a human amnion epithelial (FL) cell line. Toxicology, 2008, 253(1-3): 89-96.

[11] Liu H, Xu L, Zhao M, Liu W, Zhang C, Zhou S. Enantiomer-specific, bifenthrin-induced apoptosis mediated by MAPK signalling pathway in Hep G2 cells. Toxicology, 2009, 261(3): 119-125.

[12] Wang L, Liu W, Yang C, Pan Z, Gan J, Xu C. Enantioselectivity in estrogenic potential and uptake of bifenthrin. Environmental Science & Technology, 2007, 41(17): 6124-6128.

[13] Zhao M, Chen F, Wang C, Zhang Q, Gan J, Liu W. Integrative assessment of enantioselectivity in endocrine disruption and immunotoxicity of synthetic pyrethroids. Environmental Pollution, 2010, 158(5): 1968-1973.

[14] 王苹. 联苯菊酯和 DDTs 对映选择性水生毒性、神经毒性及相关机理研究. 杭州: 浙江工业大学博士学位论文, 2012.

[15] 王江聪. 手性杀虫剂氟氯菊酯对小鼠内分泌系统干扰差异研究. 杭州: 浙江工业大学硕士学位论文, 2013.

[16] 金美青. 典型手性农药拟除虫菊酯及其代谢产物对斑马鱼的发育毒性研究. 杭州: 浙江大学博士学位论文, 2010.

[17] 潘秀红. 氟氯菊酯对小鼠氧化和免疫系统影响的对映选择性研究. 杭州: 浙江工业大学硕士学位论文, 2013.

[18] Miyamoto J. Degradation, metabolism and toxicity of synthetic pyrethroids. Environmental Health Perspectives, 1976, 14: 15-28.

[19] Liu W, Gan J, Schlenk D, Jury W A. Enantioselectivity in environmental safety of current chiral insecticides. Proceedings of the National Academy of Sciences of the United States of America,

2005, 102(3): 701-706.

[20] Jin Y, Wang W, Xu C, Fu Z, Liu W. Induction of hepatic estrogen-responsive gene transcription by permethrin enantiomers in male adult zebrafish. Aquatic Toxicology, 2008, 88(2): 146-152.

[21] Jin Y, Chen R, Sun L, Wang W, Zhou L, Liu W, Fu Z. Enantioselective induction of estrogen-responsive gene expression by permethrin enantiomers in embryo-larval zebrafish. Chemosphere, 2009, 74(9): 1238-1244.

[22] 陆颖冲. 四种手性农药对甾体类激素代谢影响的对映选择性. 杭州: 浙江工业大学硕士学位论文, 2011.

[23] Jin Y, Liu J, Wang L, Chen R, Zhou C, Yang Y, Liu W, Fu Z. Permethrin exposure during puberty has the potential to enantioselectively induce reproductive toxicity in mice. Environment International, 2012, 42: 144-151.

[24] Xu C, Wang J, Liu W, Daniel Sheng G, Tu Y, Ma Y. Separation and aquatic toxicity of enantiomers of the pyrethroid insecticide lambda-cyhalothrin. Environmental Toxicology and Chemistry, 2008, 27(1): 174-181.

[25] Song Q, Zhang Y, Yan L, Wang J, Lu C, Zhang Q, Zhao M. Risk assessment of the endocrine-disrupting effects of nine chiral pesticides. Journal of Hazardous Materials, 2017, 338: 57-65.

[26] Ma Y, Chen L, Lu X, Chu H, Xu C, Liu W. Enantioselectivity in aquatic toxicity of synthetic pyrethroid insecticide fenvalerate. Ecotoxicology and Environmental Safety, 2009, 72(7): 1913-1918.

[27] Miyamoto J, Kaneko H, Takamatsu Y. Stereoselective formation of a cholesterol ester conjugate from fenvalerate by mouse microsomal carboxyesterase (s). Journal of Biochemical and Molecular Toxicology, 1986, 1(2): 79-93.

[28] Liu W, Gan J J, Lee S, Werner I. Isomer selectivity in aquatic toxicity and biodegradation of cypermethrin. Journal of Agricultural and Food Chemistry, 2004, 52(20): 6233-6238.

[29] Liu W, Lin K, Gan J. Enantioselectivity in the immunotoxicity of the insecticide acetofenate in an separation and aquatic toxicity of enantiomers of the organophosphorus insecticide trichloronate. Chirality, 2006, 18(9): 713-716.

[30] Miyazaki A, Nakamura T, Kawaradani M, Marumo S. Resolution and biological activity of both enantiomers of methamidophos and acephate. Journal of Agricultural and Food Chemistry, 1988, 36(4): 835-837.

[31] 陈林华. 蚯蚓生物标志物在手性有机磷农药污染评价中的应用研究. 杭州: 浙江工业大学硕士学位论文, 2010.

[32] Zhang A, Sun J, Lin C, Hu X, Liu W. Enantioselective interaction of acid alpha-naphthyl acetate esterase with chiral organophosphorus insecticides. Journal of Agricultural and Food Chemistry, 2014, 62(7): 1477-1481.

[33] Wang Y S, Tai K T, Yen J H. Separation, bioactivity, and dissipation of enantiomers of the organophosphorus insecticide fenamiphos. Ecotoxicology and Environmental Safety, 2004, 57(3): 346-353.

[34] Wang C, Zhang N, Li L, Zhang Q, Zhao M, Liu W. Enantioselective interaction with acetylcholinesterase of an organophosphate insecticide fenamiphos. Chirality, 2010, 22(6): 612-617.

[35] Lin K, Liu W, Li L, Gan J. Single and joint acute toxicity of isocarbophos enantiomers to *Daphnia magna*. Journal of Agricultural and Food Chemistry, 2008, 56(11): 4273-4277.

[36] Lin K, Zhang F, Zhou S, Liu W, Gan J, Pan Z. Stereoisomeric separation and toxicity of the nematicide fosthiazate. Environmental Toxicology and Chemistry, 2007, 26(11): 2339-2344.

[37] Liu H, Liu J, Xu L, Zhou S, Li L, Liu W. Enantioselective cytotoxicity of isocarbophos is mediated by oxidative stress-induced JNK activation in human hepatocytes. Toxicology, 2010, 276(2): 115-121.

[38] 刘甜甜. 手性农药在颤蚓体内选择性富集、代谢及生理毒性差异研究. 北京: 中国农业大学博士学位论文, 2014.

[39] Zhou S, Lin K, Li L, Jin M, Ye J, Liu W. Separation and toxicity of salithion enantiomers. Chirality, 2009, 21(10): 922-928.

[40] Yen J H, Tsai C C, Wang Y S. Separation and toxicity of enantiomers of organophosphorus insecticide leptophos. Ecotoxicology and Environmental Safety, 2003, 55(2): 236-242.

[41] Zhou S, Wang L, Li L, Liu W. Stereoisomeric separation and bioassay of a new organophosphorus compound, *O,S*-dimethyl-*N*-(2,2,2-trichloro-1-methoxyethyl) phosphoramidothioate: Some implications for chiral switch. Journal of Agricultural and Food Chemistry, 2009, 57(15): 6920-6926.

[42] Sunderman F W Jr., Marzouk A, Hopfer S M, Zaharia O, Reid M C. Increased lipid peroxidation in tissues of nickel chloride-treated rats. Annals of Clinical and Laboratory Science, 1985, 15(3): 229-236.

[43] Möller K, Hühnerfuss H, Wölfle D. Differential effects of the enantiomers of α-hexachlorocyclohexane (α-HCH) on cytotoxicity and growth stimulation in primary rat hepatocytes. Organohalogen Compounds, 1996, 29: 357-360.

[44] 张琼. 禾草酸与 HCH 异构体对铜绿微囊藻和拟南芥的结构选择性毒性和致毒机理研究. 杭州: 浙江工业大学博士学位论文, 2012.

[45] Wang C, Li Z, Zhang Q, Zhao M, Liu W. Enantioselective induction of cytotoxicity by *o,p'*-DDD in PC12 cells: Implications of chirality in risk assessment of POPs metabolites. Environmental Science & Technology, 2013, 47(8): 3909-3917.

[46] Xu C, Tu W, Lou C, Hong Y, Zhao M. Enantioselective separation and zebrafish embryo toxicity of insecticide beta-cypermethrin. Journal of Environmental Sciences (China), 2010, 22(5): 738-743.

[47] Chen F, Zhang Q, Wang C, Lu Y, Zhao M. Enantioselectivity in estrogenicity of the organochlorine insecticide acetofenate in human trophoblast and MCF-7 cells. Reproductive Toxicology, 2012, 33(1): 53-59.

[48] Zhao M, Liu W. Enantioselectivity in the immunotoxicity of the insecticide acetofenate in an *in vitro* model. Environmental Toxicology and Chemistry, 2009, 28(3): 578-585.

[49] Miyazaki A, Sakai M, Marumo S. Synthesis and biological activity of optically active heptachlor, 2-chloroheptachlor, and 3-chloroheptachlor. Journal of Agricultural & Food Chemistry, 1980, 28(6): 1310-1311.

[50] 章晓凤. 基于对映体的氟虫腈的斑马鱼胚胎发育毒性及其对幼鱼运动行为的影响. 杭州: 浙江工业大学硕士学位论文, 2012.

[51] Ye J, Zhao M, Niu L, Liu W. Enantioselective environmental toxicology of chiral pesticides. Chemical Research in Toxicology, 2015, 28(3): 325-338.

[52] Liu H, Ye W, Zhan X, Liu W. A comparative study of *rac*- and *S*-metolachlor toxicity to daphnia magna. Ecotoxicology and Environmental Safety, 2006, 63(3): 451-455.

[53] Zhan X M, Liu H J, Miao Y G, Liu W P. A comparative study of *rac*- and *S* -metolachlor on some activities and metabolism of silkworm, *Bombyx mori* L. Pesticide Biochemistry &

Physiology, 2006, 85(3): 133-138.

[54] Liu H, Xiong M. Comparative toxicity of racemic metolachlor and *S*-metolachlor to *Chlorella pyrenoidosa*. Aquatic Toxicology, 2009, 93(2-3): 100-106.

[55] Cai X, Liu W, Sheng G. Enantioselective degradation and ecotoxicity of the chiral herbicide diclofop in three freshwater alga cultures. Journal of Agricultural & Food Chemistry, 2008, 56(6): 2139-2146.

[56] Ye J, Zhang Q, Zhang A, Wen Y, Liu W. Enantioselective effects of chiral herbicide diclofop acid on rice xiushui 63 seedlings. Bulletin of Environmental Contamination and Toxicology, 2009, 83(1): 85-91.

[57] Ye J, Wang L, Zhang Z, Liu W. Enantioselective physiological effects of the herbicide diclofop on cyanobacterium *Microcystis aeruginosa*. Environmental Science & Technology, 2013, 47(8): 3893-3901.

[58] Ye J, Zhang Y, Chen S, Liu C, Zhu Y, Liu W. Enantioselective changes in oxidative stress and toxin release in microcystis aeruginosa exposed to chiral herbicide diclofop acid. Aquatic Toxicology, 2014, 146: 12-19.

[59] Zhang Q, Zhao M, Qian H, Lu T, Zhang Q, Liu W. Enantioselective damage of diclofop acid mediated by oxidative stress and acetyl-CoA carboxylase in nontarget plant *Arabidopsis thaliana*. Environmental Science & Technology. 2012, 46(15): 8405-8412.

[60] Wen Y Z, Yuan Y L, Shen C S, Liu H J, Liu W P. Spectroscopic investigations of the chiral interactions between lipase and the herbicide dichlorprop. Chirality, 2009, 21(3): 396-401.

[61] 邹玉琴. 三种手性除草剂对拟南芥体内微量元素行为和光合作用的对映选择性效应研究. 杭州: 浙江大学硕士学位论文, 2015.

[62] 陈尊委. 手性除草剂 2,4-滴丙酸对拟南芥体内氮铁元素及气孔行为调节的对映体效应研究. 杭州: 浙江工业大学硕士学位论文, 2017.

[63] Zhou Q, Zhang N, Zhang C, Huang L, Niu Y, Zhang Y, Liu W. Molecular mechanism of enantioselective inhibition of acetolactate synthase by imazethapyr enantiomers. Journal of Agricultural & Food Chemistry, 2010, 58(7): 4202-4206.

[64] Qian H, Hu H, Mao Y, Ma J, Zhang A, Liu W, Fu Z. Enantioselective phytotoxicity of the herbicide imazethapyr in rice. Chemosphere, 2009, 76(7): 885-892.

[65] Qian H, Lu T, Peng X, Han X, Fu Z, Liu W. Enantioselective phytotoxicity of the herbicide imazethapyr on the response of the antioxidant system and starch metabolism in *Arabidopsis thaliana*. PLoS One, 2011, 6(5): e19451.

[66] Qian H, Han X, Peng X, Lu T, Liu W, Fu Z. The circadian clock gene regulatory module enantioselectively mediates imazethapyr-induced early flowering in *Arabidopsis thaliana*. Journal of Plant Physiology, 2014, 171(5): 92-98.

[67] 韩骁. 咪唑乙烟酸对拟南芥生长及开花时间的对映选择性研究. 杭州: 浙江工业大学硕士学位论文, 2013.

[68] 徐欣媛. 两种手性除草剂在动物体内的选择性行为研究. 北京: 中国农业大学博士学位论文, 2014.

[69] 梁宏武. 几种典型手性农药对映体的环境行为及水生生物毒性研究. 北京: 中国农业大学博士学位论文, 2014.

[70] 王瑶. 三种三唑类手性农药在斑马鱼体内的生物富集行为和毒性效应研究. 北京: 中国农业大学博士学位论文, 2017.

[71] 黄笋丹. 几种手性农药在栅藻和蝌蚪中的选择性富集及毒性效应研究. 北京: 中国农业大学博士学位论文, 2015.

[72] 陶燕. 粉唑醇的立体降解行为及其对映体毒性、活性差异研究. 北京: 中国农业科学院硕士学位论文, 2015.

[73] Chen S, Liu W. Toxicity of chiral pesticide *rac*-metalaxyl and *R*-metalaxyl to *Daphnia magna*. Bulletin of Environmental Contamination and Toxicology, 2008, 81(6): 531-534.

[74] Zhang Y, Zhang Y, Chen A, Zhang W, Chen H, Zhang Q. Enantioselectivity in developmental toxicity of *rac*-metalaxyl and *R*-metalaxyl in zebrafish (*Danio rerio*) embryo. Chirality, 2016, 28(6): 489-494.

[75] Wen Y, Chen H, Shen C, Zhao M, Liu W. Enantioselectivity tuning of chiral herbicide dichlorprop by copper: Roles of reactive oxygen species. Environmental Science & Technology, 2011, 45(11): 4778-4784.

[76] 盛晓琳. 水环境中半胱氨酸和咪唑乙烟酸对金属银形态变化和植物毒性的对映体差异. 杭州: 浙江大学硕士学位论文, 2014.

[77] 陆彬. 温度、盐度对两种手性拟除虫菊酯斑马鱼胚胎毒性的影响. 杭州: 浙江工业大学硕士学位论文, 2015.

[78] Wen Y, Yuan Y, Chen H, Xu D, Lin K, Liu W. Effect of chitosan on the enantioselective bioavailability of the herbicide dichlorprop to *Chlorella pyrenoidosa*. Environmental Science & Technology, 2010, 44(13): 4981-4987.

[79] Zhang X, Yang F, Xu C, Liu W, Wen S, Xu Y. Cytotoxicity evaluation of three pairs of hexabromocyclododecane (HBCD) enantiomers on hep G2 cell. Toxicology in Vitro, 2008, 22(6): 1520-1527.

[80] 武彤. 手性有机污染物的植物选择性吸收、传输、降解和毒性效应. 北京: 中国科学院生态环境研究中心博士学位论文, 2013.

[81] Yin L N, Wang B, Ma R X, Yuan H L, Yu G. Enantioselective environmental behavior and effect of chiral PPCPs. Progress in Chemistry, 2016, 28(5): 744-753.

[82] Stanley J K, Ramirez A J, Chambliss C K, Brooks B W. Enantiospecific sublethal effects of the antidepressant fluoxetine to a model aquatic vertebrate and invertebrate. Chemosphere, 2007, 69(1): 9-16.

[83] De Andres F, Castaneda G, Rios A. Use of toxicity assays for enantiomeric discrimination of pharmaceutical substances. Chirality, 2009, 21(8): 751-759.

第8章 手性污染物对映选择性毒性分子机制

本章导读

- 介绍手性污染物细胞毒性常用研究模型及方法，以及联苯菊酯、o,p'-DDT 等手性化合物通过氧化应激和激活特异细胞内信号通路介导的细胞毒性对映体差异的分子机制。
- 介绍斑马鱼生殖发育毒性、胎盘毒性和卵巢毒性的主要研究方法，以及典型手性环境内分泌干扰物通过干扰激素平衡、DNA 甲基化异常与生物大分子特异相互作用等诱导生殖毒性对映选择性的分子机制。
- 以 o,p' DDT 为例，介绍手性 POPs 对人类肿瘤恶化影响的潜在分子机制。
- 介绍手性除草剂禾草灵及其代谢产物等对非靶标植物单细胞藻类和拟南芥等的对映选择性毒性作用的分子机理。

含有手性中心的化合物称为手性化合物，其分子对称性引起的类似左手是右手的镜像一样所形成的异构体称为对映异构体。由于手性化合物生产和使用量巨大，在环境介质中均有不同水平的残留，因此对生态安全和人类健康造成了潜在威胁。近些年来，国内外的学者在手性化合物生态安全和健康风险方面开展了一系列的研究工作，并在对映体水平上对手性化合物环境行为、生物转化、毒性效应等进行了系统的研究。特别是在手性农药环境安全方面，我国科学家已经走在世界前列，我们先后建立了近百种手性农药分离及分析的方法，获得了纯的对映体标样，为手性农药对映选择性毒理学研究提供了强大的技术支撑。同时我国科学家在不同的研究模型上完成了多种类型手性农药对靶标生物和非靶标生物效应差异的研究。目前，我们已经充分认识到了手性化合物在环境安全方面普遍存在对映选择性的现象，即某一个对映体的毒性效应高于其他对映体。但关于手性化合物生物效应对映选择性的分子机制的研究还比较有限。这部分的研究成果大都来自于对手性农药毒性效应机制的研究，特别是在细胞毒性、生殖发育毒性、神经毒性机制方面已有了一些突破性进展。本章在介绍研究手性化合物对映选择性毒性分子机制研究模型和方法的基础上，对不同手性化合物、不同毒性效应的对映选择性分子机制进行了综述，总结了近年来这方面研究的主要进展，从而为后续研究提供基础。

8.1 细 胞 毒 性

化合物或污染物环境安全及人类健康风险的评价基础主要建立在体内暴露毒性实验数据上。然而，大部分体内实验常为了能观察到实验相关毒性效应，而人为地加大化合物暴露剂量。体内评价不仅费时而且价格昂贵，同时，由于生物体生理机制的复杂性，化合物相关分子机制研究在体内实验中往往很难进行。在手性化合物环境安全评价中，由于单一对映体的获得具有量的局限性，也很难满足大规模动物实验的要求。因此，发展一个快速、准确、有效且可行的评价手性化合物毒性安全的实验方法尤为重要。体外实验技术发展及模型的多样化，特别是以细胞模型为基础的体外暴露模型已经成为手性化合物健康风险评价中的一个重要手段，也是手性化合物分子毒性机制研究的主要途径和化合物风险评价的大势所趋。

8.1.1 细胞毒性研究简介及意义

近些年来，化合物安全性评价中离体细胞培养体系运用广泛。该体系包括多种细胞株系如：原代分离细胞、体外共培养体系、组织切片等。目前，已有运用细胞模型对多种手性杀虫剂、除草剂及杀菌剂进行安全性评价。常见的细胞模型包括：动物细胞模型中的巨噬细胞[1]、自然杀伤性细胞[2]、神经细胞[3-5]、肺上皮细胞[6]等；植物细胞模型中的绿藻细胞[7]、玉米分离细胞[8]、经基因改造的植物细胞[8]等；原代细胞模型中有从动物体内分离的肝细胞[9,10]、从酵母中分离的真菌细胞等[11]。与体内实验相比，体外模型评价更为快速、相对廉价并且还有利于开展相关分子机理研究。面对国外动物保护主义挑战，体外模型在风险评价中越来越受到欢迎，已成为某些特定领域内毒性评价的最佳选择。对手性化合物而言，现有毒理预测模型无法从化合物立体结构差异水平对其产生的负效应提供可靠的数据支撑。多种多样的体外细胞模型成为手性化合物生态安全及健康风险研究的主要平台。而细胞毒性是一个被广泛应用于评价化合物有害性的重要生物学指标。因此，利用细胞毒性检测手性化合物的安全性既能为手性化合物有效安全的管理提供数据支持，还可以利用细胞生物学技术和方法开展相关机制的研究。

8.1.2 常用模型及方法

对手性农药而言，体外细胞毒性研究既能进行化合物有效性研究，即农药等对靶标生物的致死效果；又能进行化合物生态安全及健康风险评价，即农药等对非靶标生物的潜在毒性作用。细胞毒性评价模型主要有以下几种。

1. 细胞生长的影响

细胞生长情况常用的检测方法是用 3-(4,5-二甲基噻唑-2)-2,5-二苯基四氮唑溴盐［3-(4,5-dimethyl-2-thiazolyl)-2,5-diphenyl-2H-tetrazolium bromide，MTT］或 MTS [3-(4,5-dimethylthiazol-2-yl)-5-(3-carboxymethoxyphenyl)-2-(4-sulfophenyl)-2H-tetrazolium]试剂。利用活细胞内琥珀酸脱氢酶将试剂还原生成结晶状的深紫色产物甲臜（formazan），通过可见光吸光度大小改变间接反映细胞在经过化合物暴露后的细胞存活情况[1,3,4,12]。同时一些荧光染料也能通过细胞内氧化还原原理检测细胞活性，也有研究者通过检测细胞内 ATP 含量的变化来指示细胞存活[13]。

1）Alamar Blue 法

Alamar Blue 检测试剂为细胞增殖和细胞毒性检测提供了一种简便、快速、可靠、安全的方法，适用于高通量检测。此试剂是一种氧化还原指示剂，根据细胞增长引起培养基内部的化学还原反应，发生相应的荧光和颜色变化。Alamar Blue 法的工作原理是：细胞生长引起 Alamar Blue 的化学还原反应，连续增长维持培养基的还原环境（荧光，红色），而增长受抑制则维持氧化环境（无荧光，蓝色）。利用以荧光为基础或吸光度为基础的仪器检测获得实验数据。荧光检测的激发波长为 530～560 nm，发射波长为 590 nm。吸光度检测的波长为 570 nm 和 600 nm。与台盼蓝、TTC（2,3,5-triphenyte-trazoliumchloride）、MTT、MTS 等分析法相比，Alamar Blue 具有更多的优势。Alamar Blue 采用单一试剂，可以连续、快速地检测细胞的增殖状况。由于 Alamar Blue 对细胞无毒、无害，不影响细胞代谢、细胞因子分泌、抗体合成等，可以对同一批细胞的增殖状态进行连续观察。Alamar Blue 法适用于细菌、酵母类、昆虫类、鱼类、哺乳类等多种细胞，以及贴壁细胞与非贴壁细胞的检测，可以广泛用于细胞增殖、细胞毒性的快速检测与鉴定[3]。

2）MTT 法

MTT 法又称 MTT 比色法，是一种常见的检测细胞存活和生长的方法。其原理为活细胞线粒体中的琥珀酸脱氢酶能使外源性MTT还原为水不溶性的蓝紫色结晶甲臜并沉积在细胞中，而死细胞无此功能。二甲基亚砜（dimethyl sulfoxide，DMSO）能溶解细胞中的甲臜，用酶联免疫检测仪在 540 nm 或 720 nm 波长处测定其光吸收值，可间接反映活细胞数量。在一定细胞数范围内，MTT 结晶形成的量与细胞数成正比。该方法已广泛用于一些生物活性因子的活性检测、大规模的抗肿瘤药物筛选、细胞毒性实验等。它的特点是灵敏度高、经济[14]。

3）MTS 实验

MTS 实验是一种利用吸光度来反映细胞增殖和细胞毒性实验中活细胞数目的检测方法。MTS 主要作用成分是一种新型的四唑化合物和一种电子偶联剂（如 phenazine ethosulfate，PES，吩嗪乙基硫酸盐）。PES 的强化学稳定性可以使 MTS 在溶液中保持稳定的状态。活细胞在新陈代谢过程中在脱氢酶的作用下会产生还原型辅酶Ⅱ（nicotinamide adenine dinucleotide phosphate，NADPH）和还原型辅酶Ⅰ（nicotinamide adenine dinucleotide，NADH），这些还原性的物质能将 MTS 还原成一种有色的甲臢产物，并溶于细胞培养液中。通过检测甲臢产物的量，即可代表与其成正比培养基中活细胞数目[15]。在实际操作中，将少量 MTS 试剂加入细胞培养基中，经过一定时间的孵育后，用酶标仪检测在 490 nm 处的吸光值就可反映培养基中的活细胞数。与传统的 MTT 方法相比，MTS 方法具有更简便、快捷和灵活的优点。

4）三磷酸腺苷生物发光法

三磷酸腺苷（adenosine triphosphate，ATP）存在于所有活的生物体中，被用来储存和传递化学能，称为"能量货币"。ATP 是体内最重要的能量来源，在维持生物体的正常机能上有着无可替代的作用。迅速而准确地测定细胞内 ATP，对于研究细胞乃至机体的生理活性和代谢过程都有非常重要的意义[16]。当生物体死亡后，在细胞内酶的作用下，ATP 很快被分解掉。因此，通过测定样品中的 ATP 浓度即可推算出活细胞数。ATP 生物发光技术产生于 20 世纪 70 年代中期。1982 年 Heberer 等应用虫荧光素酶生物化学发光现象，发现了 NK 细胞活性与虫荧光素酶生物化学发光密切相关[17]。生物发光反应需要 ATP、荧光素和虫荧光素酶。反应期间荧光素被氧化并发出荧光，光子的数量可采用 ATP 荧光仪进行测量，而光子的数量与 ATP 含量成正比。因为每种细胞中的 ATP 含量是恒定的，所以样品中 ATP 含量与样品中细胞的数量有关。ATP 生物发光法的检测步骤大体包括：取样，样品 ATP 萃取，添加荧光素-荧光素酶，测定生物发光量，求出 ATP 浓度和活细胞数。通常，测定时需先将样品与 ATP 提取剂混合，使细胞膜和细胞壁溶解，释放出 ATP。ATP 提取剂是以表面活性剂为基质的专用试剂。然后，提取出的 ATP 再与荧光素-荧光素酶生物发光剂作用，用发光检测仪测定 ATP 与发光剂反应的生物发光量。通过预先测定的 ATP 标准曲线，得出活细胞的总 ATP 量，即可得出活细胞数[17]。目前，国内外检测 NK 细胞活性多数采用同位素 ^{51}Cr 释放实验，^{125}I 标法或氚标法等。其优点是灵敏度较高、操作简便，但易污染环境，可能影响不熟练工作人员的健康[18]。

2. 细胞膜完整性检测

台盼蓝、碘化丙锭（propidium iodide，PI）等活体染料，能利用细胞膜的损伤造成通透性增强进入细胞内而对细胞进行染色。它们在化合物引起的细胞凋亡及其形态改变中广泛使用[1,19]。细胞膜内物质外溢现象也能间接反映细胞膜完整性。乳酸脱氢酶（lactic dehydrogenase，LDH）活性检测是一个反映细胞膜完整性的常规指标，在化合物毒性检测中常与 MTT 法被同时采用[3,4]。另外，还有一些只在细胞膜完整情况下才具有活性功能的活细胞蛋白生物标志物，也是反映细胞死亡的一个重要检测方法，该类蛋白只有在细胞膜受到损伤时才会被释放到培养基中[20]。

3. 荧光定量聚合酶链反应

荧光定量聚合酶链反应（fluorescence quantitative polymerase chain reaction，FQ-PCR）检测法是一种用于放大扩增特定 DNA 片段的分子生物学技术，它可看作是生物体外的特殊 DNA 复制。PCR 的最大特点是能将微量的 DNA 大幅增加，因此只需少量样品即可分析化合物暴露对生物体内重要基因转录水平的影响。

4. 细胞阻抗测试传感器技术

与比色法相比，该技术能提供细胞毒性反应中的一些动力学参数。该技术主要针对贴壁细胞进行实时监测反映细胞对有毒物质应激情况。

5. 其他检测方法

其他一些检测细胞毒性的方法还包括：细胞凋亡检测[21,22]、克隆生成实验[23]等。

8.1.3　细胞毒性机制研究

1. 联苯菊酯细胞毒性机制

拟除虫菊酯类（synthetic pyrethroids，SPs）是目前使用量最多的杀虫剂之一，在农业生产、卫生防疫和家庭生活中广泛使用。所有的 SPs 都含有类似的结构：酸部分、中央酯键和醇部分。其中，酸部分通常包含 2 个手性碳原子，使 SPs 存在立体异构体。部分 SPs 的醇部分也包含 1 个手性碳原子，使其具有 3 个不对称中心，8 个对映异构体[24]。相对于昆虫，一直以来包括世界卫生组织（World Health Organization，WHO）在内的一些国际性权威机构均认为 SPs 对哺乳动物是低毒安全的，但是现在科学家们已经开始意识到 SPs 一些对哺乳动物和水生生物的慢性毒性效应是不容忽视的。例如，已经发现 SPs 会造成哺乳动物的神经毒性、基因毒性、免疫毒性、生殖毒性和内分泌毒性[25,26]。然而，对 SPs 的生物毒性的对映体差异性机制研究主要集中在对顺式联苯菊酯（*cis*-bifenthrin，*cis*-BF）的研究。*cis*-BF 是 20 世纪 80 年代初期开发的一种高效杀虫剂，它具有杀虫谱广、击倒作用快、持续时间长等特点[26-28]。*cis*-BF 含有一对对映异构体，1*S*-*cis*-BF 和 1*R*-*cis*-BF。已有的研究表明 *cis*-BF 会引起内分泌干扰、氧化应激和细胞毒性，并且具有对映选择性[12,29-33]。

陆娴婷等[3]以 *cis*-BF 作为研究对象，以高分化的神经细胞 PC12 细胞作为体外模型，研究氧化应激在 *cis*-BF 对映选择性诱导细胞毒性中的作用。结果显示，当浓度为 10^{-5} mol/L 及以上时，*cis*-BF 对 PC12 细胞的毒性效应及氧化应激存在显著的对映选择性差异，对映体 1*S*-*cis*-BF 的作用明显强于对映体 1*R*-*cis*-BF。1*S*-*cis*-BF 可以更显著性地抑制大鼠肾上腺嗜铬细胞瘤细胞（rat pheochromocytoma PC12 cell）活性，诱导细胞外乳酸脱氢酶；同时 1*S*-*cis*-BF 使 PC12 细胞内活性氧（reactive oxygen species，ROS）和丙二醛（malondialdehyde，MDA）水平明显升高，细胞内超氧化物歧化酶（superoxide dismutase，SOD）活性受到显著抑制。可见，*cis*-BF 可以对映体特异性地诱导氧化应激以及细胞毒性，并且 1*S*-*cis*-BF 是其引起细胞毒性和氧化应激的主要贡献者。定量即时聚合酶链反应（quantitative real time polymerase chain reaction，qRT-PCR）对氧化应激以及热休克蛋白相关基因表达的影响及对映选择性分析结果显示，当浓度大于 5×10^{-6} mol/L 时，1*S*-*cis*-BF 可以显著性地诱导 *HSP90*、*HSP70*、*HSP60*、*Cu-ZnSOD*、*MnSOD*、*CAT* 以及 *GST* 基因表达上调，而 1*R*-*cis*-BF 对这些基因表达的影响明显弱于 1*S*-*cis*-BF。1*S*-*cis*-BF 对 *Cu-ZnSOD*、*MnSOD*、*GST* 和 *CAT* 基因表达的诱导可能主要是通过激活 p38 通路和细胞外信号调节激酶（extracellular regulated kinases，ERKs）通路，而对 *HSP90*、*HSP70* 和 *HSP60* 基因表达的诱导主要是通过激活 p38 通路。刘慧刚等[30]发现 1*S*-*cis*-BF 在人羊膜上皮（human amnion epithelial，FL）细胞增殖实验和流式细胞分析中表现出的毒性比 1*R*-*cis*-BF 更高。ROS 水平检测表明，1*S*-*cis*-BF 暴毒后，FL 细胞内 ROS 的产量和暴毒浓度之间呈现一定的剂量效应关系，在最高暴毒浓度 20 mg/L 条件下，1*S*-*cis*-BF 诱导 FL 细胞内 ROS 的产量是 1*R*-*cis*-BF 的 1.47 倍。彗星结果表明，1*S*-*cis*-BF 诱导的 DNA 损伤比 1*R*-*cis*-BF 更严重。随后，他们又利用人肝癌细胞（human hepatocellular liver carcinoma，HepG2）进一步研究了 *cis*-BF 在由丝裂原激活蛋白激酶（mitogen-activated protein kinases，MAPKs）信号转导通路介导的细胞凋亡和细胞毒性中的对映选择性。MAPKs 是信号从细胞表面转导到细胞核内部的重要传递者，MAPKs 信号通路在生殖、免疫、神经和内分泌功能中具有重要的作用，其中 3 个被鉴定出来的 MAPKs 亚家族包括 Jun-氨基酸末端激酶（Jun-N-terminal kinases，JNKs）、p38 激酶、ERKs。MAPKs 可以通过磷酸化下游的转录因子来调节基因表达。而通过检测 JNKs、ERKs、ROS 产物的磷酸化水平可以用来分析 MAPKs 信通路的参与情况。当用 1R-cis-BF 处理 HepG2 细胞时，JNKs 的磷酸化水平没有变化，而用 1S-cis-BF 处理 HepG2 细胞时，JNKs 的磷酸化水平明显增加。1S-cis-BF 诱导细胞毒性和细胞凋亡能被 JNKs 抑制剂 SP600125 阻断。1S-cis-BF 和 1R-cis-BF 均不诱导 p38 和 ERK1/2 的磷酸活化。结果表明，1S-cis-BF 诱导的 HepG2 细胞凋亡可能是通过激活 JNKs 信号通路引起的，其确切的分子机制尚不清楚。

一些文献报道过多种 SPs 的体内和细胞毒性，如氰戊菊酯、溴氰菊酯、氯氰菊酯、氯菊酯、氟氯氰菊酯和甲氰菊酯等的报道[25,31-33]。然而，SPs 产生细胞毒性的分子机制主要可能和氧化损伤启动的相关信号通路有关。氧化应激作用也被认为是 SPs 产生细胞毒性的重要机制之一。氧化应激是指体内 ROS 浓度和抗氧化系统之间的平衡。对细胞内 ROS 水平的研究发现，cis-BF 外消旋体及其对映体都可以诱导细胞内 ROS 的产生，且 1S-cis-BF 具有更大的影响。ROS 水平的提高加快了氧化进程，对细胞膜产生脂质过氧化[34]，从而引起氧化损伤。氧化损伤又是引起细胞毒性的主要原因之一[35]。由此，我们认为正是 1S-cis-BF 诱导 ROS 水平的增加的能力最强，使得细胞膜产生的脂质过氧化水平也最高，从而导致 1S-cis-BF 对 PC12 细胞的细胞毒性也最明显。

细胞内 SOD 和其他酶类或非酶类抗氧化剂在组织受到 ROS 损伤时起到重要的保护作用[36]。当细胞内产生大量 ROS 时，细胞为抵抗 ROS 的损害，会代偿性提高抗氧化能力，以减轻 ROS 对细胞的损伤。PC12 细胞经 cis-BF 染毒后，SOD 活性并没有增加反而受到了抑制，这可能是由于 ROS 的增加超过了 SOD 的清除能力，破坏了机体的抗氧化系统从而使得细胞发生氧化损伤。其他人也研究过农药对体内和体外模型中 SOD 活性的影响，得到的结果并不一致。如氯菊酯和氯氰菊酯会引起大鼠红细胞 SOD 活性增加[34,37]，而硫丹和代森锌会诱导人成神经细胞瘤细胞中 SOD 活性的降低[5]。这些结果表明不同化合物暴露不同类型的细胞引起 SOD 活性不同的变化，具体的机制还有待于进一步研究。

暴露于农药中的细胞 ROS 水平增加的同时 SOD 活性减少会进一步加重氧化应激损伤，包括脂质过氧化、酶失活、蛋白降解以及 DNA 损伤等[38-40]。MDA 是由过量 ROS 导致的脂质过氧化的副产物，可以作为氧化应激的生物指标[41]。在该研究中，MDA 值的显著增加揭示了 cis-BF 诱导了氧化应激，1S-cis-BF 诱导 MDA 增加尤为明显。该结果和其他人在研究各种细胞体系中 SPs 诱导脂质过氧化的结果相似[34,37]。

越来越多的证据表明氧化应激是导致帕金森综合征中神经元细胞死亡的重要途径[42-45]。该研究证实了氧化应激至少部分介导了 cis-BF 对 PC12 细胞的细胞毒性作用。*cis*-BF 的 2 个对映体之间的区别可能是由不同的生物转化率导致的，因为在 SPs 水解过程中一些酶显示出立体特异性和选择特异性。此外，当 *cis*-BF 外消旋体及其对映体浓度为 10^{-7} mol/L 和 10^{-6} mol/L 时，可以认为对 PC12 细胞的毒性非常微弱（细胞的死亡率小于 20%），然而 1*S*-*cis*-BF 已经非常显著地诱导了 ROS 和 MDA 的产生，说明氧化应激可能是 *cis*-BF 产生细胞毒性的原因而不是结果。

2. *o,p'*-DDT 和 *o,p'*-DDD 神经细胞毒性机制

持久性有机污染物（persistent organic pollutants，POPs）因毒性高、生物富集性强及易全球性长距离迁移等特征而备受关注。手性特征在 POPs 中普遍存在，据不完全统计，在 2004 年斯德哥尔摩会议上确立的优先控制的 12 类 POPs 中，将近有 9 类具有手性中心。例如，在杀虫剂毒杀芬类的 32767 个氯代莰烷中有一半化合物具有手性中心。即便是一些新 POPs，如六溴环十二烷（hexabromocyclododecane，HBCD）中也存在手性中心。虽然 POPs 非常稳定，但长期的微生物降解，手性 POPs 的母本化合物降解成为手性代谢产物或非手性 POPs 在代谢过程中生成手性产物的现象也很常见。例如，氯丹（chlordane，CHL）的主要成分 *trans*-CHL、*cis*-CHL、反式九氯（nonachlor）、七氯（heptachlor）和它们的环氧类代谢产物氧化氯丹（oxychlordane）、环氧七氯（heptachlor epoxide）均为手性化合物。同时手性特征还普遍存在于 α-六六六（α-hexachlorocyclohexane，α-HCH），*o,p'*-滴滴涕（*o,p'*-dichlorodiphenyltrichloroethane，*o,p'*-DDT），艾氏剂（aldrine）及它们的代谢产物中。一些非手性 POPs 如某些 PCBs 也易于降解成手性产物（MeSO$_2$-CBs）[46]。有关手性 POPs 及其代谢产物对映选择性毒性的分子机制研究仅有 *o,p'*-DDT 及其主要代谢产物 *o,p'*-双(6-羟基-2-萘)二硫[*o,p'*-bis(6-hydroxy-2-naphthyl)disulfide，*o,p'*-DDD]的相关研究。

众所周知，*o,p'*-DDT 为 DDT 中内分泌干扰效应的主要贡献者，其中 *R* 构型在 *o,p'*-DDT 内分泌干扰效应中贡献最大。赵美蓉等[47]选用 PC12 神经细胞为体外模型，运用凋亡检测、基因芯片、PCR 技术及 ELISA 等检测方法，研究了 *o,p'*-DDT 对映选择性神经细胞毒性（图 8-1）。结果表明，*o,p'*-DDT 在神经细胞毒性上表现出明显的对映选择性，即 *R*-(–)-*o,p'*-DDT>*S*-(+)-*o,p'*-DDT。同时，*R*-(–)-*o,p'*-DDT 诱导细胞较多的氧化损伤产物 MDA、LDH 释放及使得抗氧化酶活性的降低；扰乱氧化应激中重要相关基因表达。在细胞凋亡相关分子研究中，发现 *R*-(–)-*o,p'*-DDT 更强地诱导了细胞凋亡诱导分子 p53、Caspase 3 及 NFkB 蛋白水平表达，导致神经细胞凋亡。结合内分泌干扰的研究表明，*R*-(–)-*o,p'*-DDT 无论在内分泌干扰上，还是神经毒性中均比 *S*-(+)-*o,p'*-DDT 潜力大。

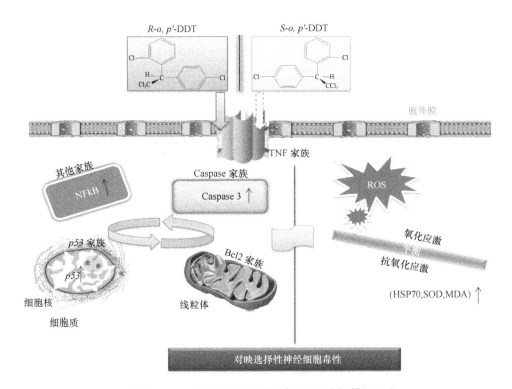

图 8-1　*o,p′*-DDT 对映选择性神经细胞毒性模拟通路

　　在代谢过程中，*R*-(−)-*o,p′*-DDT 易于转化成 *R*-(+)-*o,p′*-DDD，而 *S*-(+)-*o,p′*-DDT 代谢成 *S*-(−)-*o,p′*-DDD[48]。因此，*o,p′*-DDD 作为手性 *o,p′*-DDT 的主要代谢产物，是研究手性 POPs 代谢产物健康风险及环境安全性的一个理想模型。随后王萃等在得到 *o,p′*-DDD 纯对映体的基础上，通过细胞凋亡检测、基因芯片高通量筛选技术及氧化损伤等几方面，开展了 *o,p′*-DDD 的对映选择性神经细胞毒性机制研究（图 8-2）。结果表明，*R*-(+)-*o,p′*-DDD 对 PC12 细胞抑制大于 *S*-(−)-*o,p′*-DDD，在 3×10^{-5} mol/L 浓度下，*R* 构型抑制细胞活性是 *S* 构型的 2 倍，存在明显对映选择性。对 PC12 细胞的 LDH 释放诱导作用顺序为 *S*-(−)-*o,p′*-DDD>*rac-o,p′*-DDD>*R*-(+)-*o,p′*-DDD，不同对映体在 LDH 诱导中存在明显的对映选择性。PC12 细胞暴露于 *rac-o,p′*-DDD 中，使得 SOD 水平显著降低。有趣的是，只有 *R*-(+)-*o,p′*-DDD 显著降低了 SOD 活性而 *S* 构型对 SOD 影响不明显。同时 PC12 细胞中氧化应激相关分子在 *rac-o,p′*-DDD 处理下，*SOD1* 及 *GPX2* 基因显著上调。而一对对映异构体调控差异主要产生在 *SOD1*、*SOD2* 及 *GSTA2* 这 3 个基因上。*S*-(−)-*o,p′*-DDD 对 *SOD1* 及 *SOD2* 基因上调水平分别是 *R*-(+)-*o,p′*-DDD 的 2.7 倍及 2.6 倍。在对 *GSTA2* 的表达影响上 *S* 构型为 *R* 构型的 1.5 倍。凋亡芯片结果表明 PC12 细胞暴露于 *rac-o,p′*-DDD 能诱导 32 个凋亡相关基因有

显著变化，其中 8 个基因表现出对映选择性作用。*rac-o,p′*-DDD、*R*-(+)-*o,p′*-DDD 及 *S*-(−)-*o,p′*-DDD 均对 *Caspase*、*Bcl2*、*IAP*、*CIDE* 的死亡结合结构域与 *p53* 家族相关基因表达有影响。酶联免疫吸附测定（enzyme-linked immuno sorbent assay，ELISA）结果证实了 *rac-o,p′*-DDD 及 *R* 异构体明显提高了 p53 蛋白表达的水平。*S*-(−)-*o,p′*-DDD 对 *p53* 基因表达有微弱的下调，使得 2 对映体之间对 *p53* 的调控存在明显的对映选择性。以上结果说明 *o,p′*-DDT 代谢并没有减弱其神经毒性作用。而在诱导神经细胞凋亡可能信号通路上，*o,p′*-DDD 的信号通路较其母本化合物简单。并且，由于代谢脱氯未能影响原母本化合物的空间结构，使得两者的 *R* 构型毒性均较 *S* 构型高，即对映选择性表现为一致效应。

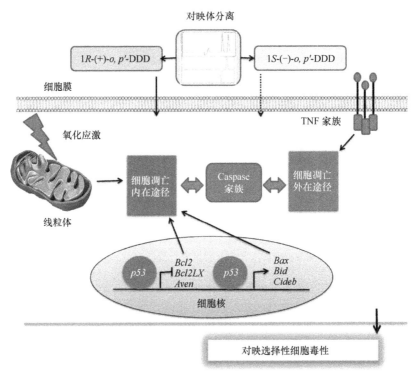

图 8-2　*o,p′*-DDD 对映选择性诱导神经细胞凋亡模拟通路图

　　o,p′-DDT 和 *o,p′*-DDD 对神经细胞在诱导氧化损伤和凋亡方面具有对映选择性。大多数化合物进入细胞后通过扰乱细胞抗氧化酶系统，改变大分子功能或结构而使细胞产生氧化压力[49-51]。超氧化物歧化酶作为抵制 ROS 的第一道防线，保护细胞内其他抗氧化酶免遭氧自由基的损害作用[49]。在该研究中，*rac-o,p′*-DDT/ DDD 和 *R*-(+)-*o,p′*-DDT/DDD 对 SOD 酶活性具有明显抑制作用，而 *S* 构型对其作用不明显，提示 *rac-o,p′*-DDT/DDD 对 SOD 的损伤可能归因于 *R* 构型。研究表明，抗氧化酶系

功能的损害可能会导致氧化还原相关基因表达失调[52]。S-(–)-o,p′-DDT/DDD 对基因 *SOD1*、*SOD2* 和 *GSTA1* 的上调作用比 R 构型更为明显，细胞暴露于 S 构型异构体下比暴露于 R 构型中受到的保护更多，因此受到自由基的危害较小一些。正如结果所示，R 构型在氧化压力下能诱导更多的 LDH 释放及 MDA 生成。热休克蛋白是细胞受到危险时的一个重要预警分子，被认为是评价细胞毒性的重要指标之一[53]。通常编码热休克蛋白（heat shock proteins，HSPs）的表达与细胞遇到的氧化损伤程度有密切关系[54]。一些外界压力因子包括重金属、有机氯杀虫剂、SPs 及有机磷杀虫剂均能诱导细胞内 HSPs 的表达[55,56]。虽然，o,p′-DDT/DDD 异构体在诱导 HSPs 中没有对映选择性，但 rac-o,p′-DDD 及 2 对映体对 *HSP60*、*HSP90*、*HSP70* 均有不同程度的诱导，表明 3 个化合物能引起神经细胞不同程度的氧化压力。然而，与 o,p′-DDD 结果不同（R 构型对 HSPs 的上调作用与 S 构型具有对映选择性），在 o,p′-DDT 中，热休克蛋白可能仅仅是诱导凋亡的原因而对映选择性凋亡的贡献不大。细胞凋亡是细胞毒性的一个重要特征。从理论上说，引起细胞凋亡的细胞信号通路主要有 3 条：细胞外死亡受体信号通路、线粒体内诱导的细胞通路及内质网介导的细胞信号通路。一些 POPs 如 p,p′-DDE、林丹、β-BHC 和 p,p′-DDT 在诱导细胞凋亡中均通过这 3 条途径[51,57-59]。与先前报道相似，该研究表明 o,p′-DDD 在诱导 PC12 神经细胞凋亡中启动了肿瘤坏死因子（tumor necrosis factor，TNF）受体超家族，通过线粒体放大及内质网压力，最后诱导 *p53* 表达及 DNA 损伤，此细胞通路比母本化合物 o,p′-DDT 在细胞凋亡的诱导上较简单一些。

关于其他手性化合物诱导细胞对映选择性凋亡的研究偶有报道。研究结果显示，cis-BF、水胺硫磷在诱导细胞选择性凋亡中，表现出选择性激活 MAPKs 通路[60,61]。p53 蛋白及 Bcl2 蛋白在诱导 DDT 替代化合物三氯杀虫酯选择性诱导免疫细胞凋亡的过程中也起着重要作用[19]。

8.2　卵巢毒性

长期以来，人们把化学物质对胚胎或胎儿的潜在毒性效应作为生殖毒理学的研究重点。然而，近 10 年来研究发现：人群中不育、生殖功能异常、月经周期紊乱等生殖功能障碍的发生率增加，很多化学物质对雌性或雄性的性腺有直接的毒性效应[62-64]。因而，建立筛检或研究基于卵巢功能的生殖毒性的实验系统，是生殖毒理研究中的一项重要任务[65]。

8.2.1　卵巢毒性研究简介及意义

雌性生殖系统包括卵巢、子宫、输卵管、子宫颈、阴道、外生殖器等。卵巢是雌性下丘脑-垂体-性腺轴的中心器官，因为卵巢具有两大功能：产生、释放卵母细胞与分泌卵巢激素。卵泡是卵巢中的基本结构和生殖单位。围排卵期卵泡主要由卵母细胞、颗粒细胞和卵泡膜细胞组成，3 种细胞都对卵泡的发育有独特的作用，都可成为毒物作用的靶点。因此，卵巢毒性实验结果可为手性化合物有效安全地管理提供数据支持。

卵巢毒性的发生与卵巢毒性物质引起的卵巢部位的急性血管损伤[66]，ROS 诱导的氧化应激反应[67]，磷脂酰肌醇-3-激酶-丝氨酸/苏氨酸激酶（phosphatidyl inositol 3-kinase/threonine kinase，PI3K/AKT）信号通路的异常[68]和腺苷酸环化酶蛋白激酶 A 体系（cyclic adenosine monophosphate-protein kinase A，cAMP-PKA）中类固醇激素分泌通路的抑制有关[69]。

8.2.2 常用模型及方法

1. 体外细胞培养法

原代培养的颗粒细胞已被用来筛选化合物潜在的生殖毒物[70]。颗粒细胞由胚胎发育阶段的卵巢基质产生并围绕卵母细胞，颗粒细胞给卵母细胞的正常发育提供所需的激素和营养环境。在卵泡刺激素（follicle-stimulating hormone，FSH）的作用下颗粒细胞增殖生长并通过 cAMP 依赖第二信使，合成雌激素（主要为雌二醇，estradiol，E_2）；颗粒细胞随后表达促黄体激素（luteinizing hormone，LH）受体，在 LH 峰作用下停止增殖，开始分化为黄体细胞，合成大量孕激素（主要为孕酮，progesterone，P_4）和前列腺素（主要为 prostaglandin prostin E，PGE2）。而从卵巢释放卵母细胞，即排卵，是哺乳动物生殖中至关重要的一个环节。目前认为，排卵不是单一激素而是多种激素作用的结果，其中起决定作用的是 LH，FSH 也有重要作用。此外，由颗粒细胞合成与分泌的 P_4、PGE2 等激素也对排卵起重要作用，因此颗粒细胞的功能对排卵至关重要。排卵过程也是一个多基因调控过程。排卵前的 LH 峰，诱导颗粒细胞中多基因表达。LH 与颗粒细胞的 LH 受体结合后，通过激活蛋白激酶 C（protein kinase C，PKC）、PKA 或 PI3K 通路，或者通过转录激活 EGF 受体，再激活转录因子，启动围排卵期基因表达，包括孕激素受体（progesterone receptor，PR）、P450 胆固醇侧链裂解酶（P450 cholesterol side-chain cleavage enzyme，P450scc）、前列腺素内过氧化物合成酶 2（prostaglandin endoperoxide synthase 2，PTGS2）、转录因子 C/EBPβ、EGF 样因子两性调节蛋白等[71]。因此体外培养的卵巢颗粒细胞是测试环境污染物生殖毒性的很好研究模型。

2. 组织病理学分析法

取一定大小的病变组织，用病理组织学方法制成病理切片，制作时将部分有病变的组织或脏器经过各种化学品和埋藏法的处理，使之固定硬化，在切片机上切成薄片，粘附在玻片上，染以各种颜色，供在显微镜下检查，以观察病理变化。通过对比对照组和实验组卵巢上皮细胞与卵泡细胞的细胞排列分布情况、形态规则、组织学变化和卵泡细胞颗粒层排列间隙等情况分析卵巢组织病变情况。

8.2.3　卵巢毒性机制研究

1. 联苯菊酯干扰卵巢功能的机制研究

杨燕等[72]研究了 *cis*-BF 不同对映体对原代培养大鼠卵巢颗粒细胞 P_4 和前列腺素合成的对映选择性影响，并进一步探讨其干扰这些激素合成的对映选择性分子机制（图 8-3）。$1S$-*cis*-BF 显著降低颗粒细胞 P_4 和前列腺素 E2 分泌。$1S$-*cis*-BF 可降低 *CYP19A1*、*SULT1E1*、*AREG*、*EREG*、*TGF-1*、*C/EBPβ*、*RUNX1*、*p21*、*cyclin*

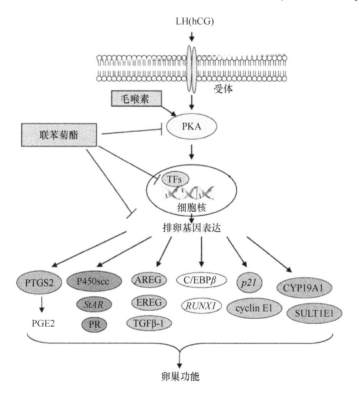

图 8-3　联苯菊酯干扰卵巢功能模拟通路图

AREG：EGF 样因子两性调节蛋白；C/EBP*β*：转录因子 C/EBP*β*；cyclin E1：细胞周期蛋白 E1；CYP19A1：芳香化酶 CYP19A1；EREG：表皮生长因子，epiregulin；LH（hCG）：黄体生成素（人绒毛膜促性腺激素）；PGE2：前列腺素 E2；PKA：蛋白激酶 A；PR：孕激素受体；PTGS2：前列素内环氧化物合成酶 2；P450scc：胆固醇侧链裂解酶；*p21*：*p21* 基因；*RUNX1*：*RUNX1* 基因；*StAR*：*StAR* 基因；SULT1E1：雌激素硫酸转移酶 SULT1E1；TFs：转录因子；TGFβ-1：转化生长因子β-1

E1、*P450scc*、*StAR*、*PBR*、*DBI* 和 *COX-2* 基因的表达。1*S-cis*-BF 中断 *StAR* 和 *COX-2* 启动子的转录激活。此外，1*S-cis*-BF 显著性地抑制 PKC，它是 P4 和 PGE2 合成的一个重要的信号调解子。分子对接的数据显示，1*S-cis*-BF 和 PKC 蛋白之间形成一个氢键。

颗粒细胞是卵巢类固醇细胞，在促性腺激素刺激下产生 P4。P4 是重要的类固醇激素之一，参与了女性生殖过程。原代培养大鼠卵巢颗粒细胞已经是被外界接受的研究内分泌干扰效应和 P4 合成毒理机制体外模型[73-75]。孕激素合成的限速步骤是由一组基因调节的，包括 *P450scc*、*StAR*、*PBR* 和 *DBI*[76]。P450scc 将胆固醇转换为孕烯醇酮，然后转化为 P4[76]。信号转导与 RNA 活化蛋白（signal transduction and activation of RNA，StAR）、外周苯并二氮䓬受体（peripheral benzodiazepine receptor，PBR）蛋白和直接胆红素（direct bilirubin，DBI）参与了胆固醇从细胞质到线粒体膜的运输[76]。颗粒细胞中的这些基因的调控和表达已经作为内分泌干扰物（endocrine disrupting compounds，EDCs）的靶标[73,74]。此前，有研究发现 *cis*-BF 抑制体外培养大鼠颗粒细胞 *P450scc* 和 *StAR* 基因的表达[73]。在该研究中发现，1*S-cis*-BF 显著降低体外培养颗粒细胞孕激素的分泌。此外，1*S-cis*-BF 选择性地减少 *P450scc*、*StAR*、*PBR* 和 *DBI* 基因表达水平。同时，1*S-cis*-BF 抑制了 *StAR* 启动子的转录活性，说明 *cis*-BF 对映选择性地抑制了转录水平 *StAR* 基因表达。这些结果表明，*cis*-BF 可能通过在转录水平对映选择性地干扰调控基因的表达而影响孕激素合成。

前列腺素是一种激素样物质，目前在脊椎动物大多数组织和器官中存在。前列腺素和一些女性生殖功能相关，包括排卵、受精、黄体化、着床、分娩。环氧合酶的途径认为是前列腺素合成真正的限速步骤[77]。然而，有关 EDCs 干扰前列腺素合成和 *COX-2* 基因表达的研究较少[78]。促性腺激素诱导颗粒细胞高度表达 *COX-2* 并使细胞分泌大量的前列腺素，主要是前列腺素 E2，这是成功排卵和受精所必需的[77]。因此，颗粒细胞是一个检测 EDCs 干扰前列腺素的理想模型。该研究结果表明大鼠颗粒细胞 PGE2 的积累与 *COX-2* 基因表达的对映选择性变化有关。荧光素酶报告基因检测结果表明，对映选择性地激活 *COX-2* 启动子可能干扰转录水平。

类固醇生产细胞内 PKA 和 PKC 信号通路对孕激素和前列腺素的合成发挥不可或缺的作用[79-82]。PKA 通路是调控促性腺激素刺激 *StAR* 的表达和类固醇激素的主要信号通路[80]，PKC 信号的激活也增加了 *StAR* 的表达和孕激素的合成[79]。PKA 和 PKC 依赖途径介导了 *COX-2* 基因的转录调控和前列腺素的诱导[81,82]。*cis*-BF 的对映体没有改变 PKA 的活性，而 1*S-cis*-BF 抑制了 PKC 活性。分子模型研究进一步揭示了 1*S-cis*-BF 和 PKC lys368 催化残基形成了 1 个氢键。lys368 催化残基对配体的分子识别起到关键作用[83]，1*S-cis*-BF 与 PKC 特定的相互作用可能阻碍 ATP 和 PKC

的催化区域的结合，从而导致 1*S-cis*-BF 对映选择性抑制 PKC 活性。因此，这些数据表明，*cis*-BF 对映选择性抑制 PKC 通路可能导致了对映选择性地干扰孕激素和前列腺素 E2 的合成。

　　现在已经确定了 SPs 对哺乳动物和昆虫的神经毒性是钠离子通道改变的结果，SPs 与钠离子通道的活性部位结合后持久性地激活钠离子通道但哺乳动物钠离子通道对 SPs 的敏感度为昆虫敏感度的 1/1000[84,91]。已经有研究表明 *cis*-BF 可以迅速激活大鼠的钠离子通道[85]。人类卵巢颗粒细胞已确定了一种内分泌型电压激活钠离子通道[86]。以前的研究发现，藜芦定（veratridine）是电压激活钠通道的激活剂，能显著减少卵巢颗粒细胞孕激素的产生[87]。河豚毒素是电压依赖性钠电流的阻断剂，它对 P4 的合成无显著影响，但藜芦定与河豚毒素的共同培养能够阻碍藜芦定的作用[87]。这些结果表明，钠离子通道的活化可能抑制卵巢颗粒细胞激素的合成。因此，*cis*-BF 诱导激素合成和基因表达的抑制作用可能与钠电流的作用相关。有趣的是，最近调查表明 1*R-cis*-BF 导致大脑皮层神经元内钠离子流的少量增加[88]，说明 *cis*-BF 激活钠离子通道可能主要是 1*S-cis*-BF 的作用。*cis*-BF 对 P4 和 PGE2 的合成的对映选择性可能是对映体选择作用于钠离子通道造成的。此外，越来越多的证据表明各种细胞内 PKC 信号通路和钠离子通道存在功能性耦合作用[89,90]。推测卵巢颗粒细胞内 PKC 通路可能参与 *cis*-BF 引起的钠离子流。

2. *o,p'*-DDT 对大鼠卵巢功能干扰分子机制

　　众所周知，DDT 是一种典型的 EDCs。虽然 DDT 因为其持久性和生物富集性，在 20 世纪 70 年代被北美和西欧禁止使用。然而，DDT 在发展中国家仍然继续使用[91,92]。通过对动物和人体的大量研究及流行病学调查发现，EDCs 可在胚胎发育期、青春期、育龄期及绝经期对女性的腺垂体、卵巢、子宫、乳腺和神经内分泌系统造成损害，导致女性生殖功能异常[93]。有研究表明 *o,p'*-DDT 是一种重要的 EDCs，它的类雌激素活性不仅高于其他 DDT 同系物，也比其他农药 EDCs 的活性强[94]。还有研究发现，*o,p'*-DDT 对卵巢颗粒细胞功能也有影响。

　　杨燕等[95]选用大鼠卵巢颗粒细胞作为体外研究模型，通过检测 *o,p'*-DDT 对 LH 类似物人绒毛膜促性腺激素（human chorionic gonadotropin，hCG）诱导的大鼠卵巢颗粒细胞排卵基因表达的影响，并利用雌激素受体（estrogen receptor，ER）抑制剂 ICI 182、ICI 780 进一步研究 *o,p'*-DDT 干扰基因表达的分子机制。从而揭示了 *o,p'*-DDT 对女性生殖健康造成潜在影响的分子机制。研究发现体外暴露 *o,p'*-DDT 在低浓度（$10^{-11} \sim 10^{-9}$ mol/L）就显著抑制 LH 诱导的围排卵大鼠卵巢颗粒细胞基因的表达，这些基因包括 *P450scc*、*StAR*、*PR*、*AREG*、*RUNX1*、*p21*、*SULT1E1* 和 *COX-2*。利用 ER 完全抑制剂 ICI 182、ICI 780 阻断 ER 经典途径，发现 ICI 182、

ICI 780 并没有阻断 o,p'-DDT 对基因表达的抑制,说明 o,p'-DDT 可能通过 ER 非依赖途径抑制这些基因的表达。PKA 活性分析结果进一步表明 o,p'-DDT 可能通过 PKA 信号通路抑制这些基因的表达。

已有大量的动物暴露研究表明,EDCs 可影响排卵功能,导致排卵异常或者障碍。例如,大鼠在出生前 1 周与新生后 3 周持续暴露甲氧滴滴涕(methoxychlor,MXC)[5 mg/(kg·d)、50 mg/(kg·d)、150 mg/(kg·d)],引起排卵功能障碍[96]。新生小鼠的暴露也表明,MXC 导致促排卵的成年小鼠的排卵数量减少,并且这种影响呈剂量依赖性[97]。类似地,怀孕大鼠从妊娠第 15 天到生产后 10 天饲喂 MXC,会引起后代雌性大鼠的动情周期和排卵异常[98]。50 mg/kg 剂量的双酚 A 暴露可引起大鼠卵泡发育缺陷、排卵异常和黄体生成数量下降[99]。o,p'-DDT 具有类雌激素效应,其所引起的雌激素效应很可能是通过雌激素受体通路[100,101]。该研究发现:在 $10^{-12}\sim10^{-8}$ mol/L 的浓度范围,暴露有机氯农药 o,p'-DDT 可显著抑制大鼠卵巢颗粒细胞中前列腺素与孕激素合成相关基因表达。由于 o,p'-DDT 可与雌激素受体结合发挥雌激素作用,为了进一步探究 o,p'-DDT 抑制 hCG 诱导的大鼠排卵相关基因表达影响的作用机制,该研究用 qPCR 检测 ER 特异性抑制剂 ICI 182、ICI 780 和 o,p'-DDT 共同暴露对 hCG 诱导的排卵相关基因表达的影响,并将结果与 o,p'-DDT 单独暴露相比较。结果发现 ER 抑制剂 ICI 182、ICI 780 并没有阻断 o,p'-DDT 对 hCG 诱导的基因表达的抑制作用。说明 o,p'-DDT 对 hCG 诱导的基因表达的影响是 ER 非依赖性。与这一结果一致的是,MXC、儿茶酚雌激素(catechol estrogen)和开蓬(kepone)可刺激 ICI 182、ICI 780 暴露的 *ERα* 基因敲除小鼠的雌激素应答基因的表达[102,103]。此外,儿茶酚雌激素促进 *ERα* 基因敲除小鼠乳腺肿瘤的形成,而且该小鼠的乳腺组织不表达 *ERβ*,表明 ER(α/β)没有参与儿茶酚雌激素的作用[104]。因此,可诱导雌激素反应的化合物可能通过 ER 非依赖机制,然后通过多种有丝分裂的途径改变激酶信号传导通路。因此,o,p'-DDT 可能直接通过 PKA 途径抑制下游基因的表达。因此,o,p'-DDT 对 hCG 抑制作用可能是多个机制交互作用而产生的。

8.3 胎 盘 毒 性

胎盘是孕期胎儿由母体获得营养的重要媒介,胎盘作为人体一个特殊组织,当暴露于有害的环境中时,其结构、功能的变化密切关联着新生儿的出生状况及远期预后。胎盘毒性是指某有毒物质进入女性体内,在孕期进入胎盘,从而威胁婴儿的健康甚至生命。由于胎盘组织的特殊性,有人将孕期胎盘结构的改变结合毒物的分析作为环境污染对人体毒性的评价指标[105]。

8.3.1　胎盘毒性研究简介及意义

胎盘，作为后兽类和真兽类哺乳动物临时器官，具有提供营养，保护婴儿免受感染，产生激素，保证胎儿正常分娩的作用[106]。胎盘是一个高度血管化的组织，以利于母体向胎儿运输氧气、葡萄糖等营养物质。之前研究表明，人体胎盘是一个表达 ERα 和 ERβ 的重要组织，二噁英暴露可导致多物种宫内死亡，其胎盘毒性目前发现有影响胎盘滋养层绒毛膜促性腺素产生，影响胎盘雌激素产生，影响胎盘葡萄糖代谢，以及造成胎盘缺氧[107]。因此胎盘是非常理想的研究环境内分泌干扰物类雌激素效应的模型，胎盘毒性的研究也可以深入解析化合物的生殖毒性[108,109]。

8.3.2　常用模型及方法

目前有多种研究外源性化合物雌激素效应的方法，主要包括体内模型评价法和体外模型评价法。通过检测细胞生长或特异性蛋白的含量来判断化合物的雌激素活性的体外评价方法。除人乳腺癌细胞，其他一些胎盘来源的细胞也常被用作评价、研究环境化合物内分泌干扰效应的体外模型。

1. 激素检测

胚胎滋养层细胞在受到外界刺激时，其激素表达水平会相应发生变化。通过酶联免疫反应试剂盒检测暴露后细胞激素分泌水平，可以反映化合物的干扰效应。酶联免疫法的原理是使抗原或抗体结合到某种固相载体表面，并保持其免疫活性。然后使抗原或抗体与某种酶连接成酶标抗原或抗体，这种酶标抗原或抗体既保留其免疫活性，又保留酶的活性。在测定时，把受检标本（测定其中的抗体或抗原）和酶标抗原或抗体按不同的步骤与固相载体表面的抗原或抗体起反应。用洗涤的方法使固相载体上形成的抗原抗体复合物与其他物质分开，最后结合在固相载体上的酶量与标本中受检物质的量成一定的比例。加入酶反应的底物后，底物被酶催化变为有色产物，产物的量与标本中受检物质的量直接相关，故可根据颜色反应的深浅来进行定性或定量分析。由于酶的催化频率很高，故可极大地放大反应效果，从而使测定方法达到很高的敏感度。

2. 组织切片法分析胎盘组织结构

组织切片不仅用于观察正常细胞组织的形态结构，也是病理学和法医学等学科用以研究、观察及判断细胞组织的形态变化的主要方法，而且也已相当广泛地用于其他许多学科领域的研究中。通过对胎盘组织进行切片观察，可以清楚准确地判断胎盘组织的病变情况，从而推断胎盘受到的影响。

8.3.3 胎盘毒性机制研究

1. 三氯杀虫酯胎盘毒性的机制研究

有机氯农药已在全世界农田中使用数十年。很多有机氯农药如 α-六六六、顺式/反式氯丹、七氯和滴滴涕，由于其在人体或者其他动植物中的持久性、生物放大效应和其他负面影响已被禁止或者严格限制使用[110]。大量的研究表明，有机氯农药可以对机体产生内分泌干扰效应[111]。三氯杀虫酯（acetofenate，AF），作为已禁用有机氯农药的理想替代物，在中国或者东南亚地区主要用来控制室内或者室外的蚊虫和苍蝇[19]。在中国，三氯杀虫酯的产量大约每年 100 t。三氯杀虫酯会诱导斑马鱼（*Danio rerio*）产生发育毒性并具有对映体差异[112]，同时能够诱导巨噬细胞产生免疫毒性[1]。在 *ERα* 基因表达水平、卵黄囊肿、心包水肿、身体弯曲和心率改变等方面，*S*-(+)-AF 的活性都强于 *R*-(−)-AF。赵美蓉等[113]通过 AF 对小鼠巨噬细胞系（macrophage cell line RAW 264.7）细胞毒性影响的研究表明，AF 能够诱导免疫细胞凋亡、ROS 产生、DNA 损伤，并导致一系列信号分子的变化[114]。

在滋养层细胞 JEG-3 细胞体外模型中，AF 干扰的滋养层细胞激素分泌平衡和影响类固醇合成相关基因表达同样具有对映选择性。其中 *S*-(+)-AF 和 *rac*-AF 均能明显地促进 P_4 分泌，但 *S*-(+)-AF 效果更加明显，*S*-(+)-AF 相比 *R*-(−)-AF 对 P_4 分泌和 *PR* 基因的表达水平影响更为明显。*rac*-AF、*S*-(+)-AF 和 *R*-(−)-AF 还能诱导 JGE-3 细胞系内 PR、人类白细胞抗原 G、类固醇合成相关基因表达上升，表现出显著的对映体差异。

滋养层是人体围绕胚泡形成的胚外层上皮，在胎盘形成和植入时发挥着关键的作用。由人绒毛膜滋养层细胞分泌的激素如 P_4、hCG 在维持正常妊娠时起着关键的作用。P_4 在妊娠时的作用有多方面：刺激子宫内膜的生长和分化，从而更易于胎盘植入；抑制子宫肌层收缩和抗排异性。一次成功的妊娠需要来自母体和胎儿多个免疫调节因子的共同作用。众多研究表明人白细胞抗原（human leukocyte antigen-G，HLA-G）对母胎免疫耐受有重要作用，其基因和蛋白表达可以由 P_4 调控[115]。张全等[116]的研究结果表明，在 JEG-3 细胞上，不同构型的 AF 诱导 *HLA-G* 基因表达水平改变顺序为 *S*-(−)-AF>*rac*-AF>*R*-(+)-AF。鉴于 PR 分泌和表达水平改变的对映选择性，*HLA-G* 表达水平的上调可能是由 PR 介导的。在滋养层细胞模型中也可观察到 PR 分泌和表达水平，这可能是非常理想的检测 EDCs 潜在的生物指标。

胎盘并不具有所有把类固醇、P_4 等转化为雌激素的酶。在胎盘中，类固醇通过 CYPs 断链形成孕烯醇酮，随后又通过 3β-hsd 形成 P_4。毫无疑问，滋养层包含这种转变所需的 2 种酶，即 3β-hsd2 和 CYP19[117]。该研究探索了 AF 暴露后 JEG-3 细胞上 3β-hsd2 和 CYP19 基因表达水平。AF 对映体可以上调 CYP19 基因表达水平，但是 3β-hsd2 基因表达水平却下降了，且 CYP19 基因表达水平表现出明显的对映选择性。S-(−)-AF 对 CYP 的上调作用更加明显。之前的调查显示，内源性雌激素可以诱导由 ERα 介导的 CYP19 基因的表达[115]，一些具有雌激素活性的环境化合物 BPA、p-NP 对人体胎盘的形成具有内分泌干扰作用[118,119]。鉴于 CYP 在雌激素分泌中的地位，在滋养层细胞上其对映选择性表达可能是 AF 诱导产生内分泌干扰对映选择性差异的关键。赵美蓉等推断，在 JEG-3 人绒毛膜癌细胞中，不同构型 AF 暴露下引起 P4 分泌，PR 及 HLA-G 基因表达方面呈现的对映选择性，可能是造成不同构型 AF 雌激素活性差异的原因。

2. 联苯菊酯胎盘毒性的机制研究

大部分人群对 SPs 的主要暴露途径是蔬菜与水果的摄入以及家用产品的使用[119]。尽管 SPs 在人体内的半衰期很短，但是已有研究者在女性体内检出 SPs 及其代谢产物[120,121]，且 25～30 岁女性对 SPs 的日摄入量高于同龄男性[122]。这些研究结果提示怀孕妇女与其胎儿可能具有更高的 SPs 暴露风险和潜在危害。2007 年就发现典型 SPs 联苯菊酯可能通过 ER 通路引起对映选择性雌激素效应[123]。SPs 作为 EDCs，可能会干扰生殖内分泌系统的激素信号转导网络，从而对哺乳动物和人类产生潜在的生殖危害。但是对其分子机理仍然所知甚少。

张颖等[124]用人绒毛膜上皮癌细胞系 JEG-3 作为模拟胎盘作用的体外模型，研究了 cis-BF 对滋养层细胞活性、甾体类激素分泌和相关基因表达的影响，探讨 cis-BF 外消旋体及其对映体对滋养层细胞激素功能干扰作用的分子机理，并通过分子模拟的方法预测不同对映异构体与 ERα 的相互作用模式（图 8-4）。结果表明，cis-BF 不仅能够与妊娠直接相关的重要激素促进 P4 和 hCG 的分泌，诱导促性腺激素释放激素 I（gonadotrophin releasing-hormone-I，GnRHI）及其受体基因 GnRHRI 表达水平的上调，还能显著改变类固醇生成基因的表达水平。cis-BF 外消旋体和对映体都能通过 ERα 通路的作用，干扰滋养层细胞中的激素信号通路，而且 cis-BF 对生殖内分泌相关激素的干扰作用显示出一致的对映选择性顺序：1S-cis-BF＞rac-BF＞1R-cis-BF。分子模拟的结果显示，cis-BF 对映异构体与人 ERα 形成的复合物在柔韧性和构象变化上不存在明显的差异，但 1S-cis-BF 在与 ERα 的结合中表现出比 1R-cis-BF 更强的亲和力。

由于胎盘具有类似于下丘脑、垂体、肾上腺和性腺的激素分泌功能，研究者普遍用胎盘的内分泌调控机制来模拟下丘脑-垂体-性腺靶标器官轴系的作用[125,126]。作为生殖激素信号通路的主要调控者之一，GnRH 主要在下丘脑神经分泌细胞中表

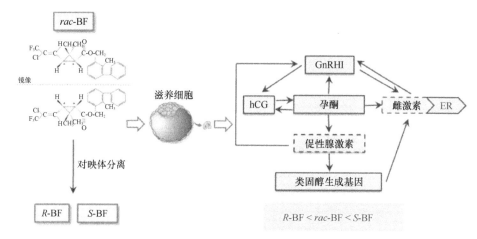

图 8-4 联苯菊酯诱导胎盘毒性的模拟通路图
ER：雌激素受体；GnRHI：促性腺激素释放激素 I；hCG：人绒毛膜促性腺激素

达，以脉冲方式释放入垂体，刺激促性腺激素合成和分泌，从而调节性腺中类固醇激素的合成和配子发生[127]。*GnRHI* 广泛表达于细胞滋养层、中间型滋养层细胞、合体滋养层 3 种细胞群中[128]，并以自分泌或旁分泌的形式，在胎盘中发挥重要的功能。研究表明，GnRH 在早期妊娠中具有负面作用，能通过黄体的作用造成流产[129]。*cis*-BF 的暴露引起了 JEG-3 细胞中 *GnRHI* 和 *GnRHRI* 表达水平的显著上调，说明 *cis*-BF 能改变生殖内分泌系统中的激素作用。另一方面，性腺激素能通过血清激活素的负反馈作用调控 GnRH 和促性腺激素的释放，而促性腺激素也能改变 2 种类型的 GnRH 分泌[130]。*cis*-BF 对 *GnRHI* 的诱导作用能完全被 ICI 182、ICI 780 阻断，而对其受体的上调作用也能被部分抑制，说明 ER 参与这一过程。由于 *GnRHI* 上具有雌激素反应元件（estrogen response element，ERE）[131]，*cis*-BF 可能通过模拟雌激素的作用，与 *GnRHI* 上的 *ERE* 结合，从而造成对 *GnRHI* 表达的影响。

GnRH 在胚胎植入早期能通过自分泌或旁分泌精确调节滋养层细胞中 hCG 的分泌[132]，对胎盘滋养层细胞形成过程中不同细胞的增殖、分化和凋亡进行调控[133,134]。随着暴露浓度的增加，*cis*-BF 能持续促进 hCG 的分泌，这可能也部分解释了对 JEG-3 细胞活性的抑制作用。在胚胎植入的怀孕早期，hCG 的刺激调控着黄体中 P_4 的分泌[135]。P_4 是通过反馈机制来调控促性腺激素和 *GnRHI* 基因的一类重要类固醇激素[136]。先前的一些研究认为某些 SPs 是 P_4 的拮抗剂[137-139]，但 *cis*-BF 暴露则显著地促进了 P_4 分泌和 *PR* 的基因表达。P_4 分泌的增加并不能被 ICI 182、ICI 780 所抑制，说明 *cis*-BF 对 P_4 分泌的刺激作用与 ER 不相关。PR 的表达能被 ICI 182、ICI 780 部分抑制，说明 *cis*-BF 对 PR 的结合可能在一定程度上与 ER 介导的通路相关。这一结果与先前的研究并不一致，这可能与不同 SPs 的结构和不同的细胞系有关[140,141]。cis-BF 对性腺激素的干扰说明其在妊娠过程中对免疫耐受性的不良影响，表明胎盘滋养层细胞对外源性污染物的作用非常敏感，而 EDCs 对生殖的影响可能通过多种激素介导。

胎盘类固醇生成过程需要包括 CYP 家族和 HSDs 等酶的催化作用。有研究报道，氰戊菊酯能通过影响类固醇生成信号通路和类固醇生成酶活性产生内分泌干扰活性[142]。张颖等推测，cis-BF 对滋养层分泌激素的影响可能也是通过改变类固醇生成酶的活性来实现的。由于芳香酶在 P4 产生中起着关键的作用，cis-BF 对 JEG-3 细胞中 CYPs 和 3β-hsd 基因表达水平的上调促进了 P4 的产生。作为雌酮和雌二醇相互转化最后一步的基本催化酶[143]，17β-hsd 的基因表达水平在 cis-BF 暴露后被显著抑制，这将降低雌激素的产生。因此，雌激素对 GnRH 的负反馈作用可能主要是由于 cis-BF 的类雌激素作用，而非内源性的雌激素。该研究的结果显示，cis-BF 可能作为雌激素类似物通过与雌激素受体形成复合物，影响各种激素作用，从而影响生殖过程。

8.4　发育毒性

发育毒性指在到达成年之前诱发的任何有害影响，包括在胚胎期和胎儿期诱发或显示的影响，以及出生后诱发或显示的影响，即对出生前的胚胎、胎儿以及出生后的幼子的结构及功能的影响。具体表现可分为：①生长迟缓，即胚胎与胎仔的发育过程在外来化合物影响下，较正常的发育过程缓慢。②致畸作用，由于外来化合物干扰，活产胎仔胎儿出生时，某种器官表现形态结构异常。致畸作用所表现的形态结构异常，在出生后立即可被发现。③功能不全或异常，即胎仔的生化、生理、代谢、免疫、神经活动及行为的缺陷或异常。功能不全或异常往往在出生后一定时间才被发现，因为正常情况下，有些功能在出生后一定时间才发育完全。④胚胎或胎仔致死作用。某些外来化合物在一定剂量范围内，可在胚胎或胎仔发育期间对胚胎或胎仔具有损害作用，并使其死亡。具体表现为天然流产或死产、死胎率增加。在一般情况下，引起胚胎或胎仔死亡的剂量较致畸作用的剂量为高，而造成发育迟缓的剂量往往低于胚胎毒性作用剂量，但高于致畸作用的剂量。

8.4.1　发育毒性研究简介及意义

生物的性别及所处的发育阶段与其对 SPs 的敏感性的影响相关数据较少。通常认为，体型小的或/和年幼的生物相比体型大的或成年的对 SPs 的敏感性更大。

例如，对桡足类动物及甲壳类动物的研究也发现，幼虫对氯氰菊酯的敏感性是成虫的 28 倍，其 96 小时半数致死浓度（median lethal concentration，LC_{50}）值分别为 0.005 μg/L 和 0.142 μg/L[144]。此外，还发现在暴露开始后的前 24 小时之内，雄性成年甲壳类动物的敏感性是雌性的 2 倍。因此，研究手性化合物的发育毒性能更好更准确地评价其毒性效应，并为幼年个体保护提供理论支持。

8.4.2 常用模型及方法

1. 急性毒性与胚胎发育实验

自 20 世纪 70 年代末开始，斑马鱼被广泛地应用于许多化合物，包括锌、镉、汞等重金属以及苯酚、苯胺等有机物的急性毒性研究，斑马鱼急性毒性实验是检测工业污染及水体污染的重要手段之一[145]。鱼类急性毒性实验通常以 LC_{50} 作为实验观察终点，但有悖于动物权利保护法，而且所能提供的毒理学信息也比较少，这就需要寻求新的替代方法，胚胎毒性实验应运而生[146]。与传统的急性毒性实验相比，斑马鱼胚胎实验耗时比较短（一般只需 48 小时），敏感性高，除了死亡率之外还可以得到更多的包括身体歪曲、心包水肿等亚致死毒理学指标，德国从 2005 年开始已经以此替代了原来的鱼类急性毒性实验[146,147]。胚胎的发育毒性比急性毒性更加敏感，且提供更多的毒性终点以评价化合物的毒性。

2. 心血管发育评价

在脊椎动物的胚胎发育过程中，心血管系统最早功能化，在生物体的后期器官分化发育过程中扮演非常重要的角色，包括给所有的组织器官提供氧气、营养物，传递细胞因子及体液因子等等[148,149]，血管发育的异常有可能导致其他组织器官发育的异常甚至是生物体的死亡。斑马鱼体型较小，在胚胎发育早期能通过被动扩散进行呼吸，即使在功能性造血和心血管系统完全缺失的情况下也能正常发育[148,150]，因此特别适合于心血管系统研究。在斑马鱼的胚胎发育过程中，有包括血管发生和血管生成 2 个主要的血管形成过程。血管发生指的是内皮细胞前体的分化及其形成包括背主动脉和后主静脉等初级血管的过程，血管生成则指的是已形成血管的内皮细胞通过出芽的方式形成新的包括节间血管等血管的过程[149]。

目前，在斑马鱼模型中，观察血管形成的方法主要有原位杂交技术[151]、共焦微血管造影术[152]、内源性碱性磷酸酶活性检测法[153]和转基因株系斑马鱼[154,155]等。其中，进行荧光标记的转基因株系斑马鱼，可以直接对其血管形成状况进行活体观察，相比其他方法更加简单，便于定量，是研究血管形成的一种重要方法[155]。

3. DNA 甲基化测序

DNA 甲基化是表观遗传学的重要组成部分，在维持正常细胞功能、遗传印记、胚胎发育以及人类肿瘤发生中起着重要的作用，是目前新的研究热点之一。在哺乳动物中，甲基化一般发生在 CpG 的胞嘧啶 5 位碳原子上，通过使用 5'-甲基胞嘧啶抗体富集高甲基化的 DNA 片段，并结合 Illumina 高通量测序平台，对所有富集的 DNA 片段进行高通量测序，研究人员能够获得全基因组范围内高精度的甲基化状态，为深入的表观遗传调控分析提供了更有利的切入点。

8.4.3 发育毒性机制研究

1. 氟虫腈对斑马鱼发育毒性的机制研究

氟虫腈（fipronil，用于替代有机磷杀虫剂的苯基吡唑杀虫剂）具有非对称硫手性中心，即包含 2 个对映体：S-(+)- fipronil 和 R-(−)- fipronil。大量研究表明氟虫腈对于多种水生无脊椎动物以及常见害虫具有显著的对映选择性毒性效应[156,157]。Konwick 等报道，氟虫腈对靶标生物-模糊网纹溞的急性毒性具有对映选择性，表现为 S-(+)-fipronil 的毒性比 R-(−)- fipronil 高 3 倍以上[158]。然而，仅有少数研究考察氟虫腈对非靶标生物（如鱼类：日本青鳉[159]、虹鳟[160]）的对映体选择效应。据悉，目前还没有研究着眼于氟虫腈对斑马鱼（研究生态毒性的典型模式生物）的对映选择性发育毒性，以及其相关机制。

在过去的几十年间，科学家发现表观遗传修饰在生物体生命过程中通过调控发育相关基因的表达影响机体发育进程[161]。表观遗传学机制包括 DNA 甲基化、组蛋白甲基化和非编码 RNA。DNA 甲基化（5'-胞嘧啶上的甲基共价修饰）参与基因沉默和基因组稳定等生物过程[162]。在斑马鱼等脊椎动物中，DNA 主要发生在 CpG 岛上。斑马鱼由于其早期胚胎发育阶段和特征已被研究透彻，被作为模式生物大量用于毒理学研究中[163]。另外，在发育过程中，DNA 甲基化不断发生变化，调控发育相关基因的表达[164]。DNA 甲基化极易受外界环境变化或污染物（如杀虫剂）暴露的影响，从而出现异常修饰的现象[162,165]，进而干扰细胞内信号转导过程，最终会导致代谢紊乱、发育停滞甚至癌症等严重的健康风险[166-168]。尽管如此，到目前为止仍无相关研究报道 DNA 甲基化与斑马鱼胚胎发育异常（手性杀虫剂对其发育毒性的对映选择性）之间的关系。因此，钱易等[169]旨在探索锐劲特对斑马鱼胚胎-幼鱼发育过程中的对映选择性效应，以及从 DNA 甲基化角度对其相关机制展开研究（图 8-5）。斑马鱼胚胎毒性研究结果发现暴露剂量升高至 800 μg/L 时，S-(+)-fipronil 暴露组中大约 70%的胚胎-幼鱼死亡，致死率为 R-(−)-fipronil 的 2 倍；R-(−)-fipronil 暴露浓度低于 400 μg/L 时，斑马鱼幼鱼鱼体几乎不出现弯曲的情况；

而 S-(+)-fipronil 在 400 μg/L 浓度下可引起 15%的幼鱼发生脊柱弯曲；当暴露浓度升高至 800 μg/L 时，2 种对映体均能显著引发幼鱼脊柱的致畸效应，且该浓度下，S-(+)-fipronil 的致畸率达到 55%，为 R-(−)-fipronil 的 2 倍。甲基化区域分析结果发现，2 个暴露组的基因组中一共有 143267 peaks（代表基因组甲基化区域），且 29946 peaks 表达于 S-(+)-fipronil 暴露组中，与 R-(−)-fipronil 处理组相比高出 20%；R-(−)-fipronil 暴露组中 21272 peaks 被高甲基化，较 S-(+)-fipronil 暴露组中高甲基化 peaks 降低 25%。

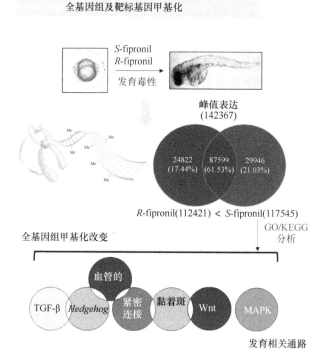

图 8-5　DNA 甲基化水平差异研究氟虫腈斑诱导的斑马鱼发育毒性对映选择性

GO/KEGG 分析：显著性功能/通路富集分析；*Hedgehog*：分节极性基因；MAPK：丝裂原激活蛋白激酶；TGF-β：转化生长因子-β；Wnt：分泌型糖蛋白

通过使用 InterProScan 软件对 S-(+)-fipronil 或 R-(−)-fipronil 暴露下的差异甲基化基因（differential methylation genes，DMGs）进行分析归类和功能注释。在生物过程类别中共涉及 23 个分类，大多数 DMGs 参与细胞内过程类别，其次为单组织过程类别以及代谢过程类别。除上述常规生物过程外，10% DMGs 与发育过程类别相关。在细胞组分过程中共涉及 18 个分类，除了细胞类别所占比例最多外，膜组分类别也占有重要比例，此数据说明，大部分 DMGs 除了作用于细胞内之外还广泛分布于细胞膜上，这提示细胞以及细胞膜组分在斑马鱼胚胎发育过程中扮演重要角色。在分子功能类别中共涉及 16 个分类，其中最为突出是绑定功能和催化功能，据文献报道，这两种分子功能在维持染色质稳定和促进胚胎发育过程中发挥关键作用[170-173]。因此，在 S-(+)-fipronil 或 R-(–)-fipronil 处理后，这些基因可能与斑马鱼胚胎-幼鱼发育异常有关，最终导致胚胎-幼鱼的大量死亡。

该研究利用京都基因与基因组百科全书数据库（Koto Encyclopedia of Genes and Genomes，KEGG）来分析 S-(+)-fipronil 暴露组相对 R-(–)-fipronil 暴露组高甲基化基因参与的具体信号通路并从基因的差异甲基化角度探讨手性氟虫腈对斑马鱼发育毒性和致死效应的对映选择性。分析结果显示，22 条信号通路中均有 5 个或 5 个以上的信号相关基因发生了高甲基化。在这 22 条通路中，7 条通路与发育过程紧密相关，包括：MAPK、紧密连接（tight junction）、焦点粘连（focal adhesion）、转化生长因子-β（TGF-β）信号通路、血管平滑肌收缩（vascular smooth muscle contraction）、刺猬（hedgehog）信号通路以及 Wnt 信号通路。众所周知，生物的发育过程需要多种信号通路参与。例如，以往的研究发现 MAPK 信号通路在斑马鱼胚胎端脑发育[174]以及脊椎动物肢体发展过程[54]中起着重要作用。在早期脊椎动物的发育过程中，胚胎结构的维持和胚胎的发展分化都需要紧密连接信号的参与：上皮层细胞通过紧密连接信号通路限制和控制细胞旁路转运进而保持胚胎中的细胞极性[166,175]。焦点粘连在胚胎发育期间也可以控制细胞极性，此外，还能调控细胞-细胞外基质的粘附、细胞骨架以及细胞的迁移和存活。与之类似，TGF-β 和其超家族成员 Nodal 蛋白已被证实在脊椎动物早期发育过程中通过与 smad 2 和 smad 3 作用诱导中胚层形成[176]。此外，血管平滑肌收缩信号与斑马鱼幼鱼鱼鳔（富含血管的器官）的发育紧密相关[177]。鉴于鱼鳔的发育，其过程还需要 Hedgehog 与 Wnt 信号通路，进而诱导鱼鳔 3 个组织层的形成，促使其发育完全。另外，早前研究报道，在早期发育阶段，Hedgehog 与 Wnt 信号通路的联合作用可大大促进斑马鱼肌肉和尾鳍的形成[178,179]。因此，钱易等的结果表明 S-(+)-fipronil 诱导的 DNA 甲基化修饰紊乱很大程度上会异常调控上述发育相关信号通路，进而显著影响发育进程。在参与上述 7 条信号通路的高甲基化基因中，钱易等发现其中有 7 个基因（BMP 7α、BMP 8、WNT 6、Rac 1、actinin α2、蛋白激酶 Cδ 基因和肌球蛋白基因）分别参与 2 条或 2 条以上不同信号通路，提示这些基因可能在发育相关过程中具有重要的作用。例如，骨形态发生蛋白质（bone morphogenetic protein，BMP）作为生长因子在生物发育和形态发生等生物过程中具有重要作用[165,180,181]。在早起胚胎发育过程中，BMP 的激活可促进背腹形成和中胚层细胞的生长分化[182]。当胚胎内的 BMP 丧失功能时就会产生严重的背部化，甚至会影响腹侧和中胚层细胞的分化方向[182-184]。在器官形成过程中，BMP 决定了多种器官的形态发生过程。

如 BMP 水平降低时，心脏原始细胞核心脏瓣膜的形成即会受到抑制[183,185]。另外，越来越多的研究表明 BMP 还能通过调控脊椎动物内皮细胞的功能影响血管发育[186]。在血管形成过程中，蛋白激酶 Cδ 同样具有重要作用。相关文献报道，在斑马鱼胚胎的发育阶段，将蛋白激酶 Cδ 基因敲除之后，胚胎细胞出现去极化、分化停滞，进而抑制血管形成，促使胚胎死亡[187]。胚胎发育的另一个重要因子 Rac1 由于其内皮特异性的缺失导致早期胚胎血管丧失功能[188]。另外，Stephanie 等发现内皮层细胞中 Rac 1 活性的降低会使该细胞出现随机迁移，导致中胚层组织异常，进而引发斑马鱼器官畸变[189]。在该研究中，这些基因的高甲基化仅出现在 S-(+)-fipronil 暴露组中，说明手性杀虫剂的不同对映体可通过 DNA 甲基化的对映体选择效应诱导具有明显差异的发育毒性。

2. 丁草胺的发育毒性及其致毒机理研究

农药对水生生态系统的污染已引起全世界的关注。许多除草剂已被确定为实际或潜在的 EDCs。酰胺类除草剂是最常用的除草剂之一。它们作为芽前除草剂用于杂草和阔叶杂草的控制，在提高农作物的产量方面起着至关重要的作用。酰胺类除草剂包括乙草胺、异丙甲草胺、甲草胺和丁草胺等。在亚洲国家，丁草胺使用量非常大，特别是在水稻田上的使用[190]。丁草胺同大多数其他的酰胺类除草剂一样，被确定为可疑的致癌物并具有较高的水生毒性[191]。丁草胺在水稻田的建议施用浓度为 10.7~10.5 μmol/L[191,192]，而在河流中丁草胺的浓度范围为 0.01~0.43 μg/L[193]。然而，急性毒性实验表明：即使在此浓度范围内，丁草胺对鱼类的毒性也很大[194]。

涂文清等[195]研究了丁草胺对斑马鱼胚胎的发育毒性机制，研究结果发现丁草胺暴露能显著降低斑马鱼胚胎的孵化率和存活率，并导致一系列畸形现象，包括卵黄囊肿、心包水肿和脊柱弯曲等，诱导卵黄原蛋白基因 *Vtg1* 和先天性免疫相关基因 *IL-1β*、*CC-chem* 和 *IL-8* 表达的显著上调。对斑马鱼胚胎的发育过程存在对映选择性毒性，影响 HPG 轴系相关基因 *TRα*、*TRβ*、*Dio2* 和 *TSHβ* 的表达，且(+)-S-丁草胺比(−)-S-丁草胺显示出更强的甲状腺干扰效应；然而，对先天性免疫相关基因 *IL-1β*、*CC-chem*、*CXCL-C1c* 和 *IL-8* 表达的影响则表现为(−)-S-丁草胺作用强于(+)-S-丁草胺。

胚胎暴露于外源性化合物中可以观察到发育过程中的各种畸形现象[196,197]。暴露于丁草胺中导致的畸形现象，包括如胚胎发育中的心包水肿（pericardial edema，PE）和卵黄囊肿（yolk sac edema，YSE）。丁草胺暴露 48 小时后观察到很多的发育异常现象，并且表现出浓度依赖关系。在 72 小时，12 μmol/L 时 PE 和 YSE 发生率分别为 86.7%和 96.7%。这些结果表明，丁草胺对斑马鱼早期发育有着显著的发育毒性。

越来越多的研究表明，环境污染物包括杀虫剂和工业溶剂，通过破坏内分泌系统对非标生物的发育过程产生不利影响。丁草胺会诱导斑马鱼幼鱼体内 *Vtg1* 基因的转录，而且在高浓度条件下诱导效应更加明显。然而 *ERα* 基因转录水平并没有发生显著改变。这可能是因为卵黄蛋白原（vitellogenin，Vtg）通常比 ERα 对雌激素暴露更加敏感。天然雌激素（如 E_2）的作用机制是它首先与一个特定的 ER 结合，而后雌激素-ER 进入一个复杂的相互作用的 EREs，它是调节基因转录的目标启动子基因[198,199]。Vtg 通常在雌激素化合物刺激下在肝脏中生成，然后通过血液输送到卵巢，然后并入硬骨鱼的卵母细胞中。通常，雌激素反应基因 *Vtg* 仅在成年雌性鱼和性未成熟鱼的肝脏中产生[200]。成年雄性或性未成熟的鱼类接触到某些 EDCs 后，也可以被诱导合成 Vtg。这些物质包括烷基酚类化合物、植物雌激素、合成雌激素和杀虫剂等[198]。虽然目前有关丁草胺对斑马鱼幼鱼雌激素活性的信息相对有限，但丁草胺可能作为一个潜在的雌激素化合物，会显著诱导雌激素反应基因 *Vtg1* 的表达。这结果与以前的报道丁草胺会对成年斑马鱼内分泌系统产生不利影响的说法是一致的[201]。

　　免疫和内分泌系统是紧密关联的，一些研究已经表明，性类固醇激素以及相关 EDCs 可能会影响硬骨鱼免疫系统的各个方面，反之亦然。暴露于环境相关浓度的污染物中可能会引起内分泌失调[202]。先天性免疫系统是斑马鱼早期发育阶段对抗病原体感染的唯一防御途径[203]。而获得性免疫系统在斑马鱼胚胎发育的第一个星期还没有被激活[204]。因此，早期阶段的斑马鱼成为研究先天性免疫系统的一个有效模型。最近许多研究显示，细菌、病毒和环境的化学品会导致与先天性免疫系统相关基因的表达量上调或者下调[205]。目前的研究表明，丁草胺会导致斑马鱼胚胎与先天性免疫相关基因的水平显著上调。*IL-1β*、*CC-chem*、*CXCL-C1c* 和 *IL-8* 基因表达量迅速上调，并表现出浓度依赖关系。鱼类的免疫系统在应对环境变化中起着至关重要的作用。一旦免疫系统被破坏，先天性免疫系统可能就无法抵抗细菌的感染[206,207]。白细胞介素-1β（interleukin-1β，IL-1β）在促使吞噬细胞回到感染部位过程中起到重要的作用，它可能激活中性粒细胞和巨噬细胞，激发它们到损伤的部位。其他基因，包括 *CC-chem*、*CXCL-C1c* 和 *IL-8* 具有吸引和激活中性粒细胞并影响它们作为炎症介质的潜力。因此，丁草胺有可能诱导早期发育阶段的斑马鱼的免疫反应。据报道，高浓度雌激素的使用能诱导胸腺的退化[208]。另一方面，在卵巢、睾丸和甲状腺内分泌组织的病状可以通过切除胸腺被诱导[209]。因此，可以推断，生殖内分泌和免疫系统之间的通信是由激素和细胞因子介导的。丁草胺的暴露导致内分泌及免疫系统产生相同的变化趋势，内分泌系统和免疫系统之间的双向相互作用研究可以帮助我们更好地了解丁草胺相关的毒性作用机制。

8.5 促癌作用机制

促癌作用指环境中致癌物诱发肿瘤的作用。肿瘤有良性和恶性之分。恶性肿瘤又称为癌。致癌作用的过程相当复杂。化学物质的致癌作用一般认为有两个阶段：第一是引发阶段，即在致癌物作用下，引发细胞基因突变。如多环芳烃、氨基甲酸乙酯等都是致癌的引发剂。大部分环境致癌物都是间接致癌物，要经过机体的代谢活化，转化为近致癌物，近致癌物进一步转化为化学性质活泼、寿命极短、带有亲电子基团的终致癌物。终致癌物可与生物大分子特别是 DNA 结合，导致遗传密码改变。如果细胞中原有修复机制对 DNA 损伤不能修复，则正常细胞就转化为突变细胞。第二是促长阶段，主要是突变细胞改变了遗传信息的表达，致使突变细胞和癌变细胞增殖成为肿瘤。

8.5.1 促癌作用研究简介及意义

肿瘤尤其是恶性肿瘤的发生、发展是多种因素共同调控的非常复杂的过程，也是长期以来众多研究者关心的热点课题。我国目前每年平均约有 150 万人新患癌症，80 万人死于癌症，世界范围内肿瘤的发病率也呈逐年上升的趋势[210]。我国癌症发病率接近世界水平，但死亡率高于世界水平。肿瘤绝对发病率的增高，在很大程度上与环境中各种致癌因素的不断增加有关，特别是 POPs。如浙江大学陈坤等在浙江省嘉善县抽取 11 个乡镇，再随机抽取行政村或者自然村，测定土壤、大米中有机氯农药 DDT 的含量，并与该地区人群大肠癌发病的相关研究显示，大肠癌的发病率与大米中总 DDT 的含量和 p,p'-DDD（DDT 可被还原脱氯而生成 DDD）的含量有显著的正相关性。在手性 POPs 中，有多种化合物是国际癌症研究机构认定的 I 类或 II 类致癌剂。肿瘤的发生发展是一个渐变的过程，目前关于手性化合物致癌和促癌机制的研究还鲜有报道。因此，探索手性化合物的促癌机制可以为预防和治疗癌症提供强大的理论和技术支持。

8.5.2 常用模型及方法

1. 裸鼠动物模型验证肿瘤发展进程

建立致肿瘤裸鼠模型，利用特定的无菌（specific pathogen-free，SPF）BALB/c-nu 裸鼠，雌、雄各半，将体外培养生长稳定且处于对数期的肿瘤癌细胞制成一定浓度的细胞悬液，接种于裸鼠背部皮下，经过 1 周时间饲养后，使其皮下成瘤，建立肿瘤裸鼠模型。污染物暴露后分别测量不同浓度暴露实验组和对照组肿瘤的体积和质量，综合评价污染物暴露对肿瘤生长的影响，并提取相关肿瘤组织进行组织病理学分析和肿瘤相关分子的检测。

2. Transwell 细胞体外侵袭实验

Transwell 小室是一种膜滤器，也可认为是一种有通透性的支架。其外形为一个可放置在孔板里的小杯子，杯子底层为一张有通透性的膜，这层膜带有微孔，孔径大小有 $0.1 \sim 12.0 \, \mu m$，根据不同需要可用不同材料，一般常用的是聚碳酸酯膜。将 Transwell 小室放入培养板中，小室内称上室，培养板内称下室，上室内盛装上层培养液，下室内盛装下层培养液，上下层培养液以聚碳酸酯膜相隔。实验时将细胞种在上室内，由于聚碳酸酯膜有通透性，下层培养液中的成分可以影响到上室内的细胞，从而可以研究下层培养液中的成分对细胞生长、运动等的影响。

3. 细胞间黏附分析

以乳腺癌细胞间黏附实验为例，细胞间黏附测定根据 Yang 等[211]的方法并略作改进：常规培养的乳腺癌 MCF-7 细胞系以每孔 10^3 个的密度接种于 96 孔培养板，常规培养过夜，作为底层细胞。另一部分 MCF-7 细胞预先培养于不含表皮生长因子（epidermal growth factor，EGF），添加或不添加目标化合物暴露 24 小时后消化，并按每孔 5×10^4 个的密度分别接种于已有底层细胞的 96 孔培养板中，常规培养 2 小时后，用磷酸盐缓冲溶液（phosphate buffered solution，PBS）轻柔地洗去没有黏附的细胞；然后用 4% 的多聚甲醛固定细胞 15 min，2% 的姬姆萨染液染色 30 min，再加入 100 μL 甲醇混匀后，在多功能酶标仪上测定 540 nm 波长处的吸光值，以代表细胞量。

8.5.3　促癌作用机制研究

- o,p'-DDT 对乳腺肿瘤影响的对映选择性分子机制

近 20 年来我国和欧美一些国家和地区的流行病调查结果显示妇女乳腺肿瘤发病率不断地上升，已成为威胁妇女健康的前两位死因。影响乳腺肿瘤发病率的因素 27% 来自遗传，73% 来自于环境。这说明环境因素对于乳腺肿瘤的发生、发展具有重要的影响[212]。乳腺肿瘤是典型的激素依赖性肿瘤，更容易受到环境中的一些 EDCs 的影响。已有的研究结果发现，天然雌激素 E_2 可以影响雌激素依赖型乳腺癌的发生、发展，导致肿瘤恶化速度的加快，影响肿瘤的治疗和预后。环境类雌激素具有与天然雌激素类似的生物活性，多项研究结果表明有机氯化合物如 DDT、PCBs、六氯苯（hexachlorobenzene，HCB）等与雌激素依赖型乳腺癌的发生有一定的正相关性。而临床和细胞学的研究结果又显示，这类化合物可以影响乳腺癌的病程发展，促进肿瘤的转移、加速细胞的增殖引起肿瘤的进一步恶化等。

研究结果已经显示，o,p'-DDT 是一种典型的环境雌激素类化合物，具有与天然雌激素类似的生物学性质。王鲁梅等[213]的研究结果也发现 o,p'-DDT 不但能够刺激乳腺癌 MCF-7 细胞系的增殖、具有类雌激素的性质，而且还表现出了明显的对映选择性差异，R-(−)-o,p'-DDT 的雌激素效应显著高于 S-(+)-o,p'-DDT。但是这种雌激素效应的对映选择性差异与乳腺癌的发展、恶化是否具有相关性还未见任何报道。

赵美蓉等[214]接着以 MCF-7 细胞系为体外研究模型，利用荧光定量 PCR，检测了与肿瘤发展相关的多个分子，以解释手性雌激素化合物在肿瘤恶化方面的对映选择性。肿瘤的发生、发展过程涉及多种细胞行为、细胞过程。其中细胞凋亡和细胞增殖、细胞浸润与黏附的改变是其中的主要因素。因此以 MMP-9 和 MMP-2 及相应的抑制因子 TIMP-1 和 TIMP-2 为靶分子来表征 o,p'-DDT 对乳腺肿瘤浸润影响的对映选择性；选择 E-钙黏素（E-cadherin）和连环蛋白（β-catenin）的基因表达的变化，来评价 o,p'-DDT 对细胞-细胞间黏附影响的对映选择性；以端粒酶的催化亚基为靶分子，评价了 o,p'-DDT 影响细胞增殖的对映选择性。结果发现 o,p'-DDT 的外消旋体及对映体能在一定程度上调 MMP-9 和 MMP-2 的表达水平。在相同条件下，R-(−)-o,p'-DDT 显著上调 MCF-7 细胞中 MMP-9 和 MMP-2 的表达水平；而 S-(+)-o,p'-DDT 的作用则较弱。o,p'-DDT 的外消旋体及对映体能不同程度地下调 TIMP-1 和 TIMP-2 的表达水平。在相同条件下，R-(−)-o,p'-DDT 可下调 MCF-7 细胞中 TIMP-1 和 TIMP-2 的表达水平；而 S-(+)-o,p'-DDT 几乎没作用。这说明 o,p'-DDT 能提高乳腺癌细胞 MCF-7 的浸润能力，其中 R-(−)-o,p'-DDT 的作用最强。暴露 72 h 后，o,p'-DDT 的外消旋体及对映体能不同程度地上调细胞中端粒酶催化亚基 hTERT 的表达水平。在相同条件下，R-(−)-o,p'-DDT 可在 MCF-7 细胞中显著上调 hTERT 基因的表达水平；而 S-(+)-o,p'-DDT 的上调作用相对较低。

肿瘤发生发展过程中的细胞凋亡和细胞增殖是一对既相互依存又相互排斥的细胞行为。细胞凋亡和细胞增殖调节机制的改变导致细胞凋亡和细胞增殖的比率发生改变，造成细胞的无序增殖，细胞周期的调节失衡，正常的细胞凋亡功能降低，而参与调节这些过程的分子包括 hTERT、P27、bcl-2、P53、bax 等分子[215,216]。外源化合物可能通过其受体分子参与上述分子表达的调节而改变细胞增殖和细胞凋亡的平衡。端粒酶的基本功能在于以端粒酶 RNA（telomerase RNA，TR）为模板，补齐染色体末端丢失的端粒序列。端粒酶在超过 85%的人类肿瘤中都有表达，其强度与肿瘤的发展进程亦有一定的相关性，而在大多数正常细胞中不表达或水平极低，这暗示着端粒酶和肿瘤有着密切的关系。正常体细胞的端粒会随着细胞分裂而缩短，并最终进入复制衰老阶段。但众所周知，肿瘤细胞能够无限地增殖，似乎这些细胞中存在某种机制克服了复制衰老。由于端粒酶是延长端粒的最重要方式，人们推测它与肿瘤细胞的无限增殖可能有着密切的联系，这说明端粒酶在肿瘤细胞增殖和凋亡过程中的重要性。端粒酶的催化亚基是肿瘤细胞的一个明显的生物标志分子，在大多数肿瘤中 *hTERT* 高表达，该研究结果显示 *o,p'*-DDT 能够显著地上调 *hTERT* 基因的表达，而且这种上调存在着明显的对映选择性差异，*R*-(−)-*o,p'*-DDT 对 *hTERT* 基因表达的上调效应强于 *S*-(+)-*o,p'*-DDT，因此，*hTERT* 表达的上调可能是导致 *o,p'*-DDT 诱导 MCF-7 细胞增殖的对映选择性的一个重要原因。

8.6　植　物　毒　性

植物毒性是指污染物对植物的毒害作用的程度。手性化合物进入环境后在各种环境因素的影响下会迁移分布到各处。它们不但会对环境中的各种生物产生不良影响，同时也会对环境中的植物产生胁迫作用。

8.6.1　植物毒性研究简介及意义

光合植物是生态系统的基础，它们的正常生长和繁殖对整个生态系统产生的影响不可小觑。然而，当前对各种有机污染物植物毒理学方面的研究经常是毒理学中忽视的一环，尤其是在对映体或者异构体层面的研究，往往出现空白。无论是否是靶标植物，如 HCH 这样的持久性污染物还是会通过根或者叶片进入植物并累积，再通过食物链向上传递。植物毒理学的研究可为更加全面地评估手性化合物的环境归趋和潜在风险提供技术支持；对它们致毒机理的探讨可以为预防农药污染、找到合适的安全的农药替代品提供新的思路；另外，对于目前报道较多的植物监测和植物修复技术，该研究可以提供像光合参数这样的进行污染物植物监测的新的监测指标；还可以从抗性机理上提供启示，帮助研究者筛选出对这手性化合物有更好耐受性的植物。

8.6.2　常用模型及方法

1. 植株形态检测

将灭菌纯化处理好的种子均匀地点播在 MS 培养基上，24 孔板（或者培养皿）用封口膜密封好后置于温室中（培养温度：22 ℃±2 ℃）培养。植株长成后观察统计植株形态及其他参数。同时植株的重量、根部发育等也是重要的检测指标。

2. 亚细胞结构检测

先将空白或经过禾草酸处理的叶片切割为 1 cm^2 左右的小块，放入含有 2.5% 戊二醛的甲次砷酸盐缓冲液中，固定 2 h 以上。接着，样品由 1.0% 的四氧化锇处理 1.5 h，并且用丙酮反复脱水多次。然后，将叶片样品包埋于环氧树脂中。包埋固定后的样品先利用超微切片机切为 70～90 nm 的超薄切片，再先后用醋酸双氧铀和柠檬酸铅对样品染色。最后，利用显微镜观察叶片的亚细胞结构。

3. 酶活性检测

由于酶具有高度的专一催化活性，故可通过测定其相应的底物或产物浓度变光物理的方法，即利用反应物或产物的吸光性，用紫外分光光度法或荧光法测定。若酶反应过程中产物或反应物有气体，则可用测压仪（瓦氏呼吸仪）测定。若反应过程中生成酸，则可用电化学法。用同位素标记的底物则可用放射化学法测定底物浓度变化，计算酶活性。一些性质稳定的酶，也可用高效液相色谱法检测。

8.6.3 植物毒性机制研究

1. 禾草酸对水稻幼苗毒性的机制研究

禾草酸（diclofop acid，DC），由禾草灵（diclofop-methyl，DM）酯键断裂水解形成，为 DM 的有效除草形式。1987～1996 年，美国 DM 的有效成分年使用量大约为 340 t，加拿大在 1986 年的年使用量超过了 100 万公斤[217]。在中国，2006年的年使用量为 100～500 万公斤[217]。DM 如此大量的使用，导致大量有效成分在施用中会洒落到土壤表面[218]。在碱性湿润的条件下，DM 会快速水解为 DC 且具有更大的溶解度[217]。因此，DC 在地表水中很可能以相当高的浓度存在[219]，并且它比母体化合物更容易污染土壤和地表水。许多研究报道了 DM 对鸟类、哺乳动物、淡水鱼、无脊椎动物以及陆生植物的暴露风险。DM 与 DC 都是手性化合物，具有 1 个手性碳原子，一对对映体[220]，R-DC 具有除草活性，其活性约为外消旋化合物的 2 倍[221]。

在中国南方，旱地作物如小麦与水生作物如水稻经常随着季节交替着耕种。在小麦地施用的 DC 很可能残留在土壤中，造成污染，并对下一茬的水稻造成生态毒性。水稻品种秀水是一种单子叶非靶标水生植物，在南方广泛种植。因此，叶璟等[222]选用秀水为研究对象，研究 DC 对映体对水稻幼苗的植物毒性。研究显示，DC 对非靶标植物产生了对映选择性毒性：对根，R-DC 比 S-DC 毒性更大；而对叶，S-DC 比 R-DC 毒性大。

Nojavan，Evans[223]和 Yao[224]等报道 DC 可通过抑制光合作用和破坏膜系统来抑制杂草的生长，导致杂草最终死亡。该研究结果显示 S-DC 比 R-DC 具有更强烈的抑制作用。这个结果与 DC 暴露水稻幼苗的 EC_{50} 结果相吻合，同样说明对水稻叶片，S-DC 比 R-DC 具有更大的毒性。对于外消旋混合物，8 小时内比较稳定，rac-DC 分子与水稻根系表面细胞膜在此期间可能处于吸附平衡状态，从第 8～12小时，化合物经历一个快速降解的过程，因此可以认为 rac-DC 在水稻根系培养液中的半衰期为 12 小时。从第 12 小时开始，降解速度缓慢，是由水稻根系对化合物的吸收引起的，并在 96 小时之后降解率达到 90%。对于 *R*-DC，在前 8 个小时，化合物浓度逐渐升高，8 小时后开始降解。可见在化合物加入培养液中，有一个快速与根表层吸附的过程，8 小时之后逐渐重新释放到溶液中，并在 12 小时内产生快速降解。结合 EC_{50} 中 *R*-DC 表现出对根系更强的毒性，推测其毒性是由于 *R*-DC 与水稻的根系产生了快速吸附作用。说明化合物的环境行为的对映选择性也是其毒性效应对映选择性的一个重要原因。

2. 禾草酸对铜绿微囊藻毒性的机制研究

蓝藻又称蓝绿藻，蓝细菌，是单细胞原核生物。大多数蓝藻的细胞壁外面有胶质衣，因此又称黏藻。所有的蓝藻都含有一种特殊的蓝色色素，因此得名。蓝藻属蓝藻门，分为两纲：色球藻纲和藻殖段纲。色球藻纲藻体为单细胞体或群体，藻殖段纲藻体为丝状体，有藻殖段。蓝藻在地球上大约出现在距今 1 亿年前，已知蓝藻约 2000 种，中国已有记录的约 900 种。目前对蓝藻的生理研究多数集中在氮磷等无机盐、铜铁等重金属[225-228]，以及环境污染物如农药[229,230]等对蓝藻爆发的影响。对蓝藻的控制主要集中在化学固磷、超声、电磁波处理、光催化等物理化学方法上[231,232]。但治理蓝藻仍然是世界性的难题，蓝藻成为一种新型的顽固的污染物，与现代工业流失到环境中的传统污染物相互作用，势必对环境造成不可估量的影响。因此，从手性层面对污染物对蓝藻的对映选择性效应同样值得关注。

铜绿微囊藻是形成"水华"的优势种，在数量上和发生频率上都占有绝对优势。蓝藻爆发时作为一种有害物种，与环境中残留的手性除草剂 DC 同时存在，构成了对环境的双重污染。叶璟等[233]从手性角度研究了 DC 对映体对蓝藻生长的影响（图 8-6）。结果表明 *rac*-DC 表现出轻微的刺激生长作用，低剂量 DC 可以刺激藻类生长，高剂量时抑制藻类生长，同时表现出明显的对映选择性，*R*-DC 对藻类生长抑制效应更显著。这种对映选择性主要是源于 *R*-DC。禾草酸对铜绿微囊藻产生了氧化胁迫，细胞的破坏顺序为 *R*-DC>*rac*-DC>*S*-DC，这种效应是由 DC 不同对映异构体诱导藻类产生氧化损伤的潜力不同造成的。同时 *R*-DC 还可以诱导藻类细胞膜通透性提高，使藻毒素释放量显著增加，对湖库区饮用水安全造成次生危害。分子机理主要是：*rac*-DC 处理下的藻细胞，Surface layer（S-layer）破裂消失，或与原生质膜分离；*R*-DC 处理下的藻细胞，少量 S-layer 与细胞外膜分离，但出现一部分不连续；*rac*-DC 处理下的藻细胞，大部分 S-layer 与细胞外膜分离没有出现不连续现象。

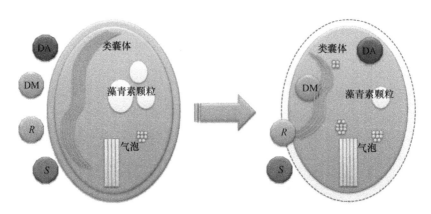

图 8-6　禾草酸对铜绿微囊藻毒性的模拟通路

DA：禾草灵；DM：禾草灵；R: R-禾草酸；S: S-禾草酸

3. 禾草酸对拟南芥毒性的机制研究

张琼等[234]研究了 DC 对模式植物拟南芥的对映选择性植物毒性以及可能的致毒机理（图 8-7）。经过 DC 暴露拟南芥 2～4 周，拟南芥的植株形态、叶片亚细胞

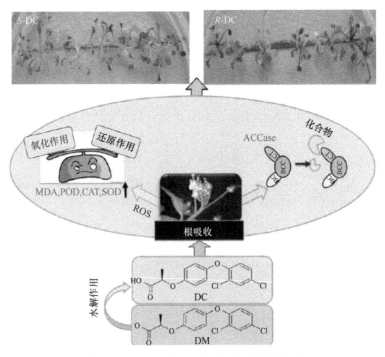

图 8-7　禾草酸对拟南芥毒性的模拟通路图

ACCase：乙酰辅酶 A 羧化酶；BC：BC 功能结构域；BCC：BCC 功能结构域；CAT：过氧化氢酶；CT：CT 功能结构域；MDA：起氧化作用；POD：过氧化物酶；ROS：活性氧；SOD：超氧歧化酶

结构均发生了显著的变化，呈现明显的植物毒性且 R-DC 对拟南芥的宏观和微观毒性都要显著高于 S-DC。在此基础上选择植物的酶促抗氧化系统和 DC 作用可能的靶标酶——乙酰辅酶 A 羧化酶（acetyl-CoA carboxylase，ACCase）作为检测终点。就 DC 可能的致毒机理和产生对映选择性毒性差异的机理进行了研究，以期在分子水平揭示 DC 对映选择性植物毒性的可能机制。

根据 AOPP（acute organophosphorus pesticide poisoning）除草剂除草作用的机理，即与跨膜质子梯度相关的机理的研究表明：DM 与植物细胞相互作用初始时，假定 DM 结合在细胞膜上的某个结合位点，诱导了一个细胞的老化过程，并通过脂质过氧化和自由基氧化，迅速地破坏了细胞膜和膜整合蛋白，从而导致细胞死亡。SOD 活性大小反映了植物清除细胞内自由基的能力。R-DC 处理组拟南芥的 SOD 活性在经过 3 周和 4 周的 DC 暴露后显著地提升，说明在这个阶段该组植物体内 ROS 爆发。植物中 POD 活性的增加是一个组织老化的生理指标。加药组的这 3 种酶活性的提升反映了 DC 的存在使得拟南芥细胞内 ROS 水平增加，因而酶活性也相应地增加来清除过量产生的 ROS 等强氧化性的自由基。氧自由基会攻击植物细胞膜中的聚合不饱和脂肪酸因而引发脂质过氧化。MDA 是脂质过氧化的产物，它的大小也是脂质过氧化的重要指标[235,236]。与空白相比，农药暴露 2 周后，在 R-DC 和 S-DC 处理组，MDA 的水平显著提升。农药暴露 4 周后，尽管加药组的平均 MDA 水平要高于空白组，但只有 R-DC 处理组可观察到统计意义的显著性差异。R-DC 对拟南芥 MDA 水平的影响又一次强于其他各 DC 处理组。结合抗氧化酶和亚细胞结构的结果，认为当 DC 结合到植物细胞膜上假定的结合位点时，DC 处理组的植株细胞内跨膜电势发生了改变，然后过量的 ROS 攻击细胞膜且植物的抗氧化防御系统无法有效地清除过量的 ROS，不可避免地造成了细胞功能的损伤，并展现在重要的细胞器叶绿体上。最后，植物正常的光合系统受到影响，生长受到抑制。另外，正如其他研究者所描述的那样[237,238]，与 ROS 和抗氧化酶相关的基因的转录水平的变化可以为除草剂引发的氧化损伤提供更深刻的理解。

除草剂的作用机理二是一个关于 ACCase 酶的单一位点抑制机理，该酶催化产生的丙二酰辅酶 A 是植物脂肪酸合成和代谢通路上关键的中间代谢物。在异质型 ACCase（ACCase II）中，BCC 功能域携带着生物素辅基基团，该辅基在 BC 和 CT 活性位点之间摆动；在 BC 活性位点生物素被羧化，在 CT 活性位点，羧基基团转移到最终的反应产物中去。同质型 ACCase（ACCase I）是 1 个由 2 个同样的子单元组成的 500 kDa 的酶，即前面提到的同源二聚体。它的所有功能域聚合为一条多肽链[239]。ACCase 也是 AOPP 类除草剂的靶标酶，具体说来，敏感型生物质粒中的同质型 ACCase 的 CT 功能域是它的作用位点[240,241]。分子对接的模拟计算结果与实验结果是一致的，说明与 S-DC 相比，R-DC 对拟南芥的选择性毒性更强，也可能因为它与可能的靶标酶有着更强的结合能力。

4. 六六六对拟南芥毒性的异构体差异分子机制

以 HCH 为代表的有机氯农药（organochlorine pesticides，OCPs）的主要特性为环境持久性以及在有机体的脂质器官中的生物浓缩性[242,243]。技术性 HCH 是 8 种同分异构体的混合物，其中，α-HCH 包含一对对映异构体，另外还有 β-、γ-、δ-、ε-、η-、θ-HCH 这几种常见的异构体，而在环境中检出率较高的为前 4 种[243]。作为生态系统的基础，尽管植物在整个生态系统中占有非常重要的地位，但是 HCH 同分异构体诱导的毒性效应的研究却主要集中在动物上，植物毒性的相关报道较少。而植物在生长过程中会通过根或者叶片吸收有机氯污染物[244]，因此，一方面，植物被用来监测农药污染[245,246]，另一方面也被用来修复已经被污染的区域[234,235]。实际上，由于植物叶面较大的比表面积以及植物脂的存在，植物可以作为亲脂性有机污染物的富集器[249]。也正是因为这样，植物本身也受到了像 HCH 这样有害污染物的严重影响。然而，尽管当前有关 HCH 异构体在植物不同组织中残留的报道很多[242,250]，但是关于 HCH 植物毒性和它的几种异构体对高等植物的毒性选择性的报道则非常少。为了对有机氯污染物的环境风险有个更加全面的评估，就需要研究像 HCH 这样的有机氯污染物对植物的毒性以及相关的致毒机理。

一些非生物的环境因素的诱导，例如手性化合物也可以作为一种诱导氧化应激的环境因素[251-253]。鉴于 ROS 过量累积会导致植物细胞的死亡，植物进化出了两套抗氧化防御系统：第一套系统指一系列抗氧化酶，它们可直接与 ROS 反应而将其限制在较低的水平；另一套系统负责再生一些氧化型的抗氧化物或抗氧化小分子，而这些抗氧化小分子保持在还原状态对于维持植物细胞的正常生理功能至关重要[254]。因此，张琼等[255]研究了逆境胁迫下植物这两套系统，并从更深的层面揭示了污染物引发植物毒性的原因，为预防污染物的潜在环境风险或利用植物修复污染区域提供理论支持。研究结果表明：HCH 4 种同分异构体中，δ-HCH 对拟南芥生长的外观形态影响最大；另外，HCH 暴露对植株根的毒性大于对叶片的毒性。经过 4 周的暴毒，拟南芥叶肉细胞的形状呈不规则形，在 δ-HCH 处理组尤其突出。农药处理组每个细胞内叶绿体的数目也减少了。和空白相比，HCH 处理 2 周后，超氧化物歧化酶和过氧化物酶的活性出现了先抑制酶活性（2 周暴露）再刺激酶活性（3 周和 4 周暴露）的现象。

张琼等[255]首次选择了光合系统和抗氧化防御系统来调查植物对 HCH 异构体的响应。光合作用是植物和藻类利用太阳能合成有机物的一个基础过程。当植物暴露于 HCH 时，如结果所示，它的 2 个光合系统的效率都不可避免地下降了。氧化应激就是指由于 ROS 过量累积造成的植物细胞的损伤或者死亡的现象。植物通过上调或者下调抗氧化酶的活性来应对氧化胁迫。在该研究中，拟南芥的抗氧化防御系统也明显地受到了 HCH 的影响。另外，作为主要的光合作用的细胞器，叶绿体中的氧含量较高，故而植物对 ROS 产生响应的场所肯定是集中在像叶绿体中的光合细胞这样的光合组织中[256]。再者，就像研究者曾经总结的那样，光合细胞中也存在一些独特的 ROS 产生通路和多重的 ROS 代谢系统[257]，因此，植物的光合系统和氧化应激系统在植物应对氧化应激的过程中有着非常紧密的联系。

ROS 可以看作是光合作用过程的副产品。越来越多的证据表明：抗氧化物相互作用产生的氧化还原的动态平衡是一个生物自身代谢系统与外界环境之间信号传递的交界面[258]。然而，ROS 在植物体中过量累积却是有害的[259]，氧化胁迫就是像羟基自由基和超氧化物自由基这样的活性氧物质的产生与生物体的抗氧化防御系统之间的平衡被打破的现象[260]。由于植物不能够通过调节电子传递的速率来控制 ROS 的累积，就有可能爆发氧化应激。该研究中抗氧化酶活性的变化和脂质过氧化水平的上升证明暴露于 HCH 的拟南芥受到了氧化损伤并且利用它的酶促解毒系统来清除过量的活性氧物质，尽管关于 HCH 诱导植物抗氧化酶活性变化的报道不多，但 HCH 在其他生物体中诱导氧化应激的报道则很多。例如，HCH 诱导了艾氏腹水瘤细胞的氧化应激：活性氧物质产生，谷胱甘肽含量下降，出现脂质过氧化现象，并且抑制了 SOD 和 CAT 酶的活性[261]。另外，Srivastava 等[261]研究了重复经口暴露于 HCH 的小鼠睾丸的抗氧化防御系统和脂质过氧化现象，发现 HCH 引起了细胞内 SOD 和 CAT 酶活性的显著下降。

从不同的 HCH 异构体在植株体内残留的结果可以看出，HCH 对植株的毒性与它的残留量呈负相关。另外植株根部培养基中的 HCH 残量几乎无法测得。需要指出的是，该研究中的培养是在完全无菌的条件下进行的，不涉及微生物对农药的降解。由于初始加药量相同，所以植株中的农药残留浓度反映了整个封闭培养体系（植株+培养基）中该种异构体的残留量，而这个残量除了被植株利用的部分外，也不排除在根表面的吸附。一方面，这项结果说明植株在生长过程中对 HCH 的降解起到积极的促进作用，因为根际环境中即培养基中的残量非常小；另一方面，4 种 HCH 异构体在植株体内代谢速率的差异可能是导致其毒性差异的又一个原因，即毒性较大的异构体，如δ-HCH，在植物体内的残留最少，稳定性最差，也说明它比其他异构体更容易进入植株，且在植物体内更容易被转化和利用，进而也导致了植株自身被毒害。

8.7　代谢表型的影响

生物代谢表型是指基于对细胞类型、生物体液及生物组织的分析，用多种参数近似地描述处于特定生理状态的生物体。生物体的基因与其所处的环境因素相互影响，这种共同作用赋予了生物体在这特定的生理状态下的独一无二的生物代谢表型[262]。

8.7.1 代谢表型研究简介及意义

生物代谢表型主要由生物体的基因组、肠道菌群、所处环境及其摄入的外源物共同决定[263]。目前，生物代谢表型通常由代谢物的有无、代谢物的浓度，代谢物之间的比值以及代谢物的整体信息 4 个指标来描述。在这 4 个指标中并没有生物体的基因及环境信息，然而基因及环境的影响却能在这 4 个指标中体现出来[262]。因此，研究某种特殊因素下的生物代谢表型对了解该种因素对生物体的影响有着重要意义。

8.7.2 常用模型及方法

研究生物代谢表型的方法中，质谱（mass spectrum，MS）、核磁共振（nuclear magnetic resonance，NMR）、红外光谱、库仑分析、紫外吸收及荧光散射等手段可用于代谢物的检测，魔术转角核磁共振技术（magic angle spinning nuclear magnetic resonance，MASNMR）可对完整的组织进行检测[264]。

1. 核磁共振

在研究生物代谢表型的研究中，核磁共振技术是最常用的技术之一。NMR 在处理样品时不对样品造成破坏，且实验重复性良好、没有偏向性，可同时对多种代谢产物进行检测分析，并描述被检测样品的代谢轮廓[265]。因此，NMR 目前已被广泛应用于疾病诊断、药物检测及污染物毒性机制研究等各个领域[266-268]。基于 NMR 代谢组学分析的基本流程为：提出研究问题并设计合理的实验方案；根据实验方案及相应的操作规范开展实验，根据要求收集样品；对样品进行预处理；NMR 上样检测；数据处理，包括对相位和基线进行校正，定标，对谱线进行积分以及归一化处理等步骤；基于上步所得的积分值进行数据分析，例如 PCA、PLS-DA（partial least squares discriminant analysis），以及 OPLS-DA（orthogonal signal correction partial least-squares discriminant analysis）分析等，然后对模型进行优化及验证；辨别分析差异代谢物；分析受扰动的代谢通路，并解释其中可能的生物机制，总结其中所蕴含的生物学意义。

2. 质谱

质谱技术在代谢组学领域的应用已逐渐成为主力军。以质谱分析为基础的代谢组学方法来研究细胞的代谢物，具有灵敏度高、无需标记，能进行多组分检测的同时还能获取分子的结构信息[269]的特点，有利于细胞生物学的研究。目前，与质谱联用技术主要分类有：毛细管电泳-质谱（capillary electrophoresis-mass spectrum，CE-MS）、串联质谱（mass spectrum-mass spectrum，MS-MS）、气相质谱（gas chromatography-mass spectrum，GC-MS）和液相质谱（liquid chromatography-mass spectrum，LC-MS）等。近期，随着质谱分析器的发展，如时间飞行分析器、四极杆、离子阱，特别是静电场轨道离子阱及它们之间的串联使用，使得质谱能够在浓度很低的情况下直接有选择性地分析化合物[270]。

8.7.3　代谢表型影响研究

- 甲霜灵对幼年大鼠代谢表型的影响机制

甲霜灵（metalaxyl）是一种低毒杀菌剂，它的主要作用方式是通过与 RNA 聚合酶 I 相互作用从而抑制核糖体 rRNA 的合成[271]。甲霜灵可通过径流、灌溉等方式进入土壤、水体等环境中，因此残留在环境中的甲霜灵可能会对非靶标生物造成潜在危害[272]。Hrelia 等通过体外实验发现，甲霜灵会对人类及其他非靶标生物的染色体造成不利影响。Sakr 等通过实验发现，甲霜灵对小鼠具有肾毒性[273]。也有学者对甲霜灵及其对映体在非靶标生物体内的降解情况进行实验研究[274,275]。然而，作为一种常用的手性农用杀菌剂，关于甲霜灵对生物体的代谢扰动效应及其对映选择性的研究还很匮乏。

顾金苹[276]等通过对经过 R-metalaxyl 和 S-metalaxyl 暴露后的幼年 SD 大鼠血清样品进行 NMR 检测，结合多元统计分析，探究大鼠体内相应的代谢小分子及代谢通路的变化，从代谢角度评价甲霜灵对映体对大鼠的毒性效应（表 8-1，图 8-8）。实验结果发现经过甲霜灵对映体暴露 14 天后，R-metalaxyl 暴露对大鼠体内 3 条代谢通路具有显著的干扰效应，分别为缬氨酸、亮氨酸和异亮氨酸的合成通路，酮体的合成和降解通路，以及甘油酯的代谢通路。相比之下，S-metalaxyl 对大鼠代谢扰动的效应更为强烈，共干扰了 6 条代谢通路，分别为糖酵解通路，缬氨酸、亮氨酸、异亮氨酸的合成通路，甘氨酸、丝氨酸、苏氨酸的代谢通路，酮体的合成和降解通路，甘油磷脂的代谢通路，以及甘油酯的代谢通路。

甲霜灵两种对映体的暴露所影响的大鼠体内的代谢产物有所不同，因此干扰的代谢通路也随之不同。虽然，S-metalaxyl 的杀菌活性远不如 R-metalaxyl，但是 S-metalaxyl 对大鼠代谢表型造成的影响却大于 R-metalaxyl。NMR 结果表明，乳酸盐和丙酮酸盐相对浓度在 S-metalaxyl 暴露后显著降低，结合分析所得的糖酵解通路的异常，说明在经过 S-metalaxyl 暴露后，大鼠体内的糖酵解过程受到了抑制。Yang 等此前在对杀菌剂噻氟酰胺（thifluzamide）进行研究时也发现它会抑制糖酵

表 8-1 *R*-metalaxyl 与 *S*-metalaxyl 实验组相比的差异性代谢物

代谢分子	化学位移（ppm）	相关系数	电量权重重要性排序	*RS* 比
低密度脂蛋白/超低密度脂蛋白	0.83（bar），1.13（bar）	0.568	1.288	↓
缬氨酸	0.99（d），1.04（d），2.28（d），3.61（d）	0.697	1.354	↑↑
3-羟基丁酸酯	1.18（d），2.28（m），2.39（m），4.14（m）	0.720	1.187	↑↑
乳酸	1.33（d），4.12（m）	0.800	3.267	↑↑
丙氨酸	1.48（d），3.80（q）	0.573	1.793	↑
乙酸	1.91（s）	0.754	2.774	↑↑
α-酸性糖蛋白	1.92（bar），2.01（bar）	0.673	2.310	↑↑
乙酰乙酸盐	2.27（s），3.43（s）	0.673	3.874	↑↑
谷氨酰胺	2.10（m），2.46（m），3.78（m）	0.788	1.242	↑↑
谷氨酸盐	2.09（m），2.10（m），2.36（m），3.78（m）	0.788	1.317	↑↑
丙酮酸	2.36（s）	0.858	1.671	↑↑
柠檬酸	2.53（d），2.69（d）	0.771	1.711	↑↑
N，*N*-二甲基甘氨酸	2.91（s），3.71（s）	0.598	1.696	↑
胆碱磷酸	3.21（s），3.58（m），4.16（m）	0.523	1.960	↓
丙三醇	3.22（s），3.61（m），3.68（m），3.67（m），3.87（m），3.90（m），3.94（m）	0.594	2.471	↓
牛磺酸	3.25（t），3.42（t）	0.608	3.434	↑
甘氨酸	3.57（s）	0.937	1.570	↑↑
甘油	3.55（m），3.64（m），3.78（m）	0.786	1.481	↑↑
丝氨酸	3.83（m），3.97（m）	0.568	1.996	↑
葡萄糖	3.24（m），3.41（m），3.45（m），3.75（m），3.89（m），4.64（d），5.23（d）	0.517	2.219	↓
酪氨酸	3.06（dd），3.15（dd），3.94（dd），6.91（d），7.20（d）	0.753	1.636	↑↑
甲酸	8.46（s）	0.749	1.117	↑↑

注：bar：杆；d：双峰；dd：双二重峰；m：多重峰；q：四重峰；s：单峰；t：三重峰。

解过程[277]。缬氨酸、亮氨酸、异亮氨酸合成通路，以及甘氨酸、丝氨酸、苏氨酸的代谢通路，这 2 条氨基酸通路在经过 *S*-metalaxyl 暴露后，也发生了异常反应，其中前者在 *R*-metalaxyl 实验组中也有类似结果。丝氨酸来源于 3-磷酸甘油酸，而3-磷酸甘油酸是糖酵解的中间产物，甘氨酸是由丝氨酸转化而来的，所以该条代谢通路的显著性改变也再次证明了糖酵解通路的异常，两者的异常共同证明了大鼠在经过 *S*-metalaxyl 暴露后，其能量代谢受到了干扰。

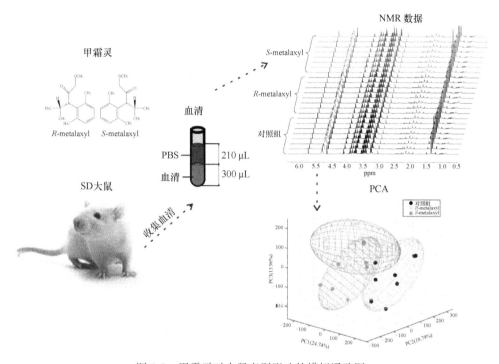

图 8-8　甲霜灵对大鼠表型影响的模拟通路图

参 考 文 献

[1] Zhao M, Liu W. Enantioselectivity in the immunotoxicity of the insecticide acetofenate in an in vitro model. Environmental Toxicology & Chemistry, 2009, 28(3): 578-585.

[2] Wilson S, Dzon L, Reed A, Pruitt M, Whalen M M. Effects of *in vitro* exposure to low levels of organotin and carbamate pesticides on human natural killer cell cytotoxic function. Environmental Toxicology, 2004, 19(6): 554.

[3] Lu X, Hu F, Ma Y, Wang C, Zhang Y, Zhao M. The role of oxidative stress in enantiomer-specific, bifenthrin-induced cytotoxicity in PC12 cells. Environmental Toxicology, 2011, 26(3): 271-278.

[4] Hu F, Li L, Wang C, Zhang Q, Zhang X, Zhao M. Enantioselective induction of oxidative stress by permethrin in rat adrenal pheochromocytoma (PC12) cells. Environmental Toxicology & Chemistry, 2010, 29(3): 683-690.

[5] Jia Z, Misra H P. Reactive oxygen species in *in vitro* pesticide-induced neuronal cell (SH-SY5Y) cytotoxicity: Role of NFκB and Caspase-3. Free Radical Biology & Medicine, 2007, 42(2): 288-298.

[6] Röderstolinski C, Fischäder G, Oostingh G J, Eder K, Duschl A, Lehmann I. Chlorobenzene induces the NF-B and p38 MAP kinase pathways in lung epithelial cells. Inhalation Toxicology, 2008, 20(9): 813-820.

[7] Cai X, Liu W, Sheng G. Enantioselective degradation and ecotoxicity of the chiral herbicide

diclofop in three freshwater alga cultures. Journal of Agricultural & Food Chemistry, 2008, 56(6): 2139-2146.

[8] Ruhland M, Engelhardt G, Pawlizki K. A comparative investigation of the metabolism of the herbicide glufosinate in cell cultures of transgenic glufosinate-resistant and non-transgenic oilseed rape (*Brassica napus*) and corn (*Zea mays*). Environmental Biosafety Research, 2002, 1(1): 29.

[9] Suzuki T, Nojiri H, Isono H, Ochi T. Oxidative damages in isolated rat hepatocytes treated with the organochlorine fungicides captan, dichlofluanid and chlorothalonil. Toxicology, 2004, 204(2-3): 97.

[10] Lecluyse E L. Human hepatocyte culture systems for the *in vitro* evaluation of cytochrome P450 expression and regulation. European Journal of Pharmaceutical Sciences, 2001, 13(4): 343-368.

[11] Sohn H Y, Kwon C S, Kwon G S, Lee J B, Kim E. Induction of oxidative stress by endosulfan and protective effect of lipid-soluble antioxidants against endosulfan-induced oxidative damage. Toxicology Letters, 2004, 151(2): 357.

[12] Liu H, Zhao M, Zhang C, Ma Y, Liu W. Enantioselective cytotoxicity of the insecticide bifenthrin on a human amnion epithelial (FL) cell line. Toxicology, 2008, 253(1-3): 89.

[13] Liu X M, Shao J Z, Xiang L X, Chen X Y. Cytotoxic effects and apoptosis induction of atrazine in a grass carp (*Ctenopharyngodon idellus*) cell line. Environmental Toxicology, 2006, 21(1): 80.

[14] Gerlier D, Thomasset N. Use of MTT colorimetric assay to measure cell activation. Journal of Immunological Methods, 1986, 94(1-2): 57-63.

[15] Berridge M V, Tan A S. Characterization of the cellular reduction of 3-(4, 5-dimethylthiazol-2-yl)-2, 5-diphenyltetrazolium bromide (MTT): Subcellular localization, substrate dependence, and involvement of mitochondrial electron transport in MTT reduction. Archives of Biochemistry & Biophysics, 1993, 303(2): 474-482.

[16] 郝巧玲, 吕斌, 周宜开, 程光明. 生物发光法快速检测细胞内三磷酸腺苷. 华中科技大学学报(医学版), 2005, 34(1): 61-64.

[17] Heberer M, Ernst M, Dürig M, Allgöwer M, Fischer H. Measurement of chemiluminescence in freshly drawn human blood. II. Clinical application of zymosan-induced chemiluminescence. Wiener Klinische Wochenschrift, 1981, 59(5): 203-211.

[18] 陆元桴, 王正昌. 生化发光法检测 NK 细胞活性及其临床应用. 现代免疫学, 1989, (6): 357-358.

[19] Zhao M, Zhang Y, Wang C, Fu Z, Liu W, Gan J. Induction of macrophage apoptosis by an organochlorine insecticide acetofenate. Chemical Research in Toxicology, 2009, 22(3): 504-510.

[20] Niles A L, Moravec R A, Eric H P, Scurria M A, Daily W J, Riss T L. A homogeneous assay to measure live and dead cells in the same sample by detecting different protease markers. Analytical Biochemistry, 2007, 366(2): 197-206.

[21] Rubinstein L V, Shoemaker R H, Paull K D, Simon R M, Tosini S, Skehan P, Scudiero D A, Monks A, Boyd M R. Comparison of *in vitro* anticancer-drug-screening data generated with a tetrazolium assay versus a protein assay against a diverse panel of human tumor cell lines. Journal of the National Cancer Institute, 1990, 82(13): 1113.

[22] Nassimi M, Schleh C, Lauenstein H D, Hussein R, Hoymann H G, Koch W, Pohlmann G, Krug N, Sewald K, Rittinghausen S. A toxicological evaluation of inhaled solid lipid nanoparticles

used as a potential drug delivery system for the lung. European Journal of Pharmaceutics & Biopharmaceutics, 2010, 75(2): 107-116.

[23] Thompson R B, Patchan M W, Zhengfang G E. Enzyme-based fluorescence biosensor for chemical analysis. United States Patent 6225127, 1999.

[24] Shafer T J, Meyer D A, Crofton K M. Developmental neurotoxicity of pyrethroid insecticides: Critical review and future research needs. Environmental Health Perspectives, 2005, 113(2): 123.

[25] Kakko I, Toimela T, Tähti H. The toxicity of pyrethroid compounds in neural cell cultures studied with total ATP, mitochondrial enzyme activity and microscopic photographing. Environmental Toxicology & Pharmacology, 2004, 15(2): 95-102.

[26] Ray D E, Fry J R. A reassessment of the neurotoxicity of pyrethroid insecticides. Pharmacology & Therapeutics, 2006, 111(1): 174-193.

[27] Hougard J, Duchon S, Zaim M, Guillet P. Bifenthrin: A useful pyrethroid insecticide for treatment of mosquito nets. Journal of Medical Entomology, 2002, 39(3): 526-533.

[28] Yadav R S, Srivastava H C, Adak T, Nanda N, Thapar B R, Pant C S, Zaim M, Subbarao S K. House-scale evaluation of bifenthrin indoor residual spraying for malaria vector control in India. Journal of Medical Entomology, 2003, 40(1): 58-63.

[29] Wang L, Liu W, Yang C, Pan Z, Gan J, Xu C, Zhao M, Schlenk D. Enantioselectivity in estrogenic potential and uptake of bifenthrin. Environmental Science & Technology, 2007, 41(17): 6124-6128.

[30] Wu J D, Zhao M S, Chen J L, Zhang Y D. Enantioselective cytotoxicity of the insecticide bifenthrin on a human amnion epithelial (FL) cell line. Toxicology, 2008, 253(1-3): 89.

[31] Hadnagy W, Seemayer N H, Kühn K H, Leng G, Idel H. Induction of mitotic cell division distrubances and mitotic arrest by pyrethroids in V79 cell cultures. Toxicology Letters, 1999, 107(1-3): 81-87.

[32] Patel S, Pandey A K, Bajpayee M, Parmar D, Dhawan A. Cypermethrin-induced DNA damage in organs and tissues of the mouse: Evidence from the comet assay. Mutation Research/Genetic Toxicology & Environmental Mutagenesis, 2006, 607(2): 176.

[33] Villarini M, Moretti M, Damiani E, Greci L, Santroni A M, Fedeli D, Falcioni G. Detection of DNA damage in stressed trout nucleated erythrocytes using the comet assay: Protection by nitroxide radicals. Free Radical Biology & Medicine, 1998, 24(7-8): 1310.

[34] Kale M, Rathore N, John S, Bhatnagar D. Lipid peroxidative damage on pyrethroid exposure and alterations in antioxidant status in rat erythrocytes: A possible involvement of reactive oxygen species. Toxicology Letters, 1999, 105(3): 197-205.

[35] Qiao D, Seidler F J, Slotkin T A. Oxidative mechanisms contributing to the developmental neurotoxicity of nicotine and chlorpyrifos. Toxicology & Applied Pharmacology, 2005, 206(1): 17-26.

[36] Luo T, Xia Z. A small dose of hydrogen peroxide enhances tumor necrosis factor-alpha toxicity in inducing human vascular endothelial cell apoptosis: Reversal with propofol. Anesthesia & Analgesia, 2006, 103(1): 110-116.

[37] Nasuti C, Cantalamessa F, Falcioni G, Gabbianelli R. Different effects of Type I and Type II pyrethroids on erythrocyte plasma membrane properties and enzymatic activity in rats. Toxicology, 2003, 191(2): 233-244.

[38] Perandones C E, Illera V A, Peckham D, Stunz L L, Ashman R F. Regulation of apoptosis in

vitro in mature murine spleen T cells. Journal of Immunology, 1993, 151(7): 3521.

[39] Djordjević V B. Free radicals in cell biology. International Review of Cytology, 2004, 237: 57.

[40] Reiter R J, Acuña-Castroviejo D, Tan D X, Burkhardt S. Free radical-mediated molecular damage. Mechanisms for the protective actions of melatonin in the central nervous system. Annals of the New York Academy of Sciences, 2001, 939(1): 200.

[41] Cini M, Fariello R G, Bianchetti A, Moretti A. Studies on lipid peroxidation in the rat brain. Neurochemical Research, 1994, 19(3): 283-288.

[42] Zhang Y, Dawson V L, Dawson T M. Oxidative stress and genetics in the pathogenesis of Parkinson's disease. Neurobiology of Disease, 2000, 7(4): 240-250.

[43] Owen A D, Schapira A H, Jenner P, Marsden C D. Oxidative stress and Parkinson's disease. Annals of the New York Academy of Sciences, 2007, 83(1): 507-520.

[44] Jenner P, Dexter D T, Sian J, Schapira A H, Marsden C D. Oxidative stress as a cause of nigral cell death in Parkinson's disease and incidental lewy body disease. Annals of Neurology, 1992, 32 Suppl(S1): S82.

[45] Zafrilla P, Mulero J, Xandri J M, Santo E, Caravaca G, Morillas J M. Oxidative stress in Alzheimer patients in different stages of the disease. Current Medicinal Chemistry, 2006, 13(9): 1075.

[46] Eljarrat E, Guerra P, Barcel, Oacute D. Enantiomeric determination of chiral persistent organic pollutants and their metabolites. Trends in Analytical Chemistry, 2008, 27(10): 847-861.

[47] Zhao M, Wang C, Zhang C, Wen Y, Liu W. Enantioselective cytotoxicity profile of *o,p'*-DDT in PC 12 Cells. PloS One, 2012, 7(8): e43823.

[48] Garrison A W, Nzengung V A, Avants J K, Ellington J J, Jones W J, Rennels D, Wolfe N L. Phytodegradation of *p,p'*-DDT and the enantiomers of *o,p'*-DDT. Environmental Science & Technology, 2000, 34: 1663-1670.

[49] Latchoumycandane C, Mathur P. Induction of oxidative stress in the rat testis after short-term exposure to the organochlorine pesticide methoxychlor. Archives of Toxicology, 2002, 76(12): 692-698.

[50] Dorval J, Leblond V S, Hontela A. Oxidative stress and loss of cortisol secretion in adrenocortical cells of rainbow trout (*Oncorhynchus mykiss*) exposed *in vitro* to endosulfan, an organochlorine pesticide. Aquatic Toxicology, 2003, 63(3): 229-241.

[51] Shi Y Q, Li H W, Wang Y P, Liu C J, Yang K D. *p,p'*-DDE induces apoptosis and mRNA expression of apoptosis-associated genes in testes of pubertal rats. Environmental Toxicology, 2013, 28(1): 31-41.

[52] Michiels C, Raes M, Toussaint O, Remacle J. Importance of Se-glutathione peroxidase, catalase, and Cu/Zn-SOD for cell survival against oxidative stress. Free Radical Biology & Medicine, 1994, 17(3): 235-48.

[53] Gupta S C, Sharma A, Mishra M, Mishra R K, Chowdhuri D K. Heat shock proteins in toxicology: How close and how far? Life Sciences, 2010, 86(11-12): 377.

[54] Kalmar B, Greensmith L. Induction of heat shock proteins for protection against oxidative stress. Advanced Drug Delivery Reviews, 2009, 61(4): 310.

[55] Yang L, Zha J, Zhang X, Li W, Li Z, Wang Z. Alterations in mRNA expression of steroid receptors and heat shock proteins in the liver of rare minnow (*Grobiocypris rarus*) exposed to atrazine and *p,p'*-DDE. Aquatic Toxicology, 2010, 98(4): 381-387.

[56] Werner I, Nagel R. Stress proteins HSP60 and HSP70 in three species of amphipods exposed to

cadmium, diazinon, dieldrin and fluoranthene. Environmental Toxicology & Chemistry, 2010, 16(11): 2393-2403.

[57] Shi Y, Song Y, Wang Y, Wang Y, Liang X, Hu Y, Yu H, Guan X, Cheng J, Yang K. β-Benzene hexachloride induces apoptosis of rat Sertoli cells through generation of reactive oxygen species and activation of JNKs and FasL. Environmental Toxicology, 2011, 26(2): 124.

[58] Saradha B, Vaithinathan S, Mathur P P. Lindane induces testicular apoptosis in adult Wistar rats through the involvement of Fas-FasL and mitochondria-dependent pathways. Toxicology, 2009, 255(3): 131-139.

[59] Bornman M S, Pretorius E, Marx J, Smit E, Cf V D M. Ultrastructural effects of DDT, DDD, and DDE on neural cells of the chicken embryo model. Environmental Toxicology, 2007, 22(3): 328-336.

[60] Liu H, Xu L, Zhao M, Liu W, Zhang C, Zhou S. Enantiomer-specific, bifenthrin-induced apoptosis mediated by MAPK signalling pathway in Hep G2 cells. Toxicology, 2009, 261(3): 119.

[61] Liu H, Liu J, Xu L, Zhou S, Li L, Liu W. Enantioselective cytotoxicity of isocarbophos is mediated by oxidative stress-induced JNK activation in human hepatocytes. Toxicology, 2010, 276(2): 115-121.

[62] 向大昌, 罗自强. 环境化学物质所致的男性生育障碍. 生殖与避孕, 1990, (4): 73-75.

[63] Baeder C, Wickramaratne A S, Hummler H, Merkle J, Schön J M, Tuchmannduplessis H. Identification and assessment of the effects of chemicals on reproduction and development (reproductive toxicology). Food & Chemical Toxicology An International Journal Published for the British Industrial Biological Research Association, 1985, 23(3): 377.

[64] And S D S, Dixon R L. Occupational exposures associated with male reproductive dysfunction. Annual Review of Pharmacology & Toxicology, 1985, 25(1): 567.

[65] 张天宝. 大鼠卵巢细胞体外培养及生殖毒理研究中的应用. 毒理学杂志, 1997, (2): 128-130.

[66] Benaharon I, Granot T, Meizner I, Hasky N, Tobar A, Rizel S, Yerushalmi R, Benharoush A, Fisch B, Stemmer S M. Long-term follow-up of chemotherapy-induced ovarian failure in young breast cancer patients: The role of vascular toxicity. Oncologist, 2015, 20(9): 985.

[67] Luderer U. Ovarian toxicity from reactive oxygen species. Vitamins & Hormones, 2014, 94(94C): 99.

[68] 张婷, 贺婉红, 俸灵林. 化疗药物卵巢毒性的研究进展. 中国药理学与毒理学杂志, 2016, 30(8): 879-885.

[69] Wu J, Tu D, Yuan L Y, Yi J E, Tian Y. T-2 toxin regulates steroid hormone secretion of rat ovarian granulosa cells through cAMP-PKA pathway. Toxicology Letters, 2015, 232(3): 573-579.

[70] Haney A F, Hughes S F, Hughes C L Jr. Screening of potential reproductive toxicants by use of porcine granulosa cell cultures. Toxicology, 1984, 30(3): 227-241.

[71] Richards J S. Genetics of ovulation. Seminars in Reproductive Medicine, 2007, 25(04): 235-242.

[72] Liu J, Yang Y, Zhuang S, Yang Y, Li F, Liu W. Enantioselective endocrine-disrupting effects of bifenthrin on hormone synthesis in rat ovarian cells. Toxicology, 2011, 290(1): 42-49.

[73] Tinfo N S, Hotchkiss M G, Buckalew A R, Zorrilla L M, Cooper R L, Laws S C. Understanding the effects of atrazine on steroidogenesis in rat granulosa and H295R adrenal cortical carcinoma cells. Reproductive Toxicology, 2011, 31(2): 184-193.

[74] Manna P R, Huhtaniemi I T, Stocco D M. Mechanisms of protein kinase C signaling in the modulation of 3′,5′-cyclic adenosine monophosphate-mediated steroidogenesis in mouse gonadal cells. Endocrinology, 2009, 150(7): 3308.

[75] Roy L, Mcdonald C A, Jiang C, Maroni D, Zeleznik A J, Wyatt T A, Hou X, Davis J S. Convergence of 3′,5′-cyclic adenosine 5′-monophosphate/protein kinase A and glycogen synthase kinase-3beta/beta-catenin signaling in corpus luteum progesterone synthesis. Endocrinology, 2009, 150(11): 5036-5045.

[76] Ke F C, Fang S H, Lee M T, Sheu S Y, Lai S Y, Chen Y J, Huang F L, Wang P S, Stocco D M, Hwang J J. Lindane, a gap junction blocker, suppresses FSH and transforming growth factor β$_1$-induced connexin 43 gap junction formation and steroidogenesis in rat granulosa cells. Journal of Endocrinology, 2005, 184(3): 555-566.

[77] Davis B J, Lennard D E, Lee C A, Tiano H F, Morham S G, Wetsel W C, Langenbach R. Anovulation in cyclooxygenase-2-deficient mice is restored by prostaglandin E$_2$ and interleukin-1beta. Endocrinology, 1999, 140(6): 2685-2695.

[78] Wong W Y, Richards J S. Induction of prostaglandin H synthase in rat preovulatory follicles by gonadotropin-releasing hormone. Endocrinology, 1992, 130(6): 3512-3521.

[79] Wu Y L, Wiltbank M C. Transcriptional regulation of the cyclooxygenase-2 gene changes from protein kinase (PK) A- to PKC-dependence after luteinization of granulosa cells 1. Biology of Reproduction, 2002, 66(5): 1505-1514.

[80] Ohno S, Konno Y, Akita Y, Yano A, Suzuki K. A point mutation at the putative ATP-binding site of protein kinase C alpha abolishes the kinase activity and renders it down-regulation-insensitive. A molecular link between autophosphorylation and down-regulation. Journal of Biological Chemistry, 1990, 265(11): 6296.

[81] Vais H, Williamson M S, Devonshire A L, Usherwood P N R. The molecular interactions of pyrethroid insecticides with insect and mammalian sodium channels. Pest Management Science, 2001, 57(10): 877.

[82] Soderlund D M. State-dependent modification of voltage-gated sodium channels by pyrethroids. Pesticide Biochemistry & Physiology 2010, 97(2): 78.

[83] Choi J S, Soderlund D M. Structure-activity relationships for the action of 11 pyrethroid insecticides on rat Na v 1.8 sodium channels expressed in *Xenopus oocytes*. Toxicology & Applied Pharmacology, 2006, 211(3): 233-244.

[84] Bulling A, Brucker C, Berg U, Gratzl M, Mayerhofer A. Identification of voltage-activated Na$^+$ and K$^+$ channels in human steroid-secreting ovarian cells. Annals of the New York Academy of Sciences, 1999, 868(1): 77-79.

[85] Cao Z, Shafer T J, Crofton K M, Chris G, Murray T F. Additivity of pyrethroid actions on sodium influx in cerebrocortical neurons in primary culture. Environmental Health Perspectives, 2011, 119(9): 1239-1246.

[86] Guillouet M, Gueret G, Rannou F, Girouxmetges M A, Gioux M, Arvieux C C, Pennec J P. Tumor necrosis factor-α downregulates sodium current in skeletal muscle by protein kinase C activation: Involvement in critical illness polyneuromyopathy. Am J Physiol Cell Physiol, 2011, 301(5): C1057.

[87] Zhang W, Delay R J. Gonadotropin-releasing hormone modulates voltage-activated sodium current and odor responses in *Necturus maculosus* olfactory sensory neurons. Journal of Neuroscience Research, 2007, 85(8): 1656-1667.

[88] Ayotte P, Dewailly E, Bruneau S, Careau H, Vézina A. Arctic air pollution and human health: What effects should be expected? Science of the Total Environment, 1995, s 160-161(2): 529.

[89] Wiktelius S, Edwards C A. Organochlorine insecticide residues in African Fauna: 1971-1995. Environmental Contamination and Toxicology, 1997, 151: 1-37.

[90] De F E, Di D A, Miniero R, Silvestroni L. Polychlorobiphenyls and other organochlorine compounds in human follicular fluid. Chemosphere, 2004, 54(10): 1445-1449.

[91] Jirsova S, Masata J L, Zvarova J. Effect of polychlorinated biphenyls (PCBs) and 1,1,1-trichloro-2,2-bis(4-chlorophenyl)-ethane (DDT) in follicular fluid on the results of *in vitro* fertilization- embryo transfer (IVF-ET) programs. Fertility & Sterility, 2010, 93(6): 1831-1836.

[92] Younglai E V, Foster W G, Hughes E G, Trim K, Jarrell J F. Levels of environmental contaminants in human follicular fluid, serum, and seminal plasma of couples undergoing *in vitro* fertilization. Archives of Environmental Contamination & Toxicology, 2002, 43(1): 121-126.

[93] 朱珠, 刘嘉茵. 环境内分泌干扰物对女性生殖健康影响的研究进展. 国际妇产科学杂志, 2004, 31(3): 179-182.

[94] Takeuchi S. Screening for estrogen and androgen receptor activities in 200 pesticides by *in vitro* reporter gene assays using Chinese hamster ovary cells. Environmental Health Perspectives, 2004, 112(5): 524-531.

[95] Jing J, Zhao M, Zhuang S, Yan Y, Ye Y, Liu W. Low concentrations of o,p'-DDT inhibit gene expression and prostaglandin synthesis by estrogen receptor-independent mechanism in rat ovarian cells. PloS One, 2012, 7(11): e49916.

[96] Chapin R E, Harris M W, Davis B J, Ward S M, Wilson R E, Mauney M A, Lockhart A C, Smialowicz R J, Moser V C, Burka L T. The effects of perinatal/juvenile methoxychlor exposure on adult rat nervous, immune, and reproductive system function. Fundamental and Applied Toxicology, 1997, 40(1): 138-157.

[97] Ford L C. Decreased superovulation in adult mice following neonatal exposures to technical methoxychlor. Reproductive Toxicology, 1997, 11(6): 807-814.

[98] Suzuki M, Lee H C, Chiba S, Yonezawa T, Nishihara M. Effects of methoxychlor exposure during perinatal period on reproductive function after maturation in rats. Journal of Reproduction and Development, 2004, 50(4): 455-461.

[99] Adewale H B, Jefferson W N, Newbold R R, Patisaul H B. Neonatal bisphenol-A exposure alters rat reproductive development and ovarian morphology without impairing activation of gonadotropin-releasing hormone neurons. Biology of Reproduction, 2009, 81(4): 690-699.

[100] Akgul Y, Derk R C, Meighan T, Rao K M K, Murono E P. The methoxychlor metabolite, HPTE, directly inhibits the catalytic activity of cholesterol side-chain cleavage (P450scc) in cultured rat ovarian cells. Reproductive Toxicology, 2008, 25(1): 67-75.

[101] Haney A F, Hughes S F, Jr C L H. Synthetic estrogens suppress granulosa cell progesterone production *in vitro*. Reproductive Toxicology, 1990, 4(1): 3-10.

[102] Lee H T, Bahr J M. Inhibition of the activities of P450 cholesterol side-chain cleavage and 3 beta-hydroxysteroid dehydrogenase and the amount of P450 cholesterol side-chain cleavage by testosterone and estradiol-17 beta in hen granulosa cells. Endocrinology, 1990, 126(2): 779-786.

[103] Han E H, Kim H G, Hwang Y P, Choi J H, Im J H, Park B, Yang J H, Jeong T C, Jeong H G. The role of cyclooxygenase-2-dependent signaling via cyclic AMP response element activation

on aromatase up-regulation by *o,p'*-DDT in human breast cancer cells. Toxicology Letters, 2010, 198(3): 331-341.

[104] Frigo D E, Burow M E, Mitchell K A, Tung-Chin C, Mclachlan J A. DDT and its metabolites alter gene expression in human uterine cell lines through estrogen receptor-independent mechanisms. Environmental Health Perspectives, 2002, 110(12): 1239-1245.

[105] 樊福成. 出生前铅暴露的研究. 环境卫生学杂志, 2002, 29(2): 87-92.

[106] Zhao M R, Qiu W, Li Y X, Zhang Z B, Li D, Wang Y L. Dual effect of transforming growth factor beta1 on cell adhesion and invasion in human placenta trophoblast cells. Reproduction, 2006, 132(2): 333-341.

[107] 侯蕾, 陈必良. 二噁英的胎盘毒性及研究进展. 中国妇幼健康研究, 2006, 17(3): 179-181.

[108] Fernandez M F, Begoña O, Alicia G, José L E M, José-Manuel M M, Manuel F J, Milagros C, Fátima O S, Nicolás O. Human exposure to endocrine-disrupting chemicals and prenatal risk factors for cryptorchidism and hypospadias: A nested case-control study. Environmental Health Perspectives, 2007, 115(Suppl 1): 8.

[109] Wójtowicz A K, Augustowska K, Gregoraszczuk E L. The short- and long-term effects of two isomers of DDT and their metabolite DDE on hormone secretion and survival of human choriocarcinoma JEG-3 cells. Pharmacological Reports Pr, 2007, 59(2): 224.

[110] Aigner E J, Leone A A, Falconer R L. Concentrations and enantiomeric ratios of organochlorine pesticides in soils from the U.S. Corn Belt. Environmental Science & Technology, 1998, 32(9): 1162-1168.

[111] Charlier C, Plomteux G. Endocrine disruption and organochlorine pesticides. Acta Clinica Belgica Supplementum, 2002, 57 Suppl 1(1): 2.

[112] Xu C, Tu W Q, Lou C, Hong Y Y, Zhao M R. Enantioselective separation and zebrafish embryo toxicity of insecticide beta-cypermethrin. Journal of Environmental Sciences, 2010, 22(5): 738-743.

[113] Zhao M, Liu W. Enantioselectivity in the immunotoxicity of the insecticide acetofenate in an in vitro model. Environmental Toxicology & Chemistry, 2009, 28(3): 578-585.

[114] Zhao M, Zhang Y, Liu W, Xu C, Wang L, Gan J. Estrogenic activity of lambda-cyhalothrin in the MCF-7 human breast carcinoma cell line. Environmental Toxicology & Chemistry, 2008, 27(5): 1194-1200.

[115] Yie S M, Li L H, Li G M, Xiao R, Librach C L. Progesterone enhances HLA-G gene expression in JEG-3 choriocarcinoma cells and human cytotrophoblasts *in vitro*. Human Reproduction, 2006, 21(1): 46-51.

[116] Chen F, Zhang Q, Wang C, Lu Y, Zhao M. Enantioselectivity in estrogenicity of the organochlorine insecticide acetofenate in human trophoblast and MCF-7 cells. Reproductive Toxicology, 2012, 33(1): 53.

[117] Kumar P, Kamat A, Mendelson C R. Estrogen receptor alpha (ERalpha) mediates stimulatory effects of estrogen on aromatase (CYP19) gene expression in human placenta. Molecular Endocrinology, 2009, 23(6): 784-793.

[118] Maffini M V, Rubin B S, Sonnenschein C, Soto A M. Endocrine disruptors and reproductive health: The case of bisphenol-A. Molecular & Cellular Endocrinology, 2006, 254(6): 179-186.

[119] Bechi N, Ietta F, Romagnoli R, Jantra S, Cencini M, Galassi G, Serchi T, Corsi I, Focardi S, Paulesu L. Environmental levels of para-nonylphenol are able to affect cytokine secretion in human placenta. Environmental Health Perspectives, 2010, 118(3): 427-431.

[120] Berkowitz G S, Obel J, Deych E, Lapinski R, Godbold J, Liu Z S, Landrigan P J, Wolff M S. Exposure to indoor pesticides during pregnancy in a multiethnic, urban cohort. Environmental Health Perspectives, 2003, 111(1): 79-84.

[121] Whyatt R M, Camann D E, Kinney P L, Reyes A, Ramirez J, Dietrich J, Diaz D, Holmes D, Perera F P. Residential pesticide use during pregnancy among a cohort of urban minority women. Environmental Health Perspectives, 2002, 110(5): 507-514.

[122] Gunderson E L. Dietary intakes of pesticides, selected elements, and other chemicals: FDA total diet study, June 1984 April 1986. Journal of AOAC International, 1995, 78(4): 910-921.

[123] Wang L M, Liu W, Yang C X, Pan Z Y, Gan J Y, Xu C, Zhao M R, Schlenk D. Enantioselectivity in estrogenic potential and uptake of bifenthrin. Environmental Science & Technology, 2007, 41(17): 6124-6128.

[124] Zhao M, Zhang Y, Zhuang S, Zhang Q, Lu C, Liu W. Disruption of the hormonal network and the enantioselectivity of bifenthrin in trophoblast: Maternal-fetal health risk of chiral pesticides. Environmental Science & Technology, 2014, 48(14): 8109-8116.

[125] Petraglia F, Volpe A, Genazzani A R, Rivier J, Sawchenko P E, Vale W. Neuroendocrinology of the human placenta. Front Neuroendocrin, 1990, 11(1): 6-37.

[126] Strauss J F, Martinez F, Kiriakidou M. Placental steroid hormone synthesis: Unique features and unanswered questions. Biology of Reproduction, 1996, 54(2): 303-311.

[127] Cheng C K, Leung P C K. Molecular biology of gonadotropin-releasing hormone (GnRH)-I, GnRH-II, and their receptors in humans. Endocrine Reviews, 2005, 26(2): 283-306.

[128] Chou C S, Beristain A G, MacCalman C D, Leung P C K. Cellular localization of gonadotropin-releasing hormone (GnRH) I and GnRH II in first-trimester human placenta and decidua. Journal of Clinical Endocrinology & Metabolism, 2004, 89(3): 1459-1466.

[129] Gohar J, Mazor M, Leiberman J R. GnRH in pregnancy. Archives of Gynecology and Obstetrics, 1996, 259(1): 1-6.

[130] Lee V H Y, Lee L T O, Chow B K C. Gonadotropin-releasing hormone: Regulation of the GnRH gene. FEBS Journal, 2008, 275(22): 5458-5478.

[131] Radovick S, Ticknor C M, Nakayama Y, Notides A C, Rahman A, Weintraub B D, Cutler G B, Wondisford F E. Evidence for direct estrogen regulation of the human gonadotropin-releasing-hormone gene. Journal of Clinical Investigation, 1991, 88(5): 1649-1655.

[132] Raga F, Casan E M, Kruessel J S, Wen Y, Huang H Y, Nezhat C, Polan M L. Quantitative gonadotropin-releasing hormone gene expression and immunohistochemical localization in human endometrium throughout the menstrual cycle. Biology of Reproduction, 1998, 59(3): 661-669.

[133] Gallego M J, Porayette P, Kaltcheva M M, Bowen R L, Vadakkadath Meethal S, Atwood C S. The pregnancy hormones human chorionic gonadotropin and progesterone induce human embryonic stem cell proliferation and differentiation into neuroectodermal rosettes. Stem Cell Research & Therapy, 2010, 1(4): 28.

[134] Yang M, Lei Z M, Rao C V. The central role of human chorionic gonadotropin in the formation of human placental syncytium. Endocrinology, 2003, 144(3): 1108-1120.

[135] Yoshimi T, Strott C A, Marshall J R, Lipsett M B. Corpus luteum function in early pregnancy. Journal of Clinical Endocrinology & Metabolism, 1969, 29(2): 225.

[136] Schumacher M, Coirini H, Robert F, Guennoun R, El-Etr M. Genomic and membrane actions of progesterone: Implications for reproductive physiology and behavior. Behavioural Brain

Research, 1999, 105(1): 37-52.

[137] Garey J, Wolff M S. Estrogenic and antiprogestagenic activities of pyrethroid insecticides. Biochemical and Biophysical Research Communications, 1998, 251(3): 855-859.

[138] Kim I Y, Han S Y, Kang T S, Lee B M, Choi K S, Moon H J, Kim T S, Kang I H, Kwack S J, Moon A, Ahn M Y, Kim H S. Pyrethroid insecticides, fenvalerate and permethrin, inhibit progesterone-induced alkaline phosphatase activity in T47D human breast cancer cells. Journal of Toxicology and Environmental Health, 2005, 68(23-24): 2175-2186.

[139] Qu J H, Hong X, Chen J F, Wang Y B, Sun H, Xu X L, Song L, Wang S L, Wang X R. Fenvalerate inhibits progesterone production through cAMP-dependent signal pathway. Toxicology Letters, 2008, 176(1): 31-39.

[140] Horwitz K B, Mockus M B, Lessey B A. Variant T47d human-breast cancer-cells with high progesterone-receptor levels despite estrogen and *anti*-estrogen resistance. Cell, 1982, 28(3): 633-642.

[141] Sumida K, Saito K, Ooe N, Isobe N, Kaneko H, Nakatsuka I. Evaluation of *in vitro* methods for detecting the effects of various chemicals on the human progesterone receptor, with a focus on pyrethroid insecticides. Toxicology Letters, 2001, 118(3): 147-155.

[142] Chen J F, Chen H Y, Liu R, He J, Song L, Bian Q, Xu L C, Zhou J W, Xiao H, Dai G D, Wang X R. Effects of fenvalerate on steroidogenesis in cultured rat granulosa cells. Biomedical and Environmental Sciences, 2005, 18(2): 108-116.

[143] Tremblay Y, Beaudoin C. Regulation of 3-beta-hydroxysteroid dehydrogenase and 17-beta-hydroxysteroid dehydrogenase messenger-ribonucleic-acid levels by cyclic adenosine-3′, 5′-monophosphate and phorbol-myristate acetate in human choriocarcinoma cells. Molecular Endocrinology, 1993, 7(3): 355-364.

[144] Medina M, Barata C, Telfer T, Baird D J. Age- and sex-related variation in sensitivity to the pyrethroid cypermethrin in the marine copepod *Acartia tonsa* Dana. Archives of Environmental Contamination & Toxicology, 2002, 42(1): 17.

[145] Vittozzi L, Angelis G D. A critical review of comparative acute toxicity data on freshwater fish. Aquatic Toxicology, 1991, 19(91): 167-204.

[146] Nagel R. DarT: The embryo test with the Zebrafish *Danio rerio*—A general model in ecotoxicology and toxicology. Altex, 2002, 19(Suppl 1): 38.

[147] Njiwa J R K, Suter J F, Eggen R I. Zebrafish embryo toxicity assay, combining molecular and integrative endpoints at various developmental stages. Berlin Heidelberg: Springer, 2010: 4481-4489.

[148] Cha Y R, Weinstein B M. Visualization and experimental analysis of blood vessel formation using transgenic zebrafish. Birth Defects Research Part C Embryo Today Reviews, 2007, 81(4): 286-296.

[149] Swift M R, Weinstein B M. Arterial-venous specification during development. Circulation Research, 2009, 104(5): 576.

[150] 杨少丽, 薛钦昭, 王艳, 郭占勇, 秦松. 血管内皮生长因子及其受体在斑马鱼胚胎血管发育中的作用. 生物物理学报, 2009, 25(1): 1-8.

[151] Fouquet B, Weinstein B M, Serluca F C, Fishman M C. Vessel patterning in the embryo of the zebrafish: Guidance by notochord. Developmental Biology, 1997, 183(1): 37-48.

[152] Weinstein B M, Stemple D L, Driever W, Fishman M C. Gridlock, a localized heritable vascular patterning defect in the zebrafish. Nature Medicine, 1995, 1(11): 1143.

[153] Serbedzija G N, Flynn E, Willett C E. Zebrafish angiogenesis: A new model for drug screening. Angiogenesis, 1999, 3(4): 353-359.

[154] Motoike T, Loughna S, Perens E, Roman B L, Liao W, Chau T C, Richardson C D, Kawate T, Kuno J, Weinstein B M. Universal GFP reporter for the study of vascular development. Genesis, 2000, 28(2): 75.

[155] Lawson N D, Weinstein B M. *In vivo* imaging of embryonic vascular development using transgenic zebrafish. Developmental Biology, 2002, 248(2): 307-318.

[156] Overmyer J P, Rouse D R, Avants J K, Garrison A W, Delorenzo M E, Chung K W, Key P B, Wilson W A, Black M C. Toxicity of fipronil and its enantiomers to marine and freshwater non-targets. Journal of Environmental Science and Health. Part. B, Pesticides, Food Contaminants, and Agricultural Wastes, 2007, 42(5): 471-480.

[157] Teicher H B, Kofoed-Hansen B, Jacobsen N. Insecticidal activity of the enantiomers of fipronil. Pest Management Science, 2003, 59(12): 1273-1275.

[158] Konwick B J, Fisk A T, Garrison A W, Avants J K, Black M C. Acute enantioselective toxicity of fipronil and its desulfinyl photoproduct to *Ceriodaphnia dubia*. Environmental Toxicology and Chemistry/SETAC, 2005, 24(9): 2350-2355.

[159] Nillos M G, Lin K, Gan J, Bondarenko S, Schlenk D. Enantioselectivity in fipronil aquatic toxicity and degradation. Environmental Toxicology and Chemistry/SETAC, 2009, 28(9): 1825-1833.

[160] Konwick B J, Garrison A W, Black M C, Avants J K, Fisk A T. Bioaccumulation, biotransformation, and metabolite formation of fipronil and chiral legacy pesticides in rainbow trout. Environmental Science & Technology, 2006, 40(9): 2930-2936.

[161] Bird A. Perceptions of epigenetics. Nature, 2007, 447(7143): 396-398.

[162] Kamstra J H, Alestrom P, Kooter J M, Legler J. Zebrafish as a model to study the role of DNA methylation in environmental toxicology. Environmental Science and Pollution Research International, 2015, 22(21): 16262-16276.

[163] Strahle U, Scholz S, Geisler R, Greiner P, Hollert H, Rastegar S, Schumacher A, Seldersaghs I, Weiss C, Witters H, Braunbeck T. Zebrafish embryos as an alternative to animal experiments—A commentary on the definition of the onset of protected life stages in animal welfare regulations. Reproductive Toxicology, 2012, 33(2): 128-132.

[164] Aanes H, Winata C L, Lin C H, Chen J P, Srinivasan K G, Lee S G, Lim A Y, Hajan H S, Collas P, Bourque G, Gong Z, Korzh V, Alestrom P, Mathavan S. Zebrafish mRNA sequencing deciphers novelties in transcriptome dynamics during maternal to zygotic transition. Genome Research, 2011, 21(8): 1328-1338.

[165] Collotta M, Bertazzi P A, Bollati V. Epigenetics and pesticides. Toxicology, 2013, 307: 35-41.

[166] Baylin S B, Jones P A. A decade of exploring the cancer epigenome-biological and translational implications. Nature reviews. Cancer, 2011, 11(10): 726-734.

[167] Matthews R P, Eauclaire S F, Mugnier M, Lorent K, Cui S, Ross M M, Zhang Z, Russo P, Pack M. DNA hypomethylation causes bile duct defects in zebrafish and is a distinguishing feature of infantile biliary atresia. Hepatology, 2011, 53(3): 905-914.

[168] Wang J, Wu Z, Li D, Li N, Dindot S V, Satterfield M C, Bazer F W, Wu G. Nutrition, epigenetics, and metabolic syndrome. Antioxidants & Redox Signaling, 2012, 17(2): 282-301.

[169] Wang C, Qian Y, Zhang X, Chen F, Zhang Q, Li Z, Zhao M. A metabolomic study of fipronil for the anxiety-like behavior in zebrafish larvae at environmentally relevant levels.

Environmental Pollution, 2016, 211: 252.

[170] Honarpour N, Rose C M, Brumbaugh J, Anderson J, Graham R L, Sweredoski M J, Hess S, Coon J J, Deshaies R J. F-box protein FBXL16 binds PP2A-B55alpha and regulates differentiation of embryonic stem cells along the FLK1+ lineage. Molecular & Cellular Proteomics: MCP, 2014, 13(3): 780-791.

[171] McCall C M, Miliani de Marval P L, Chastain P D, Jackson S C, He Y J, Kotake Y, Cook J G, Xiong Y. Human immunodeficiency virus type 1 Vpr-binding protein VprBP, a WD40 protein associated with the DDB1-CUL4 E3 ubiquitin ligase, is essential for DNA replication and embryonic development. Molecular and Cellular Biology, 2008, 28(18): 5621-5633.

[172] Yang Y W, Flynn R A, Chen Y, Qu K, Wan B, Wang K C, Lei M, Chang H Y. Essential role of lncRNA binding for WDR5 maintenance of active chromatin and embryonic stem cell pluripotency. eLife, 2014, 3: e02046.

[173] Zhang Y W, Arnosti D N. Conserved catalytic and C-terminal regulatory domains of the C-terminal binding protein corepressor fine-tune the transcriptional response in development. Molecular and Cellular Biology, 2011, 31(2): 375-384.

[174] Shinya M, Koshida S, Sawada A, Kuroiwa A, Takeda H. Fgf signalling through MAPK cascade is required for development of the subpallial telencephalon in zebrafish embryos. Development, 2001, 128(21): 4153-4164.

[175] Fleming T P, Papenbrock T, Fesenko I, Hausen P, Sheth B. Assembly of tight junctions during early vertebrate development. Seminars in Cell & Developmental Biology, 2000, 11(4): 291-299.

[176] Jia S, Ren Z, Li X, Zheng Y, Meng A. smad2 and smad3 are required for mesendoderm induction by transforming growth factor-beta/nodal signals in zebrafish. The Journal of Biological Chemistry, 2008, 283(4): 2418-2426.

[177] Winata C L, Korzh S, Kondrychyn I, Korzh V, Gong Z. The role of vasculature and blood circulation in zebrafish swimbladder development. BMC Developmental Biology, 2010, 10: 3.

[178] Weston D P, Lydy M J. Toxicity of the insecticide fipronil and its degradates to benthic macroinvertebrates of urban streams. Environmental Science & Technology, 2014, 48(2): 1290-1297.

[179] Yin A, Korzh S, Winata C L, Korzh V, Gong Z. Wnt signaling is required for early development of zebrafish swimbladder. PloS One, 2011, 6(3): e18431.

[180] David L, Feige J J, Bailly S. Emerging role of bone morphogenetic proteins in angiogenesis. Cytokine & Growth Factor Reviews, 2009, 20(3): 203-212.

[181] Sieber C, Kopf J, Hiepen C, Knaus P. Recent advances in BMP receptor signaling. Cytokine & Growth Factor Reviews, 2009, 20(5-6): 343-355.

[182] Kondo M. Bone morphogenetic proteins in the early development of zebrafish. The FEBS Journal, 2007, 274(12): 2960-2967.

[183] Kim J D, Kim J. Alk3/Alk3b and Smad5 mediate BMP signaling during lymphatic development in zebrafish. Molecules and Cells, 2014, 37(3): 270-274.

[184] Little S C, Mullins M C. Bone morphogenetic protein heterodimers assemble heteromeric type I receptor complexes to pattern the dorsoventral axis. Nature Cell Biology, 2009, 11(5): 637-643.

[185] Chocron S, Verhoeven M C, Rentzsch F, Hammerschmidt M, Bakkers J. Zebrafish Bmp4 regulates left-right asymmetry at two distinct developmental time points. Developmental

Biology, 2007, 305(2): 577-588.

[186] Wiley D M, Jin S W. Bone Morphogenetic Protein functions as a context-dependent angiogenic cue in vertebrates. Seminars in Cell & Developmental Biology, 2011, 22(9): 1012-1018.

[187] Oubaha M, Lin M I, Margaron Y, Filion D, Price E N, Zon L I, Cote J F, Gratton J P. Formation of a PKCzeta/beta-catenin complex in endothelial cells promotes angiopoietin-1-induced collective directional migration and angiogenic sprouting. Blood, 2012, 120(16): 3371-3381.

[188] Tan W, Palmby T R, Gavard J, Amornphimoltham P, Zheng Y, Gutkind J S. An essential role for Rac1 in endothelial cell function and vascular development. FASEB Journal: Official Publication of the Federation of American Societies for Experimental Biology, 2008, 22(6): 1829-1838.

[189] Woo S, Housley M P, Weiner O D, Stainier D Y. Nodal signaling regulates endodermal cell motility and actin dynamics via Rac1 and Prex1. The Journal of Cell Biology, 2012, 198(5): 941-952.

[190] Abdullah A R, Bajet C M, Matin M A, Nhan D D, Sulaiman A H. Ecotoxicology of pesticides in the tropical paddy field ecosystem. Environmental Toxicology & Chemistry, 1997, 16(1): 59-70.

[191] Mccarroll N E, Protzel A Y, Stack H F, Jackson M A, Waters M D. A survey of EPA/OPP and open literature on selected pesticide chemicals III. Mutagenicity and carcinogenicity of benomyl and carbendazim [Review]. Mutation Research, 2002, 512(1): 1-35.

[192] Zhen C, Juneau P, Qiu B. Effects of three pesticides on the growth, photosynthesis and photoinhibition of the edible cyanobacterium Ge-Xian-Mi (Nostoc). Aquatic Toxicology, 2007, 81(3): 256-265.

[193] Tsuda T, Inoue T, Kojima M, Aoki S. Pesticides in water and fish from rivers flowing into Lake Biwa. Bulletin of Environmental Contamination & Toxicology, 1996, 57(3): 442-449.

[194] Meng S L, Chen J C, Leng C M. Toxic effects of herbicides atraine and butachlor on topmouth gudgeon (*Pseudorasbora parva*). Environmental Pollution & Control, 2007.

[195] Tu W, Niu L, Liu W, Xu C. Embryonic exposure to butachlor in zebrafish (*Danio rerio*): Endocrine disruption, developmental toxicity and immunotoxicity. Ecotoxicology & Environmental Safety, 2013, 89(11): 189-195.

[196] Hill A J, Teraoka H, Heideman W, Peterson R E. Zebrafish as a model vertebrate for investigating chemical toxicity. Toxicological Sciences, 2005, 86(1): 6-19.

[197] Carney S A, Prasch A L, Heideman W, Peterson R E. Understanding dioxin developmental toxicity using the zebrafish model. Birth Defects Research Part A Clinical & Molecular Teratology, 2006, 76(1): 7-18.

[198] Driscoll M D, Sathya G, Muyan M, Klinge C M, Hilf R, Bambara R A. Sequence requirements for estrogen receptor binding to estrogen response elements. Journal of Biological Chemistry, 1998, 273(45): 29321.

[199] Klinge C M. Estrogen receptor interaction with estrogen response elements. Journal of Steroid Biochemistry and Molecular Biology, 1992, 43(4): 249-262.

[200] Brion F, Nilsen B M, Eidem J K, Goksøyr A, Porcher J M. Development and validation of an enzyme-linked immunosorbent assay to measure vitellogenin in the zebrafish (*Danio rerio*). Environmental Toxicology & Chemistry, 2002, 21(8): 1699-1708.

[201] Chang J, Liu S, Zhou S, Wang M, Zhu G. Effects of butachlor on reproduction and hormone levels in adult zebrafish (*Danio rerio*). Experimental & Toxicologic Pathology, 2013, 65(1-2): 205-209.

[202] Milla S, Depiereux S, Kestemont P. The effects of estrogenic and androgenic endocrine disruptors on the immune system of fish: A review. Ecotoxicology, 2011, 20(2): 305-319.

[203] Trede N S, Langenau D M, Traver D, Look A T, Zon I L. The use of zebrafish to understand immunity. Immunity, 2004, 20(4): 367.

[204] Nayak A S, Lage C R, Kim C H. Effects of low concentrations of arsenic on the innate immune system of the zebrafish (*Danio Rerio*). Toxicological Sciences An Official Journal of the Society of Toxicology, 2007, 98(1): 118.

[205] Eder K J, Clifford M A, Hedrick R P, Köhler H R, Werner I. Expression of immune-regulatory genes in juvenile Chinook salmon following exposure to pesticides and infectious hematopoietic necrosis virus (IHNV). Fish & Shellfish Immunology, 2008, 25(5): 508-516.

[206] Magnadóttir B. Innate immunity of fish (overview). Fish & Shellfish Immunology, 2006, 20(2): 137.

[207] Whyte S K. The innate immune response of finfish—A review of current knowledge. Fish & Shellfish Immunology, 2007, 23(6): 1127-1151.

[208] Zoller A L, Kersh G J. Estrogen induces thymic atrophy by eliminating early thymic progenitors and inhibiting proliferation of β-selected thymocytes. Journal of Immunology, 2006, 176(12): 7371-7378.

[209] Tung K S, Smith S, Matzner P, Kasai K, Oliver J, Feuchter F, Anderson R E. Murine autoimmune oophoritis, epididymoorchitis, and gastritis induced by day 3 thymectomy. Autoantibodies. American Journal of Pathology, 1987, 126(2): 293-302.

[210] 李宏军, 张志文. 肿瘤发生发展的分子机理(3). 生物学通报, 2004, 39(2): 11.

[211] Yang Y, Todt J C, Svinarich D M, Qureshi F, Jacques S M, Graham C H, Chung A E, Gonik B, Yelian F D. Human trophoblast cell adhesion to extracellular matrix protein, entactin. American Journal of Reproductive Immunology, 1996, 36(1): 25-32.

[212] Russo J, Russo I H. The role of estrogen in the initiation of breast cancer. Journal of Steroid Biochemistry & Molecular Biology, 2006, 102(5): 89-96.

[213] Wang L, Zhou S, Lin K, Zhao M, Liu W, Gan J. Enantioselective estrogenicity of *o,p'*-dichlorodiphenyltrichloroethane in the MCF-7 human breast carcinoma cell line. Environmental Toxicology & Chemistry, 2009, 28(1): 1-8.

[214] He X, Dong X, Zou D, Yu Y, Fang Q, Zhang Q, Zhao M. Enantioselective effects of *o,p'*-DDT on cell invasion and adhesion of breast cancer cells: Chirality in cancer development. Environmental Science & Technology, 2015, 49(16): 10028-10037.

[215] Mallucci L, Wells V. Potential role of the antiproliferative cytokine beta-galactoside binding protein in cancer therapy. Current Opinion in Investigational Drugs, 2005, 6(12): 1228-1233.

[216] Blagosklonny M V. Target for cancer therapy: Proliferating cells or stem cells. Leukemia, 2006, 20(3): 385-391.

[217] 叶璟. 除草剂禾草灵对水稻与蓝藻的对映选择性毒理研究. 杭州: 浙江大学博士学位论文, 2010.

[218] Smith A E, Grover R, Cessna A J, Shewchuk S R, Hunter J H. Fate of diclofop-methyl after application to a wheat field. Journal of Environmental Quality, 1986, 15(3): 234-238.

[219] Liu W P, Chen Z W, Xu H Q, Shi Y Y, Chen Y Z. Determination of diclofop-methyl and

diclofop residues in soil and crops by gas chromatography. Journal of Chromatography, 1991, 547(1-2): 509.

[220] Williams A. Opportunities for chiral agrochemicals. Pesticide Science, 1996, 46(1): 3-9.

[221] Kurihara N, Miyamoto J, Paulson G, Zeeh B, Skidmore M, Hollingworth R, Kuiper H. Chirality in synthetic agrochemicals: Bioactivity and safety considerations. Pest Management Science, 2015, 55(2): 219-219.

[222] Ye J, Zhang Q, Zhang A, Wen Y, Liu W. Enantioselective effects of chiral herbicide diclofop acid on rice Xiushui 63 seedlings. Bulletin of Environmental Contamination & Toxicology, 2009, 83(1): 85-91.

[223] Nojavan A M, Evans J O. Absorption and translocation of ^{14}C-diclofop-methyl in wild oat and barley. Proceedings of the Western Society of Weed Science, 1980.

[224] Yao D, Zhen X, Xue Y. A comparative study on the tolerance to diclofop-methyl between darnel and wheat. Jiangsu Journal of Agricultural Sciences, 1993.

[225] Drábková M, Admiraal W, Marsálek B. Combined exposure to hydrogen peroxide and light selective effects on cyanobacteria, green algae, and diatoms. Environmental Science & Technology, 2007, 41(1): 309-314.

[226] Kuwabara J S, Topping B R, Woods P F, Carter J L. Free zinc ion and dissolved orthophosphate effects on phytoplankton from Coeur d'Alene Lake, Idaho. Environmental Science & Technology, 2007, 41(8): 2811-2817.

[227] Xing W, Huang W M, Li D H, Liu Y D. Effects of iron on growth, pigment content, photosystem II efficiency, and siderophores production of Microcystis aeruginosa and Microcystis wesenbergii. Current Microbiology, 2007, 55(2): 94-98.

[228] Gouvea S P, Twiss B M R. Influence of ultraviolet radiation, copper, and zinc on microcystin content in Microcystis aeruginosa (Cyanobacteria). Harmful Algae, 2008, 7(2): 194-205.

[229] Zhou P J, Shen H, Lin J, Song L R, Liu Y D, Wu Z B. Kinetic studies on the effects of organophosphorus pesticides on the growth of Microcystis aeruginosa and uptake of the phosphorus forms. Bulletin of Environmental Contamination & Toxicology, 2004, 72(4): 791-797.

[230] Bañaresespaña E, Garcíavillada L, Lópezrodas V, Costas E, Floresmoya A. Effect of 2, 4, 6-trinitrotoluene and 2, 4-dinitrotoluene on the growth rate and photosynthetic capacity of the cyanobacterium Microcystis aeruginosa (Kutzing) Lemmermann. Bulletin of Environmental Contamination & Toxicology, 2006, 76(4): 601-606.

[231] Nakano K, And T J L, Matsumura M. In situ algal bloom control by the integration of ultrasonic radiation and jet circulation to flushing. Environmental Science & Technology, 2001, 35(24): 4941-4946.

[232] Liang W, Qu J, Chen L, Liu H, Lei P. Inactivation of Microcystis aeruginosa by continuous electrochemical cycling process in tube using Ti/RuO$_2$ electrodes. Environmental Science & Technology, 2005, 39(12): 4633-4639.

[233] Cai X, Ye J, Sheng G, Liu W. Time-dependent degradation and toxicity of diclofop-methyl in algal suspensions: Emerging contaminants. Environmental Science and Pollution Research International, 2009, 16(4): 459-465.

[234] Zhang Q, Zhao M, Qian H, Lu T, Zhang Q, Liu W. Enantioselective damage of diclofop acid mediated by oxidative stress and acetyl-CoA carboxylase in nontarget plant Arabidopsis thaliana. Environmental Science & Technology, 2012, 46(15): 8405.

[235] Shaikh Z A, Vu T T, Zaman K. Oxidative stress as a mechanism of chronic cadmium-induced hepatotoxicity and renal toxicity and protection by antioxidants. Toxicology & Applied Pharmacology, 1999, 154(3): 256-263.

[236] Zabalza A, Gaston S, Sandalio L M, Río L A D, Royuela M. Oxidative stress is not related to the mode of action of herbicides that inhibit acetolactate synthase. Environmental & Experimental Botany, 2007, 59(2): 150-159.

[237] Grennan A K. A transcriptomic footprint of reactive oxygen species. Plant Physiology, 2008, 148(3): 1187-1188.

[238] Qian H F, Tao L, Peng X F, Xiao H, Fu Z W, Liu W P. Enantioselective phytotoxicity of the herbicide imazethapyr on the response of the antioxidant system and starch metabolism in arabidopsis thaliana. PloS One, 2011, 6(5): e19451.

[239] Nikolau B J, Ohlrogge J B, Wurtele E S. Plant biotin-containing carboxylases. Archives of Biochemistry & Biophysics, 2003, 414(2): 211-222.

[240] Rendina A R, Felts J M, Beaudoin J D, Craigkennard A C, Look L L, Paraskos S L, Hagenah J A. Kinetic characterization, stereoselectivity, and species selectivity of the inhibition of plant acetyl-CoA carboxylase by the aryloxyphenoxypropionic acid grass herbicides. Archives of Biochemistry & Biophysics, 1988, 265(1): 219-225.

[241] Rendina A R, Craigkennard A D, Beaudoin J D, Breen M K. Inhibition of acetyl-coenzyme A carboxylase by two classes of grass-selective herbicides. Journal of Agricultural & Food Chemistry, 1990, 38(5): 1282-1287.

[242] Waliszewski S M, Carvajal O, Gã³Mez-Arroyo S, Amador-MuãOz O, Villalobos-Pietrini R, Hayward-Jones P M, Valencia-Quintana R. DDT and HCH isomer levels in soils, carrot root and carrot leaf samples. Bulletin of Environmental Contamination & Toxicology, 2008, 81(4): 343-347.

[243] Willett K L, And E M U, Hites R A. Differential toxicity and environmental fates of hexachlorocyclohexane isomers. Environmental Science & Technology, 1998, 32(15): 2197-2207.

[244] Paterson S, Mackay D, Mcfarlane C. A model of organic chemical uptake by plants from soil and the atmosphere. Environmental Science & Technology, 1994, 28(13): 2259-2266.

[245] Safe S, Brown K W, Donnelly K C, Anderson C S, Markiewicz K V, Mclachlan M S, Reischl A, Hutzinger O. Polychlorinated dibenzo-*p*-dioxins and dibenzofurans associated with wood-preserving chemical sites: biomonitoring with pine needles. Environmental Science & Technology, 1992, 26(2): 394-396.

[246] Marco J A, Kishimba M A. Organochlorine pesticides and metabolites in young leaves of *Mangifera indica* from sites near a point source in Coast region, Tanzania. Chemosphere, 2007, 68(5): 832-837.

[247] Rugh C L. Genetically engineered phytoremediation: One man's trash is another man's transgene. Trends in Biotechnology, 2004, 22(10): 496.

[248] Aken B V, Correa P A, Schnoor J L. Phytoremediation of polychlorinated biphenyls: New trends and promises. Environmental Science & Technology, 2010, 44(8): 2767-2776.

[249] Simonich S L, Hites R A. Organic pollutant accumulation in vegetation. Environmental Science & Technology, 1995, 29(12): 2905-2914.

[250] Pereira R C, Camps-Arbestain M, Garrido B R, Macías F, Monterroso C. Behaviour of α-, β-, γ-, and δ-hexachlorocyclohexane in the soil–plant system of a contaminated site. Environmental

Pollution, 2006, 144(1): 210-217.

[251] Bowler C, And M V M, Inze D. Superoxide dismutase and stress tolerance. Annual Review of Plant Biology, 1992, 43(1): 83-116.

[252] Romero-Puertas M C, Mccarthy I, Gómez M, Sandalio L M, Corpas F J, Río L A D, Palma J M. Reactive oxygen species-mediated enzymatic systems involved in the oxidative action of 2, 4-dichlorophenoxyacetic acid. Plant Cell & Environment, 2004, 27(9): 1135-1148.

[253] Buchanan B, Gruissem B B, Jones W, Russell L. Biochemistry and molecular biology of plants. Rockvile MD USA: American Society of Plant Physiologists, 2002: 183-191.

[254] Smirnoff N. The role of active oxygen in the response of plants to water deficit and desiccation. New Phytologist, 1993, 125(1): 27-58.

[255] Zhang Q, Zhou C, Zhang Q, Qian H, Liu W, Zhao M. Stereoselective phytotoxicity of HCH mediated by photosynthetic and antioxidant defense systems in *Arabidopsis thaliana*. PloS One, 2013, 8(1): e51043.

[256] Asada K. Production and scavenging of reactive oxygen species in chloroplasts and their functions. Plant Physiology, 2006, 141(2): 391.

[257] Foyer C H, Noctor G. Redox regulation in photosynthetic organisms: Signaling, acclimation, and practical implications. Antioxidants & Redox Signaling, 2009, 11(4): 861.

[258] Foyer C H, Noctor G. Redox homeostasis and antioxidant signaling: A metabolic interface between stress perception and physiological responses. Plant Cell, 2005, 17(7): 1866-1875.

[259] del Rio L A, Pastori G M, Palma J M, Sandalio L M, Sevilla F, Corpas F J, Jimenez A, Lopezhuertas E, Hernandez J A. The activated oxygen role of peroxisomes in senescence. Plant Physiology, 1998, 116(4): 1195.

[260] Anilakumar K R, Khanum F, Santhanam K. Amelioration of hexachlorocyclohexane-induced oxidative stress by amaranth leaves in rats. Plant Foods for Human Nutrition, 2006, 61(4): 169-173.

[261] Srivastava A, Shivanandappa T. Causal relationship between hexachlorocyclohexane cytotoxicity, oxidative stress and Na^+, K^+ -ATPase in ehrlich ascites tumor cells. Molecular & Cellular Biochemistry, 2006, 286(1-2): 87-93.

[262] 周小伟, 钟瑞敏, 郭红辉. 生物代谢表型研究进展. 食品与生物技术学报, 2015, 34(7): 673-678.

[263] Johnson C H, Patterson A D, Idle J R, Gonzalez F J. Xenobiotic metabolomics: Major impact on the metabolome. Annual Review of Pharmacology & Toxicology, 2012, 52(52): 37.

[264] Eckburg P B, Bik E M, Bernstein C N, Purdom E, Dethlefsen L, Sargent M, Gill S R, Nelson K E, Relman D A. Diversity of the human intestinal microbial flora. Science, 2005, 308(5728): 1635.

[265] 毛小华, 陆开宏, 杨文, 朱津永. NMR 代谢组学在水生软体动物生态毒理研究中的应用. 生态毒理学报, 2016, 11(3): 36-46.

[266] Tang H, Wang Y. Metabonomics: A revolution in progress. Progress in Biochemistry & Biophysics, 2006, 33(5): 401-417.

[267] Chao Z, Liang Q L, Wang Y M, Luo G A. Integrated development of metabonomics and its new progress. Chinese Journal of Analytical Chemistry, 2010, 38(7): 1060-1068.

[268] Zhang F, Zhang Y, Zhao W, Deng K, Wang Z, Yang C, Ma L, Openkova M S, Hou Y, Li K. Metabolomics for biomarker discovery in the diagnosis, prognosis, survival and recurrence of colorectal cancer: a systematic review. Oncotarget, 2017, 8(21): 35460-35472.

[269] 龚晓云, 熊行创, 张四纯, 方向, 张新荣. 单细胞质谱分析方法研究进展. 中国科学: 化学, 2016, (2): 133-152.

[270] 汪思媛, 赵星阳, 徐玮蔚, 刘慧雯. 基于质谱技术的细胞代谢组学研究进展. 中国细胞生物学学报, 2017(8): 1130-1134.

[271] Abass K, Reponen P, Jalonen J, Pelkonen O. *In vitro* metabolism and interactions of the fungicide metalaxyl in human liver preparations. Environmental Toxicology & Pharmacology, 2007, 23(1): 39-47.

[272] Zhang Y, Zhang Y, Chen A, Zhang W, Chen H, Zhang Q. Enantioselectivity in developmental toxicity of *rac*-metalaxyl and *R*-metalaxyl in Zebrafish (*Danio rerio*) Embryo. Chirality, 2016, 28(6): 489-494.

[273] Sakr S A, Badawy G M. Effect of ginger (*Zingiber officinale* R.) on metiram-inhibited spermatogenesis and induced apoptosis in albino mice. Journal of Applied Pharmaceutical Science, 2011, 1(4): 131-136.

[274] Zhang P, Shen Z, Xu X, Zhu W, Dang Z, Wang X, Liu D, Zhou Z. Stereoselective degradation of metalaxyl and its enantiomers in rat and rabbit hepatic microsomes *in vitro*. Xenobiotica; the Fate of Foreign Compounds in Biological Systems, 2012, 42(6): 580.

[275] Wang X, Qiu J, Xu P, Zhang P, Wang Y, Zhou Z, Zhu W. Rapid metabolite discovery, identification and accurate comparison of the stereoselective metabolism of metalaxyl in rat hepatic microsomes. Journal of Agricultural & Food Chemistry, 2015, 63(3): 754.

[276] Gu J, Ji C, Yue S, Shu D, Su F, Zhang Y, Xie Y, Zhang Y, Liu W, Zhao M. Enantioselective effects of metalaxyl enantiomers in adolescent rat metabolic profiles using NMR-based metabolomics. Environmental Science & Technology, 2018, 52(9): 5438-5447.

[277] Yang Y, Liu W, Li D, Qian L, Fu B, Wang C. Altered glycometabolism in zebrafish exposed to thifluzamide. Chemosphere, 2017, 183: 89-96.

附录 缩略语（英汉对照）

ACCase   acetyl-CoA carboxylase，乙酰辅酶 A 羧化酶

AChE   acetyl cholinesterase，乙酰胆碱酯酶

AED   atomic emission detector，原子发射检测器

AF   acetofenate，三氯杀虫酯

ALS   acetolactate synthase，乙酰乳酸合成酶

AR   accumulation ratio，累积比

BAF   bioaccumulation factor，生物积累因子

BaP   benzopyrene，苯并芘

BCF   bioconcentration factor，生物富集因子

BE   bovine erythrocytes，胎牛红血球

BFRs   brominated flame retardants，溴代阻燃剂

BMP   bone morphogenetic protein，骨形态发生蛋白质

CC   *cis*-chlordane，顺式氯丹

CD   circular dichroism，圆二色光谱

CDs   cyclodextrins，环糊精

CE   capillary electrochromatography，毛细管电泳色谱法

cis-BF   *cis*-bifenthrin，顺式联苯菊酯

CP   cypermethrin，氯氰菊酯

CSPs   chiral stationary phases，手性固定相

CZE   capillary zone electrophoresis，毛细管区带电泳法

DC   diclofop acid，禾草酸

DCPP   dichlorprop，2,4-滴丙酸

DDT   dichlorodiphenyltrichloroethane，滴滴涕

DFT   density functional theory，密度泛函理论

DM   diclofop-methyl，禾草灵

DMGs   differential methylation genes，差异甲基化基因

2,4-DP   2-(2,4-dichlorophenoxy)propionic acid，2-(2,4-二氯苯氧基)丙酸

E_2 estradiol，雌二醇

EC$_{50}$	median effect concentration，半数效应浓度	
ECD	electron capture detector，电子捕获检测器	
ECD	electronic circular dichroism，电子圆二色谱	
EDCs	endocrine disrupting compounds，内分泌干扰物	
ee	enantiomeric excess，对映体过量	
ef	enantiomeric fraction，对映体分数	
EGF	epidermal growth factor，表皮生长因子	
ELISA	enzyme-linked immuno sorbent assay，酶联免疫吸附测定	
ER	estrogen receptor，雌激素受体	
er	enantiomeric ratio，对映体比例	
ERKs	extracellular regulated kinases，细胞外信号调节激酶	
EROD	ethoxyresorufin *O*-decthylase，7-乙氧基-3-异吩噁唑酮-脱乙基酶	
FLX	fluoxetine，氟西汀	
FQ-PCR	fluorescence quantitative polymerase chain reaction，荧光定量聚合酶链反应	
FSH	follicle-stimulating hormone，卵泡刺激素	
FV	fenvalerate，氰戊菊酯	
GnRHI	gonadotrophin releasing-hormone-I，促性腺激素释放激素I	
GR	glutathione reductase，谷胱甘肽还原酶	
GSH	glutathione，谷胱甘肽	
HAEC	human amnion epithelial cell，人羊膜上皮细胞	
HBCD	hexabromocyclododecane，六溴环十二烷	
HCB	hexachlorobenzene，六氯苯	
hCG	human chorionic gonadotropin，人绒毛膜促性腺激素	
HepG2	human hepatocellular liver carcinoma，人肝癌细胞	
HEPT	heptachlor，七氯	
HEPX	heptachlor epoxide，环氧七氯	
HLA-G	human leukocyte antigen-G，人白细胞抗原	
HPLC	high performance liquid chromatography，高效液相色谱法	
HSPs	heat shock proteins，热休克蛋白	
IB	Ibuprofen，布洛芬	
IC$_{50}$	half maximal inhibitory concentration，半数抑制浓度	
IL-1β	interleukin-1β，白细胞介素-1β	
IM	imazethapyr，咪唑乙烟酸	

JNKs	Jun-N-terminal kinases，Jun-氨基酸末端激酶	
KEGG	Koto Encyclopedia of Genes and Genomes，京都基因与基因组百科全书数据库	
L-Asp-AT	L-aspartate aminotransferase，L-天冬氨酸转氨酶	
LC_{50}	median lethal concentration，半数致死浓度	
LCT	lambda-cyhalothrin，高效氯氟氰菊酯	
LDH	lactic dehydrogenase，乳酸脱氢酶	
LH	luteinizing hormone，促黄体激素	
LOEC	lowest observed effective concentration，最低观察效应浓度	
MAPKs	mitogen-activated protein kinases，丝裂原激活蛋白激酶	
MCF-7	human breast carcinoma，人乳腺癌	
MCPP	2-(4-chloro-2-methylphenoxy)propanoic acid，2-(4-氯-2-甲基苯)丙酸	
MDA	malondialdehyde，丙二醛	
MDGC	multi-dimensional gas chromatography，多维气相色谱法	
MEKC	micellar electrokinetic capillary chromatography，胶束电动毛细管色谱法	
$MeSO_2$-PCBs	methylsulfonyl-PCBs，甲磺基多氯联苯	
MR	mandelate racemase，扁桃酸消旋酶	
MXC	methoxychlor，甲氧滴滴涕	
NADH	nicotinamide adenine dinucleotide，还原型辅酶 I	
NADPH	nicotinamide adenine dinucleotide phosphate，还原型辅酶 II	
NDO	naphthalene dioxygenase，萘双加氧酶	
NMR	nuclear magnetic resonance，核磁共振	
NOEC	no observed effect concentration，无观察效应浓度	
OCPs	organochlorine pesticides，有机氯农药	
o,p'-DDT	o,p'-dichlorodiphenyltrichloroethane，o,p'-滴滴涕	
o,p'-DDD	o,p'-bis(6-hydroxy-2-naphthyl) disulfide, o,p'-双(6-羟基-2-萘)二硫	
OPs	organophosphorus pesticides，有机磷农药	
ORD	optical rotatory dispersion，旋光光谱	
OXY	oxy-chlordane，氧氯丹	
P_4	progesterone，孕酮	
P450scc	P450 cholesterol side-chain cleavage enzyme，P450胆固醇侧链裂解酶	
PAHs	polycyclic aromatic hydrocarbons，多环芳烃	
PBBs	polybrominated biphenyls，多溴联苯	

PBDEs	polybrominated diphenyl ethers，多溴二苯醚
PBR	peripheral benzodiazepine receptor，外周苯并二嗪受体
PC12	pheochromocytoma 12，大鼠肾上腺嗜铬细胞瘤细胞
PCBs	polychlorinated biphenyls，多氯联苯
PE	pericardial edema，心包水肿
PES	phenazine ethosulfate，吩嗪乙基硫酸盐
PFASs	perfluorinated alkyl substances，全氟烷基类化合物
PFOA	perfluorooctanoic acid，全氟辛酸
PFOS	perfluorooctane sulphonate，全氟辛基磺酸
PGE2	prostaglandin prostin E，前列腺素E2
PI	propidium iodide，碘化丙锭
PI3K/AKT	phosphatidyl inositol 3-kinase/threonine kinase，磷脂酰肌醇-3-激酶-丝氨酸/苏氨酸激酶
PKC	protein kinase C，激活蛋白激酶C
PLP	pyridoxal phosphate，吡哆醛磷酸盐
PM	permethrin，氯菊酯
POD	peroxidase，过氧化物酶
PPCPs	pharmaceutical and personal care products，药物与个人护理用品
PR	progesterone receptor，孕激素受体
PTGS2	prostaglandin endoperoxide synthase 2，前列腺素内过氧化物合成酶2
qRT-PCR	quantitative real time polymerase chain reaction，定量即时聚合酶链反应
ROS	reactive oxygen species，活性氧
SDHI	succinate dehydrogenase inhibitor，琥珀酸脱氢酶抑制剂
SFC	supercritical fluid chromatography，超临界流体色谱法
SOD	superoxide dismutase，超氧化物歧化酶
SOM	soil organic matter，土壤有机质
SPs	synthetic pyrethroids，拟除虫菊酯类
star	steroidogenio acute regulatory protein，类固醇合成急性调节蛋白基因
TBBPA	tetrabromobisphenol A，四溴双酚A
TC	*trans*-chlordane，反式氯丹
TCYM	*trans*-cypermethrin，反式氯氰菊酯
TDGC	two-dimensional gas chromatograpy，二维气相色谱
TFLV	tau-fluvalinate，氟胺氰菊酯

TLC	thin layer chromatography，薄层色谱法	
TMF	trophic magnification factor，营养级放大因子	
TOF	time-of-fight mass spectrometer，飞行时间质谱仪	
TR	telomerase RNA，端粒酶 RNA	
VCD	vibrational circular dichroism，振动圆二色谱	
Vtg	vitellogenin，卵黄蛋白原	
YSE	yolk sac edema，卵黄囊肿	

索　引

B

八区律　59
半经验方法　65
苯霜灵　184, 221
苯线磷　155
苯氧羧酸类除草剂　145
丙环唑　163
丙溴磷　156
不对称性　4
布洛芬　97

C

草胺膦　189
持久性有机污染物　26
虫胺磷　210

D

达维多夫分裂　60
代谢活化　178
滴滴涕　213
丁草胺　258
对映体　2, 12
对映体比例　78, 121
对映体分数　78, 123
对映体过量　121, 127
对映选择性　2
多环芳烃　201
多氯联苯　26, 85, 126, 180, 200

E

噁唑禾草灵　151

F

发育毒性　205, 253
反应停　29
粉唑醇　221

F 氟吡甲禾灵　152
氟虫腈　160, 188, 214

G

高效氯氟氰菊酯　207
构型稳定性　66
冠醚　47
光学活性物质　11
光学异构性　12

H

禾草灵　152, 188
禾草酸　217, 264
核磁共振法　54
化学拆分法　37
环氧虫啶　28, 159

J

己唑醇　161, 220
甲胺磷　209
甲霜灵　163, 221, 271
结晶拆分法　36
腈苯唑　162
酒石酸盐　11
绝对构型　63

K

科顿效应　57
喹禾灵　151

L

联苯菊酯　133, 203, 205, 245, 252
六六六　212, 268
六溴环十二烷　26, 85, 122, 226
氯丹　79, 182, 214
氯氰菊酯　185, 208
卵巢毒性　243

卵黄蛋白原　204

M

咪唑啉酮类除草剂　153
咪唑乙烟酸　219
免疫毒性　206

N

内分泌干扰　204
内分泌干扰毒性　206
拟除虫菊酯　157, 202, 237

P

平面偏振光　15
普萘洛尔　227

Q

七氯　182, 215
氰戊菊酯　157, 208

R

乳氟禾草灵　154

S

三氯杀虫酯　214, 250
三唑醇　161
三唑类杀菌剂　160
生物放大　119
生物分离法　38
生物积累　119
生物积累因子　119
生物转化　177, 186
生殖毒性　207
手性　1, 12, 25
手性固定相　39
手性化合物　199, 233
手性能量　12
手性农药　27, 49, 222
手性同一　23
手性污染物　25, 79, 124, 134, 179
手性药物　29
蔬果磷　211
水胺硫磷　211

T

胎盘毒性　249

W

稳定同位素比值法　129
戊唑醇　161

X

细胞毒性　204, 234
酰胺类除草剂　149, 170
相对构型理论　20
辛醇-空气分配系数　122
辛醇-水分配系数　122
新型有机污染物　28
新烟碱类杀虫剂　159
血脑屏障　125

Y

氧化应激　206
药物与个人护理品　28, 227
乙草胺　150
乙氧呋草黄　154, 220
异丙甲草胺　150, 216
茚虫威　160
有机磷杀虫剂　155
有机氯农药　79, 212
圆二色光谱　36
圆二色性　22

Z

脂肪酶　193
植物毒性　263

其　他

CYP 酶　191
DNA 甲基化　255
D 和 L 构型理论　20
o,p'-DDT　26, 80, 88, 137, 241, 261
2,4-滴丙酸　145, 218
2-甲-4-氯丙酸　125